职业教育"互联网+"新形态教材

液压与气压传动技术

第 2 版

主　编　韩玉勇　郑庆强　韩　波
副主编　孙开鸾　刘力瑗　王东昌
参　编　侯玉叶　潘月栋　徐建国
主　审　陈清奎

机械工业出版社

本书以项目导向、任务驱动的模式，进行基于工作过程的课程设计，将液压与气动技术重构重组，有机融合，形成了来源于实际工作岗位的八个项目，每个项目包括项目目标、知识点睛、知识链接、任务实施、任务总结、知识拓展、小结、思考与练习、相关专业英语词汇等环节，突出对学生进行分析能力和操作技能的培养。本书采用"讲、学、练、评"相结合的方式，使学习过程与工作过程紧密结合，融教、学、做于一体。

全书共分为八个项目，主要内容包括：液压与气压传动系统概述、液压油的选用、液压泵站、液压执行元件、液压控制阀、液压系统基本回路的组建与调试、典型液压系统的安装调试与故障排除、气压传动系统。另外，本书还配套了二维码资源。

本书可作为高等职业院校、成人高校的教材，也可作为相关工作岗位培训的教材及自学用书。

为便于教学，本书配有电子课件等教学资源，选择本书作为教材的教师可登录机械工业出版社教育服务网（www.cmpedu.com），注册后免费下载。

图书在版编目（CIP）数据

液压与气压传动技术/韩玉勇，郑庆强，韩波主编. —2版. —北京：机械工业出版社，2024.5（2025.6重印）
职业教育"互联网+"新形态教材
ISBN 978-7-111-75711-5

Ⅰ.①液… Ⅱ.①韩… ②郑… ③韩… Ⅲ.①液压传动-职业教育-教材 ②气压传动-职业教育-教材 Ⅳ.①TH137②TH138

中国国家版本馆CIP数据核字（2024）第087152号

机械工业出版社（北京市百万庄大街22号 邮政编码100037）
策划编辑：王莉娜　　　　　　责任编辑：王莉娜　杜丽君
责任校对：马荣华　李　杉　　封面设计：王　旭
责任印制：李　昂
三河市航远印刷有限公司印刷
2025年6月第2版第2次印刷
184mm×260mm・17印张・420千字
标准书号：ISBN 978-7-111-75711-5
定价：53.00元

电话服务　　　　　　　　　网络服务
客服电话：010-88361066　　机　工　官　网：www.cmpbook.com
　　　　　010-88379833　　机　工　官　博：weibo.com/cmp1952
　　　　　010-68326294　　金　书　网：www.golden-book.com
封底无防伪标均为盗版　机工教育服务网：www.cmpedu.com

第2版前言

为深入贯彻全国职业教育大会和全国教材工作会议精神，落实《关于推动现代职业教育高质量发展的意见》和《职业院校教材管理办法》，做好"十四五"职业教育规划教材建设工作，落实职业院校"工学结合、校企结合"的新教学模式，编者对《液压与气压传动技术》进行了修订。修订版将素养目标、知识目标和能力目标进行融合设计，结构上采用项目化教材模式，体现了"理实一体、工学结合"的职业教育特色。本书以"符合人才培养需求，体现教育改革成果，确保教材质量，形式新颖创新"为指导思想进行编写，具有以下特色：

1）坚持全面育人理念。本书坚持弘扬中华优秀传统文化和社会主义核心价值观等育人元素，落实"立德树人"方针，培养工匠精神，体现了教材的铸魂育人功能。

2）目标定位明确。本书由学校和企业共建编写团队，校企融合，注重实训，以工作任务为中心、以相关知识为背景、以相关实践为焦点、以拓展知识为延伸，完善了项目式结构，充分体现了理论与实训一体化。

3）改变传统评价主体和评价维度模式。评价主体既有教师又有学生，评价维度表现为专业能力、社会能力、方法能力等方面。

4）配套有70个动画，以二维码的形式链接在书中，以帮助学生理解重要知识点。

本书的编写工作得到了各有关院校的大力支持，在此谨向他们致以诚挚的谢意。本书由枣庄科技职业学院韩玉勇和枣庄职业学院郑庆强、韩波主编。韩玉勇负责策划全书的编写思路，指导全书的编写，并编写了项目五和项目六，项目一和项目二由枣庄科技职业学院刘力瑗编写，项目三由枣庄科技职业学院孙开弯编写，项目四由五莲县职业技术教育中心潘月栋编写，项目七及附录由枣庄科技职业学院王东昌编写，项目八由枣庄职业学院韩波编写，各项目中的素养目标由滕州市中等职业教育中心学校徐建国编写，实训项目内容由枣庄职业学院郑庆强及山东理工职业学院侯玉叶共同编写。特别感谢山东建筑大学陈清奎教授于百忙中主审了文稿，同时感谢济南科明数码技术股份有限公司对于所展示的动画技术给予的技术支持，以及山东沃达重工机床有限公司、山东威力重工机床有限公司对于液压产品实训项目进行的验证及优化。

由于编者水平所限，书中不妥之处在所难免，恳请有关专家、同仁和广大读者批评指正。

编 者

第1版前言

为了更好地服务山东省职业教育，深化教学改革，依据《山东省中职与五年制高职教材开发说明》（2016年6月29日）的要求，保证高质量教材进课堂，全面提高教育教学质量，机械工业出版社和山东职业学院于2016年9月共同举办了山东省高等职业院校"机械制造与自动化专业""数控技术专业"教材建设研讨会。在会上，来自全省该专业的骨干教师、企业专家研讨了新的职业教育形势下该专业的课程体系和内容。本书是根据山东省五年制高职教学指导方案的精神，结合专业培养目标以及现阶段的教学实际编写的。

为了全面提高高等职业教育教学质量，大力推行"工学结合、校企合作"的人才培养模式，突出实践能力培养，以"服务为宗旨，以就业为导向"，本书集中体现了"突出应用，服务于专业"的指导思想。

本书针对高职高专学生的培养目标和岗位技能要求，贯彻"以学生为主体，以就业为导向，以标准为尺度，以技能为核心"的理念，以及"实用、够用、好用"的原则，突出"实用"，满足"够用"，一切为了"好用"。本书以知识应用为主线，以能力培养为核心，对课程进行优化和整合，并采用项目教学法，以项目化的形式编写，按"工学结合、校企合作"的人才培养模式，充分体现"教师主导，学生主体"的教学原则，实现"教、学、做合一"的教育理念，旨在培养学生自主学习的能力，强化团队精神，为后续课程的学习和适应工作岗位奠定良好基础。

本书的编写工作得到了各有关院校的大力支持，在此谨向他们致以诚挚的谢意。本书由枣庄科技职业学院韩玉勇和山东理工职业学院杨眉主编。韩玉勇负责全书的编写思路策划，指导全书的编写，并编写了项目五和项目六，项目一和项目二由枣庄科技职业学院刘力瑗编写，项目三由山东理工职业学院冯建雨编写，项目四由五莲县职业技术教育中心潘月栋编写，项目七及附录由杨眉编写，项目八由滕州市中等职业教育中心学校徐建国编写。侯玉叶、徐连孝分别参与了液压、气动技术资源的规划与开发。特别感谢山东建筑大学陈清奎教授百忙中主审了文稿，同时感谢济南科明数码技术股份有限公司对书中所展示的动画给予的技术支持。

本书经山东省职业教育教材审定委员会审定，在此对他们表示衷心的感谢！

本书充分利用虚拟现实（VR）和增强现实（AR）等技术开发的虚拟仿真教学资源，体现了"三维可视化及互动学习"的特点，将难于学习的知识点以3D教学资源的形式进行介绍，力图达到"教师易教、学生易学"的目的。本书配有安卓手机版的3D虚拟仿真教学资源，扫描本书封底上方的二维码下载APP，即可使用。本书提供免费的教学课件，欢迎选用本书的教师登录机工教育服务网（www.cmpedu.com）下载。济南科明数码技术股份有限公司还提供有互联网版的3D虚拟仿真教学资源，师生可扫描书后二维码在线下载使用。

由于编者水平有限，书中不妥之处在所难免，恳请有关专家、同仁和广大读者批评指正。

编　者

二维码索引

序号	名称	二维码	页码	序号	名称	二维码	页码
1	液压千斤顶的工作原理		2	9	径向柱塞泵的工作原理		56
2	液体黏性		14	10	斜盘式轴向柱塞泵的结构		58
3	外啮合齿轮泵的工作原理		47	11	纸芯式过滤器的工作原理		62
4	外啮合齿轮泵的结构		47	12	烧结式过滤器的工作原理		62
5	内啮合渐开线齿轮泵的工作原理		49	13	单杆活塞缸的差动连接		82
6	内啮合摆线齿轮泵的工作原理		49	14	柱塞缸的工作原理		83
7	双作用叶片泵的工作原理		50	15	叶片式液压马达的工作原理		89
8	单作用叶片泵的工作原理		53	16	轴向柱塞式液压马达的工作原理		90

（续）

序号	名称	二维码	页码	序号	名称	二维码	页码
17	伸缩缸的工作原理		95	27	三位四通液动换向阀的工作原理		105
18	单向阀的工作原理1		101	28	手动换向阀的工作原理		108
19	单向阀的工作原理2		101	29	先导式溢流阀的工作原理1		111
20	液控单向阀的工作原理		101	30	先导式溢流阀的工作原理2		111
21	二位二通阀换向原理		102	31	直动式顺序阀的工作原理		113
22	二位四通阀换向原理		102	32	先导式减压阀的工作原理		114
23	三位四通阀换向原理		103	33	普通节流阀的工作原理		117
24	三位五通阀换向原理		103	34	调速阀的工作原理		118
25	二位二通机动换向阀的工作原理		103	35	插装阀的工作原理		128
26	二位三通电磁换向阀的结构		105	36	二级调压回路		137

(续)

序号	名称	二维码	页码	序号	名称	二维码	页码
37	多级调压回路		137	47	利用溢流阀远程控制口卸荷的回路		141
38	比例调压回路		137	48	平衡回路		142
39	一级减压回路		138	49	进油路节流调速回路		143
40	双作用增压缸增压回路		139	50	回油路节流调速回路		143
41	利用液压泵保压的保压回路		139	51	旁路节流调速回路		144
42	采用蓄能器的保压回路1		139	52	液压缸差动连接快速运动回路		146
43	采用蓄能器的保压回路2		139	53	双泵供油快速运动回路		147
44	自动补油保压回路		140	54	采用行程阀的速度换接回路		148
45	换向阀中位机能卸荷回路		141	55	调速阀并联的速度换接回路		149
46	二位二通阀旁路卸荷回路		141	56	调速阀串联的速度换接回路		149

(续)

序号	名称	二维码	页码	序号	名称	二维码	页码
57	双作用式液压缸换向回路		149	64	变量泵-液压缸容积调速回路		167
58	液控单向阀锁紧回路		150	65	YT4543型液压动力滑台的控制系统		177
59	行程阀控制的顺序动作回路		151	66	YB32-200型四柱万能液压机的液压系统		192
60	行程开关控制的顺序动作回路		151	67	活塞式空气压缩机的工作原理		207
61	压力控制顺序动作回路		152	68	油水分离器的工作原理		209
62	带补偿装置的串联液压缸同步回路		152	69	双向旋转叶片式气马达的工作原理		215
63	双泵供油互不干扰回路		154	70	气缸连续往复换向回路		225

目录

第2版前言
第1版前言
二维码索引
项目一 液压与气压传动系统概述 · 1
　项目目标 · 1
　知识点睛 · 2
　知识链接 · 2
　　一、液压与气压传动的工作原理及系统组成 · 2
　　二、液压与气压传动系统的优缺点 · 6
　任务实施 · 7
　　任务　观摩液压试验台 · 7
　任务总结 · 8
　知识拓展 · 9
　　液压与气动技术的应用与发展 · 9
　小结 · 10
　思考与练习 · 10
　相关专业英语词汇 · 11
项目二 液压油的选用 · 12
　项目目标 · 12
　知识点睛 · 13
　知识链接 · 13
　　一、液压油的性质 · 13
　　二、液压油的选用 · 16
　　三、液体静力学基础 · 18
　　四、液体动力学方程 · 22
　　五、管道内流动液体的压力损失 · 29
　任务实施 · 34
　　任务　液压传动系统压力的形成 · 34
　任务总结 · 35
　知识拓展 · 36
　　一、液压冲击与气穴现象 · 36
　　二、液压油的污染和防治措施 · 37

小结 ·· 38
　　思考与练习 ·· 38
　　相关专业英语词汇 ·· 40
项目三　液压泵站 ·· 41
　　项目目标 ·· 41
　　知识点睛 ·· 42
　　知识链接 ·· 42
　　　　一、认识液压泵站 ··· 42
　　　　二、液压动力元件的拆装与结构分析 ·· 44
　　　　三、液压辅助元件 ·· 59
　　任务实施 ·· 67
　　　　任务一　液压动力元件的选择和拆装 ·· 67
　　　　任务二　润滑装置动力元件的选择和拆装 ·· 69
　　　　任务三　搭接一个简单液压传动系统 ·· 71
　　任务总结 ·· 73
　　知识拓展 ·· 74
　　　　一、液压泵的噪声 ·· 74
　　　　二、液压泵的选用 ·· 74
　　　　三、液压泵常见故障及其排除方法 ·· 75
　　小结 ·· 76
　　思考与练习 ·· 77
　　相关专业英语词汇 ·· 78
项目四　液压执行元件 ·· 79
　　项目目标 ·· 79
　　知识点睛 ·· 80
　　知识链接 ·· 80
　　　　一、液压缸 ·· 80
　　　　二、液压马达 ··· 89
　　任务实施 ·· 91
　　　　任务　液压执行元件的选择和拆装 ·· 91
　　任务总结 ·· 93
　　知识拓展 ·· 94
　　　　其他液压缸的结构分析 ··· 94
　　小结 ·· 97
　　思考与练习 ·· 97
　　相关专业英语词汇 ·· 98
项目五　液压控制阀 ·· 99
　　项目目标 ·· 99
　　知识点睛 ·· 100

知识链接 ……………………………………………………………………… 100
    一、方向控制阀 ……………………………………………………… 100
    二、压力控制阀 ……………………………………………………… 110
    三、流量控制阀 ……………………………………………………… 117
任务实施 ……………………………………………………………………… 119
    任务一 方向控制阀的结构认知与拆装 …………………………… 119
    任务二 压力控制阀的结构认知与拆装 …………………………… 121
    任务三 流量控制阀的结构认知与拆装 …………………………… 123
任务总结 ……………………………………………………………………… 125
知识拓展 ……………………………………………………………………… 126
    一、比例阀 …………………………………………………………… 126
    二、插装阀 …………………………………………………………… 128
    三、叠加阀 …………………………………………………………… 129
小结 …………………………………………………………………………… 132
思考与练习 …………………………………………………………………… 132
相关专业英语词汇 …………………………………………………………… 133

项目六 液压系统基本回路的组建与调试 …………………………… 135
项目目标 ……………………………………………………………………… 135
知识点睛 ……………………………………………………………………… 136
知识链接 ……………………………………………………………………… 136
    一、压力控制回路及分析 …………………………………………… 136
    二、速度控制回路及分析 …………………………………………… 142
    三、方向控制回路及分析 …………………………………………… 149
    四、动作控制回路及分析 …………………………………………… 150
任务实施 ……………………………………………………………………… 155
    任务一 换向回路的连接与调试 …………………………………… 155
    任务二 顺序动作回路的连接与调试 ……………………………… 157
    任务三 速度控制回路的连接与调试 ……………………………… 159
任务总结 ……………………………………………………………………… 161
知识拓展 ……………………………………………………………………… 162
    一、节流控制调速回路分析 ………………………………………… 162
    二、容积调速回路分析 ……………………………………………… 166
    三、液压基本回路故障分析 ………………………………………… 169
小结 …………………………………………………………………………… 170
思考与练习 …………………………………………………………………… 171
相关专业英语词汇 …………………………………………………………… 174

项目七 典型液压系统的安装调试与故障排除 ……………………… 175
项目目标 ……………………………………………………………………… 175
知识点睛 ……………………………………………………………………… 176

知识链接 ··· 176
  一、读液压系统图的步骤 ·· 176
  二、YT4543 型液压动力滑台控制系统 ································· 176
  三、CK6150 型数控车床液压系统 ····································· 180
任务实施 ··· 182
  任务一 YT4543 型液压动力滑台控制系统的安装与调试 ············· 182
  任务二 CK6150 型数控车床控制系统的安装与调试 ················· 184
  任务三 CK6150 型数控车床液压系统的故障分析 ··················· 184
任务总结 ··· 186
知识拓展 ··· 188
  一、液压控制系统的安装、调试及维护 ······························ 188
  二、YB32-200 型四柱万能液压机的液压系统 ························ 191
  三、液压系统的设计 ·· 195
小结 ··· 198
思考与练习 ··· 198
相关专业英语词汇 ··· 198

项目八 气压传动系统 ··· 200
项目目标 ··· 200
知识点睛 ··· 201
知识链接 ··· 201
  一、认识气压传动系统 ·· 201
  二、认识气源装置 ·· 204
  三、气动执行元件的选择 ·· 212
  四、气动控制元件和气动基本回路 ···································· 216
任务实施 ··· 233
  任务一 空气压缩机的拆装 ·· 233
  任务二 气动执行元件的拆装 ·· 235
  任务三 气动控制元件的拆装 ·· 236
任务总结 ··· 238
知识拓展 ··· 239
  一、气动元件常见故障分析 ·· 239
  二、读气压传动系统图的一般步骤 ···································· 244
小结 ··· 245
思考与练习 ··· 245
相关专业英语词汇 ··· 246

附录 液压与气压传动技术常用图形符号（摘自 GB/T 786.1—2021） ········ 247

参考文献 ··· 259

项目一　液压与气压传动系统概述

一部完整的机器通常是由原动机、传动机构和工作机三部分组成的。原动机包括电动机、内燃机等。工作机即完成该机器工作任务的直接工作部分，如剪板机的剪刀，车床的刀架、车刀、卡盘等。由于原动机的功率和转速变化范围有限，为适应工作机的负载和工作速度变化范围，以及其他操纵性能的要求，在原动机和工作机之间设置了传动机构，其作用是把原动机输出的功率经过变换后传递给工作机。

传动机构多种多样，通常分为机械传动、电气传动和流体传动。流体传动是以流体为工作介质进行能量转换、传递和控制的传动，包括液压传动和气压传动。

【项目目标】

【素养目标】
1. 增强民族自豪感，提升爱国情怀，培养崇尚科学的精神。
2. 培养恪守职责、勇于担当的职业信念与追求。
3. 增强职业认同感，培养热爱本职岗位的职业情感，进行职业目标规划。
4. 培养认真负责的职业态度和积极主动的工作热情。
5. 增强竞争意识。

【知识目标】
1. 掌握液压传动系统的基本原理和组成。
2. 了解液压与气压传动的优缺点。
3. 了解液压传动的应用与发展。

【能力目标】
1. 能叙述液压与气压传动的基本原理和优缺点。
2. 会分析液压与气压传动系统各组成部分的作用。
3. 会识别液压传动系统的图形符号。

【知识点睛】

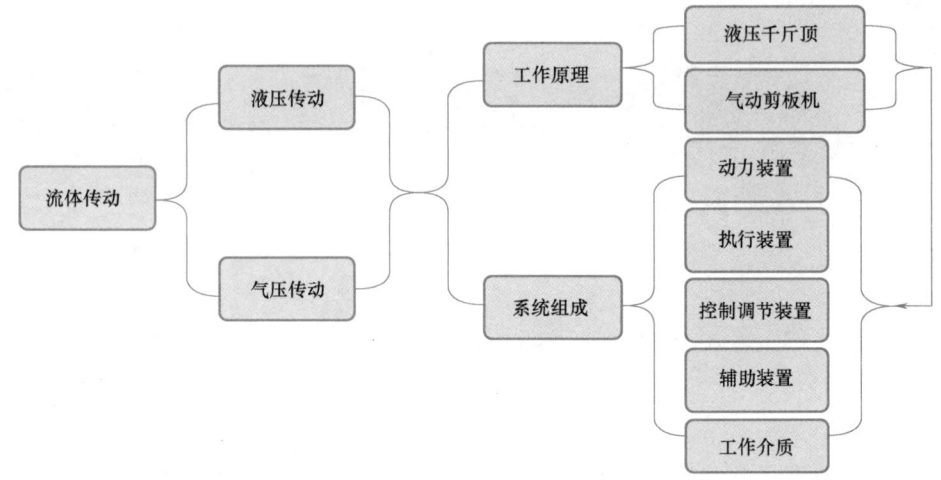

【知识链接】

液压与气压传动技术发展速度很快。特别是近年来，随着机电一体化技术的发展及其与微电子、计算机技术相结合，液压与气压传动技术进入了一个新的发展阶段。

一、液压与气压传动的工作原理及系统组成

（一）液压与气压传动的工作原理

液压与气压传动系统广泛应用在日常生活和生产中，实例如下：

实例1：图1-1所示为常见的液压千斤顶的工作原理。液压千斤顶由手动液压泵和液压缸两部分组成，其中杠杆1、活塞2、液压缸3和单向阀4、5组成手动液压泵，液压缸8和

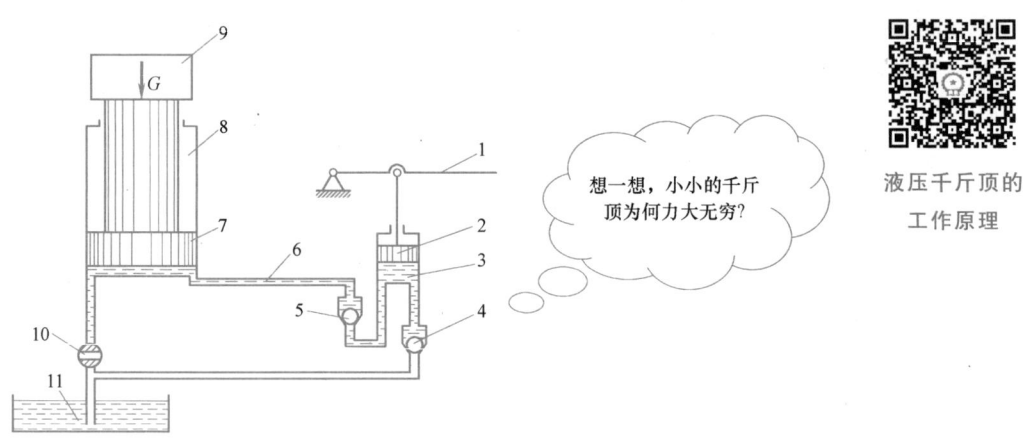

图 1-1 液压千斤顶的工作原理

1—杠杆 2、7—活塞 3、8—液压缸 4、5—单向阀 6—油管 9—重物 10—控制阀 11—油箱

活塞 7 组成升降液压缸。向上提起杠杆 1 则活塞 2 被提起，液压缸 3 下腔中的压力减小，单向阀 5 关闭，单向阀 4 打开，油箱中的油液被吸入液压缸 3，这是吸油过程；压下杠杆 1，活塞 2 下移，液压缸 3 下腔中的压力增大，迫使单向阀 4 关闭，单向阀 5 打开，高压油液经油管 6 流入液压缸 8 的下腔中，推动活塞 7 向上移动，这是压油过程。如此反复操作，便可将重物 9 提升到需要的高度。在此过程中，控制阀 10 处于截止状态。打开控制阀 10，活塞 7 可以在自重和外力的作用下实现回程。

实例 2：图 1-2 所示为气动剪板机的工作原理。当工料 11 由上料装置（图中未画出）送入剪板机并到达规定位置，将行程阀 8 的按钮压下后，气动换向阀 9 的下腔 A 通过行程阀 8 与大气相通，使换向阀芯在弹簧力的作用下向下移动。由空气压缩机 1 产生的压缩空气，经过冷却器 2 和油水分离器 3 初次净化处理后储存在储气罐 4 中，经过分水滤气器 5、减压阀 6、油雾器 7 和气动换向阀 9，进入气缸 10 的下腔。气缸 10 上腔的压缩空气通过气动换向阀 9 排入大气。这时，气缸活塞在气体压力的作用下向上运动，带动剪刀 12 将工料 11 切断。工料被剪下后，随即与行程阀 8 脱开，行程阀复位，阀芯将排气通道封死，气动换向阀 9 下腔 A 中的气压升高，迫使气动换向阀阀芯上移，气路换向，压缩空气进入气缸 10 的上腔，气缸 10 的下腔排气，气缸活塞向下运动，带动剪刀 12 复位，准备第二次下料。

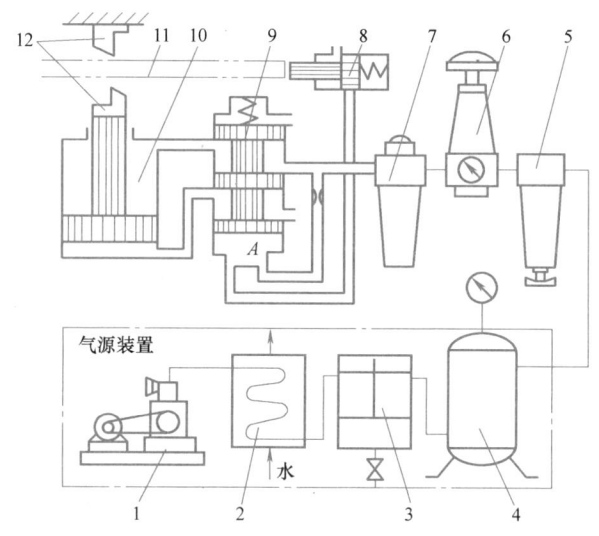

图 1-2 气动剪板机的工作原理
1—空气压缩机 2—冷却器 3—油水分离器 4—储气罐 5—分水滤气器 6—减压阀
7—油雾器 8—行程阀 9—气动换向阀 10—气缸 11—工料 12—剪刀

由上面两个实例可以看出，液压与气压传动是以流体（液压油或压缩空气）为工作介质进行能量传递和控制的一种传动形式。它们通过各种元件组成不同功能的基本回路，再由若干基本回路有机地组合成具有一定控制功能的传动系统。液压与气压传动实质上是一种不同能量的转换过程。它由液压泵（或空气压缩机）将原动机的机械能转换为液体（或气体）的压力能，再通过液压缸或液压马达（气缸或气马达）将流体压力能转换为机械能，以驱动工作机构完成各种动作。

（二）液压与气压传动系统的组成

由上述实例可见，一套完整且能够正常工作的液压与气压传动系统，至少由以下5个主要部分组成。

1. 动力装置

动力装置是将原动机（电动机）供给的机械能转变为液体或气体的压力能的装置，为各类液（气）压设备提供动力。最常见的动力装置是液压泵和空气压缩机。

2. 执行装置

执行装置是将液体或气体的压力能转变为机械能的装置，包括做直线运动的液压缸和做回转运动的液压马达、摆动缸等，它们又称为液压与气动系统的执行元件。

3. 控制调节装置

控制调节装置的作用是控制执行元件的压力、流量和方向，以保证执行元件完成预期的运动。控制调节装置有压力阀、流量阀和方向阀等。

4. 辅助装置

辅助装置是对工作介质（油或气）进行储存、输送、净化、润滑、测量，以及用于元件间连接的装置，如过滤器、油管、压力表、流量表、油箱、油雾器、消声器等。它们是保证系统正常工作所必不可少的部分。

5. 工作介质

工作介质用于进行能量和信号的传递。在液压系统中通常用液压油作为工作介质，同时还可起润滑、冷却和防锈的作用；气动系统则以压缩空气作为工作介质。

液压与气动系统的组成及作用详见表1-1。

表1-1 液压与气动系统的组成及作用

系统组成	举例	作用	相当于人体的
动力装置	液压泵、空气压缩机	将机械能转换为压力能	心脏
执行装置	液压缸/气缸、液压马达/气马达	将压力能转换为机械能	四肢、五官
控制调节装置	液压/气动控制阀（压力阀、流量阀、方向阀）	控制流体（液体、气体）的压力、流量、方向	大脑、神经
辅助装置	管道、管接头、油箱、过滤器、压力表、蓄能器、冷却器、净化装置等	储存、输送、净化、润滑、测量工作介质，以及元件间的连接，是保证液压与气动系统正常工作所必不可少的部分	皮肤、肌肉等
工作介质	液压油、压缩空气	传递能量的载体	血液

（三）图形符号

为简化液压、气压传动系统的表示方法，通常采用图形符号来绘制系统原理图。各类元件的图形符号脱离了具体结构，只表示其功能，由它们组成的系统原理图表达了系统的工作原理及各元件在系统中的作用。目前，我国液压与气压传动系统图采用GB/T 786.1—2021《流体传动系统及元件 图形符号和回路图 第1部分：图形符号》所规定的图形符号绘制。液压与气压传动技术常用图形符号见附录。

【延伸阅读】

大国重器盾构机逆袭史

日益完善的城市轨道交通，为人们的出行带来了方便。人们能享受到便捷、高效的轨道交通服务，要感谢盾构机这个"幕后英雄"。盾构机是挖掘隧道的专用工具，这个蛰伏在城市地底下的"土拨鼠"是什么样子？又有什么作用呢？

1. 何谓盾构机

盾构机是盾构隧道掘进机的简称，是一种先进的地下隧道施工设备，集机、电、液、传感、信息技术于一身，可在不影响地面状况的条件下作业，从而大大提高施工的效率和安全性，降低成本。盾构机的基本工作原理是一个圆柱体的钢组件沿隧洞轴线边向前推进边对土壤进行挖掘。该圆柱体组件的壳体即护盾，它对挖掘出的还未衬砌的隧洞起着临时支撑的作用，以承受周围土层的压力，有时还要承受地下水压，以及将地下水挡在隧洞外面的作用，挖掘、排土、衬砌等作业均要在护盾的保护下进行。

2. 盾构机的发明

盾构机至今已有百年的历史。它始于英国，发展于日本和德国。那么，盾构机是怎样被发明的呢？

18 世纪，英国人计划在伦敦地下修建一条横贯泰晤士河的隧道，然而，在当时的施工技术条件下，修建如此规模的河底隧道简直比登天还难。工程开始不久，就因为施工问题而停工。一次偶然的机会，法国工程师布鲁诺尔发现一种船蛆的钻洞行为很有意思。船蛆为软体动物，穴居于木制船上，会危害船舶，因此被称为船蛆。船蛆生活在一个硬壳内，以木材为食，用一个阀门状的器官进食，并且有两个虹吸管，用于吸水和排水。布鲁诺尔仔细地观察了船蛆在船体中钻洞的行为，发现它还会从体内分泌一种液体涂在孔壁上形成保护壳，以抵抗木板潮湿后的膨胀。他由此获得灵感，提出了盾构掘进隧道的理论，并取得了英国专利，此即开放型手掘盾构机的原型。

3. 盾构机的发展

机械化盾构机的研发是盾构机演化史上的一个重要里程碑。第一个机械化盾构机的专利是英国的布伦敦等人于 1876 年申请的。通常把机械式和气压式盾构机称为第二代盾构机。

中国有史以来可查到的首次使用盾构机的时间为 1963 年。1989 年，我国首次用盾构机进行了地铁施工，这是将盾构机应用到实际工程领域的一次有益尝试。

进入 21 世纪，盾构机已发展到第四代，以大直径、大推力、大扭矩、高智能化和多样化为主要特色，被称为"工程机械之王"。它的绝大部分工作机构主要由液压系统驱动，液压系统可以说是盾构机的"心脏"。液压行业的知名专家杨华勇院士，是推动盾构机国产化的领军人物。

2002 年，杨华勇带领浙江大学团队，与中国中铁工程装备有限公司、上海隧道工程股份有限公司、中国铁建重工等龙头企业开展联合攻关。其中，浙江大学团队主要负责电液驱动、推进和控制系统的研发。这是盾构机的"心脏"，也是国外技术封锁最严的部分。2007 年，杨华勇团队研制出首台具有自主知识产权的复合盾构样机。随后，杨华勇带领包括清华大学、上海交通大学等多学科优势团队，开展了两轮、共历时十年以上的基础研究，终于突破了盾构压力稳定性控制、载荷顺应性设计和姿态预测性纠偏基础理论与关键技术,攻克了掘进过程失稳、失效、失准三大国际难题,研发出土压、泥水和复合三大类盾构机系列产品,走完了研究—设计制造—工程实践—产业化的全部过程,实现了盾构装备"中国设计—中国制造—中国品牌"的跨越式发展。

2012年,杨华勇主导的"盾构装备自主设计制造关键技术及产业化"摘得国家科学技术进步奖一等奖,打破了"洋盾构机"一统天下,隧道施工受制于人的局面。

2017年,国产盾构机销量已拿下世界第一,我国从而进入盾构装备设计制造先进国家行列。如今国产盾构机已经占据国内90%以上的市场份额,并且出口到世界21个国家和地区,占据了2/3的国际市场,成为当之无愧的世界第一。中国盾构机的发展史被很多媒体认为是中国经济逆袭的代表。这是中国全产业链制造能力缔造的奇迹,更是中国不屈民族精神的体现。

二、液压与气压传动系统的优缺点

(一)液压与气压传动系统的优点

1)质量小、体积小、反应快。无论是液压传动元件还是气压传动元件,在输出相同功率的条件下,体积和质量与其他传动系统相比均相对较小,因此惯性力小,动作灵敏,这对制造自动控制系统很重要。

2)可实现无级调速,调速范围大,可在系统运行中调速,还可获得很低的速度。

3)操作简单,调整控制方便,易于实现自动化,特别是与机电设备联合使用,便于实现复杂的自动工作循环。

4)便于实现"三化",即系列化、标准化和通用化。

5)便于实现过载保护,使用安全、可靠。

液压传动与气压传动因工作介质不同,具有不同的优点。例如,液压传动可输出较大的推力和转矩,传动平稳;液压系统能够自润滑,因此液压元件使用寿命长,而气动元件在气压传动中需设置给油润滑装置。气压传动的优点是:工作介质是空气,取之不尽,用之不竭,用后直接排入大气,干净而不污染环境,特别是在食品加工、纺织、印刷、精密检测等要求高净化、无污染场合,有很好的发展前途。且因为空气的黏度很小,约为液压油黏度的1/10000,其损失也很小,因此气压传动的效率也高于液压传动,适宜于远距离输送和集中供气。

(二)液压与气压传动系统的缺点

1)元件制作精度要求高,系统要求封闭、不漏气、不漏油,因而加工和装配的难度较大,使用和维护的要求较高。

2)实现定比传动困难,因此不适用于传动比要求严格的场合,如螺纹和齿轮加工机床的传动系统等。

3)系统出现故障时不易查出原因,对平时维护要求高,洁净度要好。

总体来说,液压与气压传动的优点是主要的,其缺点将随着科学技术的发展不断被完善。例如，将液压传动与气压传动、电力传动、机械传动合理地联合使用，构成气液、电液（气）、机液（气）等联合传动，可以进一步发挥各自的优点，相互补充，弥补其不足之处。

【延伸阅读】

从装配钳工到大国工匠——李向宾

李向宾，装配钳工高级技师，现任郑州煤矿机械集团股份有限公司液压电控公司质量副总工程师、首席质量师，2016年享受国务院特殊津贴，其工作室被评为"国家级技能大师工作室"。李向宾钳工出身，学历虽然不高，但他充分发扬了在技术领域钻研的"钉子精神"，最终在平凡的岗位上成长为大国工匠。

煤炭工矿企业里，千斤顶等液压设备必不可少，可一些设备用久了就会出现问题，怎么办？李向宾对此技术难题展开了研究。

从工作起，李向宾就与液压系统打交道。经过多年对电、液控制系统理论及工况的研究，他具备了丰富的实践经验，善于处理"疑难杂症"，解决生产过程中的重点、关键性技术问题，成了厂里的技术专家。随着煤矿支架的大量运用，李向宾结合用户反馈的立柱升降缓慢的问题，牵头研发出立柱大流量供液系统，并将产品运用于神华煤矿7m、8m等高端支架，提升了生产率，得到了用户的认可。日常工作中，有些液压设备安全阀会频繁开启，产生液体喷射现象，属于技术难题。即使制造业发达的德国，也未从根本上解决此技术难题。李向宾研发出了平衡补偿双向锁阀门，彻底解决了用户平衡千斤顶安全阀频繁开启的问题。

多年的工作实践，已经使他成为一名液压方面的"外科大夫"，很多液压设备没法拆卸维修，他只要"望、闻、问、切"，就能诊断出设备的问题。李向宾说："技术是一个学习的过程，技术人员要善于以用户为中心、以问题为导向，才能不断提高研发能力。"

【任务实施】

任务　观摩液压试验台

本任务以液压试验台为载体，通过教师的操作、学生的参与、师生共同对试验现象的分析，增加学生对液压传动的感性认识，激发学生对液压传动的兴趣，初步认识常用的液压元件。

1. 观察液压试验台

1）认识液压试验台上的元件，认识各个元件的外形和符号，观察液压试验台的外形、结构、组成。

2）识别液压元件。

2. 分析液压传动的工作原理

1）压力的建立与调整。

2）液压缸运动方向的控制与换向。

3）液压缸运动速度的控制与调整。

3. 认识液压试验使用的元件名称和图形符号

记录液压试验使用的元件名称和图形符号。

4. 安全注意事项

1）进行液压与气动实训要与电和高压油、压缩空气打交道，要保证实训设备和元件的完好性。

2）要正确地安装和固定好元件。

3）管路连接要牢固，以免软管脱出而会引起事故。

4）限位元件不应放在动作杆的对面，应使其侧面与动作杆接触。

5）不得使用超过限制的工作压力。

6）要按要求接好回路，检查无误后才能起动电动机。

7）不能按要求完成实训时，要仔细检查，认真分析产生错误的原因。

8）做液压实训时，在有压力的情况下不准拆卸管子；做气动实训时，在有压力的情况下拆卸软管时，应握紧软管的端头。

9）要严格遵守各种安全操作规程。

【任务总结】

观察液压试验台时，由于仅仅是对工作过程进行观察，因此对于一些参数没有要求，但要注意节流阀的开口或流量的控制，避免系统工作过程中溢流的产生。通过观摩液压试验台的工作过程，总结液压传动系统的组成及作用。

任务总结与反思

班级_____ 姓名_____ 学号_____ 分组号_____

评价项目	评价内容	评价效果			
		非常满意	满意	基本满意	不满意
工作能力	能够合理安排自己的日常学习和生活（按时起床，着装得体，准时到达教学活动场所）				
	能够对所阅读的说明文字进行重点标记，并能说出关键词				
	能够理解书籍、手册中的技术内容				
	能够在有计划的前提下开展工作并主动记录任务实施的心得体会				
	能够用清楚、流畅的语言表达自己的观点				
社会能力	能够与同学友好交往，不用语言、动作伤害他人				
	愿意接受新的工作任务并积极地投入其中				
	能够主动参与小组工作任务并真诚表达自己的观点				
	能够真实反馈自己的工作结果，并能主动向他人寻求必要的帮助				

（续）

评价项目	评价内容	评价效果			
		非常满意	满意	基本满意	不满意
专业能力	能够读懂任务要求,清楚各种液压元件的种类和功能				
	能够根据要求选用合适的液压元件				
	能够熟练地连接各种液压元件				
	能够在阅读说明资料及观看示范动作的方式下,安全地完成任务的操作过程,实现预期效果				
	能够归纳连接液压元件及回路系统的步骤和特点				
	清楚各操作过程中的安全注意事项				

【知识拓展】

液压与气动技术的应用与发展

液压与气压传动相对于机械传动来说是一门新兴技术。虽然从 17 世纪中叶帕斯卡提出静压传递原理、18 世纪末英国制造出世界上第一台水压机算起,液压与气压传动已有几百年的历史,但液压与气压传动在工业上被广泛应用和有较大幅度的发展却是 20 世纪中期以后的事情。

近代液压传动是由 19 世纪崛起并蓬勃发展的石油工业推动起来的,最早实践成功的液压传动装置是舰艇上的炮塔转位器,其后才在机床上应用。第二次世界大战期间,由于军事工业和装备迫切需要反应迅速、动作准确、输出功率大的液压传动及控制装置,促使液压技术迅速发展。第二次世界大战后,液压技术很快转入民用工业,在机床、工程机械、冶金机械、塑料机械、农林机械、汽车、船舶等行业得到了广泛的应用和发展。20 世纪 60 年代以后,随着原子能、空间技术、电子技术等的发展,液压技术向更广阔的领域渗透,发展成为包括传动、控制和检测在内的一门完整的自动化技术。现今,采用液压传动的程度已成为衡量一个国家工业水平的重要标志之一。发达国家生产的 95% 的工程机械、90% 的数控加工中心、95% 以上的自动线都采用了液压传动。我国的液压传动技术最初应用在机床和锻压设备上,后来又用于拖拉机和工程机械。现在,我国自行设计的液压系统已经形成了产品系列,在各种机械设备上都得到了广泛的应用。

随着液压机械自动化程度的不断提高,液压元件应用数量急剧增加,元件小型化、系统集成化是必然的发展趋势。特别是近年来,液压技术与传感技术、微电子技术密切结合,使液压技术在高压、高速、大功率、节能高效、低噪声、长使用寿命、高度集成化等方面取得了重大进展,生产出了许多诸如电液比例控制阀、数字阀、电液伺服液压缸等机（液）电一体化元件。无疑,液压元件和液压系统的计算机辅助设计（CAD）、计算机辅助试验（CAT）和计算机实时控制也是当前液压技术的发展方向。

人们很早就懂得用空气作为工作介质传递动力做功，如利用自然风力推动风车、带动水车提水灌田，又如汽车的自动开关门、火车的自动抱闸、采矿用风钻等。因为空气作为工作介质具有防火、防爆、防电磁干扰，抗振动、冲击、辐射等优点，所以近年来气动技术的应用领域已从汽车、采矿、钢铁、机械工业等重工业迅速扩展到化工、轻工、食品、军工等行业。和液压技术一样，当今气动技术也发展成了包含传动、控制与检测在内的自动化技术，作为柔性制造系统（FMS）在包装设备、自动生产线和机器人等方面成为不可缺少的手段。随着工业自动化以及 FMS 的发展，要求以提高气动技术系统可靠性、降低总成本、与电子工业相适应为目标，进行系统控制技术和机电液气综合技术的研究和开发。显然，气动元件的微型化、节能化、无油化是当前的发展特点，与电子技术相结合产生的自适应元件，如各类比例阀和电气伺服阀，使气动系统从开关控制进入到反馈控制，计算机的广泛普及与应用，也为气动技术的发展提供了更加广阔的前景。

【延伸阅读】

天眼中的液压技术

被誉为"中国天眼"的 500m 口径球面射电望远镜（FAST）是观天巨目、国之重器，它凝聚了四代中国科学家的智慧和心血，向世界贡献了重大科学工程的中国经验和创新实践价值，对我国在科学前沿方面实现重大原创突破和加快创新驱动发展具有极其重要的意义。

球面射电望远镜主动变形反射面液压促动器作为 FAST 三大自主创新技术之一，是实现观测的最关键技术。主动变形反射面是由几千块镜片连接而成的一个弧面，弧面镜片的中间有节点，工作时可实现伸缩等动作。实现该功能的结构是由液压缸、独立油源及电控系统组成的一体式液压促动器，是一种可以进行控制和位置反馈的伸缩机构，用来调整索网的节点位置，从而实现主动变形反射面的面形调整。

FAST 液压促动器群系统是世界上罕见的典型局部大规模机电液一体化设备群系统，作为系统中最为重要的运动部件群，其可靠运行是保证望远镜正常观测的重要基础。目前，应用液压传动技术的程度已经成为衡量一个国家工业水平的重要标志之一，需要通过不断地创新发展才能面对未来严苛的挑战和要求。

【小结】

液压与气压传动是机械设备中广泛应用的传动方式之一。本项目主要介绍了液压传动及气压传动的工作原理，液压传动及气压传动系统的组成及特点。流体传动是以流体为工作介质进行能量转换、传递和控制的传动，由动力装置、执行装置、控制调节装置、辅助装置和工作介质 5 部分组成。

【思考与练习】

1-1　何谓液压传动？液压传动的基本工作原理是什么？

1-2　液压传动系统有哪些基本组成部分？试说明各组成部分的作用。

1-3　液压传动与机械传动、电气传动相比，有哪些主要的优缺点？

1-4　深入企业，了解液压与气动技术的应用，写一份 3000 字左右的调查报告。

【相关专业英语词汇】

（1）液压传动——hydraulic transmission
（2）液压传动系统的组成——composition of hydraulic transmission system
（3）液压传动的工作原理——operating principles of hydraulic transmission
（4）液压系统——hydraulic system
（5）流体传动——fluid power
（6）液力技术——hydrodynamics
（7）气液技术——hydropneumatics

项目二 液压油的选用

液压油是液压传动系统中的工作介质,对液压装置的机构、零件起着润滑、冷却和防锈作用。液压传动系统的压力、温度和流速在很大范围内变化,因此液压油的质量优劣直接影响液压系统的工作性能。

【项目目标】

【素养目标】

1. 提高独立分析问题、解决问题的能力。
2. 树立主体责任意识及认真负责的工作态度。
3. 培养一丝不苟的职业精神和三全(全面、全员、全过程)质量管理意识。
4. 提高自我总结、自我评价及自我学习的能力。

【知识目标】

1. 了解液压油的物理性质。
2. 了解液压油的使用要求与应用场合。
3. 掌握液压传动的基本理论并灵活应用。

【能力目标】

1. 能正确选择和使用液压油。
2. 会用伯努利方程分析问题。

【知识点睛】

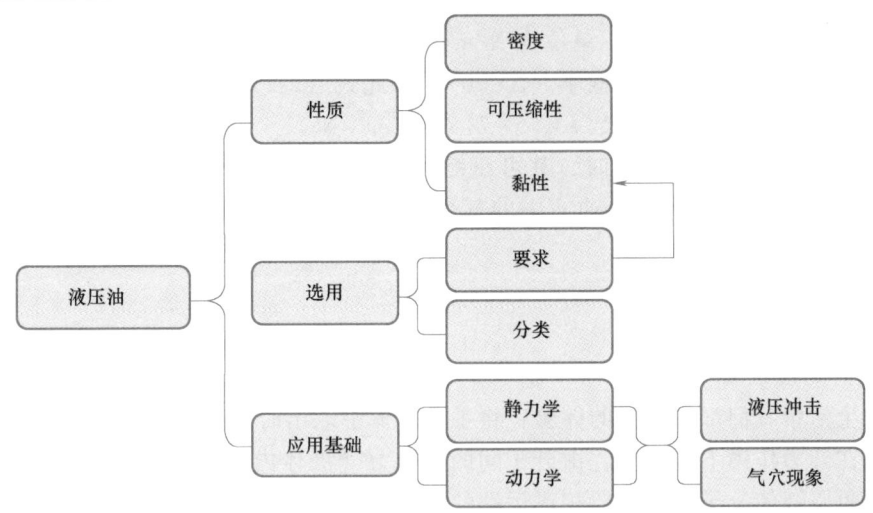

【知识链接】

液体是液压传动的工作介质,因此,了解液体的基本性质,掌握液体平衡和运动的主要力学规律,对于正确理解液压传动原理及合理使用液压系统都是十分重要的。

一、液压油的性质

液压油的性质主要包括密度、可压缩性、黏性等。

(一) 液压油的密度

单位体积液体的质量称为该液体的密度,用 ρ 表示,单位为 kg/m³,其计算公式为

$$\rho = \frac{m}{V} \tag{2-1}$$

式中 m——体积为 V 的液体的质量,单位为 kg;

V——液体的体积,单位为 m³;

ρ——液体的密度。

液体的密度随温度的升高而减小,随压力的增加而增大。对于液压传动中常用的液压油(矿物油)来说,在常用的温度和压力范围内,其密度变化很小,可视为常数。在计算时,常取 15℃时的液压油密度 $\rho = 900 \mathrm{kg/m^3}$。

(二) 液压油的可压缩性

液体受压力作用而发生体积减小的性质称为液体的可压缩性。可压缩性的大小用体积压缩系数 k(单位为 m²/N)来表示,其定义为:液体在单位压力变化下的体积相对变化量,即

$$k = -\frac{\Delta V}{\Delta p V} \tag{2-2}$$

式中　V——增压前液体的体积，单位为 m^3；

　　　ΔV——压力变化 Δp 时液体体积的变化量，单位为 m^3；

　　　Δp——液体压力的变化量，单位为 N/m^2。

由于压力增大时液体的体积减小（$\Delta V<0$），因此式（2-2）的右边须加一负号，使 k 为正值。常用液压油的体积压缩系数 $k=(5\sim 7)\times 10^{-10} m^2/N$。

另外，当液压油中混入空气时，其可压缩性显著增加，将严重影响液压系统的工作性能，故在液压系统中应尽量减少油液中的气体及其他易挥发物质（如汽油、煤油、乙醇、苯等）的含量。

（三）液压油的黏性

1. 黏性的物理意义

在日常生活中我们都有这样的体验：将手从液体中取出时，手上总是粘有液体，究其原因是当液体在外力作用下流动时，由分子间的内聚力（液体内部分子之间引力的作用效果）而产生一种阻碍液体分子之间进行相对运动的内摩擦力。液体的这种产生内摩擦力的性质称为液体的黏性。黏性是液体的重要物理性质，也是选择液压油的主要依据。

图 2-1 所示为在两个平行平板之间充满液体，两平行平板间的距离为 h，当上平板以速度 u_0 相对于静止的下平板向右移动时，紧贴于上平板上的一层极薄液体，在附着力的作用下，随着上平板一起以 u_0 的速度向右运动；紧贴于下平板上的一层极薄液体和下平板一起保持不动；而中间各层液体则从上到下按递减的速度向右运动，这是因为相邻两薄层液体间存在内摩擦力，该力对上层液体起阻滞作用，而对下层液体起拖曳作用。当两平板间的距离较小时，各液层的速度按线性规律分布。

实验测定得出：液体流动时，相邻液层间的内摩擦力 F 与液层间的接触面积 A 和液层间相对运动的速度 du 成正比，而与液层间的距离 dy 成反比，即

$$F = \mu A \frac{du}{dy} \tag{2-3}$$

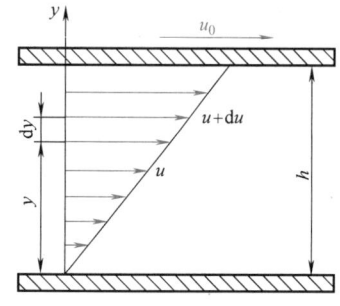

图 2-1　液体黏性示意图

液体黏性

若用单位面积上的摩擦力 τ（切应力）来表示，则式（2-3）可以改写成

$$\tau = \frac{F}{A} = \mu \frac{du}{dy} \tag{2-4}$$

式中　μ——比例系数，也称为动力黏度；

du/dy——速度梯度,即相对运动速度对液层距离的变化率。

这就是牛顿液体内摩擦定律。

由式(2-4)可知,在静止液体中,因速度梯度 du/dy = 0,故内摩擦力为零,因此液体在静止状态下是不呈现黏性的。

2. 黏度

液体黏性的大小用黏度来表示。常用的黏度有三种,即动力黏度、运动黏度和相对黏度。

(1) 动力黏度 μ 动力黏度又称绝对黏度,它表征液体黏性的内摩擦因数,由式(2-4)可得

$$\mu = \frac{\tau}{\mathrm{d}u/\mathrm{d}y} \tag{2-5}$$

由此可知,液体动力黏度的物理意义是:当速度梯度等于1时,流动液体液层间单位面积上的内摩擦力,即为动力黏度。动力黏度 μ 的法定计量单位为 N·s/m² 或 Pa·s。

(2) 运动黏度 ν 动力黏度 μ 与液体密度 ρ 之比,称为运动黏度,用 ν 表示,即

$$\nu = \frac{\mu}{\rho} \tag{2-6}$$

运动黏度 ν 没有明确的物理意义。因为在其单位中只有长度和时间的量纲,所以称其为运动黏度,它在液压分析和计算中是一个经常遇到的物理量。运动黏度 ν 的法定计量单位是 mm²/s。

就物理意义来说,运动黏度 ν 并不是一个黏度的量,但工程中常用它来标志液体的黏度。如液压油的牌号,就是这种油液在40℃时的运动黏度 ν(mm²/s)的平均值。例如 N32 号液压油就是指这种液压油在40℃时的运动黏度 ν 的平均值为 32mm²/s。我国的液压油旧牌号是采用50℃时运动黏度的平均值表示的。液压油新旧牌号对照见表2-1。

表 2-1 液压油新旧牌号对照

ISO 3448:1992 黏度等级	GB/T 3141—1994 黏度等级(现牌号)	40℃时的运动黏度/(mm²/s)	1983—1990年的过渡牌号	1982年以前相近的旧牌号
ISO VG15	15	13.5~16.5	N15	10
ISO VG22	22	19.8~24.2	N22	15
ISO VG32	32	28.8~35.2	N32	20
ISO VG46	46	41.4~50.6	N46	30
ISO VG68	68	61.2~74.8	N68	40
ISO VG100	100	90~110	N100	60

(3) 相对黏度 相对黏度又称条件黏度。因动力黏度与运动黏度都难以直接测量,工程上常用一些简便方法测定液体的相对黏度。根据测量条件不同,各国采用的相对黏度的单位也不同。如美国采用赛氏黏度 SSU,英国采用雷氏黏度 R,法国采用巴氏黏度°B,我国和德国等一些欧洲国家采用恩氏黏度°E。

恩氏黏度由恩氏黏度计测定，即将 200cm^3 的被测液体装入底部有 $\phi 2.8\text{mm}$ 小孔的恩氏黏度计的容器中，在某一特定温度 T（℃）时，测定全部液体在自重作用下流过小孔所需的时间 t_1 与同体积的蒸馏水在 20℃ 时流过同一小孔所需的时间 t_2（$t_2 = 50 \sim 52\text{s}$）之比，便是该液体在温度 T（℃）时的恩氏黏度。恩氏黏度用符号 °E 表示，即

$$°\text{E} = \frac{t_1}{t_2} \tag{2-7}$$

恩氏黏度与运动黏度可用下面的经验公式换算

$$\nu = \left(7.31°\text{E} - \frac{6.31}{°\text{E}}\right) \times 10^{-6} \tag{2-8}$$

3. 黏度与压力的关系

当压力增加时，液体分子间距离减小，内聚力增大，其黏度也有所增大。在液压系统中，当系统的压力低于 20MPa 时，压力对黏度的影响较小，一般可忽略不计；当系统压力高于 50MPa 时，压力对黏度的影响较明显，必须考虑压力对黏度的影响。

4. 黏度与温度的关系

液压油的黏度对温度的变化很敏感，温度升高，黏度将显著减小。油液黏度的变化直接影响液压系统的性能和泄漏量，因此希望黏度随温度的变化越小越好。不同的油液有不同的黏度温度变化关系，这种关系称作油液的黏温特性。

液压油的黏温特性可以用黏度指数 VI 来表示，其值越大，表示油液黏度随温度的变化率越小，即黏温特性越好。一般液压油要求 VI 值在 90 以上，精制的液压油及加有添加剂的液压油，其值可大于 100。

（四）其他特性

液压油还有一些其他物理化学性质，如稳定性、抗燃性、抗氧化性、抗泡沫性、抗乳化性、防锈性、抗磨性等，这些性质对液压系统工作性能的影响也较大。对于不同品种的液压油，这些性质的指标是不同的，具体应用时可查油类产品手册。

二、液压油的选用

（一）液压传动系统对液压油的要求

液压油既是液压传动与控制的工作介质，又是各种液压元件的润滑剂，因此液压油的性能直接影响液压系统的性能，如工作可靠性、灵敏性、稳定性、系统效率和零件寿命等。

不同的工作机械、不同的使用情况，对液压油的要求有很大不同。为很好地传递运动和动力，液压油应满足下列要求。

(1) 黏温特性好　在使用温度范围内，黏度随温度的变化越小越好。

(2) 润滑性能好　在规定的范围内有足够的油膜强度，以免产生干摩擦。

（3）化学稳定性好　在储存和工作过程中不易氧化变质，以防胶质沉淀物影响系统正常工作；防止油液变酸，腐蚀金属表面。

（4）质地纯净，抗泡沫性好　油液中含有机械杂质易堵塞油路，若含有易挥发性物质，则会使油液中产生气泡，影响运动平稳性。

（5）闪点要高，凝固点要低　油液用于高温场合时，为了防火安全，闪点要求高；在温度低的环境下工作时，凝固点要求低。一般液压系统中所用液压油的闪点为130~150℃，凝固点为-15~-10℃。

（二）液压油的分类

液压油的品种很多，主要可分为三大类型：矿物油型、合成型和乳化型。液压油的主要品种及性质见表2-2。

表2-2　液压油的主要品种及性质

性质	可燃性液压油			抗燃性液压油			
	矿物油型			合成型		乳化型	
	通用液压油	抗磨液压油	低温液压油	磷酸酯液	水-乙二醇液	油包水液	水包油液
密度/(kg/m^3)	850~900			1100~1500	1040~1100	920~940	1000
黏度	小~大	小~大	小~大	小~大	小~大	小	小
黏度指数Ⅵ	≥90	≥95	≥130	130~180	140~170	103~150	极高
润滑性	优	优	优	优	良	良	中
防锈性	优	优	优	良	良	良	中
闪点/℃	170~200	170	150~170	难燃	难燃	难燃	不燃
凝点/℃	≤-10	≤-25	-45~-35	-50~-20	≤-50	≤-25	≤-5

（三）选用液压油的注意事项

选择液压油首先要考虑的是黏度问题。在一定条件下，选用的油液黏度太大或太小都会影响系统的正常工作。黏度大的油液流动时产生的阻力较大，克服阻力所消耗的功率较大，而此功率损耗又将转换成热量使油温上升。油液黏度太小，会使泄漏量加大，使系统的容积效率下降。一般液压系统的油液黏度 $\nu_{40} = (10~60) \times 10^{-6} \mathrm{m}^2/\mathrm{s}$，黏度更大的油液应用较少。

在选择液压油时，要根据具体情况或系统的要求来选用合适黏度的油液。选择时一般考虑以下几个方面。

（1）液压系统的工作压力　工作压力较高的液压系统宜选用黏度较大的液压油，以减少系统泄漏；反之，可选用黏度较小的液压油。

（2）环境温度　环境温度较高时宜选用黏度较大的液压油。

（3）运动速度　液压系统执行元件运动速度较高时，为减小液流的功率损失，宜选用黏度较小的液压油。

（4）液压泵的类型　在液压系统的所有元件中，液压泵对液压油的性能最为敏感，因为泵内零件的运动速度很高，承受的压力较大，润滑要求苛刻，温升高，所以常根据液压泵的类型及要求来选择液压油的黏度。

各类液压泵适用的油液黏度见表2-3。

表2-3 各类液压泵适用的油液黏度

液压泵类型		环境温度 5~40℃ $\nu/10^{-6} \cdot m^{-2} \cdot s^{-1}(40℃)$	环境温度 40~80℃ $\nu/10^{-6} \cdot m^{-2} \cdot s^{-1}(40℃)$
叶片泵	$p<7MPa$	30~50	40~75
	$p\geq 7MPa$	50~70	55~90
齿轮泵		30~70	95~165
轴向柱塞泵		40~75	70~150
径向柱塞泵		30~80	65~240

【延伸阅读】

安全是工业生产的主旋律

安全是工业生产永远的主旋律,企业离开安全就谈不上生产,更谈不上经济效益。液压系统作为一种传动技术,总给人输出力大、容易控制、安全性高的印象,但是因液压油泄漏引发火灾的事故并不鲜见。

2018年3月7日,河北龙山发电厂发生了一起因汽轮机液压油泄漏引发的着火事故。当天5时48分,运行人员发现汽轮机液压泵的油压下降,中压调节气门反馈异常,现场检查中压调节气门处有明火,立即拉闸停机并组织灭火。经初步调查分析,事故原因为:中压调节气门进油隔离阀因螺母松动脱开,压力油喷射到中压调节气门的高温阀体上,引起火灾。该机油系统原始设计存在隐患,液压油与润滑油共用同一油箱、同一种油,且管道系统长期存在渗漏油和低频振动。为消除机油系统渗漏,事故单位在各进气门油管路上加装了隔离阀,但由于方案论证不充分,隔离阀安装位置选择不当,靠近高温阀体,且连接螺母无止动措施,造成运行中螺母松脱喷油起火。

三、液体静力学基础

液体静压力用于研究液体处于相对平衡状态下的力学规律以及这些规律的应用。这里所说的相对平衡,是指液体内部质点之间没有相对运动,至于液体整体,完全可以像刚体一样做各种运动。

(一) 液体的压力

1. 阿基米德定律

浸在液体中的物体受到向上的浮力,浮力的大小等于它排开的液体受到的重力,即

$$F = \rho g V \tag{2-9}$$

式中 ρ——液体的密度,单位为 kg/m^3;

g——重力加速度,单位为 m/s^2;

V——被排开的液体的体积,单位为 m^3。

2. 液体静压力

静止液体在单位面积上所受的法向力称为静压力，如果在液体内某点处微小面积 ΔA 上作用有法向力 ΔF，则 $\Delta F/\Delta A$ 的极限就是该点的静压力，用 p 表示，即

$$p = \lim_{\Delta A \to 0} \frac{\Delta F}{\Delta A} \tag{2-10}$$

当液体所受的是均匀分布的作用力 F 时，静压力可表示为

$$p = \frac{F}{A} \tag{2-11}$$

液体的静压力在物理学上称为压强，但在液压传动中习惯称为压力。液体的静压力有以下特性。

1）液体静压力垂直于其作用面，其方向与该面的内法线方向一致。
2）静止液体内，任意点的静压力在各个方向上都相等。

3. 静压力基本方程

在重力作用下的静止液体，其受力情况如图 2-2a 所示，除液体重力、液面上的外加压力之外，还有容器壁面作用在液体上的反压力。如要计算离液面深度为 h 处某点的压力，可以取出底面包含该点的一个微小垂直液柱来研究，如图 2-2b 所示。液柱顶面受外加压力 p_0 作用，底面上所受的压力为 p，微小液柱的底面积为 ΔA，高为 h，其体积为 $h\Delta A$，则液柱的重力为 $\rho g h \Delta A$，并作用于液柱的重心上。作用于液柱侧面上的力，因为对称分布而相互抵消。

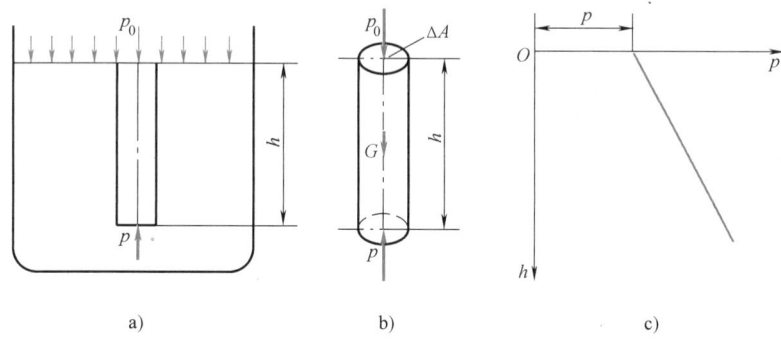

图 2-2 静止液体内的压力分布规律

由于液体处于平衡状态，在垂直方向上的力存在如下关系

$$p\Delta A = p_0 \Delta A + \rho g h \Delta A \tag{2-12}$$

将式（2-12）两边同除以 ΔA，则得

$$p = p_0 + \rho g h \tag{2-13}$$

式（2-13）即为液体静压力基本方程，由其可知：

1）静止液体内任一点处的压力由两部分组成：一部分是液面上的压力 p_0，另一部分是该点以上液体的自重所产生的压力 $\rho g h$。当液面上只受大气压力 p_a 时，式（2-13）可改写为

$$p = p_a + \rho g h \tag{2-14}$$

2）静止液体内的压力沿液深呈线性规律分布，如图 2-2c 所示。
3）距液面深度相同处各点的压力相等。压力相等的所有点组成的面称为等压面。在重

力作用下，静止液体中的等压面是一个水平面。

4）对于静止液体，若液面压力为 p_0，液面与基准水平面的距离为 h_0，液体内任一点的压力为 p，与基准水平面的距离为 h，则由静压力基本方程式可得

$$\frac{p_0}{\rho g}+h_0=\frac{p}{\rho g}+h=常数 \tag{2-15}$$

式中 $\dfrac{p}{\rho g}$ ——静止液体中单位重量液体的压力能；

h ——单位重量液体的势能。

式（2-15）的物理意义为静止液体中任一质点的总能量保持不变，即能量守恒。

4. 压力的表示方法及单位

根据度量基准的不同，液体压力分为绝对压力和相对压力两种。绝对压力以绝对零压力作为基准进行度量，相对压力以当地大气压为基准进行度量。两者的关系如下

绝对压力 = 大气压力 + 相对压力

因大气中的物体受大气压的作用是自相平衡的，所以大多数压力表测得的压力值是相对压力，故相对压力又称表压力。在液压技术中所提到的压力，如不特别指明，均为相对压力。当绝对压力低于大气压时，绝对压力不足于大气压力的那部分压力值称为真空度。真空度就是大气压力与绝对压力之差，即

真空度 = 大气压力 - 绝对压力

绝对压力、相对压力和真空度的关系如图 2-3 所示。

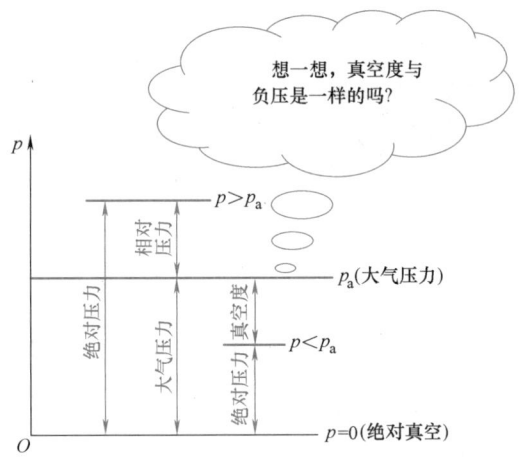

图 2-3 绝对压力、相对压力和真空度的关系

压力的单位为 Pa（帕斯卡，简称帕），$1Pa = 1N/m^2$，由于 Pa 的单位量值太小，在工程上常采用它的倍数单位 kPa（千帕）和 MPa（兆帕）。它们之间的换算关系是

$$1MPa = 10^3 kPa = 10^6 Pa$$

压力的单位还有 atm（标准大气压）、bar（巴）、at（工程大气压）、mmH_2O（毫米水柱）、mmHg（毫米汞柱）等，各压力的换算关系为

$$1atm = 1.01325 \times 10^5 Pa$$
$$1bar = 10^5 Pa$$
$$1at = 9.80665 \times 10^4 Pa$$
$$1mmH_2O = 9.80665 Pa$$
$$1mmHg = 1.33322 \times 10^2 Pa$$

（二）压力的传递

由静力学基本方程可知，静止液体中任意一点处的压力都包含了液面上的压力 p_0。这说明在密闭的容器中，由外力作用所产生的压力可以等值地传递到液体内部的所有各点，这

就是帕斯卡原理。

通常在液压传动系统中，由外力产生的压力 p_0 要比由液体自重所产生的压力 $\rho g h$ 大很多。例如液压缸、管道的配置高度一般不超过 10m，若取油液的密度为 900kg/m³，则由油液自重所产生的压力 $\rho g h = 900 \text{kg/m}^3 \times 9.8 \text{m/s}^2 \times 10\text{m} = 0.0882 \times 10^6 \text{Pa} = 0.0882\text{MPa}$，而液压系统内的压力常常在几兆帕到几十兆帕之间。因此，为使问题简化，在液压系统中，由液体自重所产生的压力常忽略不计，一般认为静止液体内压力处处相等。

图 2-4 所示为两个面积分别为 A_1、A_2 的液压缸，缸内充满液体并用连通管使两缸相通。作用在大活塞上的负载为 F_1，缸内液体压力为 p_1，$p_1 = F_1/A_1$；小活塞上作用一个推力 F_2，缸内的压力为 p_2，$p_2 = F_2/A_2$。

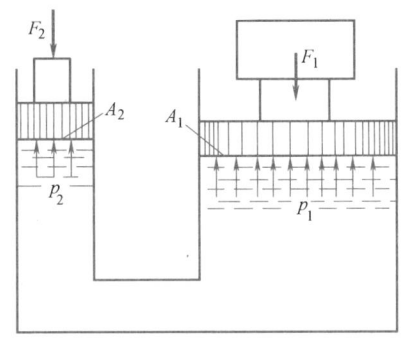

图 2-4 液压起重原理

根据帕斯卡原理，$p_1 = p_2 = p$，则

$$\frac{F_1}{A_1} = \frac{F_2}{A_2} = p \quad \text{或} \quad F_1 = F_2 \frac{A_1}{A_2} \tag{2-16}$$

由式（2-16）可知，由于 $A_1/A_2 > 1$，因此用一个很小的推力 F_2，就可以推动一个比较大的负载 F_1。液压千斤顶就是根据此原理制成的。

由式（2-16）还可知，若负载 F_1 增大，系统压力 p 也增大；反之，系统压力 p 减小。若负载 $F_1 = 0$，当忽略活塞重量及其他阻力时，不论怎样推动小液压缸活塞，也不能在液体中形成压力。这说明系统压力 p 是液体在外力作用下受到挤压而形成和传递的。由此，可得出一个很重要的概念：液压系统中，液体的压力是由外负载决定的。

（三）液体作用于容器壁面上的力

液体和固体壁面相接触时，固体壁面将受到液体静压力的作用。由于静压力近似处处相等，所以可认为作用于固体壁面上的压力是均匀分布的。

当固体壁面为一平面时，作用在该面上静压力的方向与该平面垂直，是相互平行的。作用力 F 为液体的压力 p 与该平面面积的乘积，即

$$F = pA \tag{2-17}$$

当固体壁面为一曲面时，作用在曲面上各点的静压力的方向均垂直于曲面，互相是不平行的。在工程上通常只需计算作用于曲面上的力在某一指定方向上的分力。例如图 2-5 所示的液压缸缸体，半径为 r，长度为 l。若需求出液压油对缸体右半壁内表面的水平作用力 F_x 时，可在缸体上取一微小窄条，宽为 $\text{d}s$，其面积 $\text{d}A = l\text{d}s = lr\text{d}\theta$，则液压油作用于这块面积上的力 $\text{d}F$ 的水平分力 $\text{d}F_x$ 为

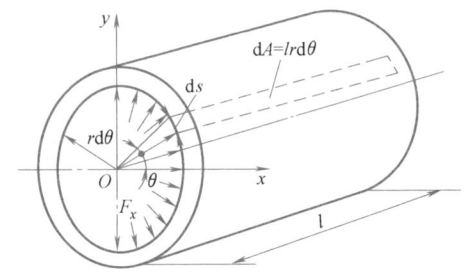

图 2-5 缸体受力计算图

$$dF_x = dF\cos\theta = pdA\cos\theta = plr\cos\theta d\theta \qquad (2\text{-}18)$$

对式（2-18）积分，得缸体右侧内壁面上所受的 x 方向的作用力为

$$F_x = \int_{-\pi/2}^{\pi/2} plr\cos\theta d\theta = plr\left[\sin\frac{\pi}{2} - \sin\left(-\frac{\pi}{2}\right)\right] = 2rlp$$

式中　$2rl$——曲面在受力方向上的投影面积 A_x。

由此可得出：液压力在曲面某方向上的分力 F_x 等于液体压力 p 与曲面在该方向上投影面积 A_x 的乘积，即

$$F_x = pA_x \qquad (2\text{-}19)$$

四、液体动力学方程

流动液体的运动规律、能量转换以及流动液体与限制其流动的固体壁面间的相互作用力等内容，是液压技术中分析问题和设计计算的理论依据。液流的连续性方程、伯努利方程和动量方程是液体动力学的三个基本方程，它们是刚体力学中的质量守恒、能量守恒及动量守恒原理在流体力学中的具体应用。

（一）基本概念

1. 理想液体和恒定流动

由于液体具有黏性，因此在研究流动液体时必须考虑黏性的影响。液体中的黏性问题非常复杂，为了便于分析和计算，可先假设液体没有黏性，然后再考虑黏性的影响，并通过实验验证等办法对上述结论进行补充或修正。这种方法同样可用来处理液体的可压缩性问题。为此，把既无黏性也不可压缩的假想液体称为理想液体，而把事实上既有黏性又可压缩的液体称为实际液体。

液体流动时，若液体中任何一点的压力、流速和密度都不随时间而变化，这种流动就称为恒定流动（也称定常流动或稳定流动）。反之，如流动时压力、流速和密度中任何一个参数会随时间而变化，则称为非恒定流动。

2. 通流截面、流量和平均流速

液体在管道中流动时，垂直于流动方向的截面称为通流截面。

单位时间内流过通流截面的液体体积为体积流量，简称流量，用 q_V 表示，单位为 m^3/s，工程上也常用 L/min。

设在液体中取一微小通流截面 dA（图 2-6），可以认为截面上各点流速 u 是相等的，即流过该通流截面 dA 的流量为

$$dq_V = udA$$

则流过整个通流截面 A 的流量为

$$q_V = \int_A udA \qquad (2\text{-}20)$$

实际液体在管道中流动时，由于具有黏性，通流截面上各点的速度 u 一般是不相等的，如图 2-6b 所示。欲求流速 u 在整个通流截面上的分布规律较困难，故按公式计算流量较难。为了便于解决问题，引入了平均流量的概念。即假想流经通流截面的流速是均匀分布的，液

体按平均流速 v 通过通流截面的流量等于以实际流速流过的流量，即

$$q_V = \int_A u \mathrm{d}A = vA$$

由此得出通流截面上的平均流速为

$$v = \frac{q_V}{A} \tag{2-21}$$

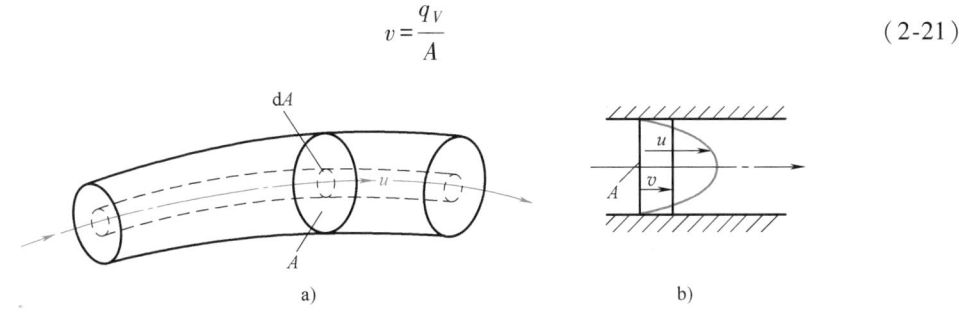

图 2-6 流量和平均流速

3. 层流、紊流、雷诺数

液体的流动有两种状态，即层流和紊流。这两种流动状态的物理现象可以通过一个实验观察出来，这就是雷诺实验。

雷诺实验装置如图 2-7a 所示，水管不断向水箱 4 充水，并保持水箱的水面为恒定，水杯 6 盛有红颜色水，打开阀门 1 后，水就从玻璃管 2 中流出，这时打开开关 5，红色水即从水杯 6 流入玻璃管 2 中。根据红色水在玻璃管 2 中的流动状态，即可观察出玻璃管中水的流动状态。当玻璃管中水的流速较慢时，红色水在玻璃管中呈明显的直线，如图 2-7b 所示。这时可看到红线与玻璃管轴线平行，红线与周围液体没有任何混杂现象，表明玻璃管中的水流是分层的，层与层之间互不干扰，液体的这种流动状态称为层流。

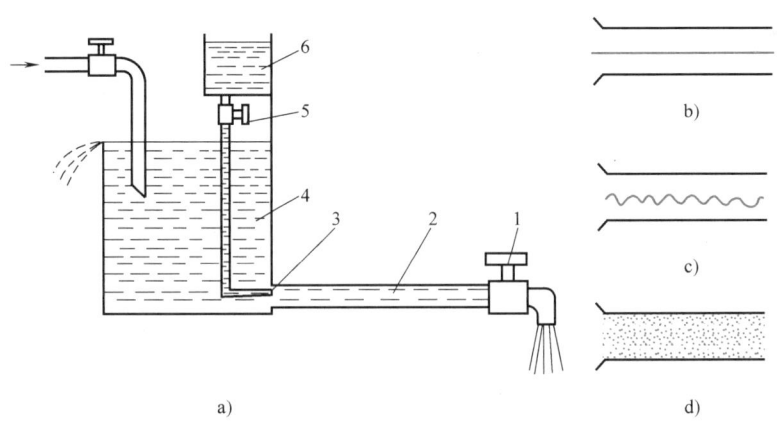

图 2-7 雷诺实验装置

1—阀门 2—玻璃管 3—管道 4—水箱 5—开关 6—水杯

将阀门 1 逐渐开大，当玻璃管中水的流速逐渐增大到某一值时，可看到红线开始曲折，如图 2-7c 所示，表明液体质点在流动时不仅沿轴向运动，还沿横向运动。若玻璃管中的流速继续增大，则可看到红线成紊乱状态，完全与水混合，如图 2-7d 所示。这种无规律的流动状态称为紊流。

在层流与紊流之间的中间过渡状态是一种不稳定的流态，一般按紊流处理。

如果将阀门逐渐关小，会看到相反的过程。实验证明，液体在玻璃管中流动时是层流还是紊流，不仅与玻璃管内的平均流速 v 有关，还与管径 d、液体的运动黏度 ν 有关。而决定流动状态的，是这三个参数所组成的一个称为雷诺数 Re 的无因次量，即

$$Re = \frac{vd}{\nu} \quad (2\text{-}22)$$

液体流动时雷诺数相同，则其流动状态也相同。

液体的流态由临界雷诺数 Re_{cr} 决定，即当 $Re<Re_{cr}$ 时为层流，当 $Re>Re_{cr}$ 时为紊流。临界雷诺数一般可由实验求得，常见管道的临界雷诺数见表2-4。

表 2-4 常见管道的临界雷诺数

管道的材料与形状	临界雷诺数 Re_{cr}	管道的材料与形状	临界雷诺数 Re_{cr}
光滑的金属圆管	2300	带沉割槽的同心环状缝隙	700
橡胶软管	1600~2000	带沉割槽的偏心环状缝隙	400
光滑的同心环状缝隙	1100	圆柱形滑阀阀口	260
光滑的偏心环状缝隙	1000	锥阀阀口	20~100

雷诺数的物理意义：雷诺数是液流的惯性力对黏性力的无因次比。当雷诺数大时，惯性力起主导作用，这时液体流态为紊流；当雷诺数小时，黏性力起主导作用，这时液体流态为层流。液体在管道中流动时，若为紊流，其能量损失较大；若为层流，其能量损失较小。因此，在液压传动系统中，应尽量使液体在管道中处于层流状态。

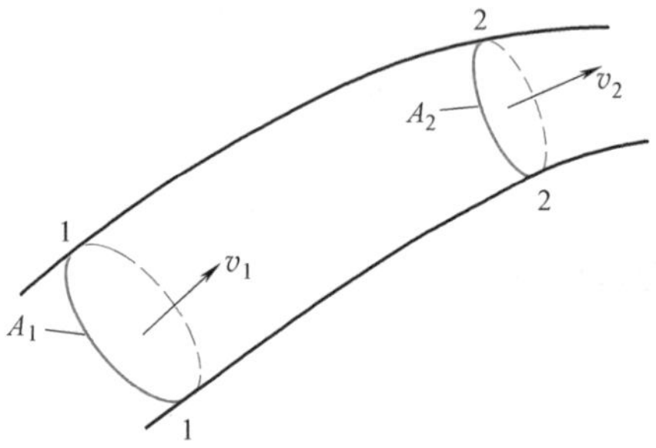

图 2-8 连续性方程示意图

（二）连续性方程

连续性方程是质量守恒定律在流体力学中的一种表达形式。

如图2-8所示，液体在管道中恒定流动，任意取截面1和2，其通流截面分别为 A_1 和 A_2，液体流经两截面时的平均流速和液体密度分别为 v_1、ρ_1 和 v_2、ρ_2。根据质量守恒定律，在单位时间流过两个截面的液体质量相等，即

$$\rho_1 v_1 A_1 = \rho_2 v_2 A_2 = 常数$$

当忽略液体的可压缩性时，$\rho_1 = \rho_2$，则得

$$v_1 A_1 = v_2 A_2 = 常数$$

或

$$q_V = v_1 A_1 = v_2 A_2 = 常数 \quad (2\text{-}23)$$

由于通流截面是任意选取的，故

$$q_V = vA = 常数 \quad (2\text{-}24)$$

这就是液流的流量连续性方程。该方程说明：在管道中做恒定流动的不可压缩液体，流

过各截面的流量是相等的,因而流速与通流面积成反比。

(三) 伯努利方程

伯努利方程是能量守恒定律在流动液体中的表现形式,它主要反映动能、势能、压力能三种能量的转换。

1. 理想液体的伯努利方程

图 2-9 所示为液流流束的一部分,取截面 1、2 所围的一段恒定流动的理想液体,在很短的时间 dt 内,液流从截面 1、2 分别流到 1′、2′。因为移动距离很小,在从 1 到 1′ 和从 2 到 2′ 这两小段范围内,通流截面、压力、流速和高度均可认为不变。

设 1、2 截面处的通流截面分别为 A_1、A_2,压力分别为 p_1、p_2,流速分别为 v_1、v_2,截面中心高度分别为 h_1、h_2。1—2 段液体前后分别受到作用力 p_1A_1 和 p_2A_2,当 1—2 段液体运动到 1′—2′ 时,外力所做的总功 W 为

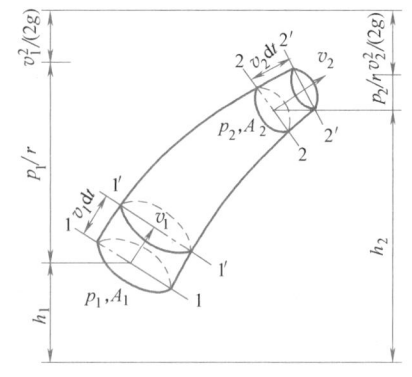

图 2-9 伯努利方程示意图

$$W = p_1 v_1 A_1 dt - p_2 v_2 A_2 dt \tag{2-25}$$

根据液流的连续性原理,有

$$A_1 v_1 = A_2 v_2 \quad 或 \quad A_1 v_1 dt = A_2 v_2 dt = V \tag{2-26}$$

式中 V——1—1′ 或 2—2′ 微段液体的体积。

整理式 (2-25) 和式 (2-26) 得

$$W = p_1 V - p_2 V \tag{2-27}$$

再来考察 1—2 段液体流到 1′—2′ 时的能量变化。因为是恒定流动,1′—2′ 这段液体任一点处的压力和流速均不随时间变化,所以这段液体的能量不会增减,而变化的仅是微段液流 1—1′ 移到 2—2′ 的位置高度和流速,从而引起势能和动能的变化,其总变化量 ΔE 为

$$\Delta E = \frac{1}{2} m v_2^2 + mgh_2 - \frac{1}{2} m v_1^2 - mgh_1 \tag{2-28}$$

式中 m——1—1′ 或 2—2′ 微段液体的质量;

g——重力加速度。

因假设为理想液体,没有黏滞能量损耗,故 1—2 段液体流到 1′—2′ 后所增加的能量应等于外力对其所做的功,即

$$W = \Delta E \tag{2-29}$$

整理式 (2-27)~式 (2-29) 得

$$p_1 V - p_2 V = \frac{1}{2} m v_2^2 + mgh_2 - \frac{1}{2} m v_1^2 - mgh_1 \tag{2-30}$$

或

$$p_1 V + \frac{1}{2} m v_1^2 + mgh_1 = p_2 V + \frac{1}{2} m v_2^2 + mgh_2$$

因为 1、2 两通流截面位置是任意取的,故式 (2-30) 所表示的关系适用于流束内任意

两个通流截面，所以式（2-30）可改写为

$$pV+\frac{1}{2}mv^2+mgh=常数 \qquad (2-31)$$

将式（2-31）各项除以 mg，得

$$\frac{p}{\rho g}+\frac{v^2}{2g}+h=常数 \qquad (2-32)$$

式中 $\frac{p}{\rho g}$——比压能；

$\frac{v^2}{2g}$——比动能；

h——比势能。

式（2-32）就是理想液体做恒定流动的能量方程，也称为伯努利方程。它说明单位重力液体具有的三种能量之和是常数。

伯努利方程的物理意义是：在流束内做恒定流动的理想液体具有三种形式的比能，即比压能、比动能和比势能，它们之间可以相互转化，但在流束的任一处，这三种比能的总和是一定的。

2. 实际液体的伯努利方程

液压传动中使用的液压油都具有黏性，流动时必须考虑因黏性而损失的一部分能量。另外，实际液体的黏性使流束的通流截面上各点的真实流速并不相同，精确计算时必须引进动能修正系数。因此，实际液体的伯努利方程可写成

$$\frac{p_1}{\rho g}+\frac{\alpha_1 v_1^2}{2g}+h_1=\frac{p_2}{\rho g}+\frac{\alpha_2 v_2^2}{2g}+h_2+h_W$$

式中 h_W——液体从一个截面运动到另一个截面时，单位重量液体因克服内摩擦而损失的能量；

α_1、α_2——动能修正系数，层流时取 $\alpha=2$，紊流时取 $\alpha=1$。

应用伯努利方程时须注意以下问题：

1）截面 1 和 2 须顺流向选取，且应选在缓变的过流断面上，否则 h_W 为负值。

2）选取的截面，一个在所求参数的截面上，另一个在已知截面上。

3）截面中心在基准以上时，h 取正值；反之取负值。通常选取特殊位置的水平面作为基准面。

4）常需同时运用连续方程、静压力方程，以减少未知量。

5）方程中的参数必须取相同标准。比如两通流截面压力的表示应相同，p_1 选相对压力时，p_2 也应是相对压力。

例 2-1 液压泵装置如图 2-10 所示，油箱与大气相通，泵吸油口至油箱液面高度为 h，试分析液压泵正常吸油的条件。

解：设以油箱液面为基准面，取油箱液面 1—1 和泵进口处截面 2—2 列出伯努利方程：

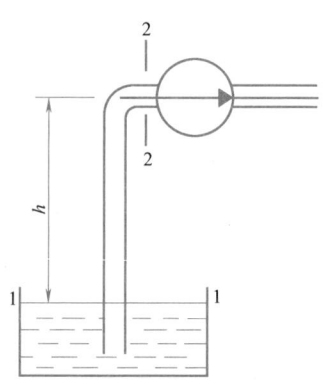

图 2-10 液压泵装置

$$\frac{p_1}{\rho g}+\frac{v_1^2}{2g}+h_1=\frac{p_2}{\rho g}+\frac{v_2^2}{2g}+h_2+h_W$$

式中，$p_1 = $ 大气压 $= p_a$，$h_1 = 0$，$h_2 = h$，$v_2 = v$，$v_1 \approx 0$，代入方程后可得

$$\frac{p_a}{\rho g}=\frac{p_2}{\rho g}+h+\frac{v^2}{2g}+h_W$$

即液压泵吸油口的真空度为

$$p_a-p_2=\rho gh+\frac{1}{2}\rho v^2+\rho gh_W$$

当泵安装在油箱液面之上时，$h>0$，因 $\rho v^2/2$ 和 ρgh_W 永远是正值，这样泵的进口处必定形成真空度。实际上液体是被液面的大气压力压进泵的。如果泵安装在油箱液面以下，那么 $h<0$，当 $|\rho gh|>\frac{1}{2}\rho v_2^2+\rho gh_W$ 时，泵进口处不形成真空度，油液自行灌入泵内。

在一般情况下，为便于安装维修，泵应安装在油箱液面以上，依靠进口处形成的真空度来吸油。为保证液压泵正常工作，进口处的真空度不能太大。若真空度太大，当绝对压力 p_2 小于油液的空气分离压时，溶于油液中的空气会分离析出，形成气泡，产生气穴现象，引起振动和噪声。为此，需限制液压泵的安装高度 h，一般泵的吸油高度 $h \leqslant 0.5\mathrm{m}$，并且希望吸油管内保持较低的流速。

（四）动量方程

动量方程是动量定律在流体力学中的具体应用。在液压传动中，经常需要计算液流作用在固体壁面上的力，这个问题用动量定律来解决比较方便。动量定律指出：作用在物体上的力等于物体的动量变化率，即

$$\sum F=\frac{\mathrm{d}(mv)}{\mathrm{d}t} \quad (2\text{-}33)$$

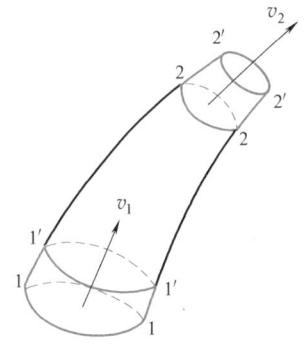

图 2-11　动量方程示意图

将此定律应用于图 2-11 所示做恒定流动的液体，取截面 1 和截面 2 所围的控制体积进行分析。由于液流为恒定流动，控制体积内液体在 $\mathrm{d}t$ 时间内的动量变化，实际上是两个微小单元 2—2′ 和 1—1′ 液体的动量之差，而 1′—2 之间液体的动量没有变化。若忽略液体的可压缩性，则 $m_{22'}=m_{11'}=\rho q_V \mathrm{d}t$。由此得

$$\mathrm{d}(mv)=m_{22'}v_2-m_{11'}v_1=\rho q_V \mathrm{d}tv_2-\rho q_V \mathrm{d}tv_1$$

所以

$$\sum F=\frac{\mathrm{d}(mv)}{\mathrm{d}t}=\rho q_V v_2-\rho q_V v_1 \quad (2\text{-}34)$$

式中　ρ——流动液体的密度；

q_V——液体的流量；

v_1、v_2——液流流经截面 1—1 和 2—2 的平均流速。

式（2-34）即为理想液体做恒定流动时的动量方程。

在应用动量方程时应注意：

1) 实际液体有黏性，用平均流速计算动量时会产生误差，为了修正误差，需引入动量

修正系数 β。式（2-34）可写成

$$\sum F = \rho q_V(\beta_2 v_2 - \beta_1 v_1) \qquad (2\text{-}35)$$

层流时 $\beta = 1.33$，紊流时 $\beta = 1$。

2）在式（2-34）中，F、v_1 和 v_2 均为矢量，在具体应用时，应将该矢量向某指定方向投射，列出在该方向上的动量方程。如在 x 方向有

$$F_x = \rho q_V(\beta_2 v_{2x} - \beta_1 v_{1x}) \qquad (2\text{-}36)$$

3）式（2-34）表示的是液体所受到固体壁面的作用力，而液体对固体壁面的作用力与 F 相同，但方向则与 F 相反。

下面以常用的滑阀为例，分析液体对滑阀阀芯的作用力（即液动力）。如图 2-12 所示，油液进入阀口的速度为 v_1，油液以射流角 θ 流出阀口，速度为 v_2。取进、出口之间的液体体积为控制液体，根据动量方程，可求出作用在控制液体上的轴向力，即

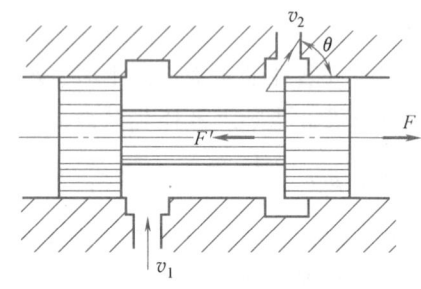

图 2-12　滑阀上的液动力

$$F = \rho q_V(\beta_2 v_2 \cos\theta - \beta_1 v_1 \cos 90°) = \rho q_V \beta_2 v_2 \cos\theta$$

滑阀阀芯上所受的液动力 F' 为

$$F' = -F = -\rho q_V \beta_2 v_2 \cos\theta$$

F' 的方向与 $v_2 \cos\theta$ 的方向相反，即阀芯上所受的液动力使滑阀阀口趋于关闭。

当液流反方向通过该阀时，同理可得相同的结果。由此可见，作用在滑阀阀芯上的液动力总是使阀口趋于关闭。

【延伸阅读】

国之重器，未来可期

"蛟龙号"载人潜水器研制和海试的成功，标志着中国系统地掌握了大深度载人潜水器设计、建造和试验技术，实现了从参考借鉴向自主集成、自主创新的转变，跻身于世界载人深潜先进国家行列。

深海是国际海洋科学技术的热点领域，也是人类解决资源短缺、拓展生存发展空间的战略必争之地。无论是探索深海科学奥秘，还是开发海洋战略资源，都离不开海洋高技术的支撑。由中国大洋矿产资源勘探开发协会办公室牵头，会同中国船舶重工集团公司、中国科学院、国土资源部、国家海洋局、教育部等系统共 100 余家中国国内科研机构与企业联合攻关，攻克了中国在深海技术领域的一系列技术难关，实现了近底自动航行和悬停定位、高速水声通信、充油银锌蓄电池容量三大技术的突破，为推动中国深海运载技术发展，以及中国大洋国际海底资源调查和科学研究的高技术装备供应打下了坚实基础。

"蛟龙号"载人深潜器是我国首台自主设计、自主集成研制的作业型深海载人潜水器。它设计的最大下潜深度为 7000m 级，是目前世界上下潜能力最强的作业型载人潜水器，对于我国开发利用深海资源有着重要的意义。

中国是继美国、法国、俄罗斯、日本之后世界上第五个掌握大深度载人深潜技术的国

家。2012年6月27日,"蛟龙号"载人潜水器在西太平洋的马里亚纳海沟海试,成功到达7062m的海底,创造了作业类载人潜水器下潜深度的新世界纪录,标志着我国具备了载人到达全球99%以上海洋深处进行作业的能力,标志着我国深海潜水器技术成为海洋科学考察的前沿与制高点之一,标志着中国海底载人科学研究和资源勘探能力达到国际领先水平。

2013年6月17日,中国"蛟龙号"载人潜水器从南海一冷泉区海底回到母船甲板上,三名下潜人员出舱,标志着"蛟龙号"载人潜水器首个试验性应用航次首次下潜任务顺利完成。

截至2018年11月,"蛟龙号"载人潜水器已成功下潜158次。"蛟龙号"载人潜水器大修与技术升级全系统勘验、维修、系统升级、总装联调等陆上工作已经全部完成,正式进入一个了新的阶段。

与某些探险型潜水器不同,中国"蛟龙号"载人潜水器不是单纯追求深度数字,其主要任务是深海科研和作业。当然,由于中国的深潜研究起步比国外要晚50年,"蛟龙号"载人潜水器已经取得比较好的成绩,但优势也不算明显,我们绝不能沾沾自喜,深潜研究仍然任重而道远!

五、管道内流动液体的压力损失

因液体有黏性,流动时会有阻力产生。流动液体克服阻力会损耗一部分能量,具体表现为液体的压力损失。

在液压系统中,压力损失使液压能转变为热能,将导致系统的温度升高。因此,在设计液压系统时,要尽量减少压力损失。

压力损失可分为沿程压力损失和局部压力损失。

(一)沿程压力损失

液体在直径不变的直管中流动时,由于液体内摩擦力的作用而产生的能量损失,称为沿程压力损失。液体的流动状态不同,所产生的沿程压力损失也有所不同。

如图2-13所示,假定液体在直径为d的管道中流动,状态为层流。在液流中取一微小圆柱体,其内径为$2r$,长度为l,圆柱体左端的液压力为p_1,右端的液压力为p_2,侧面的切应力为τ。

1. 流速的分布规律

由图2-13可知,微小液柱的受力方程为

$$(p_1-p_2)\pi r^2 = F_f$$

式中 F_f——液柱侧面的内摩擦力,$F_f = \tau A = -2\pi r l \mu \dfrac{\mathrm{d}u}{\mathrm{d}r}$(负号表示流速$u$随$\tau$的增大而减小)。

若令$\Delta p = p_1 - p_2$,整理可得

$$\mathrm{d}u = \frac{-\Delta p}{2\mu l} r \mathrm{d}r$$

积分,并应用边界条件,当$r=R$时,$u=0$,得

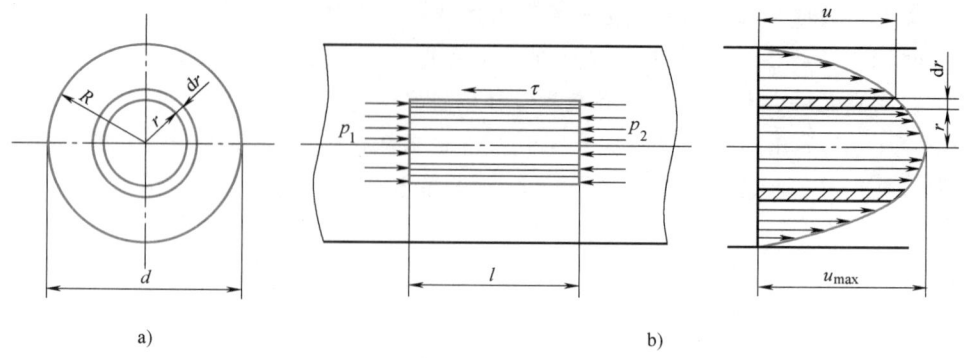

图 2-13 直管中的压力损失计算图

$$u = \frac{\Delta p}{4\mu l}(R^2 - r^2) \tag{2-37}$$

式（2-37）表明，液体在直管中做层流运动时，速度对称于圆管中心线并按抛物线规律分布，当 $r=0$ 时流速为最大，其值为

$$u_{max} = \frac{\Delta p R^2}{4\mu l} = \frac{\Delta p d^2}{16\mu l} \tag{2-38}$$

2. 通过管道的流量

把式（2-37）代入式（2-20），得

$$q_V = \int_A u dA = \int_0^{\frac{d}{2}} \frac{\Delta p}{4\mu l}(R^2 - r^2) 2\pi r dr = \frac{\pi d^4}{128\mu l}\Delta p \tag{2-39}$$

3. 管道内的平均流速

根据平均流速的定义，可得

$$v = \frac{q_V}{A} = \frac{1}{\frac{\pi d^2}{4}} \frac{\pi d^4}{128\mu l}\Delta p = \frac{d^2}{32\mu l}\Delta p \tag{2-40}$$

将式（2-40）与式（2-38）比较可知，平均流速 v 为最大流速 u_{max} 的 1/2。

4. 沿程压力损失

由式（2-40）整理后得沿程压力损失 Δp_λ 为

$$\Delta p_\lambda = \frac{32\mu l v}{d^2} \tag{2-41}$$

由式（2-41）可知，当直管中的液流为层流时，其压力损失与管长、流速和液体黏性成正比，而与管径的平方成反比。将式（2-41）适当变换后，沿程压力损失公式可改写成如下形式

$$\Delta p_\lambda = \frac{64\nu}{dv}\rho\frac{lv^2}{2d} = \frac{64}{Re}\rho\frac{lv^2}{2d} = \lambda\rho\frac{lv^2}{2d} \tag{2-42}$$

式中　λ——沿程阻力系数；

　　　Re——雷诺数；

ν——液体的运动黏度；

d——管道的内径；

v——液体的平均速度；

l——管道的长度；

ρ——液体的密度。

式（2-42）适用于层流和紊流，只是选取的 λ 数值不同。层流时，其理论值为 $\lambda = 64/Re$，实际值则要大些。如油液在金属管道中流动，须取 $\lambda = 75/Re$；在橡胶软管中流动时，取 $\lambda = 80/Re$。紊流时，当雷诺数 Re 在 $3 \times 10^3 \sim 1 \times 10^5$ 范围内时，取 $\lambda = 0.3164 Re^{-0.25}$。

这里应注意，层流时的压力损失 Δp_λ 与平均流速 v 的一次方成正比，因为在沿程阻力系数 λ 中含有 v 的因子。

（二）局部压力损失

局部压力损失是当液流流过弯头、突然扩大或突然缩小的管道截面以及各种控制阀时，液流将被迫改变其流速大小，或者改变其流动方向，有时两者兼而有之，因而使液流发生撞击、分离、脱流、旋涡等现象，于是产生了液体流动阻力，造成能量损失，该能量损失称为局部压力损失。液体在流过这些局部障碍时，液体的流动状态极为复杂，影响因素较多。局部压力损失值除少数从理论上进行分析、计算外，一般都依靠实验方法先求得各种类型的局部阻力系数，然后再计算局部压力损失。

局部压力损失的计算公式为

$$\Delta p_\zeta = \zeta \rho \frac{v^2}{2} \tag{2-43}$$

式中 ζ——局部阻力系数（由实验求得，具体数值可查阅有关手册）；

ρ——液体的密度；

v——液体的平均流速。

各种局部压力损失的形式可能不同，但物理本质是相同的，故式（2-43）可以认为是局部压力损失的一般表达式。当液流通过阀口、弯头及突然变化的截面时，其局部阻力系数是不同的，各种局部损失的形式及其阻力系数 ζ 可由有关手册查得。

液流通过各种阀的局部压力损失，可在阀的产品目录中查得。查得的压力损失为在额定流量 q_{Vn} 下的压力损失 Δp_n。当实际通过的流量 q_V 不是额定流量时，通过该阀的压力损失 Δp_ζ 的计算公式为

$$\Delta p_\zeta = \Delta p_n \left(\frac{q_V}{q_{Vn}} \right)^2 \tag{2-44}$$

（三）管道系统中的总压力损失

液压系统的管道通常由若干段管道和一些弯头、管接头、控制阀等组成。管道系统中的总压力损失 $\sum \Delta p$ 等于所有管道的沿程压力损失 $\sum \Delta p_\lambda$ 和所有局部压力损失 $\sum \Delta p_\zeta$ 之和，即

$$\sum \Delta p = \sum \Delta p_\lambda + \sum \Delta p_\zeta$$

或

$$\sum \Delta p = \sum \lambda \rho \frac{lv^2}{2d} + \sum \zeta \rho \frac{v^2}{2} \tag{2-45}$$

利用式（2-45）计算时，只有在产生各局部阻力处之间有足够的距离时才是正确的。因为当液流经过一个局部阻力处后，要在直管中流经一段距离，液流才能稳定；否则，若液流尚未稳定就又经过第二个局部阻力处，将使情况复杂化，有时阻力系数可能比正常情况下大 2~3 倍。一般希望在两个局部阻力处之间的直管长度 $l=(10~20)d$，d 为管道内径。

例 2-2 在图 2-14 所示的液压系统中，已知泵的流量 $q_V = 1.5 \times 10^{-3} \mathrm{m^3/s}$，液压缸无杆腔的面积 $A = 8 \times 10^{-3} \mathrm{m^2}$，负载 $F = 30000\mathrm{N}$，回油腔压力近似为零，液压缸进油管的直径 $d = 20\mathrm{mm}$，总长即为管的垂直高度 $H = 5\mathrm{m}$，进油路总的局部阻力系数 $\zeta = 7.2$，液压油的密度 $\rho = 900\mathrm{kg/m^3}$，工作温度下的运动黏度 $\nu = 46\mathrm{mm^2/s}$。试求：

1) 进油路的压力损失；
2) 泵的供油压力。

解：1) 求进油路压力损失。
进油管内流速

$$v_1 = \frac{q_V}{\frac{\pi}{4}d^2} = \frac{4 \times 1.5 \times 10^{-3}}{\pi \times (20 \times 10^{-3})^2} \mathrm{m/s} = 4.77 \mathrm{m/s}$$

则

$$Re = \frac{v_1 d}{\nu} = \frac{4.77 \times 20 \times 10^{-3}}{46 \times 10^{-6}} = 2074 < 2300，为层流。$$

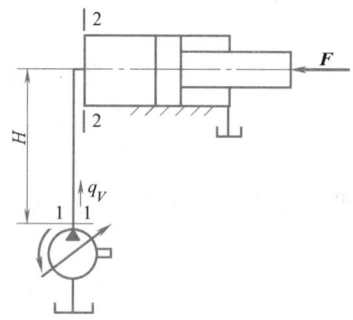

图 2-14 液压系统示意图

沿程阻力系数 $\lambda = \frac{75}{Re} = \frac{75}{2074} = 0.036$

故进油路的压力损失为

$$\sum \Delta p = \lambda \frac{l\rho v_1^2}{2d} + \zeta \frac{\rho v_1^2}{2} = \left(0.036 \times \frac{5}{20 \times 10^{-3}} + 7.2\right) \times \frac{900 \times 4.77^2}{2} \mathrm{Pa}$$

$$= 0.166 \times 10^6 \mathrm{Pa} = 0.166 \mathrm{MPa}$$

2) 求泵的供油压力。

对泵的出口油管截面 1—1 和液压缸进口后的截面 2—2 之间列出伯努利方程

$$\frac{p_1}{\rho g} + \frac{\alpha_1 v_1^2}{2g} + h_1 = \frac{p_2}{\rho g} + \frac{\alpha_2 v_2^2}{2g} + h_2 + h_W$$

或

$$p_1 = p_2 + \frac{1}{2}\rho(\alpha_2 v_2^2 - \alpha_2 v_1^2) + \rho g(h_2 - h_1) + \rho g h_W$$

式中 p_2——液压缸的工作压力，即

$$p_2 = F/A = 30000/(8 \times 10^{-3}) \mathrm{Pa} = 3.75 \times 10^6 \mathrm{Pa} = 3.75 \mathrm{MPa}$$

$\rho g h_W$——两截面间的压力损失，即
$$\rho g h_W = \sum \Delta p = 0.166 \text{MPa}$$
v_2——液压油的平均运动速度，即
$$v_2 = q_V/A = 1.5 \times 10^{-3}/(8 \times 10^{-3}) \text{m/s} = 0.19 \text{m/s}$$
$$\alpha_1 = \alpha_2 = 2$$
则
$$\frac{1}{2}\rho(\alpha_2 v_2^2 - \alpha_2 v_1^2) = \frac{1}{2} \times 900 \times (2 \times 0.19^2 - 2 \times 4.77^2)\text{Pa} = -0.02 \times 10^6 \text{Pa} = -0.02 \text{MPa}$$
$$\rho g(h_2 - h_1) = \rho g H = 900 \times 9.8 \times 5 \text{Pa} = 0.044 \times 10^6 \text{Pa} = 0.044 \text{MPa}$$
故泵的供油压力为
$$p_1 = (3.75 - 0.02 + 0.044 + 0.166)\text{MPa} = 3.94 \text{MPa}$$

由本例可看出，在液压系统中，由液体位置高度变化和流速变化引起的压力变化量，相对来说是很小的，此两项可忽略不计。因此，泵的供油压力表达式可以简化为
$$p_1 = p_2 + \sum \Delta p \tag{2-46}$$
即泵的供油压力由执行元件的工作压力 p_2 和管路中的压力损失 $\sum \Delta p$ 确定。

【延伸阅读】

离奇的塔科马海峡大桥灾难与诡异的卡门涡街

引言：冯·卡门是美籍匈牙利力学家，近代力学的奠基人之一，1881年生于匈牙利布达佩斯，他的学术思想对中国力学事业的发展起了积极的作用。他善于透过现象抓住事物的物理本质，提炼出数学模型，树立了现代力学中数学理论和工程实际紧密结合的学风，奠定了现代力学的基本方向。他做出了许多卓越的成果，接受过许多国家的勋章，其中包括美国第一枚国家科学勋章。

虽然美国的建造能力强大，在很长一段时间里领跑全球，但是美国有一座桥梁被称为"舞动的格蒂"，几经波折终于建好，却在短短4个月后就坍塌了，这就是塔科马海峡大桥。

曾参与过金门大桥修建的工程师莫伊塞夫是全钢制桥的早期推行者，他的"弹性理论"久负盛名。根据这个理论，桥梁长度越大，允许的变形也越大。有了自己的理论体系做支撑，莫伊塞夫创新性地提出了塔科马海峡大桥建设方案，用2.4m的钢板梁替换7.6m的钢桁架主梁，缩窄了桥身，使整座桥看起来更加优雅美观。大桥于1938年开始动工，两年以后正式通车。但是这座桥刚刚通车人们就发现了问题。开车行驶在桥上，能明显感觉到大桥在摇摆，甚至能看见桥另一头的汽车时而消失，时而出现。人们以为这是工程师的独特设计，并没有意识到桥存在安全问题，甚至还把它当作是难得的奇观，并亲切地称呼大桥为"舞动的格蒂"。有业内专家看出大桥存在问题，劝阻人们不要登桥，但是无人理会。4个月后，大桥被风吹垮，轰然坍塌。塔科马海峡大桥被列为世界三大失败工程之一。

作为塔科马海峡大桥倒塌事件考察小组成员之一的冯·卡门认为，大桥倒塌事件的元凶是卡门涡街引起的桥梁共振，他在加州理工学院风洞内测试了塔科马海峡大桥模型并取得数据，说服了当时不懂空气动力学知识的桥梁设计师，在新的大桥设计中避免了卡门涡街对桥

梁的损害。而卡门涡街又是什么呢?

卡门涡街是黏性不可压缩流体动力学所研究的一种现象:当流体绕过非流线型物体时,物体两侧产生的成对的、交替排列的、旋转方向相反的反对称涡旋。1911年,冯·卡门从空气动力学的观点找到了这种涡旋稳定性的理论根据。当雷诺数为 $3 \times 10^2 \sim 3 \times 10^5$ 时,斯特劳哈尔数 Sr 近似于常数值 0.21;当雷诺数为 $3 \times 10^5 \sim 3 \times 10^6$ 时,有规则的涡街便不再存在;当雷诺数大于 3×10^6 时,卡门涡街又会自动出现,Sr 约为 0.27。出现卡门涡街时,流体对物体会产生周期性的交变横向作用力。如果力的频率与物体的固有频率相接近,就会引起共振,甚至使物体损坏。这种涡街会使潜水艇的潜望镜失去观察能力、大桥受到毁坏、锅炉的空气预热器管箱发生振动和破裂等。

【任务实施】

任务 液压传动系统压力的形成

操作如图 2-15 所示的简单液压传动系统,分析其工作压力形成过程,以掌握压力的概念、工作压力的形成及工作压力取决于负载的功能,特别是液压油的选用方法。

1)分析液压系统,写出所需元件的名称及其符号。

在教师的指导下,让学生认识液压试验台上的元件,认识各个元件的外形和符号,并将主要液压元件的图形抄画下来。

2)在教师指导下,分析图 2-15 中各元件在系统中的作用,固定并连接各液压元件。

3)分组操作试验台。

① 起动液压泵电动机。

② 改变换向阀的位置,使液压缸处于最低位置。

③ 改变换向阀的位置,使液压缸向上运动,记录压力表的读数。

④ 分别给液压缸增加负载 10kg、20kg、40kg、60kg 和 80kg,重复②、③步骤,并记录压力表的读数。

⑤ 观察在不同负载情况下的压力变化规律。

⑥ 各组集中,教师点评,学生提问,并完成实训报告。整理各液压元件,并展开讨论:

a. 泵的工作压力取决于什么?为什么?

b. 缸的运动速度取决于什么?为什么?

4)注意事项。

① 起动液压泵电动机前,应将溢流阀调节螺母放在最松状态,但当要求液压元件工作时,必须将溢流阀调节螺母调到合适的位置上。

② 连接液压元件时,要可靠,防止松脱、漏油。

5)质量评价标准(表 2-5)。

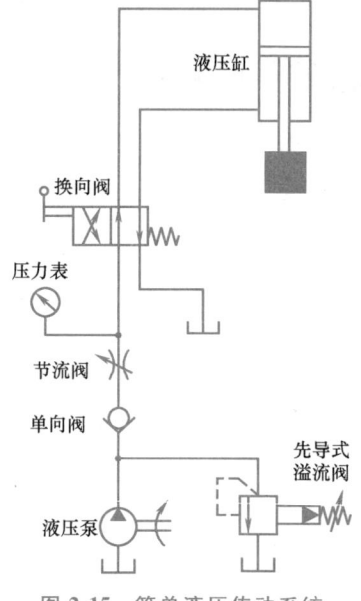

图 2-15 简单液压传动系统

表 2-5 质量评价标准

考核项目	考核要求	配分	评分标准	扣分	得分	备注
液压元件	识读液压元件	20	元件识别错误,每个扣 2 分			
压力控制	液压回路压力的控制及调整	20	通过调整观察压力值及其变化,漏记一项扣 2 分			
速度控制	液压缸运动速度的控制及调整	20	调整过程中观察速度及其变化,漏记一项扣 2 分			
方向控制	液压缸运动方向的控制及调整	20	调整过程中观察运动方向,漏记一项扣 2 分			
安全生产	自觉遵守安全文明生产规程	20	不遵守安全文明生产规程直接扣 20 分			
自评得分			小组互评得分		教师签名	

【任务总结】

巩固液压系统基本组成知识,通过试验台所选择液压油的品种,了解液压油的选用应从工作压力、温度、工作环境、液压系统及元件结构和材质、经济性等几个方面综合考虑和判断。

任务总结与反思

班级_____ 姓名_____ 学号_____ 分组号_____

评价项目	评价内容	评价效果			
		非常满意	满意	基本满意	不满意
工作能力	能够合理安排自己的日常学习和生活(按时起床,着装得体,准时到达教学活动场所)				
	能够对所阅读的说明文字进行重点标记,并能说出关键词				
	能够理解书籍、手册中的技术内容				
	能够在有计划的前提下开展工作并主动记录任务实施的心得体会				
	能够用清楚、流畅的语言表达自己的观点				
社会能力	能够与同学友好交往,不用语言、动作伤害他人				
	愿意接受新的工作任务并积极地投入其中				
	能够主动参与小组工作任务并真诚表达自己的观点				
	能够真实反馈自己的工作结果,并能主动向他人寻求必要的帮助				

（续）

评价项目	评价内容	评价效果			
		非常满意	满意	基本满意	不满意
专业能力	能够读懂任务要求，清楚各种液压油的种类和功能				
	能够根据要求选用合适的液压油				
	能够熟练地连接各种液压元件				
	能够在阅读说明资料及观看示范动作的方式下，安全地完成任务的操作过程，实现预期效果				
	能够归纳连接液压元件及回路系统的步骤和选用液压油的方法				
	清楚各操作过程中的安全注意事项				

【知识拓展】

一、液压冲击与气穴现象

（一）液压冲击

在液压传动系统中，常常由于一些原因而使液体压力突然急剧上升，形成很高的压力峰值，这种现象称为液压冲击。

1. 液压冲击的危害

系统中出现液压冲击时，液体瞬时压力峰值可以比正常工作压力大好几倍。液压冲击会损坏密封装置、管道或液压元件，还会引起设备振动，产生很大噪声，有时会使某些液压元件（如压力继电器、顺序阀等）产生误动作，影响系统正常工作。

2. 液压冲击产生的原因

在阀门突然关闭或运动部件快速制动等情况下，液体在系统中的流动会突然受阻，这时由于液流的惯性作用，液体就从受阻端开始，迅速将动能逐层转换为液压能，因而产生了压力冲击波。此后，这个压力波又从该端开始反向传递，将压力能逐层转化为动能，这使得液体又反向流动，然后在另一端又再次将动能转化为压力能，如此反复地进行能量转换。这种压力波的迅速往复传播，便在系统内形成压力振荡。在这一振荡过程，由于液体受到摩擦力以及液体和管壁的弹性作用不断消耗能量，才逐渐衰减而趋向稳定。产生液压冲击的本质是动量变化。

3. 减小液压冲击的措施

液压冲击危害极大，根据其产生的原因，可以采取适当措施来减小液压冲击。减小液压冲击的主要措施如下。

1）尽可能延长阀门关闭和运动部件制动换向的时间，在液压传动系统中采用换向时间可调的换向阀。

2）正确设计阀口，限制管道流速及运动部件速度，使运动部件制动时的速度变化比较均匀。例如，在机床液压传动系统中，通常将管道流速限制在 4.5m/s 以下，液压缸驱动的运动部件速度一般不宜超过 0.17m/s 等。

3）在某些精度要求不高的工作机械上，使液压缸两腔油路在换向阀回到中位时瞬时互通。

4）适当加大管道直径，尽量缩短管道长度。必要时，还可在冲击区附近设置卸荷阀和安装蓄能器等缓冲装置来达到此目的。

5）采用软管，增加系统的弹性，以减少压力冲击。

（二）气穴现象

1. 气穴现象

在流动的液体中，由于压力过分降低（低于其空气分离压）而有气泡形成的现象，称为气穴现象。

2. 产生气穴现象的原因

液压油中总含有一定量的空气，对于矿物油型液压油（常温时，在标准大气压下），一般有 6%~12%（体积分数）的溶解空气（不包括以气泡形式混含在油液中的空气）。在液体流动中当某处压力下降到低于空气分离压时，溶解到油液中的空气将突然从油液中分离出来而产生大量气泡。因此，产生气穴现象的原因是压力的过度下降。

3. 气穴对液压系统产生的危害

气穴的产生破坏了油液的连续状态。当所形成的气泡随着液流进入高压区时，气穴体积将急速缩小或溃灭。这一过程瞬时发生，从而产生局部液压冲击，其动能迅速转变为压力能和热能，使局部压力及温度急剧上升（局部压力可达数百甚至上千大气压，局部温度可达1000℃），并引起强烈的振动和噪声。过高的温度将加速工作液的氧化变质。如果这个局部液压冲击作用在金属表面上，金属表面在反复液压冲击、高温及游离出来的空气中氧的侵蚀下将产生剥蚀，这种现象通常称为气蚀。

有时，在气穴现象中分离出来的气泡并不溃灭，它们会随着液流聚集在管道的最高处或流道狭窄处而形成气塞，影响系统的正常工作。

4. 预防气穴及气蚀的措施

1）减小孔口或缝隙前后的压力差，使孔口或缝隙前后压力差之比 $p_1/p_2<3.5$。

2）限制泵吸油口至油箱油面的安装高度，尽量减少吸油管道中的压力损失（如及时清洗滤油器或更换滤芯）。

3）提高各元件接合处管道的密封性，尽量防止空气渗入液压系统中。

4）对于易产生气蚀的零件采用耐蚀性好的材料，以增加零件的力学强度，并减小其表面粗糙度值。

5）拖动大负载运动的液压执行元件因换向或制动在回油腔产生液压冲击的同时，会使原进油腔压力下降而产生真空。为防止气穴，应在系统中设置补油回路。

二、液压油的污染和防治措施

液压油的污染是造成系统故障的主要原因，对液压油造成污染的物质有固体颗粒物、水、空气及有害化学物质,其中最主要的是固体颗粒物。污染源及污染防治措施见表2-6。

表2-6 污染源及污染防治措施

污染源		防治措施
自身存在污染物	液压元件加工装配残留污染物	在装配前要对液压元件进行彻底清洗,使其达到规定的清洁度要求;对受污染的液压元件,在装入系统前应进行清洗
	管件、油箱残留污染物及锈蚀物	组装系统前要对管件和油箱进行清洗(包括酸洗和表面处理),使其达到规定的清洁度要求
	系统组装过程中残留污染物	系统组装后要进行循环清洗,使其达到规定的清洁度要求
外界侵入污染物	更换和补充油液时	对新油液进行过滤净化处理
	经油箱呼吸孔侵入	采用密封式油箱(或带有挠性隔离器的油箱),安装空气滤清器和干燥器
	经液压缸活塞杆侵入	采用可靠的活塞杆防尘密封装置,加强对密封装置的维护
	维护和检修时	保持工作环境和工具的清洁;彻底清除与工作介质不相溶的清洗液或脱脂剂;维修后循环过滤,清洗整个系统
	水侵入	对油液进行除水处理(干燥过滤)
	空气侵入	排放空气,防止油液中的气泡进入泵内(如油箱内油量不足时);提高各元件接合处的密封性
内部生成污染物	元件磨损产物	定期检查、清洗或更换过滤器,正常进行过滤净化,滤除尺寸与液压元件关键运动副油膜厚度相当的颗粒污染物,防止磨损的链式反应
	油液氧化产物	清除油液中的水、空气和金属微粒;控制油温,抑制油液氧化;定期检查、更换液压油

【小结】

在学习液压传动基本原理时,应注意以下几点。

1)液压传动中采用液体作为传动介质来传递力和运动。在传递力时,利用了帕斯卡定律;而在传递运动时,则利用了密封容积中主动件(泵)挤出的液体体积与从动件(液动机)接受的液体体积相等的原理(质量守恒定律)。

2)液压传动中压力和流量是两个最重要的参数。其中压力取决于负载,流量决定执行元件的运动速度;压力与机械传动中的力相当,而流量与机械传动中的速度相当。

3)液压传动系统中必须有泵、执行元件、各种控制阀、辅助元件以及油液等几部分。

要注意合理选择液压油的品种和黏度。黏度实质上就是液体的内摩擦因数,它影响液体流动时的阻力和运动副间摩擦力的大小以及通过缝隙的泄漏量。合适的黏度对保证液压系统正常工作有很重要的意义。

【思考与练习】

2-1 什么叫液体的黏性?常用的黏度表示方法有哪几种?它们相互之间如何换算?

2-2 压力的定义是什么?压力有哪几种表示方法?液压系统的工作压力与负载有什么关系?

2-3 阐述层流与紊流的物理现象及其判别方法。

2-4 伯努利方程的物理意义是什么?该方程的理论式与实际式有什么区别?

2-5 管路中的压力损失有哪几种？分别受哪些因素影响？

2-6 如图 2-16 所示，直径为 d、质量为 m 的柱塞浸入充满液体的密闭容器中，在力 F 的作用下处于平衡状态。若浸入深度为 h，液体密度为 ρ，试求液体在测压管内上升的高度 x。

2-7 如图 2-17 所示，泵从油箱中吸油，管道直径 $d=6\mathrm{cm}$，泵的流量 $q=150\mathrm{L/min}$，吸油高度 $h=2.16\mathrm{m}$，油的运动黏度 $\nu=30\mathrm{cSt}$（$1\mathrm{cSt}=10^{-6}\mathrm{m^2/s}$），密度 $\rho=900\mathrm{kg/m^3}$，弯头局部水头损失系数为 0.22，滤网的局部损失系数为 0.5，不计沿程损失，求：

1）油管中油液的流动状态。

2）泵口的真空度。

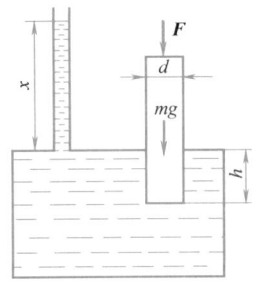
图 2-16 题 2-6 图

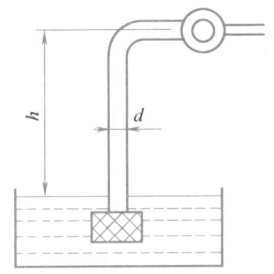
图 2-17 题 2-7 图

2-8 如图 2-18 所示，液压缸直径 $D=150\mathrm{mm}$，柱塞直径 $d=100\mathrm{mm}$，负载 $F=5\times10^4\mathrm{N}$。若不计液压油自重及活塞或缸体重量，试求图示两种情况下液压缸内的液体压力。

2-9 连续性方程的本质是什么？它的物理意义是什么？

2-10 何谓液压冲击与气穴现象？各有哪些危害？一般采取哪些防治措施？

2-11 有一液压千斤顶，其工作原理如图 2-19 所示。大、小活塞的直径比为 $D/d=5$，杠杆比为 $L/l=5$，若作用力 $F=100\mathrm{N}$，求所顶起的重物 W 的重量。

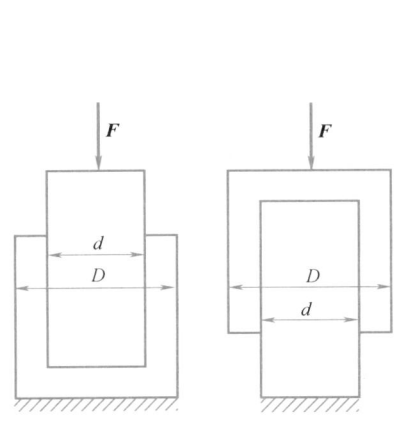
图 2-18 题 2-8 图

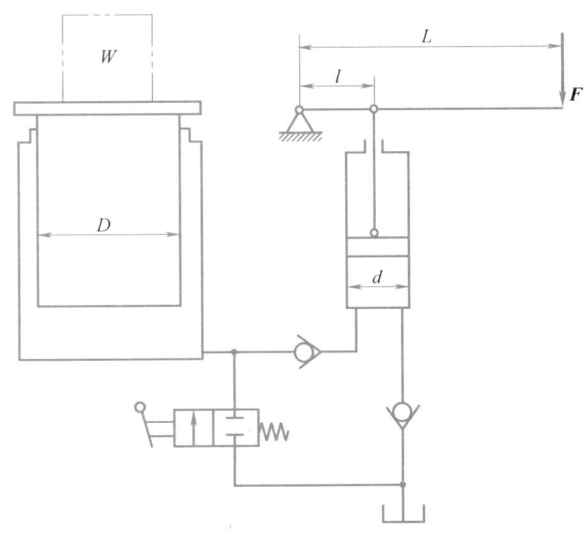
图 2-19 题 2-11 图

【相关专业英语词汇】

(1) 压力——pressure
(2) 流量——rate of flow
(3) 流速——flow speed
(4) 层流——laminar flow
(5) 紊流——turbulent flow
(6) 液压冲击和气穴现象——hydraulic shock and cavitation
(7) 液压油的性质——performances of the hydraulic oil
(8) 液压流体力学基础——fundamental hydraulic fluid mechanics
(9) 液体静力学——hydrostatics
(10) 液体动力学——liquid dynamics
(11) 管道中液流的特性——characteristics of fluid flow in pipeline

项目三　液压泵站

液压泵站又称液压站,是独立的液压装置。它按逐级要求供油,并控制液压油的流动方向、压力和流量,适用于主机与液压装置可分离的各种液压机械。用户只需将液压站与主机上的执行机构(液压缸或液压马达)用油管相连,即可实现液压机械的各种规定动作和工作循环。

【项目目标】

【素养目标】
1. 培养积极的职业兴趣。
2. 培养勇于承担责任的职业道德。
3. 培养恪尽职守、一丝不苟的职业作风。
4. 树立创新精神,提高职业好奇心、求知欲,增强发现问题、创造性解决问题的能力。
5. 树立主动服务意识。
6. 培养吃苦耐劳的劳动意识。

【知识目标】
1. 了解液压泵站的工作原理,熟知液压泵站典型元件的结构特点。
2. 掌握液压泵站的正常工作条件,熟知组成元件的性能参数及特点、图形符号。

【能力目标】
1. 能够根据系统工况选择适当的液压泵站组成元件。
2. 能够规范拆装齿轮泵、叶片泵和柱塞泵等动力元件。
3. 能够进行液压泵站的安装、调试与维护。
4. 能正确排除液压泵站的常见故障。

【知识点睛】

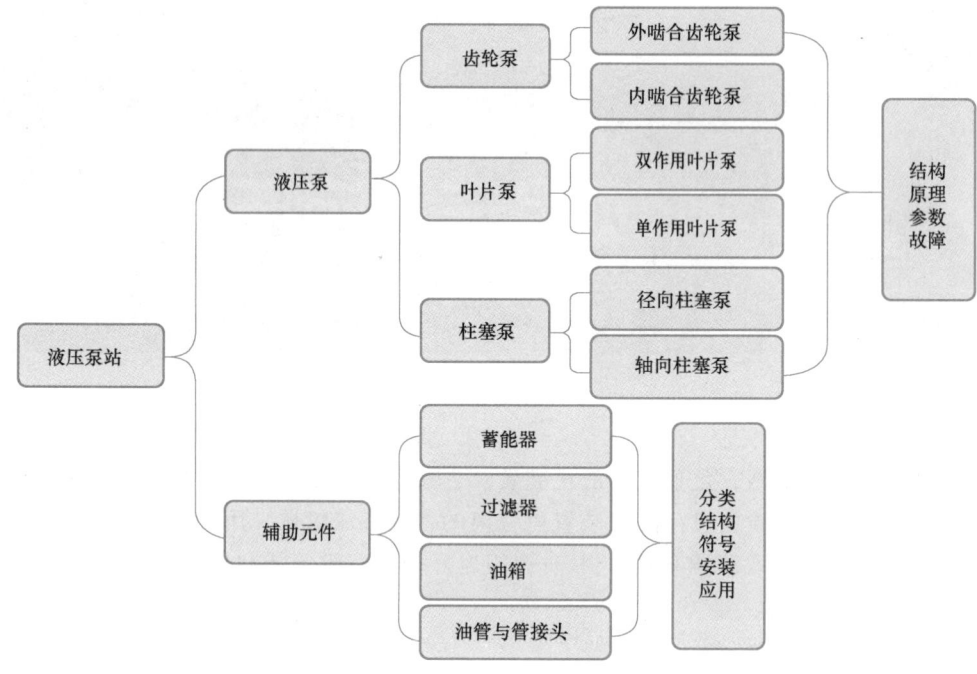

【知识链接】

一、认识液压泵站

(一)液压泵站的组成

液压泵站一般由液压泵装置、集成块或阀组合、油箱、电气盒组成,如图 3-1 所示。其各部分功能如下:

(1)液压泵装置　液压泵装置上装有电动机和液压泵,是液压泵站的动力源,可将机械能转换为液压油的压力能。

(2)集成块　集成块由液压阀和通道体组装而成,对液压油进行方向、压力和流量调节。

(3)阀组合　阀组合把板式阀装在立板上,立板另一侧用油管连接,与集成块功能相同。

图 3-1　液压泵站

(4)油箱　油箱是半封闭的焊接容器,其上还装有滤油网、空气滤清器等,用来储存、冷却及过滤液压油。

(5)电气盒　电气盒分两种形式:一种设置外接引线的端子板,另一种配置全套控制电器。

(二)液压泵站的工作原理

电动机带动液压泵转动,液压泵从油箱中吸油、供油,将机械能转换为液压油的压力能,液压油通过集成块或阀组合进行方向、压力和流量的调节后,经外接管路进入液压机械的液压缸或液压马达,从而控制液动机械改变运动方向、力的大小及速度的快慢,推动各种液压机械做功。

(三)液压泵站的使用与维护

1. 工作条件

液压泵站的工作环境温度范围为 $-20\sim80$℃,连续工作最高温度最好不超过 60℃,使用时应经常检查油温,可以用手摸及查看温度计,若油温异常上升,可能是由以下情况造成的:

1) 油质变坏,阻力增大。
2) 油箱容积小,热量散发慢,无冷却装置。
3) 元件内部被污垢堵塞,压力损失过大。

2. 维护保养

油箱中的液压油应保持正常液面,应经常清洁油箱,注油时应从过滤器注油口注入。液压泵站正式运转一个月后,应清洗一次油箱,并更换液压油;运转半年后,再更换一次液压油;以后每年更换一次液压油。

3. 定期清洗

根据使用情况,定期清洗液压泵吸油过滤器、压油过滤器。若其堵塞,易损坏液压泵。

4. 更换元件

发现某液压元件损坏时可随时更换,更换液压阀时应注意不同的滑阀机能,不可搞错。

5. 注意事项

严禁在工作状态下进行检查。

【延伸阅读】

世界上最早的水泵

阿基米德(公元前 287 年—前 212 年),静态力学和流体静力学的奠基人,享有"力学之父"的美称。阿基米德陵墓的墓碑上刻有"圆柱内切球"的几何图形,以纪念他在几何学上的卓越贡献。

古希腊时期的阿基米德是有史以来最早的水泵发明者。阿基米德出生于希腊叙拉古附近的一个小村庄,当时的叙拉古经济空前繁荣,科学研究之风甚浓,阿基米德从小生活在这种氛围之中,养成了喜欢思索和学习的良好习惯。

有一天,阿基米德乘木船在尼罗河上缓缓行驶,看见一群农民因河床地势低、农田地势高而不得不用木桶拎水灌溉农田,不仅效率低下还十分辛苦,心生同情。回去后,阿基米德的眼前总是闪现出农民拎水时吃力的样子,"可不可以让水往高处流呢?"阿基米德开始思考这一问题。渐渐地,在阿基米德的脑海中产生了一个设想:做一个大螺旋轴,把它放在一个圆筒里,这样螺旋轴转起来后,水不就可以沿着螺旋轴被带到高处去了吗?世界上最早的水泵——阿基米德螺旋泵由此诞生,它造福了广大农民,直至现代,许多工厂仍然使用这种阿基米德螺旋泵来移动流质和粉物。

二、液压动力元件的拆装与结构分析

(一) 初识液压动力元件

液压动力元件是液压传动系统不可缺少的核心元件,其主要作用是向整个液压系统提供动力。液压传动系统以液压泵作为动力元件,液压泵将原动机输出的机械能转换为工作液体的压力能,是一种能量转换装置。

1. 液压泵的工作原理和分类

液压泵是液压传动系统的动力元件。图 3-2 所示为单柱塞液压泵(容积式)的工作原理,图中缸体 4 和柱塞 2 构成一个密封的容积(密封工作腔,即柱塞与缸体孔之间形成的空间),偏心轮 1 由原动机带动旋转,当偏心部分向右转时,柱塞在弹簧 3 的作用下向右移动,密封容积逐渐增大,形成局部真空,油箱内的油液在大气压力作用下,顶开吸油阀 5 进入密封油腔中,实现吸油。当偏心部分向左转时,推动柱塞向左移动,密封容积逐渐减小,油液受柱塞挤压而产生压力,使吸油阀 5 关闭,油液顶开压油阀 6 而输入系统,实现压油。这样,液压泵就把原动机输入的机械能转换为液流的压力能。由上可知,液压泵是通过密封容积的变化来完成吸油和压油的,其排油量的大小取决于密封腔的容积变化,故称其为容积式液压泵。为了保证液压泵正常工作,单向阀(吸油阀 5 和压油阀 6)使吸、压油腔不相通,起配油作用,称为阀式配油。为了保证液压泵吸油充分,油箱必须与大气相通。

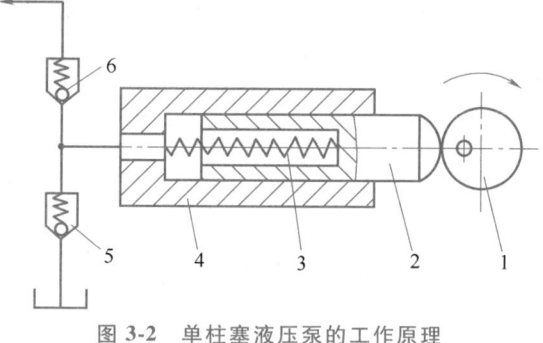

图 3-2 单柱塞液压泵的工作原理
1—偏心轮 2—柱塞 3—弹簧
4—缸体 5—吸油阀 6—压油阀

液压泵按其结构形式不同分为齿轮泵、叶片泵、柱塞泵和螺旋泵等类型,按输出流量能否变化可分为定量泵和变量泵。

液压泵的图形符号如图 3-3 所示。

2. 液压泵的主要性能参数

液压泵的主要性能参数有压力、排量、流量、功率和效率等。

(1) 液压泵的压力 液压泵的工作压力是指泵工作时输出油液的实际压力,其数值取决于负载的大小。

液压泵的额定压力是指泵在正常工作条件下按试验标准规定连续运转的最高压力,它受泵本身的泄漏和结构强度所制约。由于液压传动的用途不同,系统所需要的压力也不相同。液压泵的压力分级见表 3-1。

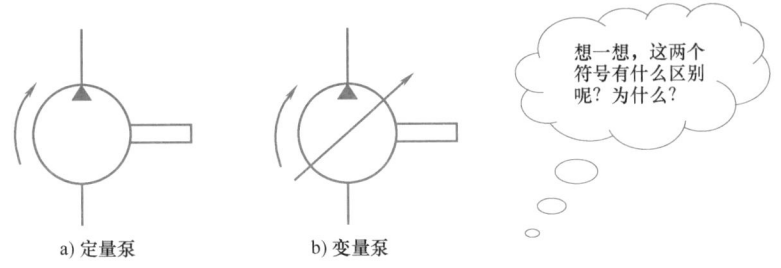

图 3-3 液压泵的图形符号

表 3-1 液压泵的压力分级

压力等级	低压	中压	中高压	高压	超高压
压力/MPa	≤2.5	2.5~8	8~16	16~32	>32

（2）液压泵的排量和流量

1）排量。排量是指在没有泄漏的情况下，泵轴每转一周，由其密封容积几何尺寸变化计算而得到的排出的液体体积，用 V 表示，常用单位为 cm^3/r。排量的大小取决于泵的密封工作腔的几何尺寸（与转速无关）。

2）流量。流量有理论流量和实际流量之分。

① 理论流量 q_t。理论流量是指在单位时间内由泵密封容积几何尺寸变化计算得到的排出液体体积，它等于排量 V 和转速 n 的乘积，即

$$q_t = Vn \quad (3-1)$$

② 实际流量 q_V。实际流量是指泵在某工作压力下实际排出的流量。由于泵存在内泄漏，所以泵的实际流量小于理论流量。

在正常工作条件下，试验标准规定必须保证的流量称为泵的额定流量。

（3）液压泵的功率 功率是指单位时间内所做的功，用 P 表示。由物理学可知，功率等于力和速度的乘积。以图 3-4 为例，当液压缸内油液对活塞的作用力与负载相等时，能推动活塞以速度 v 运动，则液压缸的输出功率为

$$P = Fv \quad (3-2)$$

因 $F = pA$，$v = q/A$，将其代入式 (3-2)，得

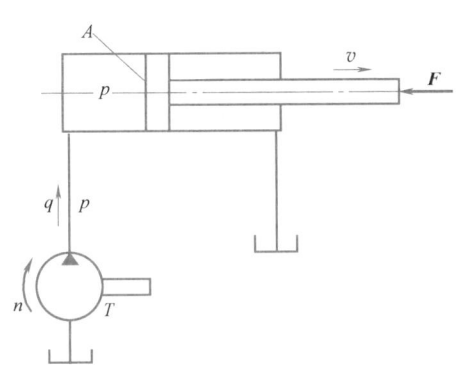

图 3-4 液压泵功率的计算

$$P = pA \frac{q}{A} = pq \quad (3-3)$$

式 (3-3) 即为液压缸的输入功率，其值等于进液压缸的流量和液压缸工作压力的乘积。按上述原理，液压泵的输出功率等于泵的输出流量和工作压力的乘积。

泵输入的机械能表现为转矩 T 和转速 n；泵输出的压力能表现为油液的压力 p 和流量 q，若忽略转换过程中的能量损失，泵的输出功率等于输入功率，即泵的理论功率为

$$pq_t = 2\pi n T_t \tag{3-4}$$

式中　T_t——理论转矩。

（4）液压泵的效率　液压泵在能量转换和传递过程中存在能量损失，如泵的泄漏造成的流量损失、机械运动副之间的摩擦引起的机械能损失等。

1）液压泵的容积效率 η_V。由于液压泵存在泄漏，因此它输出的实际流量 q_V 总是小于理论流量 q_t，即

$$q_V = q_t - \Delta q$$

Δq 为泄漏量，它与泵的工作压力 p 有关，随压力 p 的增大而加大，而实际流量则随压力 p 的增大而相应减小，它们之间的关系如图3-5所示。

液压泵的容积效率 η_V 可表示为

$$\eta_V = \frac{q_V}{q_t} = \frac{q_V}{Vn} \tag{3-5}$$

由此得出液压泵实际输出流量的计算公式为

$$q_V = Vn\eta_V \tag{3-6}$$

2）液压泵的机械效率 η_m。由于存在机械损耗和液体黏性引起的摩擦损失，所以液压泵的实际输入转矩 T_i 必然大于理论转矩 T_t，其机械效率为

$$\eta_m = \frac{T_t}{T_i} \tag{3-7}$$

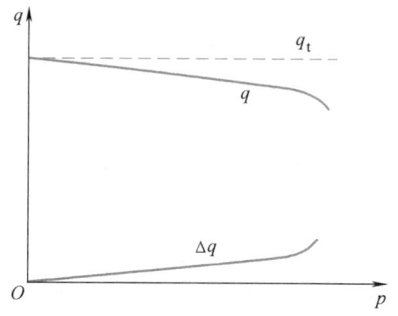

图 3-5　液压泵的流量和压力的关系

3）液压泵的总效率 η。液压泵的总效率为输出功率 P_0 与输入功率 P_i 之比，即

$$\eta = \frac{P_0}{P_i} = \frac{pq_V}{2\pi n T_i} = \frac{pVn}{2\pi n T_i} \cdot \frac{q_V}{Vn} = \eta_m \eta_V \tag{3-8}$$

即液压泵的总效率 η 等于容积效率 η_V 与机械效率 η_m 的乘积。

3. 液压泵所需电动机的功率

在设计液压系统时，如果已经选定了泵的类型，并计算出了泵的输出功率 P_0，则可用公式 $P_i = P_0/\eta$ 计算输入功率 P_i。

（二）齿轮泵

液压泵的种类很多，其中应用最为广泛的是齿轮泵。齿轮泵一般做成定量泵形式，主要结构形式有外啮合和内啮合两种。外啮合齿轮泵由于结构简单、价格低廉、体积小、重量轻、自吸性能好、对油液污染不敏感，所以应用比较广泛，其缺点是流量脉动大、噪声大。

1. 外啮合齿轮泵

（1）外啮合齿轮泵的工作原理及结构　外啮合齿轮泵的工作原理如图3-6所示，泵体内有一对等模数、等齿数的齿轮，当吸油口和压油口各用油管与油箱和系统接通后，齿轮各齿间槽与泵体以及齿轮前后端面贴合的前后端盖间形成密封工作腔，而啮合线又把密封工作腔分隔为两个互不连通的吸油腔和压油腔。当齿轮按图3-6所示方向旋转时，右侧轮齿脱开啮

合（齿与齿分离）时，让出空间使密封容积增大，形成真空，在大气压力的作用下从油箱吸进油液，并被旋转的齿轮带到左侧；左侧轮齿进入啮合，使密封容积减小，油液从齿间被挤出输入系统而压油。这就是外啮合齿轮泵的工作原理。

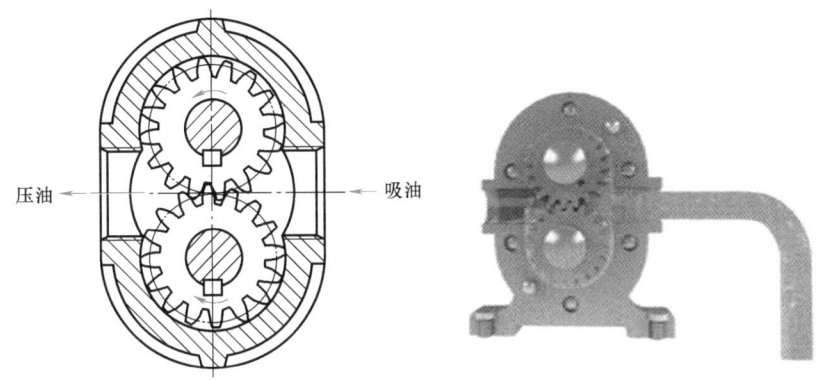

外啮合齿轮泵
的工作原理

图 3-6 外啮合齿轮泵的工作原理

外啮合齿轮泵的输油量是有脉动的。输油量的脉动引起压力脉动，随之产生振动与噪声，所以精度要求高的场合不宜采用外啮合齿轮泵供油。

CB-B 型外啮合低压齿轮泵的结构如图 3-7 所示。

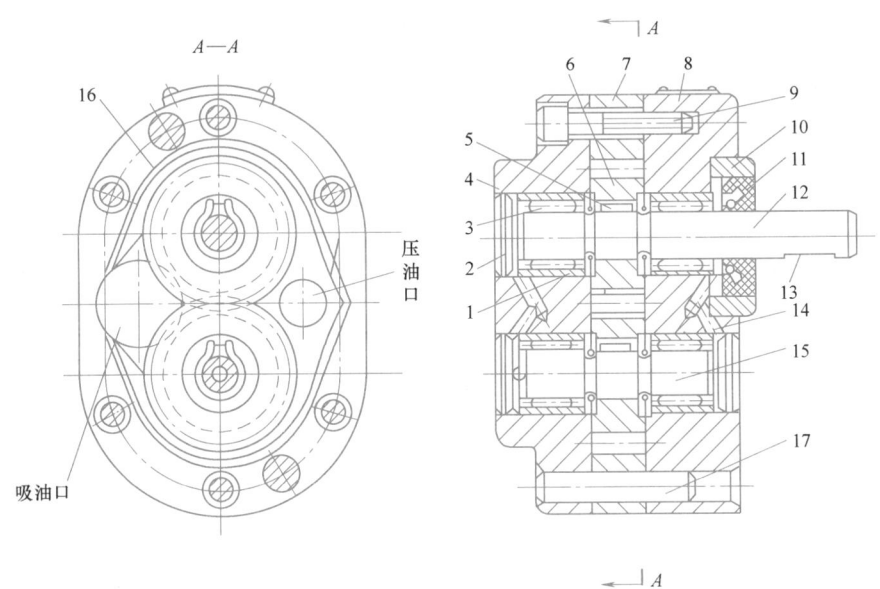

外啮合齿轮泵
的结构

图 3-7 CB-B 型外啮合低压齿轮泵的结构

1—轴承外环　2—堵头　3—滚子　4—后泵盖　5、13—键　6—齿轮　7—泵体　8—前泵盖　9—螺钉
10—压环　11—密封环　12—主动轴　14—泄油孔　15—从动轴　16—困油卸荷槽　17—定位销

（2）外啮合齿轮泵的特点

1）困油现象。外啮合齿轮泵要平稳地工作，齿轮啮合的重叠系数必须大于1，当前一对轮齿尚未退出啮合时，后一对轮齿已经进入啮合，这样在两对轮齿啮合瞬间，在两啮合处之间形成了一个封闭的容积，其内被封闭的油液体积随封闭容积从大到小（图 3-8a～

图3-8b），又从小到大（图3-8b～图3-8c）变化。被困油液压力周期性升高和下降会产生振动、噪声和气穴，这种现象称为困油现象。困油现象严重地影响齿轮泵的工作平稳性和使用寿命。为减轻和消除困油现象的影响，通常在两端盖内侧面上开困油卸荷槽（图3-9），有对称开的，也有偏向吸油腔开的，还有开圆形不通孔卸荷槽的。其目的是使封闭容积减小时，通过卸荷槽使其与压油腔相通；封闭容积增大时，通过卸荷槽使其与吸油腔相通。两槽之间的距离应保证吸、压油腔互不相通，否则泵不能正常工作。

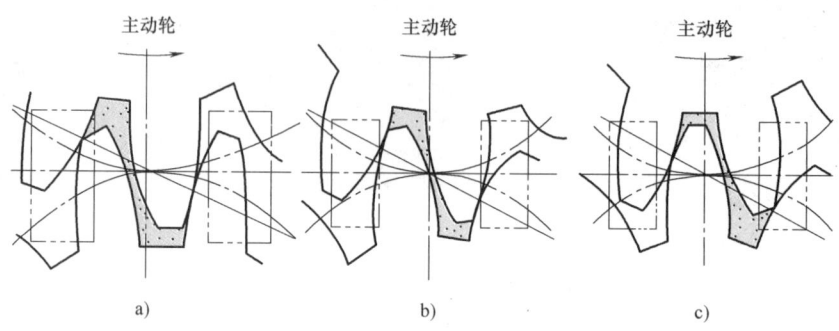

图3-8 外啮合齿轮泵的困油现象

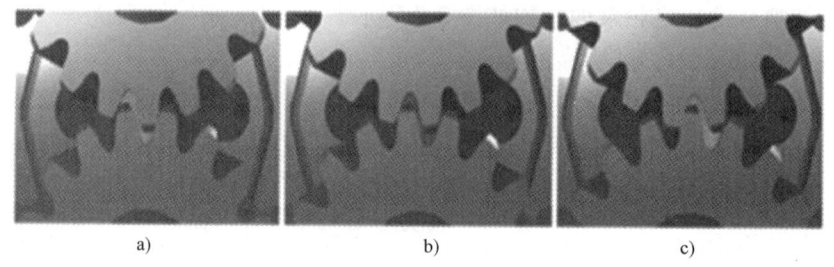

图3-9 外啮合齿轮泵的困油卸荷槽

2）泄漏。外啮合齿轮泵压油腔的压力油可通过三条途径泄漏到吸油腔：一是齿轮啮合线处的间隙，二是齿顶间隙，三是齿轮两端面间隙。其中，齿轮两端面间隙的泄漏量占75%～80%，而且泄漏量随泵工作压力的升高和端面磨损量的增大而增大，因而只用于低压场合。在中高压齿轮泵中，在减小径向不平衡力、提高轴与轴承刚度的同时，还应采用自动补偿端面间隙装置，常用的有浮动轴套式和弹性侧板式两种，其原理都是引入压力油使轴套或侧板紧贴齿轮端面，压力越高贴得越紧，因而可以自动补偿端面磨损量和减小端面间隙。图3-10a所示为采用浮动轴套的中高压齿轮泵的工作原理示意图。轴套浮动安装，轴套左侧的空腔 A 与泵的压油腔相通，弹簧使轴套靠紧齿轮，形成初始良好密封，工作时轴套受左侧油压的作用而向右移动，将齿轮两侧压得更紧，从而自动补偿了端面间隙，提高了容积效率。这种齿轮泵的额定工作压力可达 10～16MPa。

弹性侧板式间隙补偿装置如图3-10b所示，它利用泵的出口压力将油引到侧板后，靠板自身的变形来补偿端面间隙。但因侧板的厚度较薄，其内侧面要耐磨。

3）径向不平衡力。外啮合齿轮泵工作时，压油腔的压力高，吸油腔的压力很低，这样会对齿轮产生不平衡径向力，使轴弯曲变形，轴承磨损加快，严重时会导致齿轮顶圆擦壳。为减小径向力对泵带来的不良影响，CB型外啮合齿轮泵采取缩小压油口的方法，使压油腔

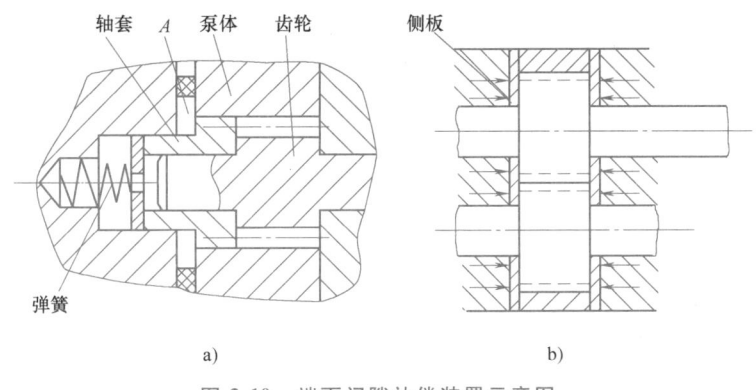

图 3-10 端面间隙补偿装置示意图

的油压仅作用在 1~2 齿的范围内,并适当增大齿顶圆与泵体内孔的间隙（0.13~0.16mm）。

2. 内啮合齿轮泵

内啮合齿轮泵有渐开线齿形和摆线齿形（又名转子泵）两种。它们的工作原理和主要特点与外啮合齿轮泵完全相同。

（1）内啮合齿轮泵的工作原理　图 3-11a 所示为内啮合渐开线齿轮泵的工作原理,相互啮合的小齿轮和内齿轮与侧板围成的密封容积被月牙板和齿轮的啮合线分隔成两部分,即形成吸油腔和压油腔。当传动轴带动小齿轮按图 3-11a 所示方向旋转时,内齿轮同向旋转,图中上半部轮齿脱离啮合,密封容积逐渐增大,是吸油腔;下半部轮齿进入啮合,密封容积逐渐减小,是压油腔。

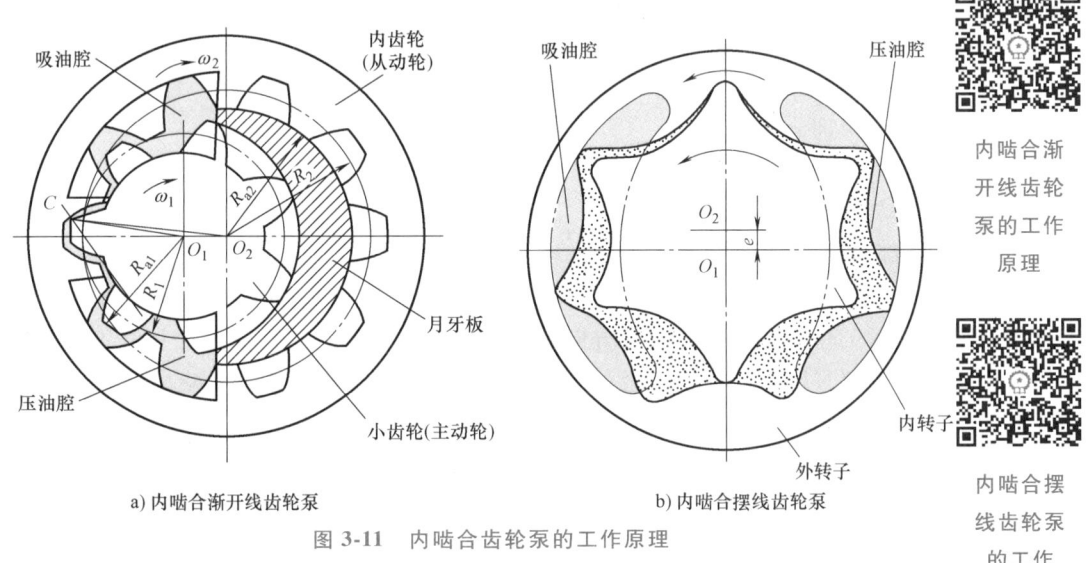

图 3-11　内啮合齿轮泵的工作原理

需要注意的是,在内啮合渐开线齿形泵腔中,小齿轮和内齿轮之间要装一块月牙形板,以便把吸油腔和压油腔隔开。

图 3-11b 所示为内啮合摆线齿轮泵的工作原理。在内啮合摆线齿轮泵中,外转子和内转子只差一个齿,因而不需设置隔板,内、外转子的轴线有一个偏心距 e,内转子为主动轮,内、外转子与两侧配流板间形成密封容积,内、外转子的啮合线又将密封容积分为吸油腔和压油腔。当内转子按图 3-11b 所示方向转动时,左侧密封容积逐渐变大,是吸油腔;右侧密

封容积逐渐变小，是压油腔。

（2）内啮合齿轮泵的特点　内啮合齿轮泵的优点是结构紧凑、体积小、运转平稳、噪声小，在高转速下工作有较高的容积效率；缺点是制造工艺较复杂，价格较贵。

在工程实际中应注意齿轮泵的特点，进而选择合适的齿轮泵作为液压系统的动力元件。

（三）叶片泵

叶片泵的结构比齿轮泵复杂，但因其具有工作压力较高、流量脉动小、工作平稳、噪声较小、寿命较长等优点，所以被广泛应用于机械制造中的专用机床、自动线等需要中低压的液压系统中。它的缺点是结构复杂，吸油特性不太好，对油液的污染也比较敏感。

叶片泵按其输出流量是否可调节可分为定量叶片泵和变量叶片泵两类，按作用方式可分为双作用叶片泵和单作用叶片泵。

1. 双作用叶片泵

双作用叶片泵均为定量叶片泵，一般最大工作压力为 7.0MPa，结构经改进的高压双作用式叶片泵最大工作压力可达 16~21MPa。

（1）双作用叶片泵的工作原理　图 3-12 所示为双作用叶片泵的工作原理。双作用叶片泵主要由叶片、定子、转子、配油盘、转动轴和泵体等组成，定子内表面是由两段半径为 R 的圆弧、两段半径为 r 的圆弧和四段过渡曲线 8 个部分组成的，且定子和转子是同心的。转子旋转时，叶片靠离心力和根部油压作

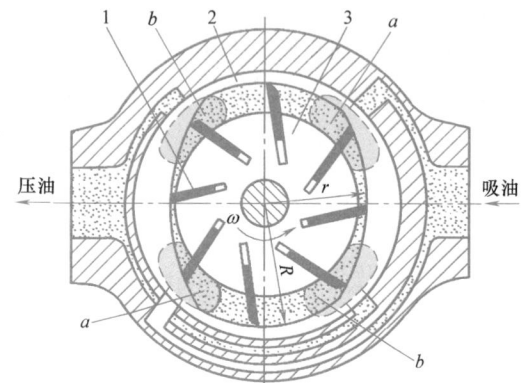

图 3-12　双作用叶片泵的工作原理
1—叶片　2—定子　3—转子　a—吸油腔　b—压油腔

用伸出，紧贴在定子的内表面上，两个叶片之间与转子的外圆柱面、定子内表面及前后配油盘形成了一个个密封工作腔。转子逆时针方向旋转时，密封工作腔的容积在右上角和左下角处逐渐增大，形成局部真空而吸油，为吸油腔 a；在左上角和右下角处逐渐减小而压油，为压油腔 b。吸油腔和压油腔之间为一段封油区，把它们隔开。这种泵的转子每转一周，每个密封工作腔吸油、压油各两次，故称双作用叶片泵。泵的两个吸油腔和压油腔是径向对称的，作用在转子上的径向液压力平衡，所以又称其为平衡式叶片泵。

由于叶片有厚度，根部又连通压油腔，在吸油腔叶片不断伸出，根部容积要由压力油补充，减少了输出流量，造成叶片泵有少量流量脉动。流量脉动率在叶片数为 4 的整数倍且大于 8 时最小，故定量叶片泵的叶片数为 12。

（2）YB_1 型双作用叶片泵的结构　YB_1 型双作用叶片泵是典型的双作用叶片泵，如图 3-13 所示，由前泵体和后泵体、左右配油盘、定子、转子、叶片和传动轴等组成。YB_1 型双作用叶片泵结构有以下几个特点。

1）吸油口与压油口有四个相对位置。前、后泵体的四个连接螺钉布置成正方形，所以

前泵体的压油口可变换四个相对位置装配，方便使用。

2）采用组合装配和压力补偿配油盘。左右配油盘、定子、转子、叶片可以组成一个组件。两个长螺钉为组件的紧固螺钉，其头部作为定位销插入后泵体6的定位孔内，并保证配油盘上吸、压油窗的位置能与定子内表面的过渡曲线相对应。当泵运转并建立压力后，配油盘7在右侧压力油作用下产生微量弹性变形，紧贴在定子上以补偿轴向间隙，减少内泄漏，有效地提高容积效率。

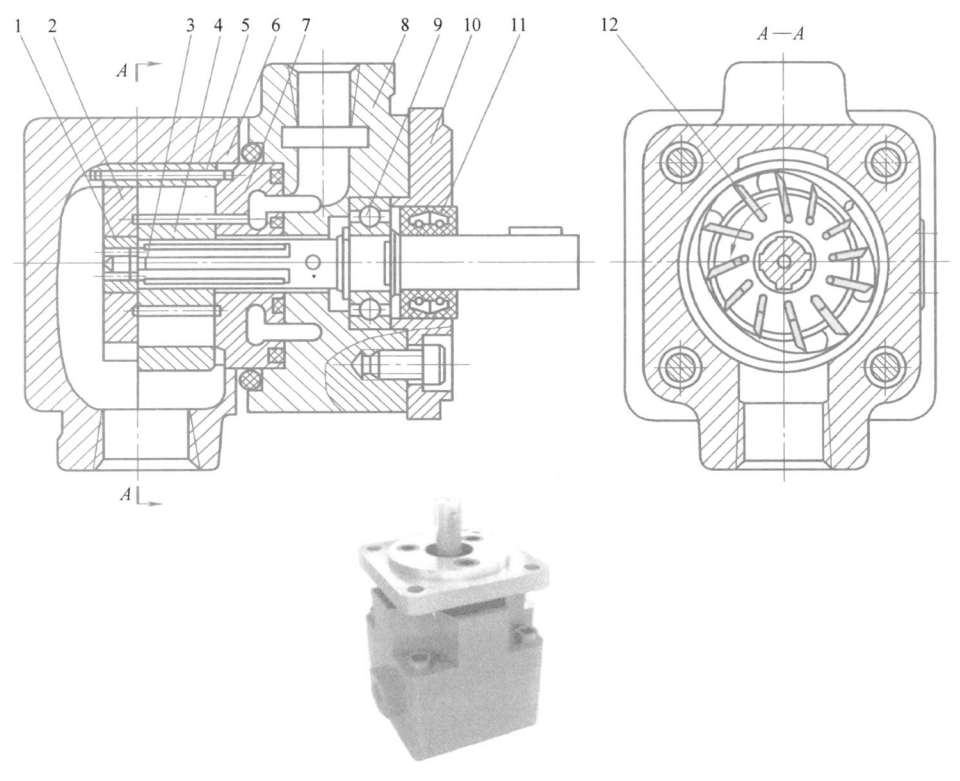

图 3-13　YB_1 型双作用叶片泵

1—滚针轴承　2、7—配油盘　3—传动轴　4—转子　5—定子　6、8—泵体　9—滚动轴承
10—盖板　11—密封圈　12—叶片

3）配油盘。配油盘上的上、下两缺口 b 为吸油窗口，两个腰形孔 a 为压油窗口，相隔部分为封油区域（图 3-14）。在腰形孔端开有三角槽，作用是使叶片间的密封容积逐步地与高压腔相通，以避免产生液压冲击，且可减少振动和噪声。在配油盘上对应于叶片根部位置处开有一环形槽 c，在环形槽内有两个小孔 d 与排油孔道相通，引进压力油作用于叶片底部，保证叶片紧贴于定子内表面，

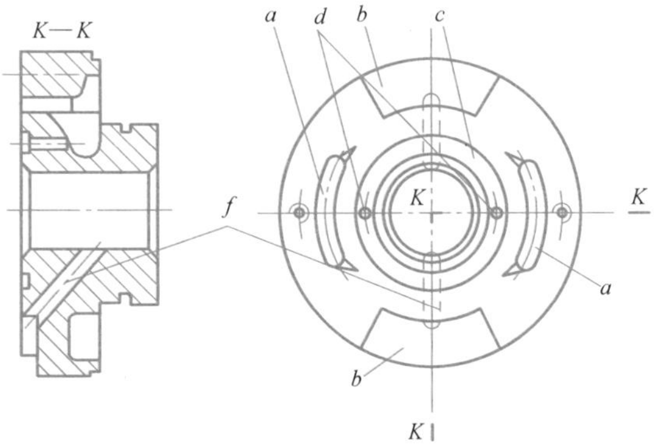

图 3-14　叶片泵的配油盘

能可靠密封。f 为泄油孔，用于将泵体间的泄漏油引入吸油腔。

4) 定子内腔曲线。定子的内腔曲线由四段圆弧和四段过渡曲线组成。理想的过渡曲线既能使叶片顶紧定子内表面，又能使叶片在转子槽内的滑动速度和加速度变化均匀。在过渡曲线和弧线交接点处应圆滑过渡，这样加速度突变减小，可减少冲击、噪声和磨损。双作用叶片泵一般都使用综合性能较好的等加速、等减速曲线作为过渡曲线。

5) 叶片倾角。国产双作用叶片泵的叶片在转子槽内不采用径向安装，而是有一个顺转向的前倾角，如图 3-15 所示。理由是：在压油区若叶片径向安放，叶片和定子曲线有压力角 $β$，定子对叶片的反作用力 F 在垂直叶片方向上的分力（$F_t = F\sinβ$）会使叶片产生弯曲，将叶片压紧在叶片槽的侧壁上。这会使摩擦力增大，使叶片内缩不灵活，磨损增大，所以将叶片顺转向倾斜一角度 $θ$（通常 $θ=13°$），使压力角减为 $β-θ$，有利于叶片在槽内滑动。

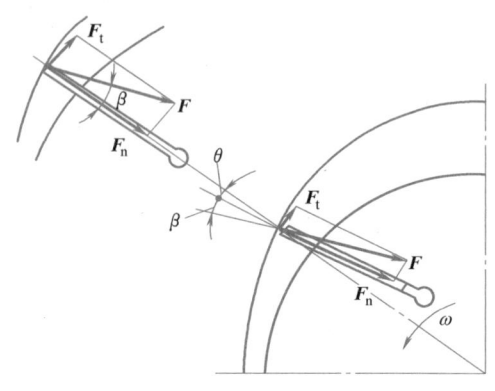

图 3-15 叶片的倾角

(3) 双联叶片泵　双联叶片泵是将两套双作用叶片泵的定子、转子、配油盘放在一个泵体内，通过一根传动轴带动两个泵同时工作。它有一个共同的进油口和两个独立的出油口，如图 3-16 所示。

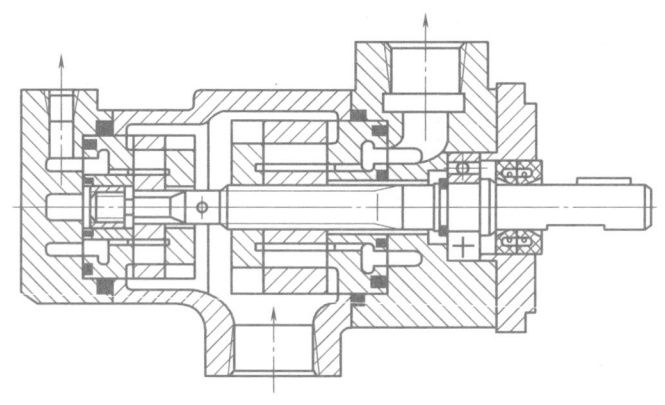

图 3-16 双联叶片泵

双联叶片泵的输出流量可以分开使用，也可以合并使用。如有快速行程和工作进给要求的机床液压系统，在快速轻载时，由大、小两泵同时供给低压油；在重载低速时，高压小流量泵单独供油，大泵卸荷。这样可减小功率损耗，减少油液发热。双联叶片泵也可以两泵各自独立供油。

(4) 高压叶片泵　双作用叶片泵是卸荷式泵，配油盘还具有压力补偿轴向间隙的功能，有利于压力提高，但是为了保证叶片顶部与定子内表面紧密接触，所有叶片的根部都通压力油，当叶片处于吸油区时，叶片作用于定子表面的力很大，在高速运转下，会加速定子内表面的磨损，这是不能提高泵的工作压力的主要原因。所以必须在结构上采取措施，使通过吸油区叶片压向定子内表面的作用力减小。高压叶片泵采取的措施如下：

1) 双叶片结构。如图 3-17 所示,在转子的叶片槽内装有两个叶片 1 和 2,两叶片间可以相对滑动,叶片顶端倒角部分形成油室,经叶片中间小孔 c 与叶片底部的 b 油室相通,使叶片上、下油压作用力基本平衡。这种叶片泵的工作压力可达 17MPa。

2) 子母叶片式结构。子母叶片式结构又称复合叶片式结构,如图 3-18 所示,叶片分母叶片 1 和子叶片 2 两部分,通过配油盘使母、子叶片间的小腔 a 内总是和压力油相通。而母叶片根部的 c 腔则经转子 3 上的油孔 b 始终与顶部压力油相通。当叶片在吸油区工作时,使叶片根部不受高压油作用,只受 a 腔的高压油作用而压向定子。由于 a 腔容积不大,所以定子表面所受的作用力也不大,但能使叶片与定子接触良好,保证密封。这种高压叶片泵的工作压力可达 20MPa。

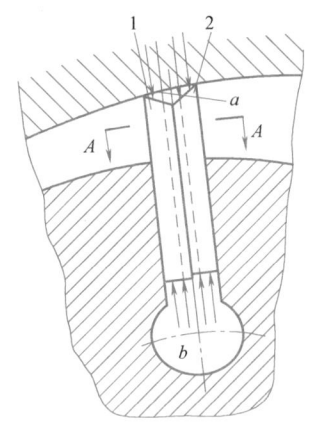

图 3-17 双叶片结构
1、2—叶片

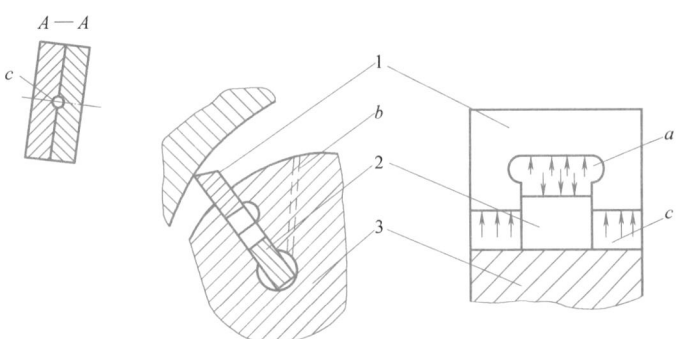

图 3-18 子母叶片式结构
1—母叶片 2—子叶片 3—转子

2. 单作用叶片泵

单作用叶片泵多为变量叶片泵,工作压力最大为 7.0MPa。

(1) 单作用叶片泵的工作原理 图 3-19 所示为单作用叶片泵的工作原理。它由定子、转子、叶片和配油盘等组成。转子和定子有偏心距,当电动机驱动转子沿箭头所示方向旋转时,由于离心力的作用,使叶片顶紧定子内表面,这样在定子、转子、叶片和两侧的配油盘之间就形成了一个个密封腔。叶片经下半部时,从槽中逐步伸出,密封腔容

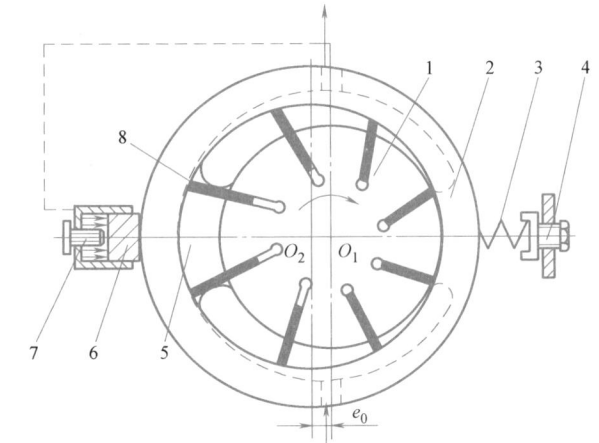

单作用叶片泵的工作原理

图 3-19 单作用叶片泵的工作原理
1—转子 2—定子 3—弹簧 4、7—调节螺钉
5—配油盘 6—反馈缸柱塞 8—叶片

积增大，从吸油口吸油；叶片经上半部时，被定子内表面逐渐压入槽内，密封腔容积减小，从压油口将油压出。这种叶片泵每转一周，吸油、压油各一次，称为单作用叶片泵，又因其转子受不平衡的径向液压力作用，也称其为非平衡式叶片泵。由于其轴承承受的负荷大，压力提高受到了限制。

变量叶片泵在吸油区的叶片根部不通压力油，否则叶片和定子内壁间摩擦力较大，会削弱泵的压力反馈作用。因而，为了能使叶片在惯性力作用下顺利甩出，叶片后倾一个角度（$\alpha = 24°$）安放。

（2）限压式变量泵 变量叶片泵的变量方式有手调和自调两种。自调变量泵又根据工作特性的不同分为限压式、恒压式和恒流式三类，其中以限压式应用较多。限压式变量泵又可分为外反馈式和内反馈式。

1）外反馈式变量叶片泵。其工作原理如图3-19所示。转子1的中心O_1不变，定子2则可以左右移动，定子在右侧限压弹簧3的作用下，被推向左端和反馈缸柱塞6靠牢，使定子和转子间有原始偏心距e，它决定了泵的最大流量，e的大小可通过螺钉7进行调节。泵的出口压力经泵体内通道作用于左侧反馈缸柱塞6上，使反馈缸柱塞对定子2产生一个作用力pA（A为柱塞工作面积）。由于泵的出口压力p决定于外负载，随负载而变化，当供油压力较低，$pA \leq kx_0$时（k为弹簧刚度，x_0为弹簧的预压缩量），定子不动，最大偏心距e_0保持不变，泵的输出流量为最大。当泵的工作压力升高至大于限定压力p_B（即保持原偏心距e_0不变时的最大工作压力）时，$pA \geq kx_0$，这时限压弹簧被压缩，定子右移，偏心距减小，泵的流量也随之减小。泵的工作压力越高，偏心距越小，泵的流量也越小。当泵的压力增加，使定子与转子之间的偏心距近似为零（微小偏心距所排出流量只补偿内泄漏）时，泵的输出流量为零。此时泵的压力p_C为泵的极限工作压力。限压式变量叶片泵的特性曲线如图3-20所示，调节螺钉7，可改变偏心距e，输出流量随之变化，AB曲线上下平移；调节限压螺钉4时，改变x_0可使BC曲线左右平移。

2）内反馈式变量叶片泵。其工作原理如图3-21所示。其结构与外反馈式变量叶片泵基本相同，只是没有外反馈柱塞缸。内反馈力的产生：配油盘上吸、压油口偏转一个角度θ（图3-21），使压油区的液压力作用在定子上的径向不平衡力F产生水平分力F_x与kx_0方向相反。当泵的工作压力p升高时，F_x也增大。当$F_x > kx_0$时，定子右移，e减小，流量减小。

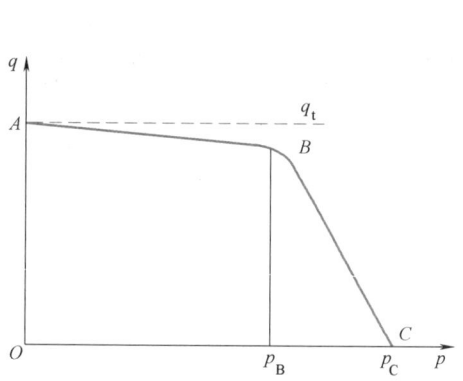

图3-20 限压式变量叶片泵的特性曲线

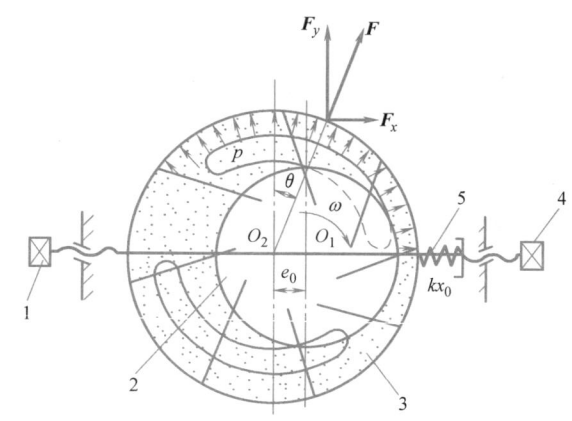

图3-21 内反馈式变量叶片泵的工作原理
1、4—螺钉 2—转子 3—定子 5—弹簧

（3）限压式变量叶片泵的调整和应用　由限压式变量叶片泵的特性曲线可知，它很适用于机床有"快进、慢进"以及"保压系统"的场合。机床快进时负载小，压力低，流量大，泵处于特性曲线 AB 段；机床慢进时，负载大，压力高，流量小，泵自动转换到特性曲线 BC 段某点工作；保压时，在近 p_C 点工作，提供小流量，补偿系统泄漏。如某限压泵原特性曲线如图 3-22 中曲线 I 所示，若机床快进时所需泵的工作压力为 1MPa，流量为 30L/min，工进时泵的工作压力为 4MPa，所需流量为 5L/min，试调整泵的特性曲线，以满足工作需要。

如前所述，若泵按原始特性曲线工作，快进流量太大，工进时泵的出口工作压力也会过高，与机床工作要求不相适应，所以必须进行调整。调整时一般先调节流量螺钉 1，移动定子减小偏心距 e_0，使 AB 线向下移至流量为 30L/min 处，然后调整限压螺钉，减少弹簧预压缩量，使 BC 段左移到曲线 II 上工作，以满足机床工作需要。曲线 II 为调整后泵的工作特性曲线。

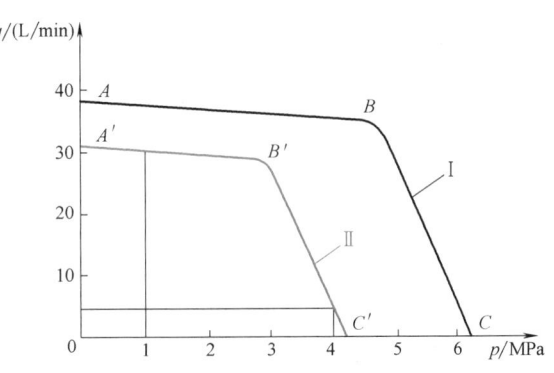

图 3-22　限压式变量叶片泵特性曲线调整

（4）限压式变量叶片泵的结构　图 3-23 所示为 YBX-25 型外反馈限压式变量叶片泵的结构。液压泵的传动轴 2 支承在两个滚针

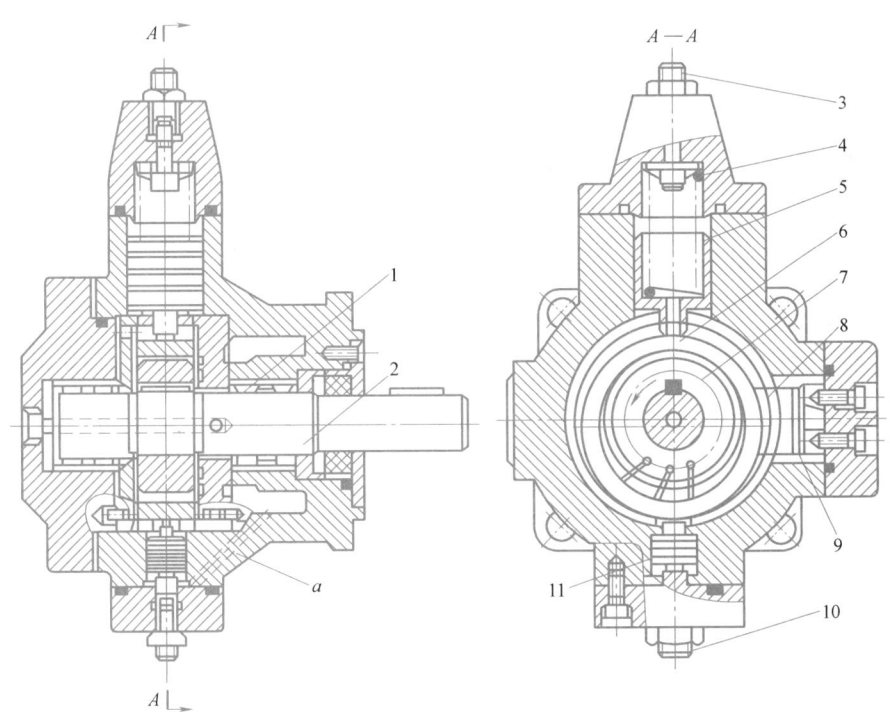

图 3-23　YBX-25 型外反馈限压式变量叶片泵的结构

1—滚针轴承　2—传动轴　3—调节螺钉　4—弹簧　5—套　6—定子　7—转子　8—滑块　9—滚针　10—螺钉　11—活塞

轴承 1 上，带动转子 7 做逆时针方向回转。转子的中心是不变的，定子 6 可以上下移动。滑块 8 用来支持定子 6，并承受压力油对定子的作用力。滑块支承在滚针 9 上，可提高油压变化时定子随滑块移动的灵敏度。在弹簧 4 的作用下，通过弹簧座使定子紧靠在活塞 11 上，使定子中心和转子中心之间有个偏心距 e_0，偏心距大小可用螺钉 10 来调节。螺钉 10 调定后，即确定了泵的最大偏心距，也即泵的排量最大。液压泵出口的压力油经孔 a 到活塞 11 的下端，使其产生一个改变偏心距的反馈力，通过调节螺钉 3 可调节限压弹簧 4，以改变泵的限定工作压力，输出最大工作压力。

限压式变量叶片泵常用于执行元件需要有快、慢速运动的液压系统中，可以降低功率损耗，减少油液发热，与采用双联泵供油相比，可以简化油路，减少液压元件数量。

（四）柱塞泵

叶片泵和齿轮泵受使用寿命或容积效率的影响，一般只宜作为中、低压泵。柱塞泵是依靠柱塞在缸体内往复运动，使密封容积产生变化，来实现吸油和压油的。由于柱塞与缸体内孔均为圆柱表面，因此加工方便、配合精度高、密封性能好、容积效率高，同时，柱塞处于受压状态，能使材料的强度充分发挥出来。只要改变柱塞的工作行程就能改变泵的排量，所以柱塞泵具有压力高、结构紧凑、效率高、流量调节方便等优点。由于单柱塞泵只能断续供油，所以在实际应用中常将多个单柱塞泵组合，根据其排列方向不同可分为径向柱塞泵和轴向柱塞泵。

1. 径向柱塞泵

（1）径向柱塞泵的工作原理　图 3-24 所示为径向柱塞泵的工作原理。径向柱塞泵由定子 4、转子（缸体）2、配油轴 5、衬套 3 和柱塞 1 等主要零件组成。径向柱塞泵的衬套 3 装在转子 2 的孔内，随着转子一起旋转，而配油轴则是不动的。当转子顺时针方向旋转时，柱塞在离心力或在低压油作用下，压紧在定子内壁上。由于转子和定子间有偏心距 e，故转子在上半周转动时柱塞向外伸出，径向孔内的密封工作容积逐渐增大，形成局部真空，将油箱中的油经配油轴上的 b 腔吸入；转子转到下半周时，柱塞向里推入，密封工作容积逐渐减小，将油液从配油轴上的 c 腔向外排出。转子每转一周，各孔吸油和压油各一次。移动定子以改变偏心距 e，可以改变泵的排量。

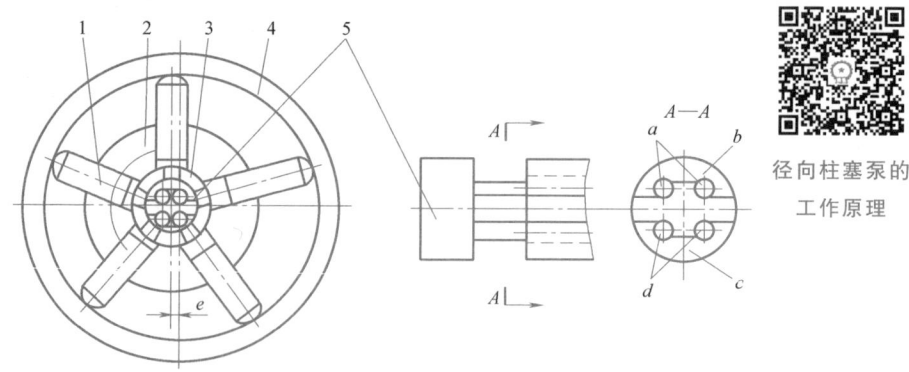

图 3-24　径向柱塞泵的工作原理
1—柱塞　2—转子　3—衬套　4—定子　5—配油轴

（2）径向柱塞泵的结构特点　径向柱塞泵径向尺寸大，结构较复杂，自吸能力差，且配油轴受到径向不平衡液压力的作用，易磨损，这限制了其转速和压力的提高。因此，径向柱塞泵应用不多，有被轴向柱塞泵所代替的趋势。

2. 轴向柱塞泵

（1）轴向柱塞泵的工作原理　轴向柱塞泵的柱塞平行于缸体轴线，其工作原理如图3-25所示。轴向柱塞泵主要由柱塞5、缸体7、配油盘10和斜盘1等零件组成。斜盘1和配油盘10固定不动，斜盘法线和缸体轴线间的交角为γ。缸体由轴9带动旋转，缸体上均匀分布有若干个轴向柱塞孔，孔内装有柱塞5，套筒4在弹簧6的作用下通过压板3而使柱塞头部的滑履2与斜盘靠牢，同时套筒8则使缸体7和配油盘10紧密接触，起密封作用。当缸体按图3-25所示方向转动时，由于斜盘和压板的作用，迫使柱塞在缸体内做往复运动，使各柱塞与缸体间的密封容积增大或缩小，通过配油盘的吸油口或压油口吸油或压油。当缸孔自最低位置向前上方转动（前面半周）时，柱塞在转角0~π范围内逐渐向左伸出，柱塞端部的缸孔内密封容积增大，经配油盘吸油口吸油；转角在π~2π（里面半周）范围内时，柱塞被斜盘逐步压入缸体，柱塞端部密封容积减小，经配油盘压油口压油。

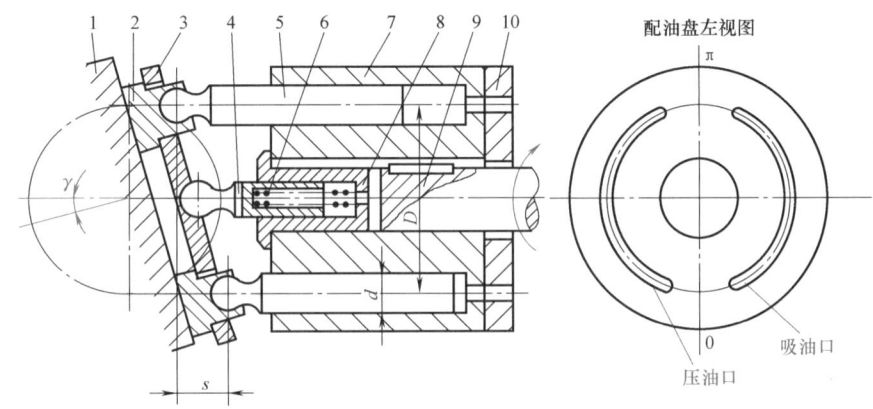

图3-25　轴向柱塞泵的工作原理图
1—斜盘　2—滑履　3—压板　4—套筒　5—柱塞　6—弹簧　7—缸体　8—套筒　9—轴　10—配油盘

改变斜盘倾角γ的大小，就改变了柱塞的行程长度，也就改变了泵的流量；改变斜盘倾角的方向，就改变了泵的吸压油方向，也就成了双向变量轴向柱塞泵。

由于柱塞的瞬时移动速度不相同，所以输出流量是脉动的。不同柱塞数目的柱塞泵，其输出流量的脉动率也不同，见表3-2。

表3-2　柱塞泵的流量脉动率

柱塞数 Z	5	6	7	8	9	10	11	12
脉动率（%）	4.98	14	2.53	7.8	1.53	4.98	1.02	3.45

由表3-2可以看出，柱塞数较多并为奇数时，脉动率较小。故柱塞泵的柱塞数一般都为奇数，从结构和工艺性考虑，常取$Z=7$或$Z=9$。

（2）轴向柱塞泵的结构特点

1）缸体端面间隙的自动补偿装置。由图3-25可见，使缸体紧压配油盘端面的作用力，除弹簧 6 的推力外，还有柱塞孔底部的液压力。此液压力比弹簧力大得多，而且随泵的工作压力增大而增大。由于缸体始终受力紧贴着配油盘，就使端面得到了自动补偿，提高了泵的容积效率。

2）配油盘。如图 3-26 所示，a 为压油口，c 为吸油口，外圈 d 为卸压槽，与回油孔相通，两个通孔 b 起减少冲击、降低噪声的作用。其余 4 个不通小孔，可以起储油润滑作用。配油盘外圆的缺口是定位槽。

3）滑履。斜盘式柱塞泵中，一般柱塞头部装有滑履（图 3-25），两者为球面接触；而滑履与斜盘之间又以平面接触，改善了柱塞工作时的受力状况，并由缸中的压力油经柱塞和滑履中间的小孔润滑各相对运动表面，大大降低了相对运动零件的磨损，有利于泵在高压下工作。

4）变量机构。在变量轴向柱塞泵中均设有专门的变量机构，用来改变斜盘倾角 γ 的大小，以调节泵的排量。轴向柱塞泵的变量方式有手动、伺服、压力补偿等多种形式。

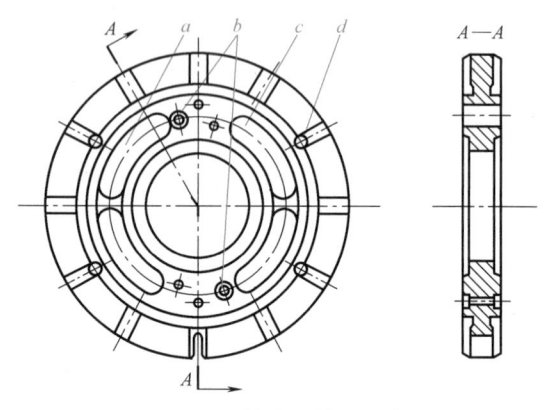

图 3-26　柱塞泵的配油盘

图 3-27 所示为手动变量机构的 SCY14-1 型斜盘式轴向柱塞泵。变量时，转动手轮 1，使丝杠 12 随之转动，带动变量活塞 11 沿导向键做轴向移动，通过轴销 10 使支承在变量壳体上的斜盘 2 绕钢球的中心转动，从而改变斜盘倾角 γ，也就改变了泵的流量。流量调好后应将锁紧螺母 13 锁紧。

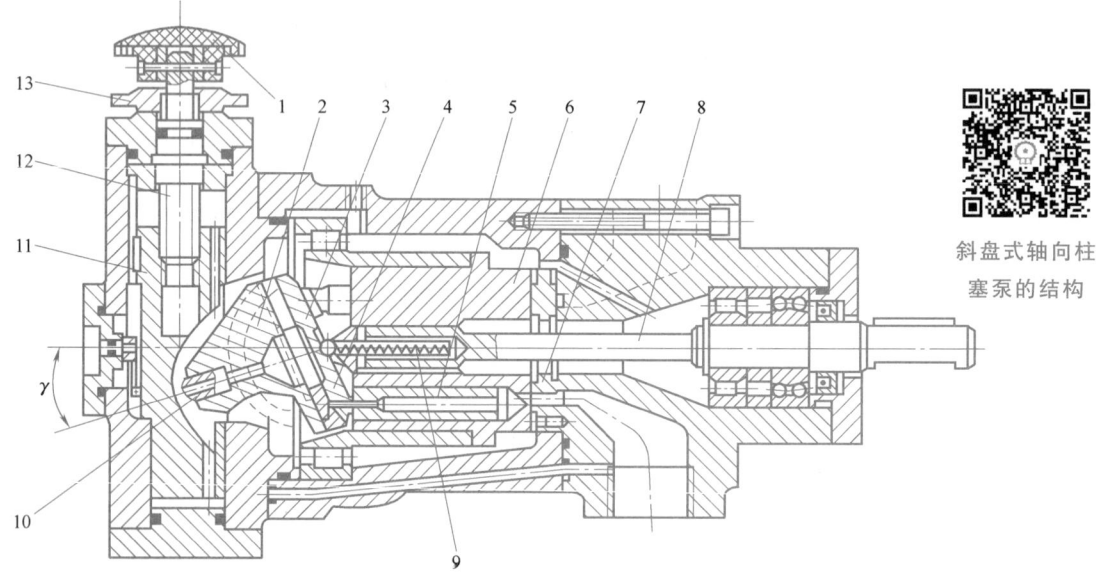

斜盘式轴向柱塞泵的结构

图 3-27　SCY14-1 型斜盘式轴向柱塞泵的结构

1—手轮　2—斜盘　3—回程盘　4—滑履　5—柱塞　6—缸体　7—配油盘　8—传动轴
9—弹簧　10—轴销　11—变量活塞　12—丝杠　13—锁紧螺母

【延伸阅读】

科技创新是产业发展的动力

产业发展，科技先行，依托高校和科研院所举行的学术会议和高峰论坛，有助于产业了解国内外泵阀与密封相关领域的最新研究成果、发展趋势和国家相关产业政策，是产业紧贴发展前沿的主阵地。

2020年12月25～27日，由中国机械工程学会和浙江工业大学主办，中国机械工程学会流体工程分会、清华大学摩擦学国家重点实验室、浙江大学流体动力与机电系统国家重点实验室等单位承办的浙江省泵阀与密封创新发展高峰论坛在浙江省杭州市召开。论坛以"泵阀与密封创新发展"为主题，邀请了国内泵阀与密封关键基础件及其相关领域的院士、知名专家学者和有关省部委与国家行业协会/学会领导莅临杭州，共享成果，共促发展，为打造浙江省"泵阀与密封"特色产品产业基地，形成高新特基础件产品，着力服务于石油石化、核电、高铁、制药、汽车、航空航天和高性能船舶等国家支柱产业或行业，对接"一带一路"做出贡献。

论坛设置了泵阀领域和密封领域两个专场报告，专家学者和企业技术高管们对浙江省泵阀和密封关键基础件的创新发展进行了热烈讨论和面对面交流，共同出谋划策，贡献智慧。通过专场主题报告、专场报告等形式，使浙江省两大关键基础件相关企业全面深入了解国内外泵阀与密封相关领域的最新研究成果、发展趋势和国家相关产业政策，并及时调整产品结构，把控未来创新发展方向，积极主动应对国内外市场竞争日趋激烈的形势，进而推进泵阀与密封关键基础件产业集群的协同创新与融合发展，以绿色化、信息化、机械化和数字化等方向为改造重点，及时调整产品结构。为推动浙江省关键基础件单纯生产型企业向研发生产型乃至创新生产型企业的发展，积极融入国家战略高端新型产业，主动对接"一带一路"做出了贡献。

三、液压辅助元件

（一）蓄能器

1. 蓄能器的功用

蓄能器是用来储存和释放液体压力能的装置，其主要功用如下：

（1）作为辅助动力源　在液压系统工作循环中，不同阶段需要的流量变化很大时，常采用蓄能器和一个流量较小的泵组成油源。当系统需要的流量不多时，蓄能器将液压泵多余的流量储存起来；当系统短时期需要较大流量时，蓄能器将储存的压力油释放出来，与泵一起向系统供油。另外，蓄能器可作为应急能源紧急使用，避免在突然停电或驱动泵的电动机发生故障时油液供应中断。

（2）保压和补充泄漏　有的液压系统需要较长时间保压而液压泵卸荷，此时可利用蓄能器释放所储存的压力油，补偿系统的泄漏，维持系统的压力。

（3）吸收压力冲击和消除压力脉动　液压阀突然关闭或换向时，系统可能产生液压冲击,此时可在液压冲击源附近安装蓄能器,以吸收这种冲击,使液压冲击峰值降低。

2. 蓄能器的类型和结构

蓄能器主要有重锤式、弹簧式和气体式三种类型,常用的是气体式。气体式蓄能器是利用密封气体的压缩、膨胀来储存和释放能量的,所充气体一般为惰性气体或氮气。气体式蓄能器又分为气瓶式、活塞式和囊式三种。下面主要介绍常用的活塞式和囊式蓄能器。

(1) 活塞式蓄能器 图 3-28a 所示为活塞式蓄能器。它利用在缸中浮动的活塞使气体与油液隔开,气体经充气阀进入上腔,活塞的凹部面向气体,以增加气体的体积,下腔油口 a 充压力油。该蓄能器结构较简单,安装与维修方便,但活塞惯性和摩擦阻力会影响蓄能器动作的灵敏性,而且活塞不能完全防止气体渗入油液,故这种蓄能器的性能并不十分理想,一般适用于压力低于 20MPa 的系统储能或吸收压力脉动。

(2) 囊式蓄能器 图 3-28b 所示为囊式蓄能器。壳体内有一个用耐油橡胶做原料与充气阀一起压制而成的气囊。充气阀只在为气囊充气时才打开,平时关闭。壳体下部装有限位阀,在工作状态下,压力油经限位阀进出,当油液排空时,限位阀可以防止气囊被挤出。这种蓄能器的特点是气囊惯性小,反应灵敏,结构尺寸小,重量轻,安装方便,维护容易,适用温度范围为 $-20\sim70℃$。气囊有折合型和波纹型两种,前者容量较大,可用来储蓄能量,后者则适用于吸收冲击,工作压力可达 32MPa。

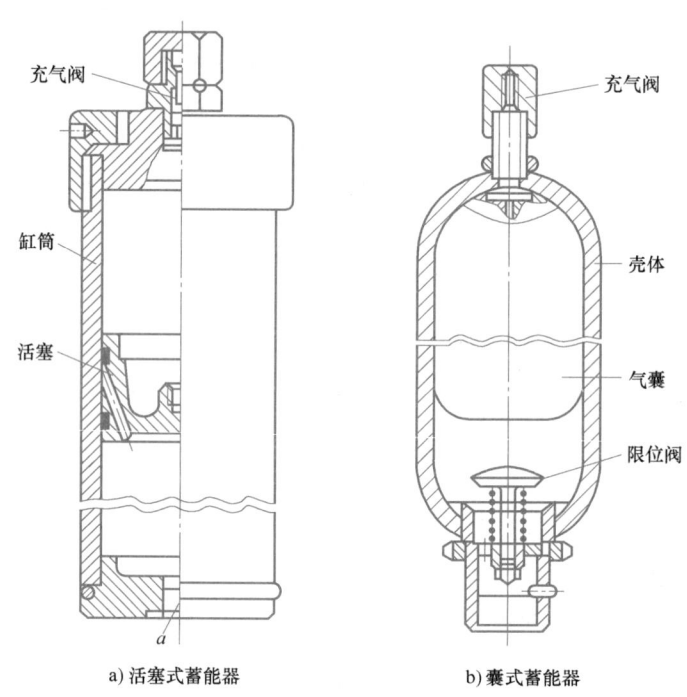

图 3-28 气体式蓄能器
a) 活塞式蓄能器 b) 囊式蓄能器

3. 蓄能器的使用和安装

蓄能器在液压回路中的安放位置,随其功用的不同而异。在安装蓄能器时应注意以下几点。

1) 囊式蓄能器原则上应垂直安装(油口向下),只有在空间位置受到限制时才考虑倾斜或水平安装。

2) 吸收冲击压力和脉动压力的蓄能器应尽可能装在振源附近。

3) 装在管道上的蓄能器，要承受一个相当于其入口面积与油液压力乘积的力，因而必须用支持板或支持架固定。

4) 蓄能器与管道系统之间应安装截止阀，供充气、检修时使用。蓄能器与液压泵之间应安装单向阀，以防止停泵时压力油倒流。

（二）过滤器

1. 过滤器的功用

保持液压油清洁是液压系统正常工作的必要条件。液压油中存在的杂质，轻则会加速元件的磨损、擦伤密封件，影响元件及系统的性能和使用寿命，重则堵塞节流孔，卡住阀类元件，使元件动作失灵以至损坏。据统计，液压系统的故障中，至少有 70%~80% 是由于液压油被污染而造成的。过滤器的作用就是不断净化油液，使其污染程度控制在允许范围内。

2. 过滤器的主要性能指标

1) 过滤精度。过滤精度是指被过滤器阻挡的最小杂质颗粒的尺寸，若以直径 d 表示，可分为四级：粗（$d \geqslant 0.1\text{mm}$）、普通（$d \geqslant 0.01\text{mm}$）、精密（$d \geqslant 0.005\text{mm}$）、特精（$d \geqslant 0.001\text{mm}$）。工作压力越高，在液压元件中相对运动零件间的间隙越小，要求过滤精度越高。一般要求颗粒直径 d 小于间隙值的一半。如在伺服系统中，因伺服阀阀芯与阀套的间隙仅为 0.002~0.004mm，所以应选用特精级过滤器；高压系统用精密级过滤器，中、低压系统用普通级过滤器。

2) 通油能力。通油能力指在一定压差下通过过滤器的最大油流量，也可用滤芯的有效过滤面积表示。

3) 机械强度。滤芯应有足够的机械强度。

4) 耐蚀性。滤芯应有较好的耐蚀性。

3. 过滤器的类型和结构

过滤器主要有机械式过滤器和磁性过滤器两大类。其中，机械式过滤器又分为网式、线隙式、纸芯式、烧结式等多种类型；按其连接形式不同又可分为管式、板式和法兰式三种。

(1) 网式过滤器　如图 3-29 所示，网式过滤器由筒形骨架上包一层或两层铜丝网组成。其过滤精度与网孔大小及网的层数有关，有 80μm、100μm 和 180μm 三个等级。其特点是结构简单，通油能力大，清洗方便，但过滤精度较低。

(2) 线隙式过滤器　图 3-30 所示为线隙式过滤器，滤芯由铜线或铝线绕成，依靠线间缝隙过滤。它分为吸油管用和压油管用两种，前者过滤精度为 0.05~0.1mm，通过额定流量时压力损失小于 0.02MPa；后者过滤精度为 0.03~0.08mm，压力损失小于 0.06MPa。其特点是结构简单，通油能力大，过滤精度比网式过滤器高，但不易清洗，滤芯强度较低。这种过滤器多用于中、低压系统。

(3) 纸芯式过滤器　图 3-31 所示为纸芯式过滤器，其滤芯由 0.35~0.7mm 厚的平纹或波纹的酚醛树脂或木浆的微孔滤纸制成。滤纸制成折叠式，以增加过滤面积。滤纸用骨架支承，以增大滤芯强度。这种过滤器的特点是过滤精度高（0.005~0.03mm），压力损失小（0.04MPa），重量轻，成本低，但不能清洗，需定期更换滤芯。

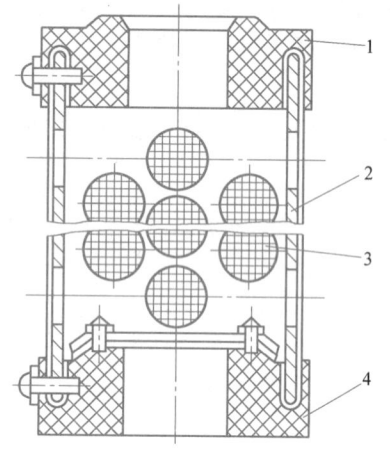

图 3-29 网式过滤器

1、4—端盖　2—骨架　3—滤网

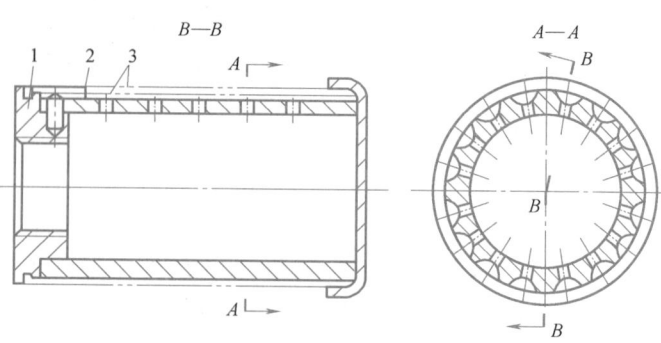

图 3-30 线隙式过滤器

1—端盖　2—骨架　3—线圈

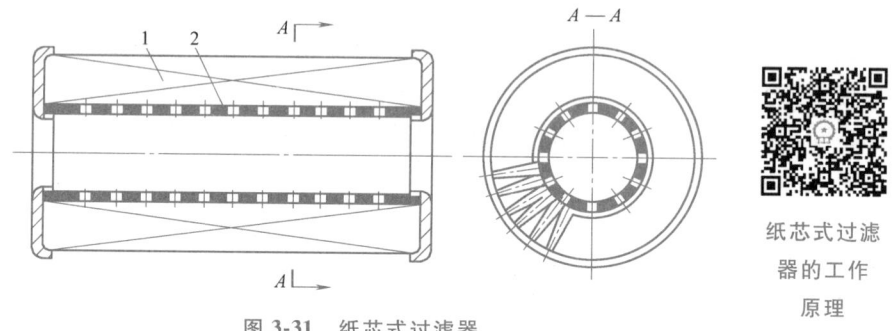

图 3-31 纸芯式过滤器

1—滤纸　2—骨架

（4）烧结式过滤器　图 3-32 所示为烧结式过滤器，滤芯 3 由颗粒状金属（青铜、碳钢、镍铬钢等）烧结而成。它通过颗粒间的微孔进行过滤，颗粒粒度越细、间隙越小，过滤精度越高。这种过滤器的特点是过滤精度高，耐蚀性好，滤芯强度大，能在较高油温下工作，但易堵塞，难于清洗，颗粒易脱落。

（5）磁性过滤器　磁性过滤器的工作原理就是利用磁铁吸附油液中的铁质微粒。它常与其他形式滤芯一起制成复合式过滤器，特别适用于加工金属的机床液压系统。

4. 过滤器的选用与安装

选用过滤器时，应考虑以下几点。

1）具有足够大的通油能力，压力损失小。

2）过滤精度满足使用要求。

3）滤芯具有足够的强度，不因压

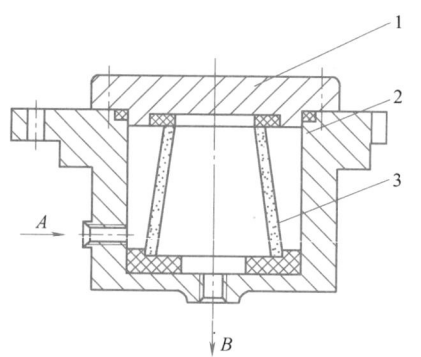

图 3-32 烧结式过滤器

1—端盖　2—壳体　3—滤芯

力作用而损坏。

4）滤芯耐蚀性好，能在规定温度下持久地工作。

5）滤芯的清洗和维护要方便。

因此，应根据液压系统的技术要求，按过滤精度、通油能力、工作压力、油液黏度、工作温度等条件，查手册确定过滤器型号。

过滤器在液压系统中通常有以下几种安装位置。

(1) 安装在液压泵的吸油路上　这种安装方式要求过滤器有较大的通油能力和较小的阻力（阻力不超过 0.01~0.02MPa），否则将造成液压泵吸油不畅或气穴现象。该安装方式一般都采用过滤精度较低的网式过滤器，作用主要是保护液压泵。

(2) 安装在压油路上　这种安装方式可以保护除泵以外的其他液压元件。由于过滤器在高压下工作，壳体应能承受系统的工作压力和冲击压力，过滤阻力不应超过 3.5×10^5Pa，以减少因过滤所引起的压力损失和滤芯所受的液压力。为了防止过滤器堵塞时引起液压泵过载或使滤芯裂损，可在压油路上设置一个旁路阀与过滤器并联，或在过滤器上设置堵塞指示装置。

(3) 安装在回油路上　由于回油路上压力较低，这种安装方式可采用强度和刚度较低的过滤器。这种方式能经常地清除油液中的杂质，从而间接地保护系统，也可并联一个单向阀作为安全阀，以防堵塞引起系统压力提高。

(4) 单独过滤系统　在大型液压系统中，可专门设置由液压泵和过滤器组成的独立过滤系统，专门滤去油箱中的污物，通过不断循环，提高油液的清洁度。专用过滤车也是一种独立的过滤系统。

(三) 油箱

1. 油箱的作用

油箱的作用是储存油液，使渗入油液中的空气逸出，沉淀油液中的污物并散热。

油箱分总体式和分离式两种。总体式油箱是利用机床床身内腔作为油箱，其结构紧凑，各处漏油易于回收，但增加了床身结构的复杂性，因而维修不便，散热性能不好，同时还会使邻近的机件产生热变形。分离式油箱则采用一个与机床床身分开的单独的油箱，它可以减少温升和液压泵驱动电动机的振动对机床工作精度的影响，精密机床一般都采用这种形式的油箱。

2. 油箱的结构

图 3-33 所示为分离式油箱，油箱内部用隔板 6 将吸油管 3 与回油管 1 隔开，油箱顶部、侧部和底部分别装有粗滤器、液位计和排放污油的放油孔，安装液压泵及其驱动电动机的安装板 5 固定在油箱顶面上。

为了保证油箱的功用，在结构上应注意以下几个方面。

(1) 油箱要有足够的强度和刚度　油箱一般用 2.5~4mm 厚的钢板焊接而成，尺寸大者要加焊加强筋。箱盖若安装液压泵站，则更应加厚及进行局部加强处理。

(2) 防污密封　为防止油液污染，盖板及窗口各连接处均需加密封垫，各油管通过的孔都要加密封圈，注油器上要加粗滤器。

(3) 吸油管与回油管设置　吸油管与回油管距离应尽量远些，管口应插入最低油面以

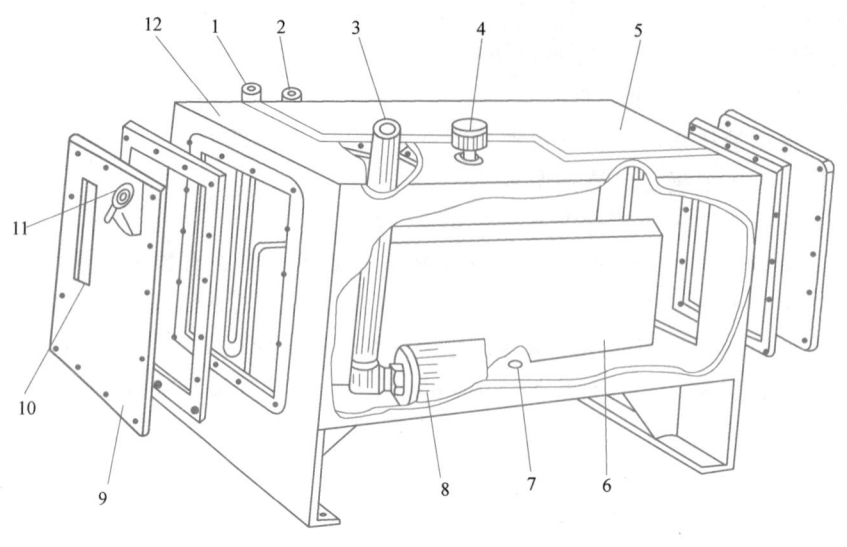

图 3-33 分离式油箱

1—回油管 2—泄油管 3—吸油管 4—空气滤清器 5—安装板 6—隔板 7—放油孔
8—粗滤器 9—清洗窗侧板 10—液位计窗口 11—注油口 12—油箱上盖

下。回油管切 45°斜口并应面向箱壁。

（4）油温控制　油箱正常工作温度应为 15~65℃。必要时应设温度计和热交换器。

（5）油箱内壁的加工　新油箱内壁要经喷丸、酸洗和表面清洗，然后可涂一层与工作液相容的塑料薄膜或耐油清漆。

（6）对功率较大且连续工作的液压系统，应进行热平衡计算，然后确定油箱的有效容量。

3. 油箱的容量

油箱的容量必须保证液压设备停止工作时，系统中的全部油液流回油箱时不会溢出，而且还有一定的预备空间，即油箱液面不超过油箱高度的 80%。液压设备管路系统内充满油液工作时，油箱内应有足够的油量，使液面不致太低，以防止液压泵吸油管处的过滤器吸入空气。

油箱的有效容量即油面高度为油箱高度 80% 时的容积，一般情况下为液压泵额定流量的 2~6 倍。随着系统压力的升高，油箱的容量也应适当增加。对功率较大且连续工作的液压系统，必要时还要进行热平衡计算，以此确定油箱容量。

（四）油管与管接头

1. 油管

液压系统中使用的油管有钢管、铜管、尼龙管、塑料管、橡胶软管等，应根据液压元件的安装位置、使用环境和工作压力等进行选择。

油管的种类、特点及适用范围见表 3-3。

2. 管接头

管接头是管道和管道、管道和其他元件（如泵、阀、阀块等）之间的可拆卸连接件。管接头与其他元件之间可采用普通细牙螺纹连接或米制锥螺纹连接。常用的管接头有以下种类。

表 3-3 油管的种类、特点及适用范围

种类		特点及适用范围
硬管	钢管	能承受高压(25~32MPa)，价格低廉，耐油，耐腐蚀，刚性好，但装配时不能任意弯曲，因而多用于中、高压系统的压力管道。一般中、高压系统用 10 号、15 号冷拔无缝钢管，低压系统可用焊接钢管
	纯铜管	装配时易弯曲成各种形状，但承压能力较低(6.5~10MPa)。铜是贵重材料，抗振能力较差，又易使油液氧化，应尽量少用。纯铜管一般只用在液压装置内部配接不便之处。另外，虽然黄铜管可承受较高的压力(25MPa)，但不如纯铜管那样容易弯曲成形
软管	尼龙管	乳白色半透明管，承压能力因材料而异，为 2.5~8MPa 不等，大多在低压管道中使用。将尼龙管加热到 140℃ 左右后可随意弯曲和扩口，然后浸入冷水冷却定形即可，因而有着广泛的应用前景
	塑料管	价格便宜，装配方便，但承压能力差，只适用于工作压力小于 0.5MPa 的管道，如回油路、泄油路等处。塑料管长期使用后会变质老化
	橡胶软管	用于两个相对运动件之间的连接，分为高压和低压两种；高压橡胶软管由夹有几层钢丝编织的耐油橡胶制成，钢丝层数越多耐压越高；低压橡胶软管由夹有帆布的耐油橡胶或聚氯乙烯制成，多用于低压回油管路

（1）焊接式管接头　焊接式管接头如图 3-34 所示，螺母 2 套在接管 1 上，把油管端部焊上接管 1，旋转螺母 2 将接管与接头体 3 连接在一起。图 3-34a 中接管与接头体接合处采用球面密封；图 3-34b 中接管与接头体接合处采用 O 形圈密封。前者有自位性，安装时不很严格，但密封可靠性较差，适用于工作压力在 8MPa 以下的系统；后者密封可靠，可用于工作压力在 31.5MPa 以下的系统。

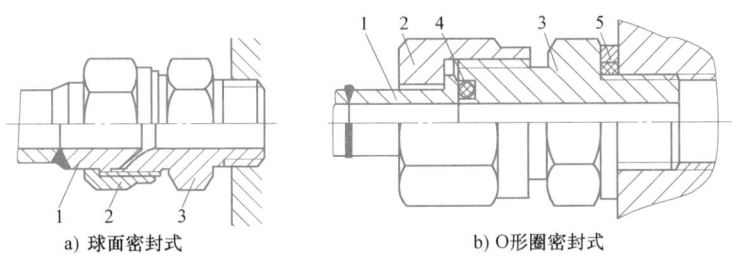

a) 球面密封式　　　　b) O 形圈密封式

图 3-34　焊接式管接头
1—接管　2—螺母　3—接头体　4—O 形密封圈　5—组合密封圈

（2）卡套式管接头　卡套式管接头如图 3-35 所示，这种管接头利用卡套 2 卡住油管 1 进行密封，轴向尺寸要求不严，装拆简便，不必事先焊接或扩口，但对油管的径向尺寸精度要求较高，一般用精度较高的冷拔钢管作为油管。

（3）扩口式管接头　扩口式管接头如图 3-36 所示，这种接头适用于铜管和薄壁钢管，也可以用来连接尼龙管和塑料管。它利用油管 1 管端的扩口在管套 2 的紧压下进行密封，其结构简单，适用于低压系统。

图 3-34~图 3-36 所示皆为直通管接头，此外还有二通、三通、四通、铰接等多种形式的管接头，供不同情况下选用，具体可查阅有关手册。

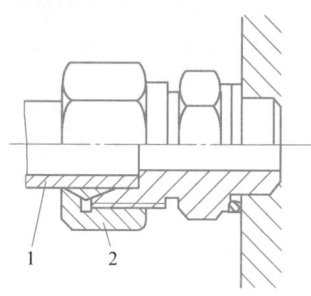

图 3-35　卡套式管接头
1—油管　2—卡套

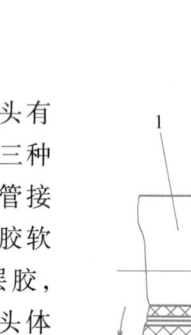

图 3-36　扩口式管接头
1—油管　2—管套

（4）橡胶软管接头　橡胶软管接头有可拆式和扣压式两种，各有 A、B、C 三种形式分别与焊接式、卡套式和扩口式管接头连接使用。图 3-37 所示为扣压式橡胶软管接头，装配时剥去橡胶管一段外层胶，将外套 2 套装在橡胶管 1 上，再将接头体 3 拧入，然后在专门设备上挤压收缩，使外套变形后紧紧地与橡胶管和接头体连成一体。随管径不同，该管接头可用于工作压力为 6~40MPa 的系统。

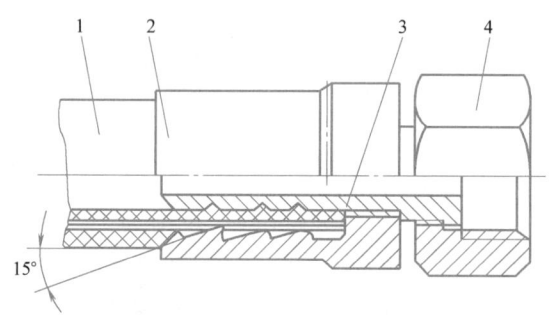

图 3-37　扣压式橡胶软管接头
1—橡胶管　2—外套　3—接头体
4—接头螺母

（5）快速管接头　图 3-38 所示为快速管接头。它能快速装拆，无需工具，适用于经常接通或断开处，图示为油路接通的工作位置。当需要断开油路时，可用力将外套 6 向左移，使钢球 8（有 6~12 颗）从槽中滑出，拉出接头体 10，同时单向阀阀芯 4 和 11 分别在弹簧 3 和 12 的作用下封闭阀口，断开油路。此种管接头结构复杂，压力损失较大。

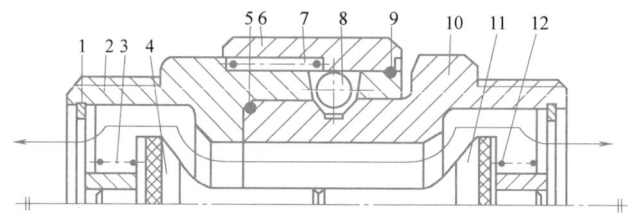

图 3-38　快速管接头

1—挡圈　2、10—接头体　3、7、12—弹簧　4、11—单向阀阀芯　5—O 形密封圈　6—外套　8—钢球　9—弹簧圈

【延伸阅读】

千里之堤，溃于蚁穴

中国有句谚语"千里之堤，溃于蚁穴"，体现了因小事不慎将酿成大祸的哲学道理。"细节决定成败"，无论做人、做事都要注重细节，树立严谨细致、求真务实的科学精神和精益求精、追求卓越的工匠精神，从小事做起，创新突破。

项目三 液压泵站

"挑战者号"航天飞机是美国正式使用的第二架航天飞机。1986年1月28日,"挑战者号"在执行太空任务时,因其右侧固态火箭推进器上的一个O形密封圈失效,毗邻的外部燃料舱在泄漏出的火焰高温烧灼下结构失效,导致升空后73s时爆炸解体并坠毁。价值12亿美元的航天飞机,顷刻化为乌有,七名机组人员全部遇难,全世界为此震惊。

"挑战者号"航天飞机的火箭助推器承载着百万磅的固态助推燃料,需要在发射现场进行组装。组装的钢圈看上去很结实,但点火后,每个部分由于受到巨大压力,都会像气球一样被"吹"起来,这就需要在它们的接合处采用松紧带来防止热气跑出火箭。这由两条O形密封圈的橡胶带来完成,它们可以随着钢圈一起扩张,并能弥补缝隙。如果这两条橡胶带与钢圈脱离哪怕0.2s,助推器的燃料就会发生泄漏,从而引起固态火箭助推器爆炸。

"挑战者"发射那天,天气非常寒冷。气温降低后,这两条O形密封圈就变得非常坚硬,伸缩就更加困难。坚硬的O形密封圈伸缩的速度变慢,密封的效果就大打折扣。承包商瑟奥科尔公司工程师博伊斯乔利在发射前6个月就对这两条O形密封圈提出过质疑,此前他曾亲自跑到佛罗里达对上一次发射时使用的火箭进行过检查,让他吃惊的是,第一条O形密封圈失灵,被烤焦了,幸运的是,第二条O形密封圈拦住了热气,那次发射航天飞机没有爆炸已是奇迹。但是博伊斯乔利的质疑并没有阻止"挑战者"号在气温骤降的1986年1月28日发射,由于气温过低,发射台上已经结冰,造成固定右副燃料舱的O形密封圈硬化并失效,导致了悲剧的发生。

【任务实施】

任务一 液压动力元件的选择和拆装

一、分析任务

要使图3-39所示液压缸向下运动,必须在液压缸压力油进油口输入压力油,而要使压头克服薄板工件的反向力,又要求输入的压力油的压力足够大。在液压系统中动力元件起着向系统提供动力源的作用,是系统不可缺少的核心元件。液压系统中的动力元件指的就是液压泵。

在液压机械中,液压泵将原动机(电动机或内燃机)输出的机械能转换为工作液体的压力能,是一种能量转换装置。液压泵有很多种,其中,齿轮泵结构简单、维护方便、造价低,对工作环境的适应性较好,而液压机械中的液压泵要求维护和保养简单,成本低,所以齿轮泵能很好地满足其使用要求,为此,这里选用齿轮泵作为动力元件。

二、选择液压机械的动力元件

在图3-39所示装置中,液压动力元件可以选择齿轮泵。在实际选用和使用齿轮泵时,应遵循以下几点原则。

1)根据不同压力级来选用齿轮泵。齿轮泵分为低压(≤2.5MPa)、中压(8~16MPa)和高压(20~31.5MPa)

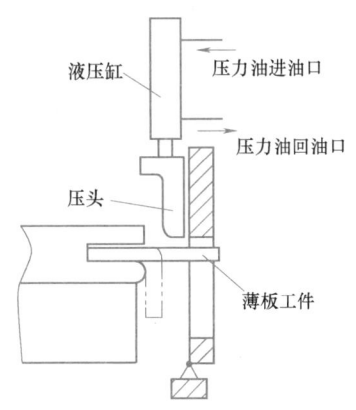

图3-39 液压机械工作示意图

67

三个类型。

2）由于齿轮泵是定量泵，所选用齿轮泵的流量要尽可能地与实际所要求的流量相符合，以免产生不必要的损失。

3）当系统流量要求过大时，可采用多联泵。

4）在使用中应注意泵的转向应根据原动机的转向来确定，并且泵的转速要与原动机的转速范围相匹配。

5）系统选用过滤器的精度应与泵的压力相匹配。低压齿轮泵的污染敏感度较低，所以允许系统选用过滤精度较低的过滤器；高压齿轮泵的污染敏感度较高，故系统所选用的过滤器的精度也应比较高。

三、实施步骤

1）读懂图样，熟悉所拆装齿轮泵的结构。

2）按指导教师要求，学生分组拆解齿轮泵，逐个拆下齿轮泵各零件，并编号。拆卸顺序：先拆掉前端盖上的螺钉和定位销，使泵体与前、后端盖分离；再拆下主动轴和主动轮、从动轴和从动轮。

3）在拆卸过程中，学生注意观察主要零件的结构和相互配合关系，了解各零件在齿轮泵中的作用，找出齿轮泵的密封腔、吸压油口、配流装置等。

4）按次序装配各零件。装配要领：装配前要清洗各零件，为轴和端盖之间、齿轮与泵体之间的配合表面涂润滑油，然后按照与拆卸时相反的顺序进行装配。

5）正确检测齿轮泵的工作压力。

6）分析齿轮泵工作时出油口压力与负载之间的关系。

7）各组集中，教师点评，学生提问并完成实训报告。

教师巡回指导并及时给每位学生打操作分数。

四、注意事项

1）一人负责一个元件的拆装，实行"谁拆卸、谁装配"的制度。

2）拆卸时要做好拆卸记录，必要时画出装配示意图。

3）容易丢失的小零件，要放入专用小盒内。

4）拆卸配合件时要小心，切勿划伤配合表面，更不可轻易用硬物敲击配合表面。

5）防止拆下的零件受污染。

6）安装密封件时，注意方向。

7）各组相互交流时不要随便拿走其他组的零件。

8）装配之前要分析清楚齿轮泵的密封容积和配油装置。

9）装配之前要列出各元件的装配顺序。

10）严禁野蛮拆卸和装配。

11）装配之后要进行试运转。

五、质量评价标准

质量评价标准见表3-4。

表 3-4 质量评价标准

考核项目	考核要求	配分	评分标准	扣分	得分	备注
拆卸	1. 正确使用拆卸工具 2. 按顺序拆卸	30	1. 不正确使用工具扣 10 分 2. 不按顺序拆卸扣 20 分			
安装	1. 清洗各零件 2. 按顺序装配	40	1. 不清洗各零件,扣 10 分 2. 不按顺序进行装配扣 30 分			
试运转	进行试运转	10	不进行试运转扣 10 分			
安全生产	自觉遵守安全文明生产规程	10	不遵守安全文明生产规程扣 10 分			
实训报告	按时按质完成实训报告	10	1. 没有按时完成报告扣 5 分 2. 实训报告质量差扣 2~5 分			
自评得分		小组互评得分		教师签名		

任务二 润滑装置动力元件的选择和拆装

一、分析任务

在自动化机床的润滑装置中,经常采用液压泵作为动力元件,自动向各个润滑部位供油。由于润滑系统工作的特殊性,所以正确选择动力元件是保证整个润滑系统可靠工作的关键。因为润滑装置工作时不同于液压机械,不需要液压泵输出较大的流量,也不需要液压泵输出很高的压力,但是要求液压泵在工作中噪声小,工作平稳。齿轮泵工作时噪声大,小流量供油不稳定,因此齿轮泵用在润滑装置中不能很好地满足工作要求,故在实际应用时,常选择叶片泵和柱塞泵作为润滑装置的动力元件。

应根据叶片泵和柱塞泵的工作特点,合理地选择和应用润滑装置动力元件。

二、选择自动化机床润滑装置的动力元件

1. 叶片泵的选用

单作用叶片泵由于吸油腔和压油腔各占一侧,转子受到压油腔油液的作用力大于吸油腔油液的作用力,致使转子所受的径向力不平衡,从而使轴向力也不平衡,使得轴承受到较大的载荷作用,所以在实际使用中要求压油腔压力不能过高,不宜用在对油压要求较高的场合。

双作用叶片泵流量较均匀,几乎没有流量脉动,运转平稳,噪声较低,转子所受阻力相互平衡,轴承使用寿命长,结构紧凑,轮廓尺寸小,排量大。当润滑装置对动力元件要求较高时,可选择双作用叶片泵作为动力元件。

在选用叶片泵作为动力元件时,应注意以下几点。

1) 使用叶片泵时应注意液压油的黏度。液压油黏度过大,吸油阻力增大,将会影响泵的流量;液压油黏度过小,则会因叶片泵内部间隙的影响,造成真空度不够,难吸油,对设备工作造成不良影响。

2) 油温应合适,一般应控制在 10~50℃。

3) 叶片泵对油液的污物非常敏感,油液不清洁会造成叶片卡死。因此,必须保证油液过滤良好,环境清洁。

2. 柱塞泵的选用

与齿轮泵和叶片泵相比，柱塞泵能以最小的尺寸和最小的重量供给最大的动力，为一种高效泵。该泵输出压力高、流量大。润滑装置动力元件一般要求体积小、效率高，故一般选择轴向柱塞泵作为动力元件。而径向柱塞泵一般不作为润滑装置的动力元件使用。

在使用轴向柱塞泵时，同样要求油液要清洁。

三、实施步骤

1. 叶片泵的拆卸和装配

1）读懂图样，熟悉所拆装叶片泵的结构。

2）按指导教师要求，学生分组拆解叶片泵，逐个拆下叶片泵各零件并编号。拆卸顺序：先拆掉前端盖上的螺钉，取下端盖；卸下前泵体；卸下两个配油盘、定子、转子、叶片和传动轴；使它们与后泵体脱离。

3）在拆卸过程中，学生注意观察主要零件的结构和相互配合关系，注意两个配油盘、定子、转子、叶片之间及轴和轴承之间是预先组成一体的，不能分离的部分不要强行拆卸。

4）按次序装配各零件。装配要领：装配前要清洗各零件，注意不要把叶片的底部和顶部装反，然后按照与拆卸时相反的顺序进行装配。

5）正确检测叶片泵的工作压力。

6）分析叶片泵工作时出油口压力与负载之间的关系。

7）各组集中，教师点评，学生提问并完成实训报告。

教师巡回指导并及时给每位学生打操作分数。

2. 斜盘式轴向柱塞泵的拆卸和装配

1）读懂图样，熟悉所拆装斜盘式轴向柱塞泵的结构。

2）按指导教师要求，学生分组拆解斜盘式轴向柱塞泵，逐个拆下柱塞泵各零件并编号。拆卸顺序：先拆掉前泵体上的螺钉、销，分离前泵体与中间泵体；再拆卸变量机构上的螺钉，分离中间泵体与变量机构。

拆卸前体：拆下端盖，再拆下传动轴、前轴承及轴套等。

拆卸中间泵体：卸下回程盘、柱塞，取出中心弹簧、钢球、内套以及外套等，卸下泵体和配油盘。

拆卸变量机构：卸下斜盘，拆掉手轮，拆卸两端的螺钉，卸掉端盖，取出丝杠、柱塞等。

3）在拆卸过程中，注意观察主要零件的结构和相互配合关系，注意旋转手轮时斜盘倾角的变化。

4）按次序装配各零件。装配要领：装配前要清洗各零件，然后按照与拆卸时相反的顺序进行装配。

5）正确检测斜盘式轴向柱塞泵的工作压力。

6）分析斜盘式轴向柱塞泵工作时出油口压力与负载之间的关系。

7）各组集中，教师点评，学生提问并完成实训报告。

教师巡回指导并及时给每位学生打操作分数。

四、注意事项

注意事项同本项目任务一。

五、质量评价标准

质量评价标准见表3-4。

任务三 搭接一个简单液压传动系统

一、分析任务

搭接图3-40所示的液压传动系统,写出所需元件名称及其符号。

在教师的指导下,认识液压试验台上的元件,认识各个元件的外形和符号,并将主要液压元件的图形抄画下来。

二、实施步骤

1)在教师指导下,分析图3-40所示各元件在系统中的作用,固定并连接各液压元件。

2)分组操作试验台,展开讨论。

① 起动液压泵电动机。
② 在教师指导下,将溢流阀调整到合适的状态。
③ 改变换向阀的位置,观察液压缸的运动方向。
④ 调节节流阀的开口大小,观察液压缸的运动速度。
⑤ 调节溢流阀,观察压力表的变化情况,监听液压泵的声音。
⑥ 各组集中,教师点评,学生提问并完成实训报告。

教师巡回指导并及时给每位学生打操作分数。

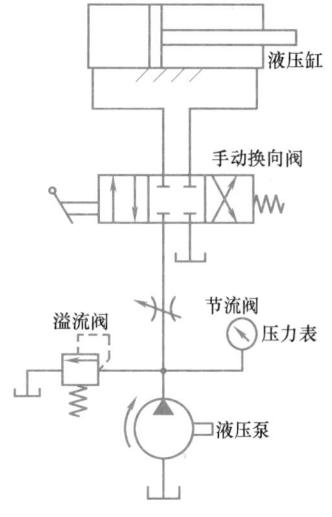

图3-40 简单液压传动系统

三、注意事项

1)正确安装和固定元件。
2)按照要求连接好回路,检查无误后才能起动电动机。
3)不准在有压力的情况下拆卸管子。
4)不得使用超过限制的工作压力。
5)起动液压泵电动机前,应将溢流阀调节螺母放在最松状态。
6)液压元件连接要可靠,防止松脱、漏油。

四、质量评价标准

质量评价标准见表3-5。

表 3-5 质量评价标准

考核项目	考核要求	配分	评分标准	扣分	得分	备注
液压元件	识读液压元件	20	元件识别错误,每个扣 2 分			
压力控制	液压回路压力的控制及调整	20	正确调整压力值并正确观察,每错误一次扣 2 分			
速度控制	液压缸运动速度的控制及调整	20	正确调整速度并正确观察,每错误一次扣 2 分			
方向控制	液压缸运动方向的控制及调整	20	正确调整运动方向并正确观察,每错误一次扣 2 分			
安全生产	自觉遵守安全文明生产规程	20	不遵守安全文明生产规程扣 20 分			
自评得分		小组互评得分		教师签名		

【延伸阅读】

"6S"管理——"企业化"校园文化建设的缩影

"6S"管理是我国现代企业推进和实施的现场管理方法,它着意于营造一种"人人积极参与,事事遵守标准"的良好氛围,提倡树立正确的工作意识,掌握正确的工作方法,规范现场管理,提高工作效率,营造文明环境,提升职工素养,塑造良好形象,提高竞争能力。在实训教学中引入"6S"管理模式,有助于推进"企业化"校园文化的建立,提高学生就业能力。

"6S"管理起源于日本企业的"5S"现场管理,是指在生产现场中对人员、材料、机器、生产工艺等生产要素进行有效的管理。"5S"现场管理体现的其实是一种工作态度或者工作观念,很多表面看起来很零碎、虚无的东西却无时无刻地影响着人们工作时的心情和工作效率,进而影响产品的质量,比如环境清洁、生产工具的摆放、产品分类等。因此,要想改善工作效率,提高工作生活质量,就要从这些最基本的地方开始做起。我国企业在原有"5S"现场管理的基础上,根据我国的国情和企业发展的需要,结合安全生产活动,增加了安全要素,形成了"6S"管理,即整理(Seiri)、整顿(Seiton)、清扫(Seiso)、清洁(Seiketsu)、素养(Shitsuke)、安全(Safety)6 个方面的管理。

高校实训室"6S"管理的原则如下:

1) 整理:对实训室的各种物品进行整体的分类归纳,按照其有用程度分为有用和无用,有用则留之,无用则弃置之。

2) 整顿:将实验实训室的收纳空间划分类别,将整理原则中被保留下来的物品按照规定的位置摆放,将其摆放整齐并用特殊的记号加以标记。整顿的目的是为了使实验室的物品有所归处,放置于固定的位置,方便查找和及时补充易消耗品,也能有效防止丢失,从而缩短工作过程中的无用时间。

3) 清扫:每日将实训室的卫生打扫干净,可以有效避免由于卫生问题所导致的交叉污染,营造清爽的学习与工作环境,从而确保实训过程中的安全性。

4) 清洁:将上述三个过程进行到底并进行制度化管理,保持实验实训室环境的美观。整洁、规范的实验环境更有严密谨慎的学术氛围,有利于实验进展。

5）素养：每位进入实验实训室参观学习的学生都必须养成良好的习惯，并严格遵守规则，在此基础上，学生还应该具有积极进取的精神。对学生提出这些要求，不仅仅是为了能够更好地进行实验，更是为了培养学生做事的规律性、条理性和团队精神，提升综合素养。

6）安全：重视学生实验过程中的安全问题，培养他们每时每刻都要有"安全第一"的观念，以防患于未然。由于实验过程中通常会有很多不确定的因素，因此实验的风险是难以评估的，让学生树立安全观念有利于保护其在实验过程中不受伤害。

【任务总结】

本任务根据工程实际中液压泵站动力元件齿轮泵、叶片泵、柱塞泵的选用来理解相应元件的工作特点，通过进行结构拆装来掌握其组成及各零件的功用。

任务总结与反思

班级_____姓名_____学号_____分组号_____

评价项目	评价内容	评价效果			
		非常满意	满意	基本满意	不满意
工作能力	能够合理安排自己的日常学习和生活（按时起床，着装得体，准时到达教学活动场所）				
	能够对所阅读的说明文字进行重点标记，并能说出关键词				
	能够理解书籍、手册中的技术内容				
	能够在有计划的前提下开展工作并主动记录任务实施的心得体会				
	能够用清楚、流畅的语言表达自己的观点				
社会能力	能够与同学友好交往，不用语言、动作伤害他人				
	愿意接受新的工作任务并积极地投入其中				
	能够主动参与小组工作任务并真诚表达自己的观点				
	能够真实反馈自己的工作结果，并能主动向他人寻求必要的帮助				
专业能力	能够读懂任务要求，清楚各种液压动力元件及辅助元件的种类和功能				
	能够根据要求选用合适的液压泵站所需动力元件及辅助元件				
	能够熟练地连接各种液压元件				
	能够在阅读说明资料及观看示范动作的方式下，安全地完成任务的操作过程，实现预期效果				
	能够归纳连接液压泵站所需动力元件及辅助元件的特点				
	清楚各操作过程中的安全注意事项				

【知识拓展】

一、液压泵的噪声

噪声对人们的健康有害,已引起人们的广泛关注。随着液压技术向着高压、大流量和高功率的方向发展,产生的噪声也随之增加。而在液压系统的噪声中,液压泵的噪声占有很大的比重。

1. 液压泵产生噪声的原因

1) 液压泵的流量脉动和压力脉动,造成液压泵构件的振动,引起噪声。

2) 液压泵的工作腔从吸油腔突然和压油腔相通,或从压油腔突然和吸油腔相通时,产生的油液流量和压力突变,引起噪声。

3) 气穴现象。当液压泵吸油腔中的压力小于油液所在温度下的空气分离压力时,溶解在油液中的空气高速析出变成气泡,这种带有气泡的油液进入高压腔时,气泡被击破,形成局部的高频压力冲击,引起噪声。

4) 液压泵内流道的截面突然扩大、收缩、急拐弯或通道截面过小而导致液体紊流、旋涡及喷流,引起噪声。

5) 机械原因,如转动部分不平衡、轴承不良、泵轴弯曲等机械振动引起的机械噪声。

2. 降低液压泵噪声的措施

1) 消除液压泵内部油液压力的急剧变化。

2) 为吸收液压泵流量及压力脉动,在液压泵的出口设置消声器。

3) 装在油箱上的液压泵应使用橡胶垫减振。

4) 压油管部分用橡胶软管,对泵和管路的连接进行隔振。

5) 防止液压泵产生气穴现象,可采用直径较大的吸油管,减小管道局部阻力;采用大容量的吸油过滤器,防止油液中混入空气;合理设计液压泵,提高零件刚度。

二、液压泵的选用

在设计液压系统时,应根据设备的工作情况和系统要求的压力、流量、工作性能合理地选择液压泵。表3-6列出了液压系统中常用液压泵的一般性能比较情况。

表 3-6 常用液压泵的性能比较及应用

项目	齿轮泵	双作用叶片泵	限压式变量叶片泵	轴向柱塞泵	径向柱塞泵	螺杆泵
工作压力/MPa	<20	6.3~21	≤7	20~35	10~20	<10
转速范围/(r/min)	300~7000	500~4000	500~2000	600~6000	700~1800	1000~18000
容积效率	0.70~0.95	0.80~0.95	0.80~0.90	0.90~0.98	0.75~0.92	0.70~0.85
总效率	0.60~0.85	0.75~0.85	0.70~0.85	0.85~0.95	0.75~0.92	0.70~0.85
功率重量比	中等	中等	小	大	小	中等
流量脉动率	大	小	中等	中等	中等	很小

(续)

项目	齿轮泵	双作用叶片泵	限压式变量叶片泵	轴向柱塞泵	径向柱塞泵	螺杆泵
自吸特性	好	较差	较差	较差	差	好
对油的污染敏感性	不敏感	敏感	敏感	敏感	敏感	不敏感
噪声	大	小	较大	大	大	很小
寿命	较短	较长	较短	长	长	很长
单位功率造价	最低	中等	较高	高	高	较高
应用范围	机床、工程机械、农机、航空、船舶、一般机械	机床、注射机、液压机、起重运输机械、工程机械、飞机	机床、注射机	工程机械、锻压机械、起重运输机械、矿山机械、冶金机械、船舶、飞机	机床、液压机、船舶机械	精密机床、精密机械，食品、化工、石油、纺织等机械

一般负载小、功率小的液压设备，可用齿轮泵、双作用叶片泵；精度较高的机械设备（磨床），可用双作用叶片泵、螺杆泵；负载较大并有快速和慢速工作行程的机械设备（组合机床），可选用限压式变量叶片泵和双联叶片泵；负载大、功率大的设备（刨床、拉床、压力机）可选用柱塞泵；机械设备的辅助装置如送料、夹紧等不重要场合，可选用价格低廉的齿轮泵。

三、液压泵常见故障及其排除方法

1. 齿轮泵的常见故障及其排除方法

齿轮泵的常见故障及其排除方法见表3-7。

表3-7 齿轮泵的常见故障及其排除方法

故障现象	产 生 原 因	排 除 方 法
噪声大	1. 吸油管接头、泵体与盖板接合面、堵头和密封圈等处密封不良，有空气进入 2. 齿轮齿形精度太低 3. 端面间隙过小 4. 齿轮内孔与端面不垂直、盖板上两孔轴线不平行，泵体两端面不平行等 5. 两盖板端面修磨后，两困油卸荷槽距离增大，产生困油现象 6. 装配不良，如主动轴转一周有时轻时重现象 7. 滚针轴承等零件损坏 8. 泵轴与电动机轴不同轴 9. 出现气穴现象	1. 用涂脂法查出泄漏处。更换密封圈；用环氧树脂黏结剂涂敷堵头配合面再压进；用密封胶涂敷管接头并拧紧；修磨泵体与盖板接合面，保证平面度误差不超过0.005mm 2. 配研或更换齿轮 3. 配磨齿轮、泵体和盖板端面，保证端面间隙 4. 拆检、修磨或更换有关零件 5. 修整困油卸荷槽，保证两槽距离 6. 拆检、装配调整 7. 拆检、更换损坏件 8. 调整联轴器，使同轴度误差小于ϕ0.1mm 9. 检查吸油管、油箱、过滤器、油位及油液黏度等，排除气穴现象

(续)

故障现象	产生原因	排除方法
容积效率低、压力提不高	1. 端面间隙和径向间隙过大 2. 各连接处泄漏 3. 油液黏度太大或太小 4. 溢流阀失灵 5. 电动机转速过低 6. 出现气穴现象	1. 配磨齿轮、泵体和盖板端面，保证端面间隙；将泵体相对于两盖板向压油腔适当平移，保证吸油腔处径向间隙，再紧固螺钉，试验后重新配钻、铰销孔，用圆锥销定位 2. 紧固各连接处 3. 测定油液黏度，按说明书要求选用油液 4. 拆检、修理或更换溢流阀 5. 检查转速，排除故障根源 6. 检查吸油管、油箱、过滤器、油位等，排除气穴现象
堵头或密封圈被冲掉	1. 堵头将泄漏通道堵塞 2. 密封圈与盖板孔配合过松 3. 泵体装反 4. 泄漏通道被堵塞	1. 将堵头取出，涂敷上环氧树脂黏结剂后，重新压进 2. 检查，更换密封圈 3. 纠正装配方向 4. 清洗泄漏通道

2. 叶片泵的常见故障及其排除方法

叶片泵的常见故障及其排除方法见表 3-8。

表 3-8 叶片泵的常见故障及其排除方法

故障	原因	排除方法
吸不上油	1. 液压泵吸空 2. 叶片与槽的配合过紧，卡死 3. 电动机反转	1. 检查管道、过滤器、油箱等是否存在漏气、堵塞等 2. 检修叶片，修磨叶片或槽，保证叶片移动灵活 3. 检查电动机转向
排量及压力不足	1. 吸入空气 2. 过滤器堵塞 3. 个别叶片移动不灵活 4. 轴向间隙大 5. 溢流阀失灵 6. 系统漏油	1. 检查排气 2. 及时清洗 3. 检修个别叶片，使之灵活运动 4. 检查间隙并修整 5. 检查调整 6. 检查排除
产生噪声	1. 液压泵吸空 2. 个别叶片在转子内卡住 3. 过滤器容量小	1. 检查管道、过滤器、油箱等是否存在漏气、堵塞等 2. 检修个别叶片，使之灵活运动 3. 增加过滤器容量

【小结】

通过对各种液压泵的介绍可以看出，尽管它们的结构形式多种多样，但是它们的工作原理都是利用密封容积的变化来实现能量转换（机械能—液压能—机械能），这是它们共同的本质。由于这一共同的本质，就决定了容积式液压泵具有下述共性。

1）理论流量只和密封容积变化的大小及其变化频率有关，与压力无关。压力仅通过泄漏影响实际流量，即影响容积效率。

2）液压泵在运转中，实际工作压力完全取决于所驱动的负载。其额定工作压力的大小与其密封性、结构、受力情况有关,而其中密封性起着主要的作用。

对于液压泵来说,最重要的结构参数就是流量、额定压力及其转速。应该注意,额定压力体现了泵的工作能力,而运转过程中泵的实际压力是随外界负载变化的。在泵的性能中还应注意其效率。容积效率反映了泄漏的影响,其影响泵的实际流量;机械效率反映了机械摩擦损失,其影响驱动泵所需转矩。所以泵的总效率为这两个效率的乘积,这和一般机械中仅有机械效率的情况是不同的。

通过对多种液压系统中辅助元件的类型、结构、用途的分析,蓄能器的功能较多,可以实现液压控制功能;过滤器在系统中的不同位置具有不同的效果,应予以区别。

【思考与练习】

3-1 什么是液压泵的容积效率、机械效率和总效率?其相互关系如何?

3-2 为什么液压泵的实际工作压力不宜比额定压力低很多?为什么液压泵在低转速下工作时容积效率和总效率均比额定转速时要低?

3-3 什么是齿轮泵的困油现象?变量叶片泵的困油现象与齿轮泵有何不同?轴向柱塞泵是否也有困油现象?是怎样产生的?

3-4 为什么齿轮泵的齿轮多为修正齿轮?

3-5 有一齿轮泵的齿轮模数 $m=3$mm,齿数 $z=15$,齿宽 $b=25$mm,转速 $n=1450$r/min,在额定压力下输出流量 $q_V=25$L/min,试求该泵的容积效率。

3-6 某液压泵的输出油压 $p=100×10^5$Pa,转速 $n=1450$r/min,排量 $V=200$mL/r,容积效率 $\eta_V=0.95$,总效率 $\eta=0.9$。求驱动泵的电动机的功率至少为多少?泵的输出功率是多少?

3-7 双作用式定量叶片泵的叶片在转子槽中为何向前有一倾角?而单作用式叶片泵的叶片为何向后有一倾角?

3-8 为什么双作用式叶片泵的叶片数取为偶数?而单作用式叶片泵的叶片数为奇数?

3-9 为保证双作用式叶片泵的叶片在转子叶槽内自由滑动并紧贴定子内表面,通常采用叶片槽根部全部通高压油的措施。请分析这一措施带来的三个副作用。

3-10 为什么轴向柱塞泵一般不能反向旋转使用?如工作时要求其能够正反转,结构上应采取什么措施?

3-11 蓄能器有哪些功用?安装和使用蓄能器应注意哪些事项?

3-12 过滤器在液压系统中应安装在什么位置?起什么作用?

3-13 油箱的功用是什么?设计油箱时应注意哪些问题?

3-14 油管有几种?各用在什么场合?

3-15 管接头有几种?各用在什么场合?

3-16 已知齿轮泵中一个齿轮的齿顶圆直径 $d_a=48$mm,齿宽 $b=24$mm,齿数 $z=13$。若最大工作压力 $p=10$MPa,电动机转速 $n=980$r/min。求电动机功率(泵的容积效率 $\eta_V=0.90$,总效率 $\eta=0.8$)。

3-17 有一齿轮泵,在齿轮两侧端面间隙 $s_1=s_2=0.04$mm,转速 $n=1000$r/min,工作压力 $p=2.5$MPa 时输出的流量 $q=20$L/min,容积效率 $\eta_V=0.90$。工作一段时间后,端面间隙因磨损分别增大为 $s_1=0.042$mm,$s_2=0.048$mm(其他间隙不变)。若泵的工作压力和转速不变,求此时的容积效率(提示:$s_1=s_2=0.04$mm 时端面间隙泄漏占总泄漏的 85%)。

【相关专业英语词汇】

(1) 液压泵——hydraulic pump

(2) 工作压力——working pressure

(3) 进口压力——inlet pressure

(4) 出口压力——outlet pressure

(5) 齿轮泵——gear pump

(6) 叶片泵——vane pump

(7) 变量泵——variable displacement pump

(8) 轴向柱塞泵——axial piston pump

(9) 囊式蓄能器——bladder accumulator

(10) 过滤器——filter

(11) 弯头——elbow

(12) 接头——fitting,connection

(13) 挠性软管——flexible hose

(14) 快换接头——quick release coupling

(15) 油箱容量——reservoir fluid capacity

(16) 焊接式接头——welded fitting

项目四 液压执行元件

液压执行元件是将液压能转变成机械能的能量转换装置,有液压缸和液压马达两种类型,两者的区别在于液压缸将液压能转变成往复运动的机械能,而液压马达则将液压能转变成连续回转的机械能。

【项目目标】

【素养目标】
1. 培养进取精神、敬业精神及创新精神。
2. 培养独立分析问题、解决问题的能力,提高岗位适应与耐挫能力。
3. 培养认真负责的工作态度,提高主人翁意识。
4. 提高自主学习和自我管理能力。
5. 提高团队协作能力、协调沟通能力和团队管理能力。

【知识目标】
1. 掌握液压缸的主要类型及典型结构。
2. 了解双作用单杆液压缸的工作特点并能灵活进行运动速度以及推力的计算。
3. 掌握差动液压缸的工作特点以及运动速度和推力的计算。
4. 理解液压缸的分类和工作原理。

【能力目标】
1. 能够正确排除液压缸常见故障。
2. 能够进行液压缸推力和速度的计算。
3. 能够对液压缸进行拆装并分析液压缸的结构。
4. 能够正确使用和选用液压执行元件。

【知识点睛】

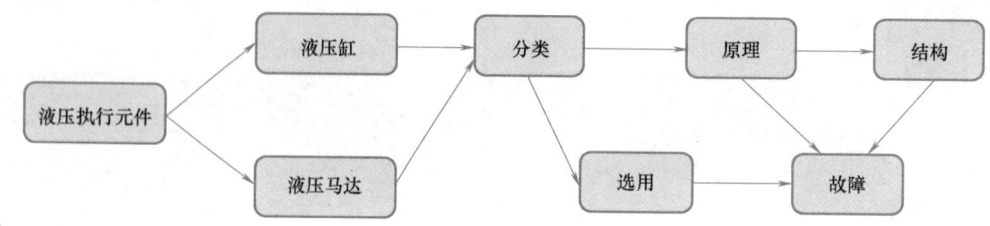

【知识链接】

液压缸既是液压传动系统中常用的执行元件，也是一种实现能量转换的元件。它可以将油液的压力能转换为机械能，从而实现执行机构的往复直线运动或摆动，输出力或转矩。本项目以常用双作用单杆液压缸为载体，进行拆装与结构分析，使读者能熟记执行元件的工作原理和性能参数，能正确选用和拆装液压缸，并能分析液压缸的工作压力和运动速度。

一、液压缸

（一）液压缸的分类及特点

液压缸是靠液体的压力能来实现直线往复运动的一种执行元件，是连接液压回路与工作机械的中间环节。它结构简单，易制造，应用非常广泛。

液压缸按结构特点不同可分为活塞缸、柱塞缸和摆动缸三类。活塞缸和柱塞缸用以实现直线运动，输出推力和速度；摆动缸用以实现小于360°的转动，输出转矩和角速度。液压缸除单个使用外，还可以几个组合使用或和其他机构组合使用，以完成特殊的功用。

液压缸按作用方式不同可分为单作用和双作用两类。单作用液压缸中液压力只能使活塞（或柱塞）单方向运动，反方向运动必须靠外力（如弹簧力或自重等）实现；双作用液压缸可由液压力实现两个方向的运动。

1. 活塞缸

活塞缸可分为双杆活塞缸和单杆活塞缸两种结构，其固定方式有缸体固定和活塞固定两种。

（1）双杆活塞缸　图4-1所示为双杆活塞缸的工作原理，活塞的两侧都有伸出杆，当两活塞杆直径相同、缸两腔的供油压力和流量都相等时，活塞（或缸体）两个方向的运动速度和推力也都相等。因此，这种液压缸常用于要求往复运动速度和负载相同的场合，如各种磨床。

图4-1a所示为缸体固定的活塞缸结构简图。当活塞缸的左腔进压力油、右腔回油时，活塞带动工作台向右移动；反之，右腔进压力油、左腔回油时，活塞带动工作台向左移动。工作台的运动范围略大于缸有效长度的3倍，一般用于小型设备的液压系统。

图4-1b所示为活塞固定的活塞缸结构简图。液压油经空心活塞杆的中心孔及其活塞处的径向孔 c、d 进出液压缸。当活塞缸的左腔进压力油、右腔回油时，缸体带动工作台向左

移动；反之，右腔进压力油、左腔回油时，缸体带动工作台向右移动。其运动范围略大于缸有效行程的 2 倍，常用于行程长的大、中型设备的液压系统。

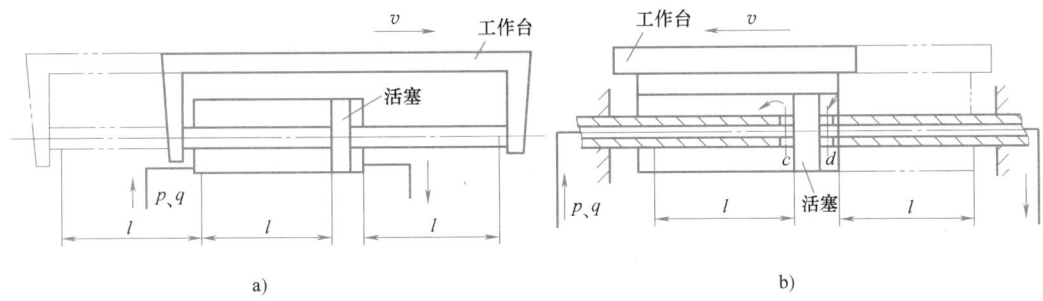

图 4-1 双杆活塞缸的工作原理

双杆活塞缸推力和速度的计算公式为

$$F = Ap = \frac{\pi}{4}(D^2 - d^2)p \tag{4-1}$$

$$v = \frac{q}{A} = \frac{4q}{\pi(D^2 - d^2)} \tag{4-2}$$

式中　A——液压缸有效工作面积；
　　　F——液压缸的推力；
　　　v——活塞（或缸体）的运动速度；
　　　p——进油压力；
　　　q——进入液压缸的油液流量；
　　　D——液压缸内径；
　　　d——活塞杆直径。

（2）单杆活塞缸　图 4-2 所示为单杆活塞缸的工作原理，活塞的一侧有伸出杆，两腔的有效工作面积不相等。当向两腔分别供油，且供油压力和流量相同时，活塞（或缸体）在两个方向的推力和运动速度不相等。

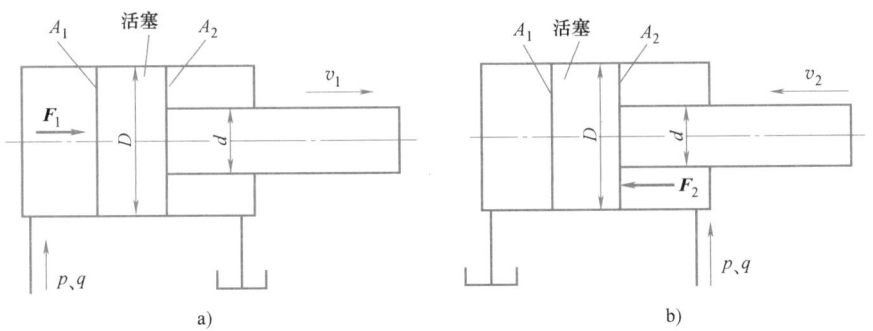

图 4-2 单杆活塞缸的工作原理

当无杆腔进压力油、有杆腔回油（图 4-2a）时，活塞推力 F_1 和运动速度 v_1 分别为

$$F_1 = A_1 p = \frac{\pi}{4} D^2 p \tag{4-3}$$

$$v_1 = \frac{q}{A_1} = \frac{4q}{\pi D^2} \tag{4-4}$$

当有杆腔进压力油、无杆腔回油（图 4-2b）时，活塞推力 F_2 和运动速度 v_2 分别为

$$F_2 = A_2 p = \frac{\pi}{4}(D^2 - d^2) p \tag{4-5}$$

$$v_2 = \frac{q}{A_2} = \frac{4q}{\pi(D^2 - d^2)} \tag{4-6}$$

式中　A_1——无杆腔有效工作面积；

　　　A_2——有杆腔有效工作面积。

比较式（4-4）、式（4-6）可知，$v_1 < v_2$；比较式（4-3）、式（4-5）可知，$F_1 > F_2$。即无杆腔进压力油工作时，推力大，速度低；有杆腔进压力油工作时，推力小，速度高。因此，单杆活塞缸常用于一个方向有较大负载但运行速度较低，另一个方向为空载快速退回运动的设备，如各种金属切削机床、压力机、注射机、起重机的液压系统即常用单杆活塞缸。

单杆活塞缸两腔同时通入压力油时，如图 4-3 所示，由于无杆腔有效工作面积比有杆腔有效工作面积大，活塞受到的向右的推力大于向左的推力，故活塞向右移动，液压缸的这种连接称为差动连接。

差动连接时，活塞的推力 F_3 为

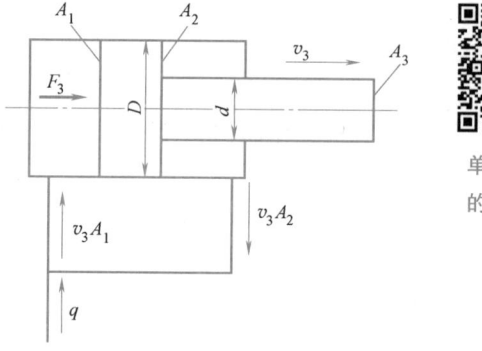

单杆活塞缸的差动连接

图 4-3　单杆活塞缸的差动连接

$$F_3 = A_1 p - A_2 p = A_3 p = \frac{\pi d^2}{4} p \tag{4-7}$$

若活塞的移动速度为 v_3，则无杆腔的进油量为 $v_3 A_1$，有杆腔的出油量为 $v_3 A_2$，因而有

$$v_3 A_1 = q + v_3 A_2$$

故

$$v_3 = \frac{q}{A_1 - A_2} = \frac{q}{A_3} = \frac{4q}{\pi d^2} \tag{4-8}$$

其中，$A_3 = A_1 - A_2$。

比较式（4-4）、式（4-8）可知，$v_3 > v_1$；比较式（4-3）、式（4-7）可知，$F_3 < F_1$。这说明单杆活塞缸差动连接时能使运动部件获得较高的速度和较小的推力。因此，单杆活塞缸还常用在需要实现"快进（差动连接）→工进（无杆腔进压力油）→快退（有杆腔进压力油）"工作循环的组合机床等设备的液压系统中。这时，通常要求"快进"和"快退"的速度相等，即 $v_3 = v_2$。由式（4-8）、式（4-6）可知，$A_3 = A_2$，即 $D = \sqrt{2} d$（或 $d \approx 0.71D$）。

单杆活塞缸不论是缸体固定还是活塞杆固定，工作台的活动范围都略大于缸有效行程的

2倍。

2. 柱塞缸

活塞缸缸体内孔加工精度要求很高,当缸体较长时加工困难,因而常采用柱塞缸。图4-4a所示的柱塞缸由缸筒、柱塞、导向套、密封圈和压盖等组成。柱塞由导向套导向,与缸体内壁不接触,因而缸体内孔不需要精加工,工艺性好,成本低。

柱塞缸工作时柱塞端面受压,为了输出较大的推力,柱塞一般较粗、较重,水平安装时易产生单边磨损,故柱塞缸适宜于垂直安装使用。当其垂直安装时,为防止柱塞因自重而下垂,常制成空心柱塞并设置支承套和托架。

柱塞缸只能实现单向运动,它的回程需借自重(立式缸)或其他外力(如弹簧力)来实现。在龙门刨床、导轨磨床、大型拉床等大行程设备的液压系统中,为了使工作台

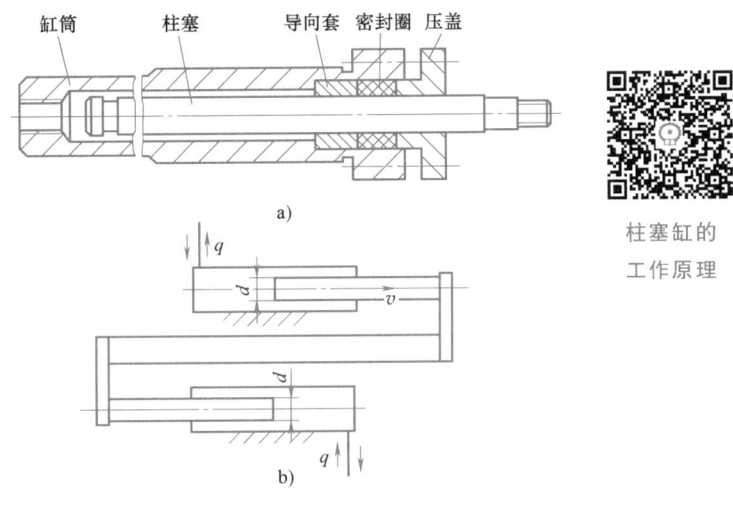

图 4-4 柱塞缸

得到双向运动,柱塞缸常成对使用,如图4-4b所示。

3. 摆动缸

摆动缸用于将油液的压力能转变为叶片及输出轴往复摆动的机械能。它有单叶片和双叶片两种形式,图4-5所示为其工作原理。摆动缸由缸体1、叶片2、定子块3、摆动输出轴4、两端支承盘及端盖(图中未画出)等组成。定子块固定在缸体上,叶片与输出轴连为一体。当两油口交替通入压力油(交替接通油箱)时,叶片即带动输出轴做往复摆动。

若叶片的宽度为b,缸的内径为D,半径为R_2,摆动输出轴直径为d,半径为R_1,叶片数为Z,在进油压力为p、流量为q,且不计回油腔压力时,摆动缸输出的转矩T和回转角速度ω为

$$T = Zpb\frac{(D-d)(D+d)}{2\times 2} = \frac{Zpb(D^2-d^2)}{4} \quad (4\text{-}9)$$

$$\omega = \frac{pq}{T} = \frac{4q}{Zb(D^2-d^2)} \quad (4\text{-}10)$$

单叶片缸(图4-5a)的摆动角一般不超过280°,双叶片缸(图4-5b)当其他结构尺寸相同时,其输出转矩是单叶片缸的2倍,而摆动角度为单叶片缸的1/2(一般不超过150°)。

摆动缸常用于机床的送料装置、间歇进给机构、回转夹具、工业机器人手臂和手腕的回转装置及工程机械回转机构等的液压系统中。

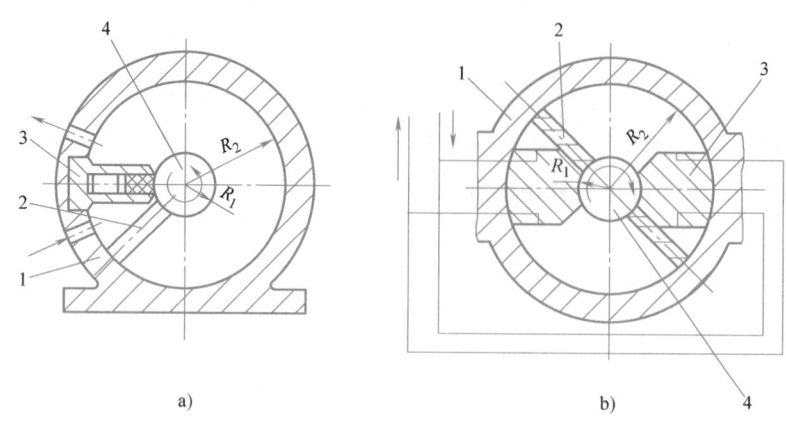

图 4-5 摆动缸
1—缸体　2—叶片　3—定子块　4—摆动输出轴

（二）液压缸主要尺寸的确定

液压缸的主要尺寸包括液压缸的内径、长度，以及活塞杆的直径、长度等。确定上述尺寸的原始依据是液压缸的负载、运动速度、行程长度和结构形式等。通常，液压缸需要自行设计。

1. 液压缸内径和活塞杆直径的确定

动力较大设备（如拉床、刨床、车床、组合机床、液压压力机等）的液压缸内径通常是先根据设备类型及缸所受负载 F，参照表4-1和表4-2确定液压缸的工作压力 p，再按表4-3确定系数 λ（$\lambda = d/D$），然后根据承载情况按公式计算。

表 4-1　各类液压设备常用工作压力

设备类型	磨床	车床、铣床、钻床、镗床	组合机床	龙门刨床、拉床	注射机、农业机械、小工程机械	液压压力机、重型机械、起重运输机械
工作压力 p/MPa	0.8~2	2~4	3~5	8~10	10~16	20~32

表 4-2　液压缸工作压力与负载之间的关系

负载 F/kN	<5	5~10	10~20	20~30	30~50	>50
工作压力 p/MPa	0.8~1.0	1.5~2.0	2.5~3.0	3.0~4.0	4.0~5.0	>5.0

表 4-3　系数 λ 的推荐值

工况	工作压力 p/MPa		
	<5	5~7	>7
活塞杆受拉力	0.3~0.45		
活塞杆受压力	0.50~0.55	0.6~0.7	0.7

当有杆腔进压力油驱动负载时，由于 $F = \dfrac{\pi}{4}(D^2 - d^2)p = \dfrac{\pi}{4}D^2(1-\lambda^2)p$

故

$$D = \sqrt{\frac{4F}{\pi(1-\lambda^2)p}} \tag{4-11}$$

当无杆腔进压力油驱动负载时，由于 $F = \frac{\pi}{4}D^2 p$

故

$$D = \sqrt{\frac{4F}{\pi p}} \tag{4-12}$$

根据由式（4-11）、式（4-12）算出的 D 值及选定的 λ 值即可求出活塞杆的直径 d（$d = \lambda D$）。D、d 的取值应按标准进行圆整。

动力较小的设备（如磨床、研磨机床、珩磨机床等）的液压缸的尺寸若按负载计算，其数值可能很小，故多按结构需要确定。对单杆活塞缸，一般是先按结构要求选定活塞杆直径 d，再按给定的速比 $\varphi [\varphi = v_2/v_1 = D^2/(D^2-d^2)]$，根据式（4-13）计算出液压缸的内径 D。

$$D = \sqrt{\frac{\varphi}{\varphi - 1}} d \quad \text{或} \quad D = \sqrt{\frac{v_2}{v_2 - v_1}} d \tag{4-13}$$

2. 液压缸壁厚的确定

在中、低压系统中，液压缸壁厚 δ 根据结构和工艺上的需要确定，一般不进行计算。当液压缸工作压力较高或直径较大时，才有必要对其最薄弱部位的壁厚进行强度校核。

当 $D/\delta \geq 10$ 时，按薄壁筒公式校核，即

$$\delta \geq \frac{p_y D}{2[\sigma]} \tag{4-14}$$

当 $D/\delta < 10$ 时，按厚壁筒公式校核，即

$$\delta \geq \frac{D}{2}\left(\sqrt{\frac{[\sigma] + 0.4 p_y}{[\sigma] - 1.3 p_y}} - 1\right) \tag{4-15}$$

式中 p_y——试验压力，比缸最大工作压力大 20%~30%；

[σ]——缸筒材料的许用应力。

3. 液压缸其他尺寸的确定

液压缸的长度按其最大行程确定，一般不大于 $30D$。活塞的宽度按液压缸的工作压力和活塞的密封方式确定，一般为 $(0.6~1)D$。导向套滑动面的长度：当 $D<80$ mm 时，取 $(0.6~1)D$；当 $D \geq 80$ mm 时，取 $(0.6~1)d$。活塞杆的长度根据液压缸的长度、活塞的宽度、导向套的长度、端盖的有关尺寸及活塞杆与工作台的连接方式确定。对长度与直径之比大于 15 的受压活塞杆，应按材料力学公式进行稳定性校核计算。对于端盖的尺寸、紧固螺钉的个数和尺寸：若用于低压系统，可由结构决定；若用于高压系统，则必须进行螺钉强度的校核。

（三）活塞缸的结构设计

图 4-6 所示为外圆磨床的空心双杆活塞缸，由压盖 1、活塞杆 2、托架 3、端盖 4 和 15、密封圈 5 和 9、导向套 7、锥销 8、活塞 10、缸筒 11、压环 12、半环 13、密封纸垫 14 等组成。

该液压缸用托架 3 和端盖 15 与机床工作台连接在一起。两活塞杆 2 用螺母与床身支座

固定在一起，螺母在支座的外侧，使活塞杆只受拉力，受热伸长时不会弯曲。活塞杆与活塞 10 用锥销 8 连接。活塞与缸筒 11 之间用 O 形密封圈 9 密封。活塞杆与端盖 4、15 之间用 V 形密封圈 5 密封，这种密封圈的密封性能可随工作压力的升高而提高。导向套 7 的内孔与活塞杆外径配合，起导向作用。

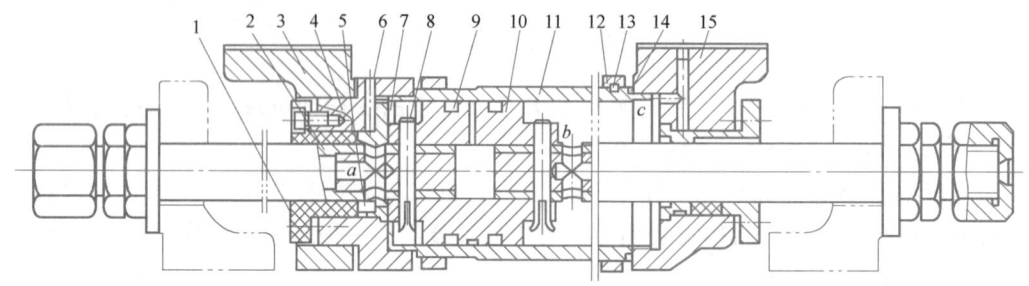

图 4-6 空心双杆活塞缸

1—压盖 2—活塞杆 3—托架 4、15—端盖 5、9—密封圈 6—堵 7—导向套 8—锥销
10—活塞 11—缸筒 12—压环 13—半环 14—密封纸垫

这种液压缸一般缸筒较长，多采用无缝钢管制成。缸筒 11 两端的环槽内嵌装两个半环 13，用以防止压环 12 向端部移动。端盖 15 和 4 通过螺钉与压环连接。端盖 4 的部分外圆面与托架 3 的光孔滑动配合，使缸体受热变形时可自由伸长。

当压力油通过左空心活塞杆经 a 孔进入液压缸的左腔，缸右腔通过 b 孔及右活塞杆中心孔回油时，液压力推动缸体带动工作台向左移动；反之，当液压缸右腔进压力油、左腔回油时，液压力推动缸体带动工作台向右移动。两端盖的上部有小孔 c 与排气阀相通，用以排除液压缸中的空气。

从空心双杆活塞缸的结构可以看出，液压缸的结构基本上可以分为缸筒和端盖、活塞和活塞杆、密封装置、缓冲装置、排气装置 5 个部分。

1. 缸筒和端盖

一般来说，缸筒和端盖的结构形式与其使用的材料有关。工作压力 $p<10\mathrm{MPa}$ 时，使用铸铁；$10\mathrm{MPa}\leqslant p\leqslant 20\mathrm{MPa}$ 时，使用无缝钢管；$p>20\mathrm{MPa}$ 时，使用铸钢或锻钢。液压缸端部与端盖的连接方式很多。铸铁、铸钢和锻钢制造的缸筒多采用法兰式连接（图 4-7a）。这种结构易于加工和装配，其缺点是外形尺寸较大。用无缝钢管制作的缸筒，常采用半环式连接（图 4-7b）和螺纹连接（图 4-7d）。这两种连接方式结构紧凑、重量轻。但半环式连接须在缸筒上加工环形槽，会削弱缸筒的强度；螺纹连接须在缸筒上加工螺纹，端部的结构比较复杂，装拆时需要专门的工具，拧紧端盖时有可能将密封圈拧变形。较短的液压缸常采用拉杆式连接（图 4-7c）。这种连接具有加工和装配方便等优点，其缺点是外廓尺寸和重量较大。此外，

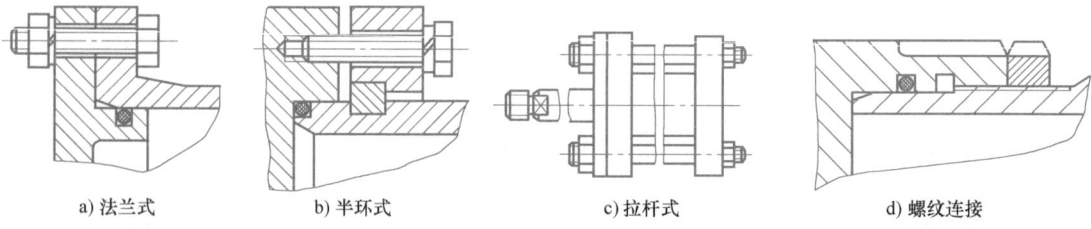

a) 法兰式　　　b) 半环式　　　c) 拉杆式　　　d) 螺纹连接

图 4-7 液压缸端部与端盖的连接

还有焊接式连接,其结构简单、尺寸小,但焊后缸体有变形,且不易加工,故应用较少。

2. 活塞和活塞杆

整体式活塞组件是把短行程液压缸的活塞杆与活塞制成一体,这是最简单的形式。但当行程较长时,这种整体式活塞组件的加工较费时,所以常把活塞与活塞杆分开制造,再连接成一体。

活塞与活塞杆的连接方式很多,常见的有锥销连接(图4-6)和螺纹连接(图4-8a、b、c)。锥销连接结构简单,装拆方便,多用于中、低压轻载液压缸中。螺纹连接装卸方便,连接可靠,适用尺寸范围广,缺点是加工和装配时都要用可靠的方法将螺母锁紧。在高压大负载的场合,特别是在振动比较大的情况下,常采用半环式连接(图4-8d、e、f)。这种连接拆装简单,连接可靠,但结构比较复杂。

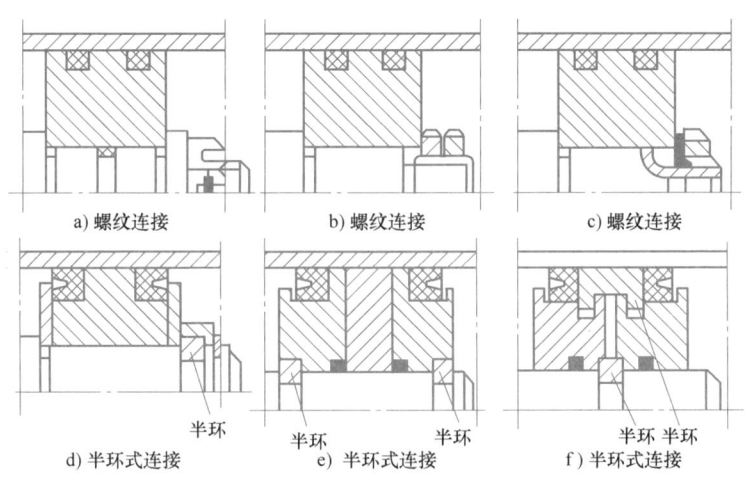

图 4-8 活塞和活塞杆的连接

3. 密封装置

液压缸的密封装置用以防止油液的泄漏(液压缸一般不允许外泄漏,其内泄漏也应尽可能小),其设计的好坏对液压缸的工作性能和效率有直接的影响,因而要求密封装置有良好的密封性能,摩擦阻力小,制造简单,拆装方便,成本低且寿命长。液压缸的密封主要指活塞与缸筒、活塞杆与端盖间的动密封和缸筒与端盖间的静密封。常见的密封方法有间隙密封和O形、Y形、V形及组合式密封圈密封。

4. 缓冲装置

当液压缸驱动的工作部件质量较大,运动速度较高,或换向平稳性要求较高时,应在液压缸中设置缓冲装置,以免在行程终端换向时产生很大的冲击压力和噪声,甚至机械碰撞。

常见的缓冲装置如图4-9所示。

(1) 环隙式缓冲装置 图4-9a所示为圆柱形环隙式缓冲装置,活塞端部有圆柱形缓冲柱塞,当柱塞运行至液压缸端盖上的圆柱光孔内时,封闭在缸筒内的油液只能从环形间隙δ处挤出去。这时活塞受到一个很大的阻力而减速制动,从而减缓了冲击。图4-9b所示为圆锥形环隙式缓冲装置,其缓冲柱塞加工成圆锥体(锥角≈10°),环形间隙δ将随柱塞伸入端盖孔中距离的增大而减小,从而获得更好的缓冲效果。

(2) 可变节流式缓冲装置 图4-9c所示为可变节流式缓冲装置。在其圆柱形的缓冲柱塞上开有几个均布的三角形节流沟槽。随着柱塞伸入孔中距离的增长,其节流面积减小,使缓冲作用均匀，冲击压力小，制动位置精度高。

（3）可调节流式缓冲装置　图4-9d所示为可调节流式缓冲装置。在液压缸的端盖上设有单向阀和可调节流阀。缓冲柱塞伸入端盖上的内孔后，活塞与端盖间的油液须经可调节流阀流出。由于节流口的大小可根据液压缸负载及速度的不同进行调整，因此能获得最理想的缓冲效果。当活塞反向运动时，压力油可经单向阀进入活塞端部，使其迅速起动。

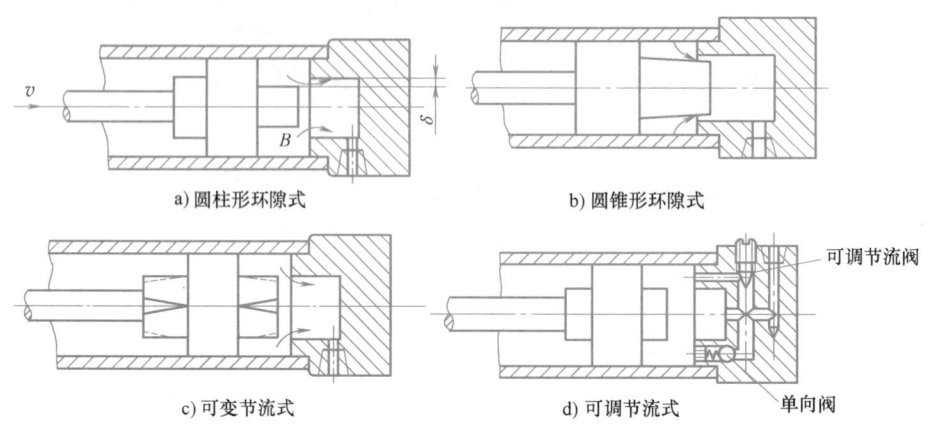

图4-9　液压缸的缓冲装置

5. 排气装置

液压系统中混入空气后会使其工作不稳定，产生振动、噪声、低速爬行及起动时突然前冲等现象。因此，在设计液压缸时必须考虑排除空气。

对于要求不高的液压缸，可以不设专门的排气装置，而将油口放置在缸筒两端的最高处，由流出的油液将缸中的空气带往油箱，再从油箱中逸出。对速度的稳定性要求高的液压缸和大型液压缸，则需在其最高部位设置排气孔并用管道与排气阀（图4-10）相连而排气，或在其最高部位设置排气塞（图4-11）排气。当打开排气阀（图4-10所示位置）或松开排气塞的螺钉并使液压缸活塞（或缸体）以最大的行程快速运行时，缸中的空气即可排出。一般空行程往复8~10次即可将排气阀或排气塞关闭，液压缸便可进入正常工作。

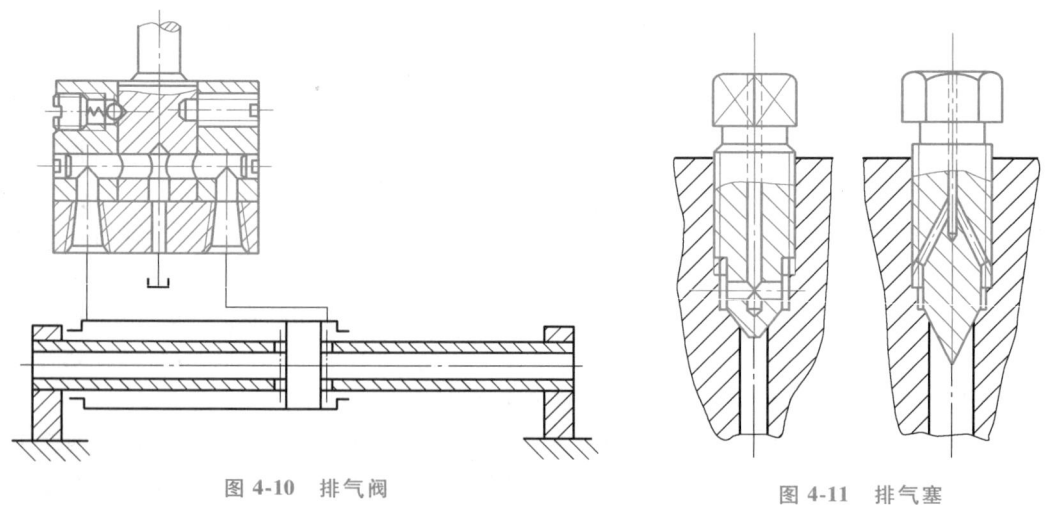

图4-10　排气阀　　　　　　图4-11　排气塞

项目四　液压执行元件

> 【延伸阅读】

液 压 技 术

　　液压缸是液压系统中最早使用的液压元件之一。从外观上看，其基本结构似乎没有过变化，但实际上液压缸有了很大的发展，高压大功率是液压缸发展的主要趋势之一。

　　对于飞行控制系统的动力部分来说，飞机的大部分活动部件，如水平尾翼、襟副翼、方向舵等都需要液压系统来进行驱动。液压系统的功率越大，舵面偏转的速度也就越快，飞机反应便越敏捷，越适合超机动飞行。例如，F-22 的液压系统总功率可达 560kW，是 F-15 的 2 倍，而歼-20 的液压系统总功率约 600kW，这离不开液压缸技术的进步。

　　最新一代战斗机以具有超音速巡航能力为特征，由于机翼变得更薄，从而要求装在机翼内的液压部件缩小体积和重量，采用高压系统将是一个有效的手段。在幻影 2000 之后，苏-27 为了减重，采用 28MPa 级别液压，在其试飞和服役初期付出了非常惨重的代价，多次经历机毁人亡事故后技术才得以成熟。它的液压技术在被中国吸收消化以后，运用在了歼-20 和 FC-31 上。

　　通过改进结构和工艺，液压缸的功能有了很大的进步。目前超高功能液压缸能在极低转速下稳定工作，高速功能已超过 1500mm/s，工作温度范围扩展到了 -60~200℃。使用寿命最长的液压缸，可运行 6000km 以上不产生任何故障或零件损坏。

二、液压马达

　　液压马达和液压泵在结构上是基本相同的。液压马达按结构也可分为齿轮式液压马达、叶片式液压马达和柱塞式液压马达三大类。液压马达是把液压能转换为机械能的元件。但由于液压泵和液压马达的任务和工作条件不同，故两者在实际结构上也存在着一定的区别。

叶片式液压马达的工作原理

（一）叶片式液压马达

　　图 4-12 所示为叶片式液压马达的工作原理，当压力油通入压油腔后，在

图 4-12　叶片式液压马达的工作原理

叶片 1、3（或 5、7）上，一面作用有压力油，另一面则为无压油，由于叶片 1、5 的受力面积大于叶片 3、7，所以由叶片受力差构成力矩并推动转子和叶片做顺时针方向旋转。

　　为使液压马达正常工作，叶片式液压马达在结构上与叶片泵有一些重要区别。根据液压马达要双向旋转的要求，液压马达的叶片既不前倾也不后倾，而是径向放置的。叶片应始终紧贴定子内表面，以保证正常起动，因此，在吸、压油腔通入叶片根部的通路上应设置单向阀，使叶片底部能与压力油相通。此外，还另设弹簧，使叶片始终处于伸出状态，保证初始密封。

叶片式液压马达的转子惯性小，动作灵敏，可以频繁换向，但泄漏量较大，不宜在低速下工作，因此叶片式液压马达一般用于转速高、转矩小、动作要求灵敏的场合。

（二）轴向柱塞式液压马达

图 4-13 所示为轴向柱塞式液压马达的工作原理。当压力油经配油盘通入柱塞 2 底部孔时，柱塞 2 受压力油作用向外伸出，并紧紧压在斜盘 1 上，这时斜盘 1 对柱塞 2 产生一个反作用力。设斜盘 1 作用在柱塞 2 上的反作用力为 F_N，F_N 可分解为两个分力，一个轴向分力 F，它和作用在柱塞上的液压作用力相平衡；另一个分力 F_T，它使缸体产生转矩。

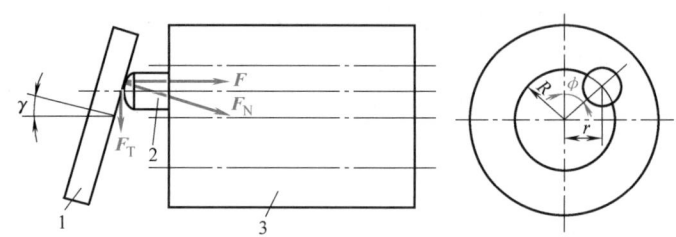

图 4-13 轴向柱塞式液压马达的工作原理
1—斜盘 2—柱塞 3—缸体

轴向柱塞式液压马达的工作原理

当压力油输入液压马达后，所产生的分力 F_T 与轴向分力 F 的关系为

$$F_T = F\tan\gamma = \frac{\pi}{4}d^2 p \tan\gamma \tag{4-16}$$

式中　d——柱塞直径。

设柱塞中心与液压马达轴心连线与缸体的垂直中心线成 ϕ 角（瞬时方位角）。由此可知，柱塞产生的瞬时转矩为

$$T_i = F_T r = F_T R\sin\phi = \frac{\pi}{4}d^2 Rp\tan\gamma\sin\phi \tag{4-17}$$

由于柱塞的瞬时方位角 ϕ 是变量，柱塞产生的转矩也发生变化，故液压马达产生的总转矩也是脉动的。

【延伸阅读】

科学管理是技术进步的保障

"蛟龙号"载人深潜器是我国首台自主设计、自主集成研制的作业型深海载人潜水器。2012 年 6 月 27 日 11 时 47 分，"蛟龙号"再次刷新"中国深度"，在西太平洋的马里亚纳海沟海试成功到达 7062m 海底，创造了作业类载人潜水器新的世界纪录，这标志着中国海底载人科学研究和资源勘探能力达到国际领先水平，成果的取得离不开团队的科学管理。

"蛟龙号"作为国家重大研究专项，研发团队集结了包括中国工程院院士徐芑南在内的大批科学家，可谓阵容强大，但仍旧在长达十几年的下潜作业中出现故障。

2015年东四区时间2月3日17时10分（北京时间21时10分）左右，"蛟龙号"完成第100次下潜作业浮至水面。水面支持系统的A型架在起吊潜水器时，左侧液压马达突然漏油，A型架无法起吊潜水器。故障发生后，现场立即启动应急预案，成立应急处置领导小组和A型架抢修小组。工程技术人员和船员迅速抢修A型架，并用备件更换出现故障的液压马达。东四区时间4日2时35分，A型架起吊功能恢复，经检测各项技术状态恢复正常。东四区时间4日5时，潜水器顺利完成回收。参加此次下潜的同济大学副教授杨群慧、国家深海基地管理中心潜航员学员陈云赛和国家深海基地管理中心潜航员傅文韬先后安全出舱。

"蛟龙号"研发团队正是靠着"严谨求实、团结协作、拼搏奉献、勇攀高峰"的精神支持，才能全力以赴勇攀深海科技高峰，为我国早日实现深海梦、深潜梦提供不断前进的动力。

【任务实施】

任务　液压执行元件的选择和拆装

图4-14所示为液压机外形图，其工作时，主轴上下运动，那么是什么元件来带动主轴完成这一运动的呢？该如何选择这些元件？在实际使用过程中应考虑液压缸的哪些参数？这些参数又由哪些因素来决定呢？液压缸的结构特点又是怎样的？

一、分析任务

分析上述任务可知，液压机主轴完成工作所需的上下运动必须靠液压传动系统中相关的元件来带动，这个元件就是液压传动系统中的执行元件。在液压传动系统中，执行元件一般有液压缸和液压马达两种，液压缸用于实现直线运动，液压马达用于实现旋转运动。此任务中由液压缸作为执行元件来带动主轴上下运动。

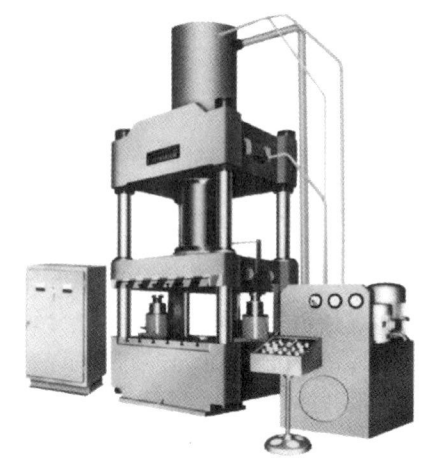

图4-14　液压机外形图

二、选择液压机的执行元件

双作用单杆液压缸带动工作部件往复运动的速度不一致，常用于实现机床设备中的快速退回和慢速工作进给。同时，双作用单杆液压缸由于活塞两端有效工作面积不同，无杆腔进油产生的推力大于有杆腔进油的推力，当无杆腔进油时能克服较大的外载荷，因此也常用在需要液压缸产生较大推力的场合。如果该任务中的液压机在工作状态下向下工进时需要慢速运动并要克服较大的工作阻力，向上退回时需要快速返回，那么选择双作用单杆液压缸就非常合适。

双作用双杆液压缸带动工作部件往复运动的速度一致，常用于需要工作部件做等速往返直线运动的场合，如外圆磨床的工作台就由双作用双杆液压缸驱动。双作用双杆液压缸因为只需要较小的牵引力就能获得相等的往复运动速度，更重要的是可以使用小流量液压泵获得较快的运动速度,所以在机床上应用也较多,如在组合机床上用于要求推力不大、速度相同的快进和快退工作循环的液压传动系统。

液压缸无论是用在平面磨床上还是其他场合,都要在满足使用要求的前提下尽量使其重量轻、效率高、耐用、结构简单。而要达到这一目的,必须了解液压缸工作时影响液压缸性能参数的因素,以及这些参数与液压缸本身的工作参数的联系,才能确定液压缸的工作参数。

在实际选用液压缸时应考虑以下几点:

1) 根据机构运动和结构要求,选择液压缸的类型。
2) 根据机构工作要求,确定液压缸输出压力的大小。
3) 根据系统压力和往复运动速度比,确定液压缸的主要尺寸,如缸径、活塞杆直径等,并按标准尺寸系列选择恰当的尺寸。
4) 根据机构运动的行程和速度要求,确定液压缸的长度和流量,并由此确定液压缸的通油口尺寸。
5) 根据工作压力和材料,确定液压缸的壁厚尺寸、活塞杆尺寸、螺钉尺寸及端盖结构。
6) 可靠的密封是保证液压缸正常工作的重要因素,应选择适当的密封结构。
7) 根据缓冲要求,选择适用的缓冲机构,对高速液压缸必须设置缓冲装置。
8) 在保证获得所需的往复运动行程和驱动力的条件下,尽可能减小液压缸的轮廓尺寸。
9) 对运动平稳性要求高的液压缸应设置排气装置。

三、实施步骤

1) 读懂图样,熟悉所拆装液压缸的结构。
2) 按指导教师要求,学生分组拆解液压缸,逐个拆下液压缸各零件并编号。

双活塞杆液压缸的拆卸顺序:先拆掉前端盖上的螺钉,卸下压盖;拆掉端盖;将活塞与活塞杆从缸体中分离。

单活塞杆液压缸的拆卸顺序:先拆掉两端盖上的螺钉,卸下压盖;拆掉端盖;将活塞与活塞杆从缸体中分离。

摆动液压马达的拆卸顺序:先拆掉端盖,再将摆动叶片和转子从定子中取出。

3) 在拆卸过程中,学生注意观察主要零件的结构,分析其作用,指出所拆液压缸的密封方式、活塞连接形式、端盖连接形式以及液压缸的固定安装特点。
4) 装配液压缸。装配要领:装配前要清洗各零件,为活塞杆与导向套、活塞与活塞杆、活塞与缸筒等配合表面涂润滑油,然后按照与拆卸时相反的顺序进行装配。
5) 正确进行液压缸的推力和速度计算。
6) 各组集中,教师点评,学生提问并完成实训报告。

教师巡回指导并及时给每位学生打操作分数。

四、注意事项

1) 一人负责一个元件的拆装,实行"谁拆卸、谁装配"的制度。
2) 拆卸时要做好拆卸记录,必要时画出装配示意图。

3) 容易丢失的小零件,要放入专用小盒内。
4) 拆卸配合件时要小心,切勿划伤配合表面,更不可轻易用硬物敲击配合表面。
5) 防止拆下的零件受污染。
6) 安装密封件时,注意方向。
7) 各组相互交流时不要随便拿走其他组的零件。
8) 装配之前要列出各元件的装配顺序。
9) 严禁野蛮拆卸和装配。

五、质量评价标准

质量评价标准见表 4-4。

表 4-4　质量评价标准

考核项目	考核要求	配分	评分标准	扣分	得分	备注
拆卸	1. 正确使用拆卸工具 2. 按顺序拆卸	30	1. 不正确使用工具扣 10 分 2. 不按顺序拆卸扣 20 分			
安装	1. 清洗各零件 2. 按顺序装配	40	1. 不清洗各零件,扣 10 分 2. 不按顺序进行装配扣 30 分			
画图	画出各种液压缸的图形符号	10	每画错一个扣 2 分			
安全生产	自觉遵守安全文明生产规程	10	不遵守安全文明生产规程扣 10 分			
实训报告	按时按质完成实训报告	10	1. 没有按时完成报告扣 5 分 2. 实训报告质量差扣 2~5 分			
自评得分		小组互评得分		教师签名		

【任务总结】

本任务介绍了常见执行元件的类型、工作原理与应用,并对其典型结构做了详细的介绍,通过其拆装能够更好地理解执行元件的工作特点。

任务总结与反思

班级_____　姓名_____　学号_____　分组号_____

评价项目	评价内容	评价效果			
		非常满意	满意	基本满意	不满意
工作能力	能够合理安排自己的日常学习和生活(按时起床,着装得体,准时到达教学活动场所)				
	能够对所阅读的说明文字进行重点标记,并能说出关键词				
	能够理解书籍、手册中的技术内容				
	能够在有计划的前提下开展工作并主动记录任务实施的心得体会				
	能够用清楚、流畅的语言表达自己的观点				

评价项目	评价内容	评价效果			
		非常满意	满意	基本满意	不满意
社会能力	能够与同学友好交往,不用语言、动作伤害他人				
	能够接受新的工作任务并积极地投入其中				
	能够主动参与小组工作任务并真诚表达自己的观点				
	能够真实反馈自己的工作结果,并能主动向他人寻求必要的帮助				
专业能力	能够读懂任务要求,清楚各种液压执行元件的种类和功能				
	能够根据要求选用合适的液压执行元件				
	能够熟练地连接各种液压元件				
	能够在阅读说明资料及观看示范动作的方式下,安全地完成任务的操作过程,实现预期效果				
	能够归纳连接液压元件及回路系统的步骤和特点				
	清楚各操作过程中的安全注意事项				

其他液压缸的结构分析

1. 增压缸

增压缸能将输入的低压油转变为高压油,供液压系统中的某一支油路使用。它由大、小缸径分别为 D 和 d 的复合缸筒及有特殊结构的复合活塞等组成,如图 4-15 所示。

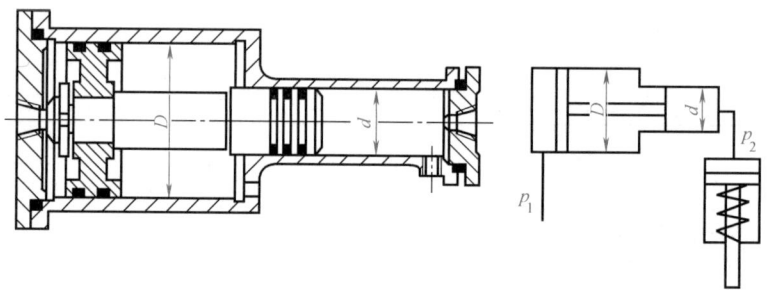

图 4-15 增压缸

若输入增压缸大端液压油的压力为 p_1,由小端输出的液压油的压力为 p_2,且不计摩擦阻力,则根据力学平衡关系,有

$$\frac{\pi}{4}D^2 p_1 = \frac{\pi}{4}d^2 p_2$$

故 $$p_2 = \frac{D^2}{d^2} p_1 \qquad (4\text{-}18)$$

因此，将 D^2/d^2 称为增压比。

由式（4-18）可知，当 $D=2d$ 时，$p_2=4p_1$，即可增压 4 倍。

应该指出，增压缸只能将高压端输出的液压油通入其他液压缸以获取大的推力，其本身不能直接作为执行元件，所以安装时应尽量使它靠近执行元件。

增压缸常用于压铸机、造型机等设备的液压系统中。

2. 伸缩缸

伸缩缸由两级或多级活塞缸套装而成。如图 4-16 所示，前一级活塞缸的活塞与后一级活塞缸的缸筒连为一体（图中活塞 2 与缸筒 3 连为一体）。活塞伸出的顺序是先大后小，相应的推力也是由大到小，而伸出时的速度是由慢到快；活塞缩回的顺序一般是先小后大，而缩回的速度是由快到慢。

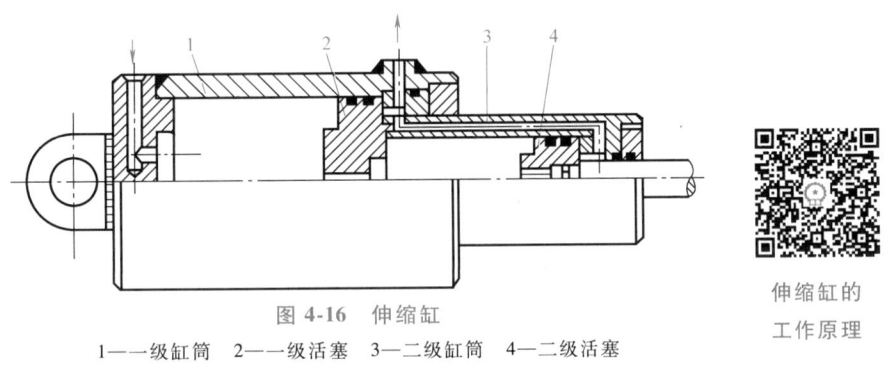

图 4-16 伸缩缸

1—一级缸筒　2—一级活塞　3—二级缸筒　4—二级活塞

伸缩缸的工作原理

伸缩缸活塞杆伸出时行程大，而收缩后结构尺寸小，适用于起重运输车辆等需占小空间的机械上，如起重机伸缩臂缸、自卸汽车举升缸等。

3. 齿条活塞缸

齿条活塞缸由带齿条活塞杆的双活塞缸及齿轮齿条机构组成，如图 4-17 所示。它将活塞的直线往复运动转变为齿轮轴的往复摆动。调节活塞缸两端盖上的调节螺钉，可调节活塞杆的移动距离，即调节了齿轮轴的摆动角度。

齿条活塞缸常用于机械手、回转工作台、回转夹具、磨床进给系统等转位机构的驱动。

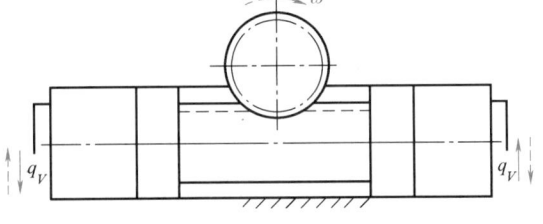

图 4-17 齿条活塞缸

4. 多位液压缸

多位液压缸通常为杆径相等的双杆活塞缸，如图 4-18 所示。缸的两端有进油口 a、b，缸筒沿轴线方向上有多个出油孔，如 c_1、c_2、c_3、c_4、c_5。每个出油孔口都有管道与一控制阀相连，可使出油口关闭，也可使其与油箱连通（图中未画出）。当 a、b 同时通入压力相等的液压油，而且所有出油口均关闭时，由于活塞两端受力相等，故保持原位置不动（图 4-18a）。若 a、b 通入压力相等的液压油，而某一出油口的控制阀开启，使其与油箱连通，例如 c_4 与油箱连通，则缸右腔油压降低，活塞右移，直到活塞将 c_4 油口关闭，缸两腔的压力又相等时，活塞停止在该位置上（图 4-18b）。

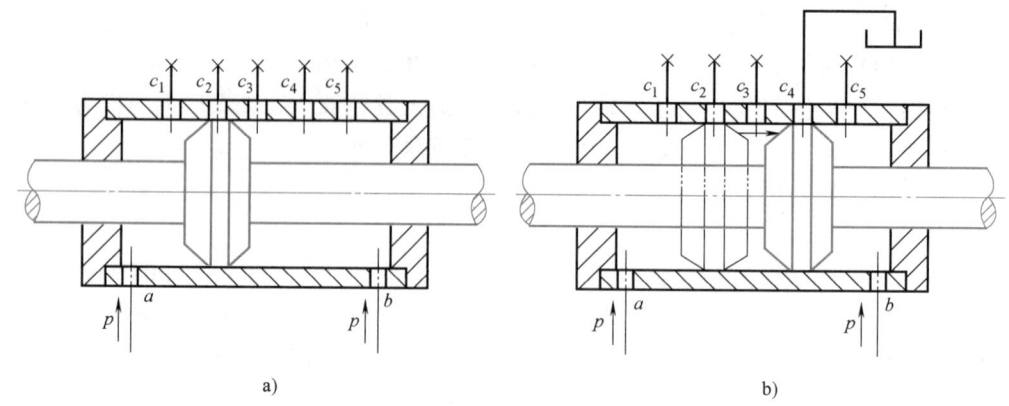

图 4-18　多位液压缸工作原理图

由于缸体上出油孔口的数量、间距及出油管道上开关阀的开启顺序均可按需要设计，所以这种液压缸多用于位置精度要求不很高的多工位、不等送进距离的送料装置。

5. 数字液压缸

数字液压缸是由多级活塞串联而成的复合式液压缸，其每级活塞的行程长度为前一级活塞行程长度的 2 倍。图 4-19 所示为 16 位数字液压缸，由四级活塞组成，其活塞的行程长度分别为 l、$2l$、$4l$、$8l$。缸体上有 a、b、c、d 四个油口及一个低压油进油口 e。当四个油口按不同的组合（由阀控制）通入压力较高的压力油时，末级活塞及运动部件可以得到 16 种不同的行程，见表 4-5。

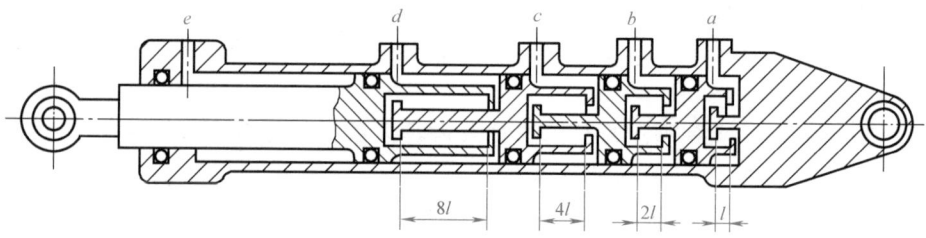

图 4-19　16 位数字液压缸

数字液压缸定位精度高，能在二进制的输入信号下获得十进制的输出，多用于工业机器人等具有计算机控制功能的设备中。

表 4-5　16 位数字液压缸末级活塞行程表

末级活塞行程		0	l	$2l$	$3l$	$4l$	$5l$	$6l$	$7l$	$8l$	$9l$	$10l$	$11l$	$12l$	$13l$	$14l$	$15l$
油口通油状态	a	−	+	−	+	−	+	−	+	−	+	−	+	−	+	−	+
	b	−	−	+	+	−	−	+	+	−	−	+	+	−	−	+	+
	c	−	−	−	−	+	+	+	+	−	−	−	−	+	+	+	+
	d	−	−	−	−	−	−	−	−	+	+	+	+	+	+	+	+

注："+"表示油口通压力油；"−"表示油口接通油箱。

项目四 液压执行元件

【小结】

液压缸是用以实现直线往复运动的液压马达,是液压系统中应用最广泛的液压执行元件。液压缸有时需专门设计,设计液压缸的主要内容如下:

1) 根据需要的作用力计算液压缸内径、活塞杆直径等主要参数。
2) 对缸壁厚度、活塞杆直径以及螺纹连接的强度、刚度等进行必要的校核。
3) 确定各部分结构,包括密封装置、缸筒与缸盖的连接、活塞结构以及缸筒的固定形式等,进行工作图设计。

【思考与练习】

4-1 双杆活塞式液压缸在缸固定和活塞杆固定时,工作台运动范围有何不同?试绘图说明。

4-2 活塞式液压缸分别在缸固定和活塞杆固定时,运动方向和进油方向之间是什么关系?

4-3 若要求某差动液压缸快进速度 v_1 是快退速度 v_2 的 3 倍,试确定活塞工作面积 A_1 和活塞杆截面积 A_2 之比 A_1/A_2 为多少。

4-4 活塞式液压缸、柱塞式液压缸和摆动液压缸各有什么特点?分别适用于什么场合?

4-5 为什么液压缸内径 D 和活塞杆直径 d 在计算后要圆整,还要再查表取标准值?

4-6 有一柱塞式液压缸,当柱塞固定、缸体运动时,压力油从空心柱塞中流入,压力为 p,流量为 q_V,缸体内径为 D,柱塞外径为 d,内孔直径为 d_0。试求该液压缸所产生的推力以及运动速度和方向。

4-7 如图 4-20 所示,两个结构相同的液压缸串联,已知液压缸无杆腔工作面积 A_1 为 100cm^2,有杆腔工作面积 A_2 为 80cm^2,缸 1 的输入压力 $p_1 = 1.8\text{MPa}$,输入流量 $q_{V1} = 12\text{L/min}$,若不计泄漏和损失,求:

1) 当两缸承受相同的负载($F_1 = F_2$)时,该负载为多少?两缸的运动速度各为多少?
2) 缸 2 的输入压力为缸 1 的一半($p_2 = p_1/2$)时,两缸各承受多大负载?
3) 当缸 1 无负载($F_1 = 0$)时,缸 2 能承受多大负载?

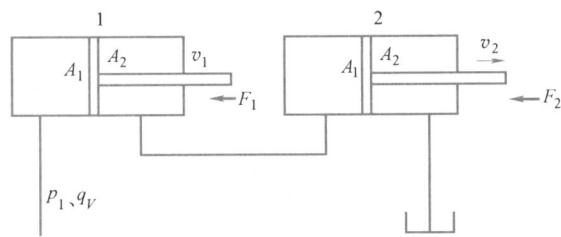

图 4-20 题 4-7 图

4-8 如图 4-21 所示,液压缸活塞直径 $D = 100\text{mm}$,活塞杆直径 $d = 70\text{mm}$,进入液压缸的油液流量 $q_V = 25\text{L/min}$,压力 $p_1 = 2\text{MPa}$,回油背压 $p_2 = 0.2\text{MPa}$。试计算图 4-21 所示 a、b、c 三种情况下缸体运动速度的大小和方向,最大推力的大小和方向,以及活塞杆是受拉还是受压。

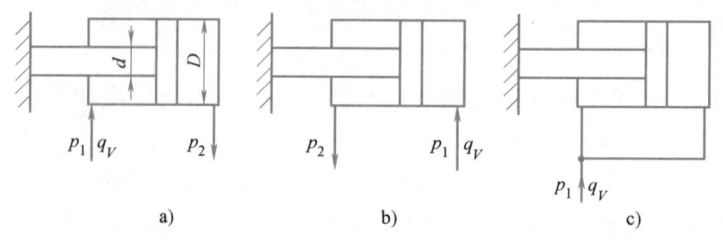

图 4-21 题 4-8 图

【相关专业英语词汇】

(1) 液压缸——hydrocylinder

(2) 活塞——piston

(3) 活塞杆——piston rod

(4) （活塞杆）伸出——retract

(5) （活塞杆）缩回——extension

(6) 泄漏——leakage

(7) 负荷压力——induced pressure

(8) 单作用缸——single acting cylinder

(9) 双作用缸——double acting cylinder

(10) 缓冲——cushioning

(11) 差动连接——differential connection

(12) 行程——stroke

(13) 有杆端——rod end

(14) 伸缩缸——telescopic cylinder

项目五 　液压控制阀

在液压传动系统中，用来对液流的方向、压力和流量进行控制和调节的液压元件称为控制阀。控制阀通过对液流的方向、压力和流量进行控制和调节，从而控制执行元件的运动方向、输出的力或转矩、运动速度、动作顺序，还可限制和调节液压系统的工作压力，防止系统过载等。

【项目目标】

【素养目标】
1. 培养岗位适应能力，提高自我管理与控制能力。
2. 培养积极上进、自强不息的精神，树立自律自强意识。
3. 培养积极的职业兴趣爱好，提高善于发现问题、求新求变、积极探索的能力。
4. 培养积极、乐观的职业情感，热爱自己的本职工作。
5. 提高创新思维与判断能力。

【知识目标】
1. 了解液压控制阀的类型。
2. 掌握各类液压控制阀的结构组成、工作原理和性能特点。
3. 熟悉各种液压控制阀的图形符号和画法。
4. 了解各类液压控制阀的基本功能和用途。

【能力目标】
1. 能正确拆卸、装配及连接液压控制阀。
2. 能正确使用和选用液压控制阀。

【知识点睛】

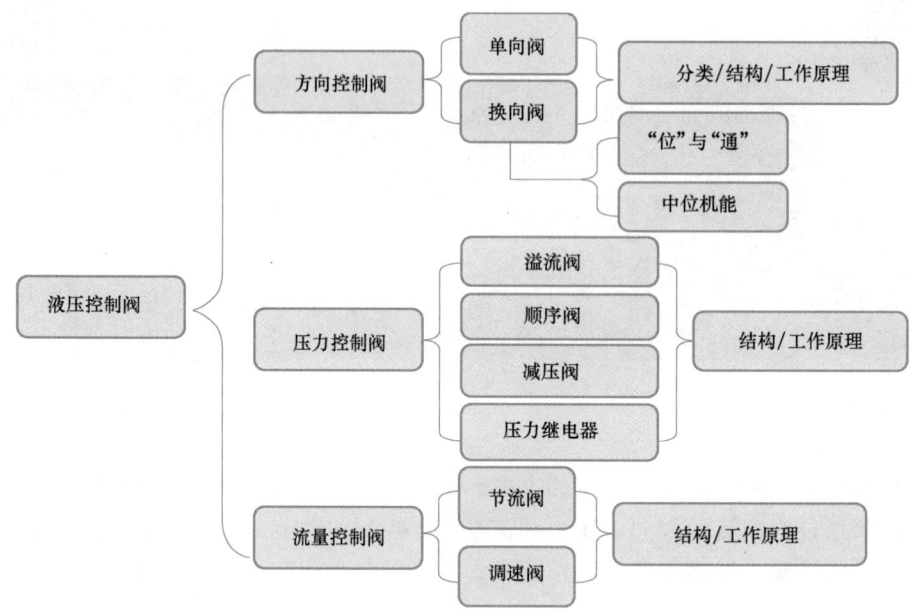

【知识链接】

液压控制阀的种类很多,通常按照其在系统中的作用分为以下三类:

方向控制阀——单向阀、换向阀等。

压力控制阀——溢流阀、顺序阀、减压阀、压力继电器等。

流量控制阀——节流阀、调速阀等。

为简化系统的组成,常将两个或两个以上阀类元件的阀芯安装在一个阀体内,制成独立单元,如单向顺序阀、单向节流阀等,称为组合阀。也可在基本类型阀上加装控制部分,构成一些特殊阀,如电液比例阀、电液数字阀等。

液压控制阀在系统中的安装方式不同,包括管式连接和板式连接。

尽管各类阀的功能不同,但其结构和原理却有相似之处,即几乎所有阀都由阀体、阀芯和控制部分组成,且都是通过改变油液的通路或液阻来进行调节和控制的。

一、方向控制阀

方向控制阀分为单向阀和换向阀两类。

(一)单向阀

1. 普通单向阀

普通单向阀控制油液只能按一个方向流动而反向截止,故又称止回阀,也简称单向阀。它由阀体、阀芯、弹簧等零件组成,如图 5-1 所示。图 5-1a 所示为管式单向阀,图 5-1b 所示为板式单向阀。

对普通单向阀的主要性能要求是：油液通过时压力损失要小，反向截止时密封性要好。普通单向阀的弹簧很软，仅用于将阀芯顶压在阀体上，故阀的开启压力仅有 0.035~0.1MPa。若使用硬弹簧，使其开启压力达到 0.2~0.6MPa，则可将其作为背压阀使用。

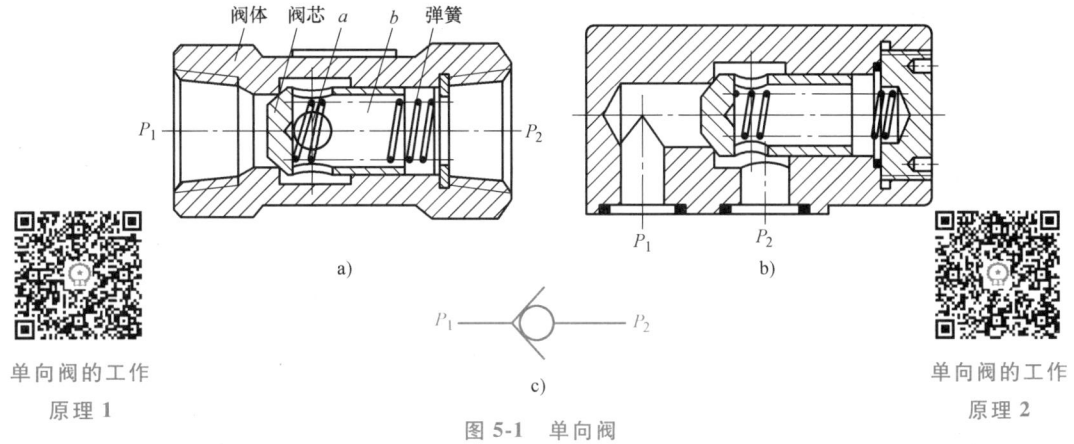

图 5-1 单向阀

2. 液控单向阀

图 5-2 所示为液控单向阀。它与普通单向阀相比，在结构上增加了控制油腔 a、控制活塞 1 及控制油口 K。当控制油口通以一定压力的压力油时，推动活塞 1 使锥阀芯 2 右移，阀即保持开启状态，使单向阀也可以反方向通过油液。为了减小控制活塞移动的阻力，控制活塞制成台阶状并设一外泄油口 L。控制油的压力不应低于油路压力的 30%~50%。

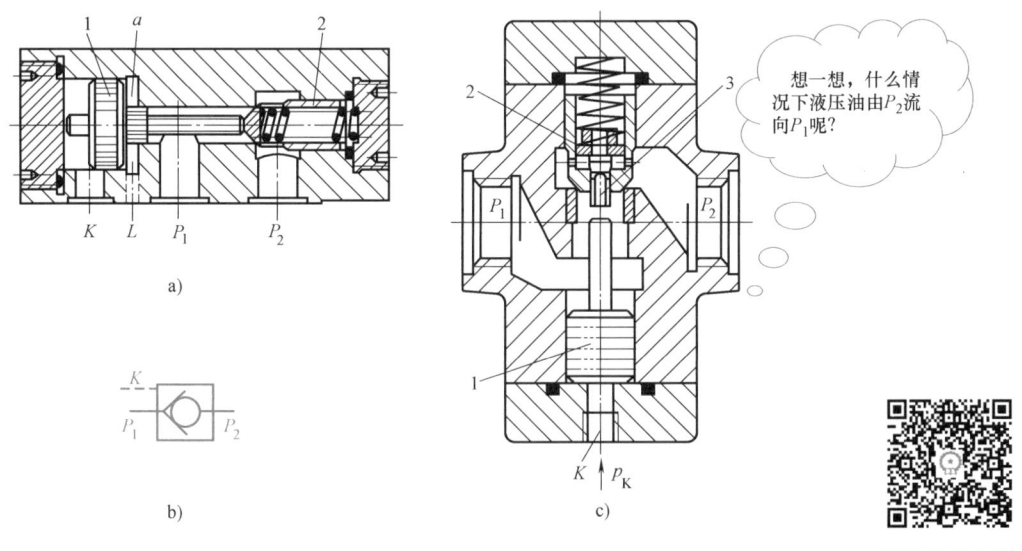

图 5-2 液控单向阀
1—控制活塞 2—锥阀芯 3—卸荷阀芯

当几处油腔压力较高时，顶开锥阀所需要的控制压力可能很高。为了减少控制油口 K 的开启压力，在锥阀内部增加了一个卸荷阀芯 3（图 5-2c）。在控制活塞 1 顶起锥阀芯 2 之前，先顶起卸荷阀芯 3，使上下腔油液经卸荷阀芯上的缺口相通，锥阀上腔 P_2 的压力油泄到下腔，压力降低。此时控制活塞便可以较小的力将锥阀芯顶起，使 P_1 和 P_2 两腔完全连通，这样，液控单向阀用较低的控制油压即可控制有较高油压的主油路。液压压力机的液压系统常采用这种有卸荷阀芯的液控单向阀使主缸卸压后再反向退回。

液控单向阀具有良好的单向密封性，常用于执行元件需要长时间保压、锁紧的情况，也常用于防止立式液压缸停止运动时因自重而下滑以及速度换接回路中。液控单向阀也称液压锁。

（二）换向阀

换向阀的作用是利用阀芯位置的改变，改变阀体上各油口的连通或断开状态，从而控制油路连通、断开或改变油路方向。

1. 换向阀的分类及图形符号

按阀的操纵方式不同，换向阀可分为手动换向阀、机动换向阀、电磁换向阀、液动换向阀、电液换向阀；按阀芯位置数不同，换向阀可分为二位换向阀、三位换向阀、多位换向阀；按阀体上主油路进、出油口数目不同，换向阀又可分为二通换向阀、三通换向阀、四通换向阀、五通换向阀等。换向阀的结构原理图及图形符号见表 5-1。

表 5-1　换向阀的结构原理图及图形符号

名称	结构原理图	图 形 符 号
二位二通阀	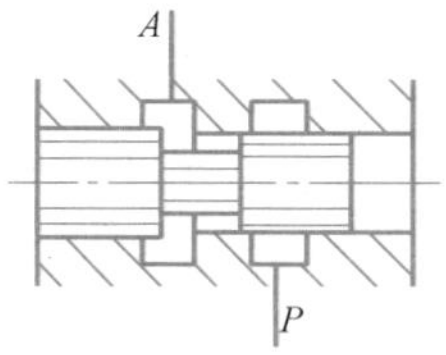	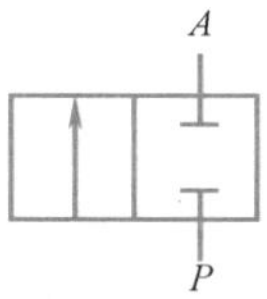 二位二通阀换向原理
二位三通阀	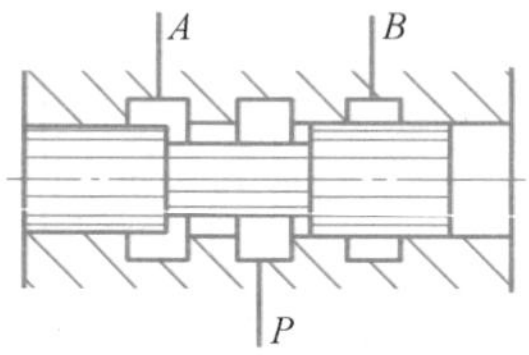	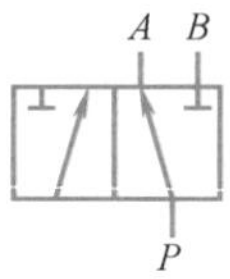
二位四通阀	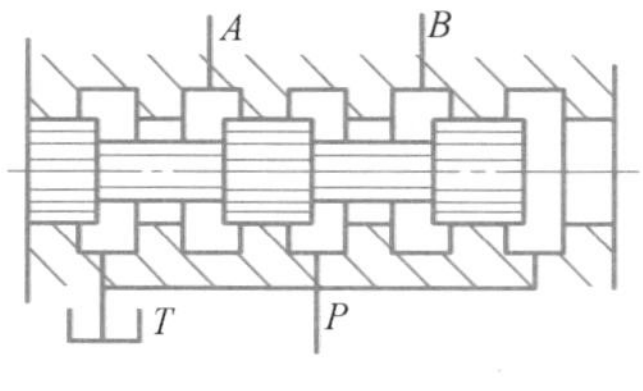	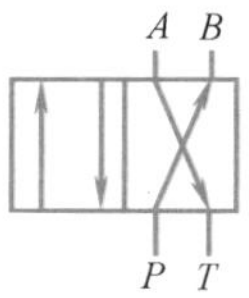 二位四通阀换向原理
二位五通阀	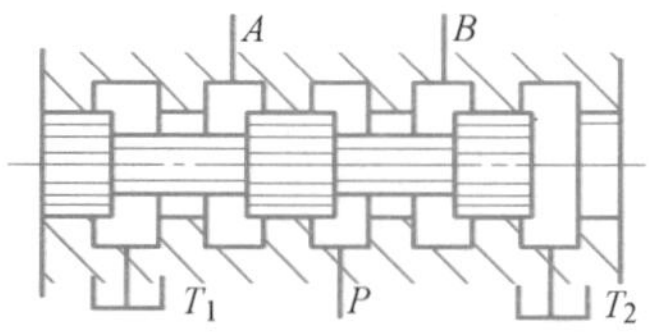	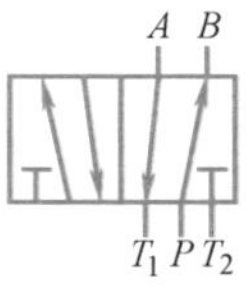

(续)

名称	结构原理图	图形符号	
三位四通阀			三位四通阀换向原理
三位五通阀			三位五通阀换向原理

表 5-1 中图形符号所表达的意义为：

1）方格数即"位"数，三格即三位。

2）箭头表示两油口连通，但不表示流向。"⊥"表示油口不通流。在一个方格内，箭头或"⊥"符号与方格的交点数为油口的通路数，即"通"数。

3）控制方式和复位弹簧的符号应画在方格的两端。

4）P 表示压力油的进口，T 表示与油箱连通的回油口，A 和 B 表示连接其他工作油路的油口。

5）三位阀的中格及二位阀侧面画有弹簧的那一方格为常态位。在液压原理图中，换向阀的符号与油路的连接一般应画在常态位上。二位二通阀有常开型（常态位置两油口连通）和常闭型（常态位置两油口不连通），应注意区别。

2. 几种常用的换向阀

（1）机动换向阀 机动换向阀又称行程阀。它利用安装在运动部件上的挡块或凸轮压阀芯端部的滚轮使阀芯移动，从而使油路换向。这种阀通常为二位阀，并且用弹簧复位。图 5-3 所示为二位二通机动换向阀，在图示位置，阀芯 2 在弹簧作用下处于左位，P 与 A 不连通；当运动部件上的挡块压住滚轮 1 使阀芯移至右位时，油口 P 与 A 连通。

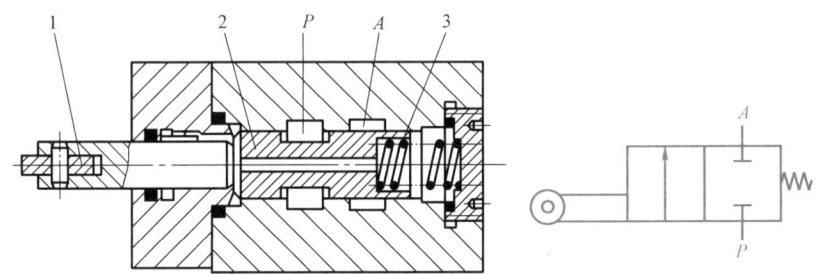

图 5-3　二位二通机动换向阀
1—滚轮　2—阀芯　3—弹簧

机动换向阀结构简单，换向时阀口逐渐关闭或打开，故换向平稳、可靠、位置精度高，常用于控制运动部件的行程，或快、慢速度的转换，但缺点是必须安装在运动部件附近，一般油管较长。

（2）电磁换向阀　电磁换向阀是利用电磁铁的吸力控制阀芯换位的换向阀。它操作方便，布局灵活，有利于提高设备的自动化程度，因而应用最广泛。

电磁换向阀由换向滑阀和电磁铁两部分组成。电磁铁因其所用电源不同而分为交流电磁铁和直流电磁铁。交流电磁铁常用电压为220V和380V，不需要特殊电源，电磁吸力大，换向时间短（0.01~0.03s），但换向冲击大、噪声大、发热大、换向频率不能太高（30次/min左右），寿命较短。若阀芯被卡住或电压低，电磁吸力小衔铁未动作，其线圈很容易烧坏，因而电磁换向阀常用于换向平稳性要求不高，换向频率不高的液压系统。直流电磁铁的工作电压一般为24V，其优点是换向平稳，工作可靠，噪声小，发热少，寿命长，允许使用的换向频率可达120次/min；缺点是起动力小，换向时间较长（0.05~0.08s），且需要专门的直流电源，成本较高，因而常用于换向性能要求较高的液压系统。自整流型电磁铁上附有整流装置和冲击吸收装置，使衔铁的移动由自整流直流电控制，使用很方便。

电磁铁按衔铁工作腔是否有油液，又可分为干式和湿式。干式电磁铁不允许油液流入电磁铁内部，因此必须在滑阀和电磁铁之间设置密封装置，而在推杆移动时产生较大的摩擦阻力，也易造成油的泄漏。湿式电磁铁的衔铁和推杆均浸在油液中，运动阻力小，且油还能起到冷却和吸振作用，从而提高了换向的可靠性，延长了使用寿命。

图5-4a和b所示为二位三通干式交流电磁换向阀，其左边为交流电磁铁，右边为滑阀。当电磁铁不通电时（图示位置），其油口P与A连通；当电磁铁通电时，衔铁右移，通过推杆使阀芯推压弹簧并向右移至端部，其油口P与B连通，而P与A断开。

图5-4c和d所示为三位四通湿式直流电磁换向阀，阀的两端各有一个电磁铁和一个对中弹簧。当右端电磁铁通电时，右衔铁通过推杆将阀芯推至左端，阀右位工作，其油口P通A、B通T；当左端电磁铁通电时，阀左位工作，其阀芯移至右端，油口P通B、A通T。

电磁球阀以电磁力为动力，推动钢球来实现油路的通断和切换。这种阀比电磁滑阀密封性好，反应速度快，使用压力高，适应能力强。它的换向时间仅为0.03~0.05s，复位时间仅为0.02~0.03s，允许的换向频率可达250次/min以上，进口油压力可达63MPa，出口油背压可达20MPa。该阀切断油路是靠钢球压紧在阀座上实现的，因而可实现无泄漏，可用于要求保压的系统。电磁球阀在小流量系统中可直接用于控制主油路，在大流量系统中可作为先导控制元件使用。

油浸式电磁铁的衔铁和励磁绕组均浸在油液中工作，发热很少，寿命很长，但造价较高。

（3）液动换向阀　电磁换向阀布置灵活，易实现程序控制，但受电磁铁尺寸限制，难以用于切换大流量油路。当阀的通径大于10mm时，常用压力油操纵阀芯换位。这种利用控制油路的压力油推动阀芯改变位置的阀，即为液动换向阀。

图5-5所示为三位四通液动换向阀。当其两端控制油口K_1和K_2均不通入压力油时，阀芯在两端弹簧的作用下处于中位；当K_1进压力油、K_2接油箱时，阀芯移至右端，其通油状态为P通A、B通T；反之，K_2进压力油、K_1接油箱时，阀芯移至左端，其通油状态为P通B、A通T。

项目五 液压控制阀

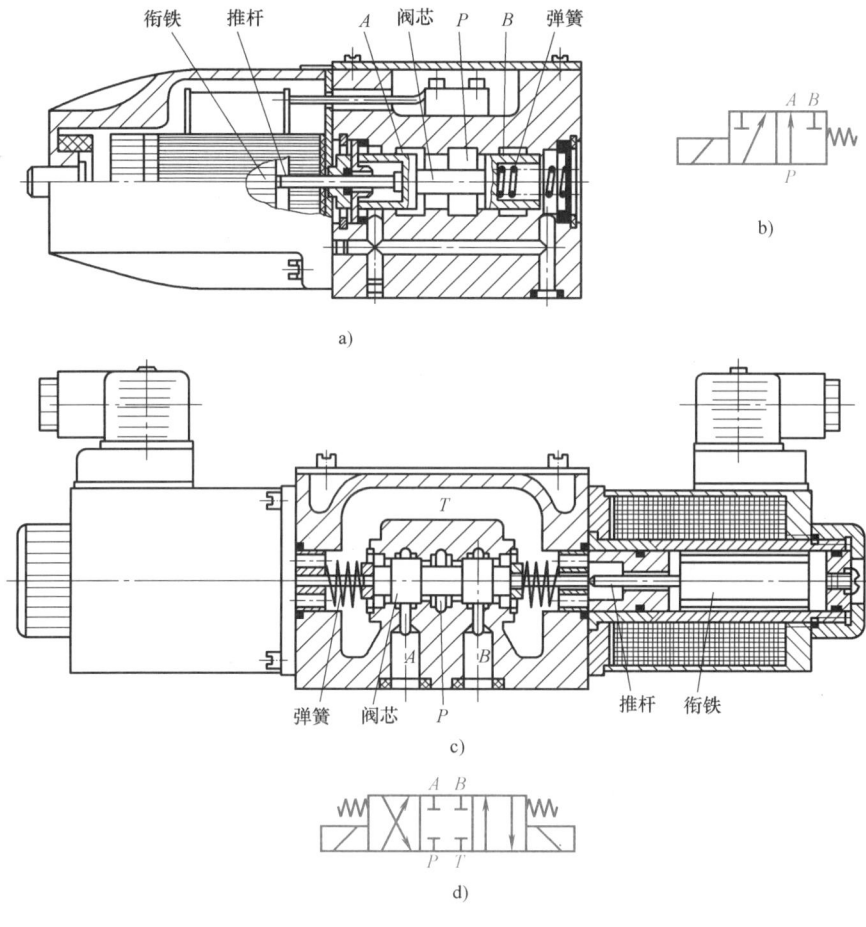

二位三通电磁换向阀的结构

图 5-4 电磁换向阀

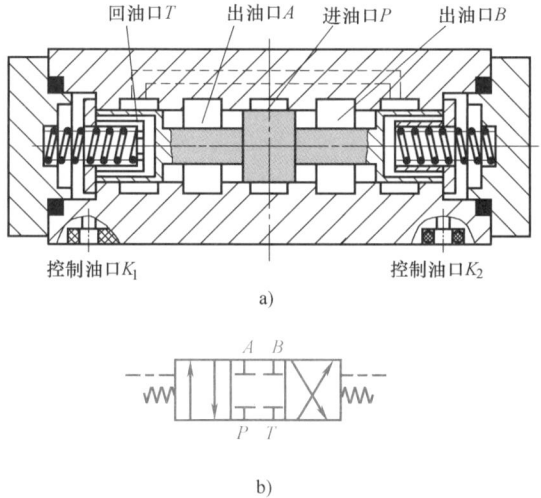

三位四通液动换向阀的工作原理

图 5-5 三位四通液动换向阀

液动换向阀经常与机动换向阀或电磁换向阀组合成机液换向阀或电液换向阀，实现自动换向或大流量主油路换向。

（4）电液换向阀 电液换向阀是由电磁换向阀和液动换向阀组成的复合阀。电磁换向阀为先导阀，用以改变控制油路的方向；液动换向阀为主阀，用以改变主油路的方向。这种阀的优点是可用反应灵敏的小规格电磁阀方便地控制大流量的液动阀换向。

图5-6a、b、c所示为三位四通电液换向阀的结构简图、图形符号和简化符号。当电磁换向阀的两电磁铁均不通电（图示位置）时，电磁阀阀芯在两端弹簧力的作用下处于中位，这时液动换向阀阀芯两端的油经两个小节流阀及电磁换向阀的通路与油箱（T）连通，因而它也在两端弹簧力的作用下处于中位，主油路中，A、B、P、T油口均不相通。当左端电磁铁通电时，电磁阀阀芯移至右端，由P口进入的压力油经电磁阀油路及左端单向阀进入液

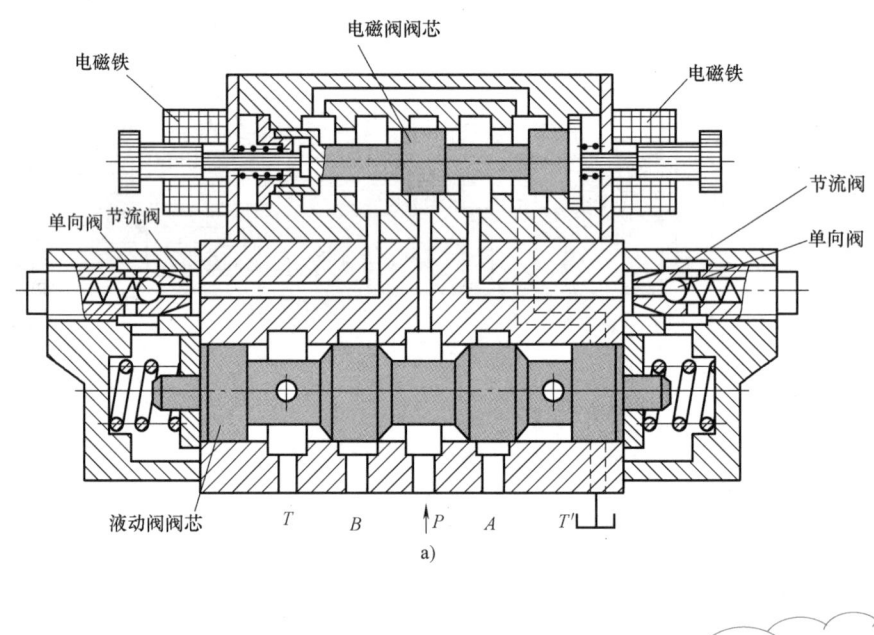

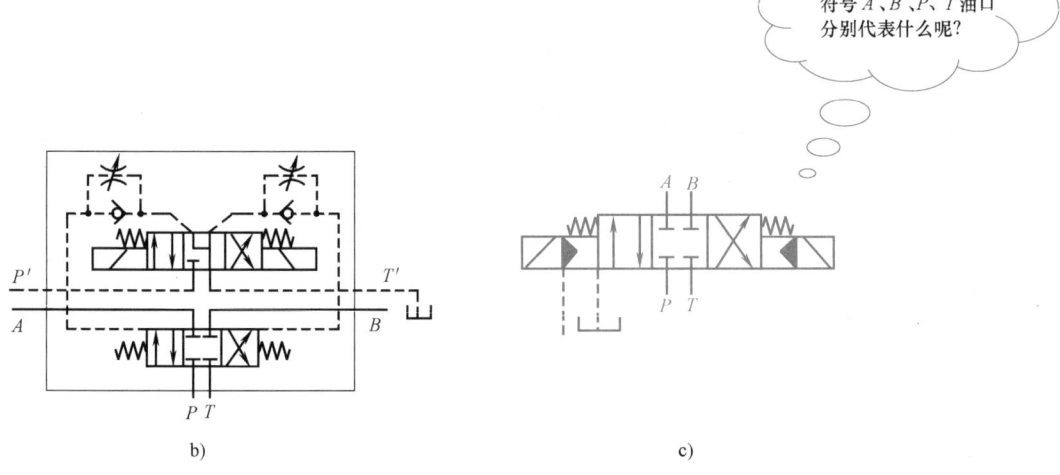

图5-6 三位四通电液换向阀

动换向阀的左端油腔,而液动换向阀右端的油则可经右节流阀及电磁阀上的通道与油箱连通,液动换向阀阀芯即在左端液压推力的作用下移至右端,即液动换向阀左位工作,其主油路的通油状态为 P 通 A、B 通 T。反之,当右端电磁铁通电时,电磁阀阀芯移至左端,液动换向阀右端进压力油,左端经左节流阀通油箱,阀芯移至左端,即液动换向阀右位工作,其通油状态为 P 通 B、A 通 T。液动换向阀的换向时间可由两端节流阀调整,因而可使换向平稳,无冲击。

若在液动换向阀的两端盖处加调节螺钉,则可调节液动换向阀阀芯移动的行程和各主阀口的开度,从而改变通过主阀的流量,对执行元件起粗略的速度调节作用。

(5) 转阀 转阀是通过手动或机动使阀芯转位而改变油流方向的换向阀。图 5-7 所示为三位四通转阀,进油口 P 与阀芯上的左环形槽 c 及向左开口的轴向槽 b 相通,回油口 T 与阀芯上的右环形槽 a 及向右开口的轴向槽 e、d 相通。在图 5-7 所示位置时,P 经 c、b 与 A 相通,B 经 e、a 与 T 相通;当手柄带动阀芯逆时针方向转 90°时,其油路即变为 P 经 c、b 与 B 相通,A 经 d、a 与 T 相通;当手柄位于上两个位置的中间时,P、A、B、T 各油口均不相通。手柄座上有叉形拨叉 3、4,当挡块拨动拨叉时可使阀芯转动,实现机动换向。

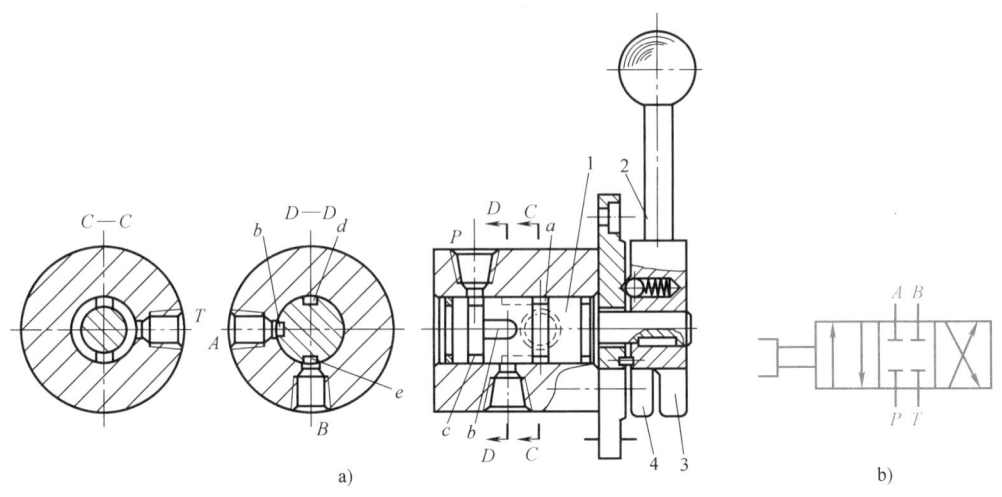

图 5-7 三位四通转阀
1—阀芯 2—手柄 3、4—手柄座叉形拨叉

转阀阀芯上的径向液压力不平衡,转动比较费力,而且密封性较差,一般只用于低压小流量系统,或用作先导阀。

(6) 手动换向阀 手动换向阀是用手动杠杆操纵阀芯换位的换向阀,有自动复位式(图 5-8a、c)和钢球定位式(图 5-8b、d)两种。自动复位式手动换向阀可用手操作使其左位或右位工作,但当操纵力取消后,阀芯便在弹簧力作用下自动恢复中位,停止工作,因而适用于动作频繁、工作持续时间短、必须由人操作的场合,如工程机械的液压系统。钢球定位式手动换向阀阀芯端部的钢球定位装置可使阀芯分别停止在左、中、右三个不同的位置上,使执行机构工作或停止工作,因而可用于工作持续时间较长的场合。

(7) 多路换向阀 多路换向阀是一种集中布置的组合式手动换向阀,常用于工程机械等要求集中操纵多个执行元件的设备中。按组合方式不同,它有并联式、串联式和顺序式三

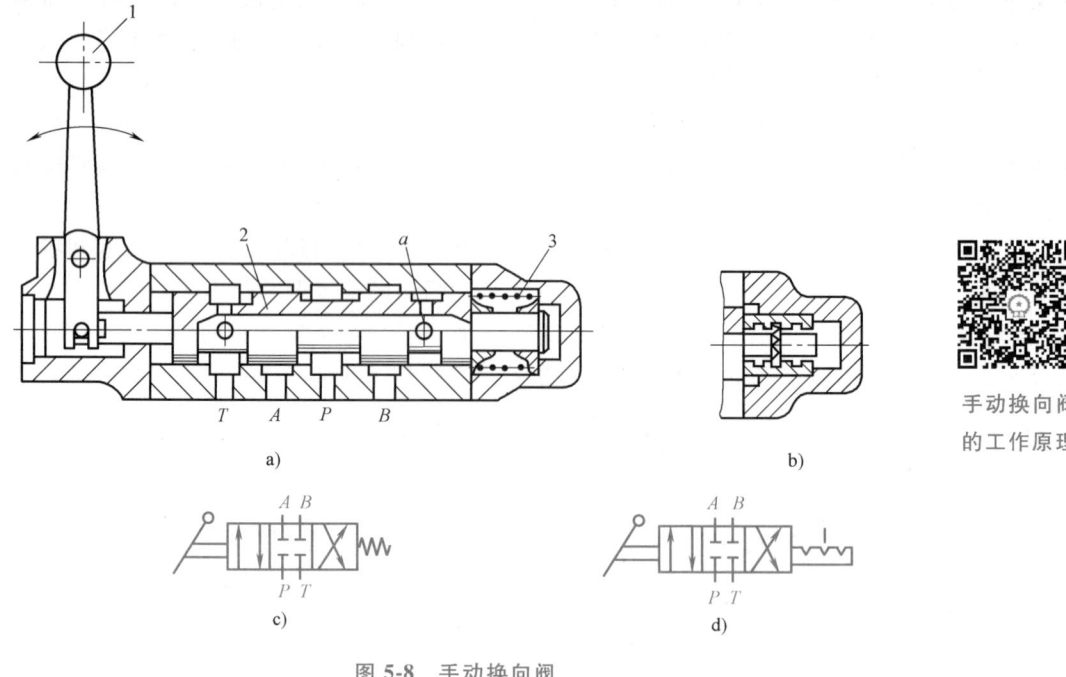

图 5-8 手动换向阀
1—手柄 2—阀芯 3—弹簧

种，其图形符号如图 5-9a、b、c 所示。在并联式多路换向阀的油路中，泵可同时向各执行元件供油（这时负载小的执行元件先动作；若负载相同，则执行元件的流量之和等于泵的流量），也可只对其中一个或两个执行元件供油。串联式多路换向阀的油路中，泵只能依次向各执行元件供油。其第一阀的回油口与第二阀的进油口连通，各执行元件可以单独动作，也可以同时动作。在各执行元件同时动作的情况下，多个负载压力之和不应超过泵的工作压力，但每个执行元件都可以获得高的运动速度。顺序式多路换向阀的油路中，泵只能顺序向各执行元件分别供油，操作前一个阀时就切断了后面阀的油路，从而可避免各执行元件动作间的干扰，并防止其误动作。

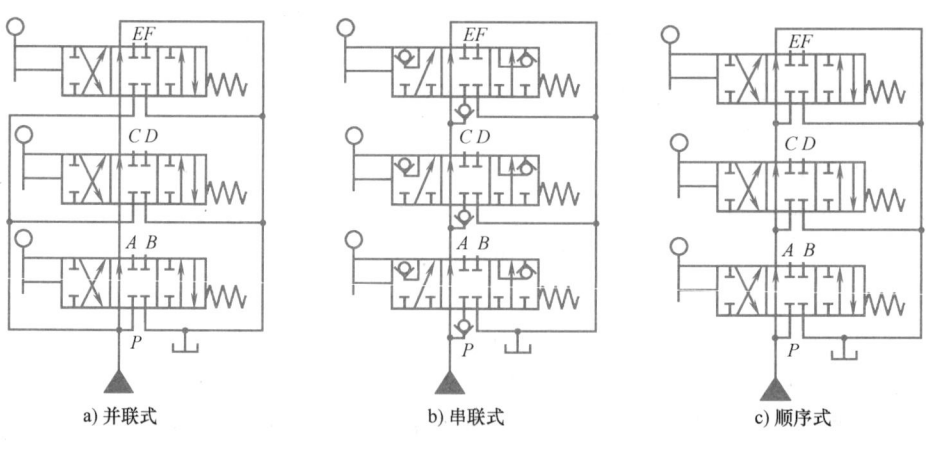

a) 并联式 b) 串联式 c) 顺序式

图 5-9 多路换向阀

3. 三位换向阀的中位机能

三位换向阀中位时各油口的连通方式称为它的中位机能。中位机能不同的同规格阀，其阀体通用，但阀芯台肩的结构尺寸不同，内部通油情况不同。

表 5-2 中列出了六种常用中位机能三位换向阀的图形符号及性能特点。图形符号为四通阀，若将阀体两端的沉割槽由 T_1 和 T_2 两个回油口分别回油，四通阀即成为五通阀。此外，还有 J、C 等多种型式的中位机能三位阀，必要时可在液压设计手册中查找。

三位换向阀中位机能不同，中位时对系统的控制性能也不相同。在分析和选择时，通常要考虑执行元件的换向精度和平稳性要求；是否需要保压或卸荷；是否需要"浮动"或可在任意位置停止等。

表 5-2 中位机能三位换向阀的图形符号及性能特点

机能型式	中间位置的图形符号	油口的状况及性能特点
O 型		P、A、B、O 口全部封闭，液压泵不卸荷，系统保持压力，执行元件闭锁，可用于多个换向阀并联工作
H 型		P、A、B、O 口全部连通，液压泵卸荷，执行元件两腔连通，处于浮动状态，在外力作用下可移动
Y 型		P 口封闭，A、B、O 口连通，液压泵不卸荷，执行元件两腔连通，处于浮动状态，在外力作用下可移动
P 型		P、A、B 口连通，液压泵与执行元件两腔相通，可以实现液压缸的差动连接
K 型		P、A、O 口连通，B 口封闭，液压泵卸荷
M 型		P、O 口连通，A、B 口封闭，液压泵卸荷，执行元件处于闭锁状态

（1）换向精度及换向平稳性 中位时通液压缸两腔的 A、B 油口均堵塞（如 O 型、M 型），换向位置精度高，但换向不平稳，有冲击。中位时 A、B、O 油口连通（如 H 型、Y 型），换向平稳，无冲击，但换向时前冲量大，换向位置精度不高。

(2) 系统的保压与卸荷 中位时 P 油口堵塞（如 O 型、Y 型），系统保压，液压泵能向多缸系统的其他执行元件供油。中位时 P、T 油口连通时（如 H 型、M 型），系统卸荷，可减少能量消耗，但不能与其他缸并联使用。

(3) "浮动"或在任意位置锁住 中位时 A、B 油口连通（如 H 型、Y 型），则卧式液压缸呈"浮动"状态，这时可利用其他机构（如齿轮-齿条机构）移动工作台，调整位置。若中位时 A、B 油口有一油口堵塞（如 O 型、M 型、K 型），液压缸可在任意位置停止并被锁住，而不能"浮动"。

二、压力控制阀

在液压系统中，控制液体压力的阀（溢流阀、减压阀等）和控制执行元件或电气元件等在某一调定压力下产生动作的阀（顺序阀、压力继电器等），统称为压力控制阀。这类阀的共同特点是，利用作用于阀芯上的液体压力和弹簧力相平衡的原理来工作。

（一）溢流阀

1. 溢流阀的结构及工作原理

常用的溢流阀有直动式和先导式两种。

(1) 直动式溢流阀 直动式溢流阀是依靠系统中的压力油直接作用在阀芯上与弹簧力相平衡，以控制阀芯启闭动作的溢流阀。图 5-10a 所示为一低压直动式溢流阀，进油口 P 的压力油经阀芯上的阻尼孔 a 通入阀芯底部。当进油压力较小时，阀芯在弹簧的作用下处于下端位置，将进油口 P 和与油箱连通的出油口 T 隔开，即不溢流。当进油压力升高，阀芯所受的油压推力超过弹簧的压紧力 F_S 时，阀芯抬起，将油口 P 和 T 连通，使多余的油液排回油箱，即溢流。阻尼孔 a 的作用是减小油压的脉动，提高阀工作的平稳性。弹簧的压紧力可通过调整螺母调整。

当通过溢流阀的流量变化时，阀口的开度也随之改变，但在弹簧压紧力 F_S 调好以后，作用于阀芯上的液压力 $P = F_S/A$（A 为阀芯的有效工作面积）。因而，当不考虑阀芯自重、摩擦力和液动力的影响时，可以认为溢流阀进口处的压力 P 基本保持为定值。故调整弹簧的压紧力 F_S，也就调整了溢流阀的工作压力 p。

当用直动式溢流阀控制较高压力或较大流量时，需用刚度较大的硬弹簧，结构尺寸也较大，调节困难，油的压力和流量的波动也较大。因此，直动式溢流阀一般只用于低压小流量系统，或作为先导阀使用。图 5-10c 所示的锥阀芯直动式溢流阀常作为先导式溢流阀的先导阀用，中、高压系统常采用先导式溢流阀。

(2) 先导式溢流阀 先导式溢流阀由先导阀和主阀两部分组成。图 5-11a、b 所示分别为高压、中压先导式溢流阀的结构简图。其先导阀是一个小规格锥阀芯直动式溢流阀，其主阀芯上开有阻尼小孔 e，阀体上还加工了孔道 a、b、c、d。

油液从进油口 P 进入，经阻尼孔 e 及孔道 c 到达先导阀的进油腔（在一般情况下，外控油口 K 是堵塞的）。当进油口压力低于先导阀弹簧调定压力时，先导阀关闭，阀内无油液流动，主阀芯上、下腔油压相等，因而主阀芯被主阀弹簧抵在主阀下端，主阀关闭，阀不溢流。当进油口 P 的压力升高时，先导阀进油腔油压也升高，直至达到先导阀弹簧的调定压

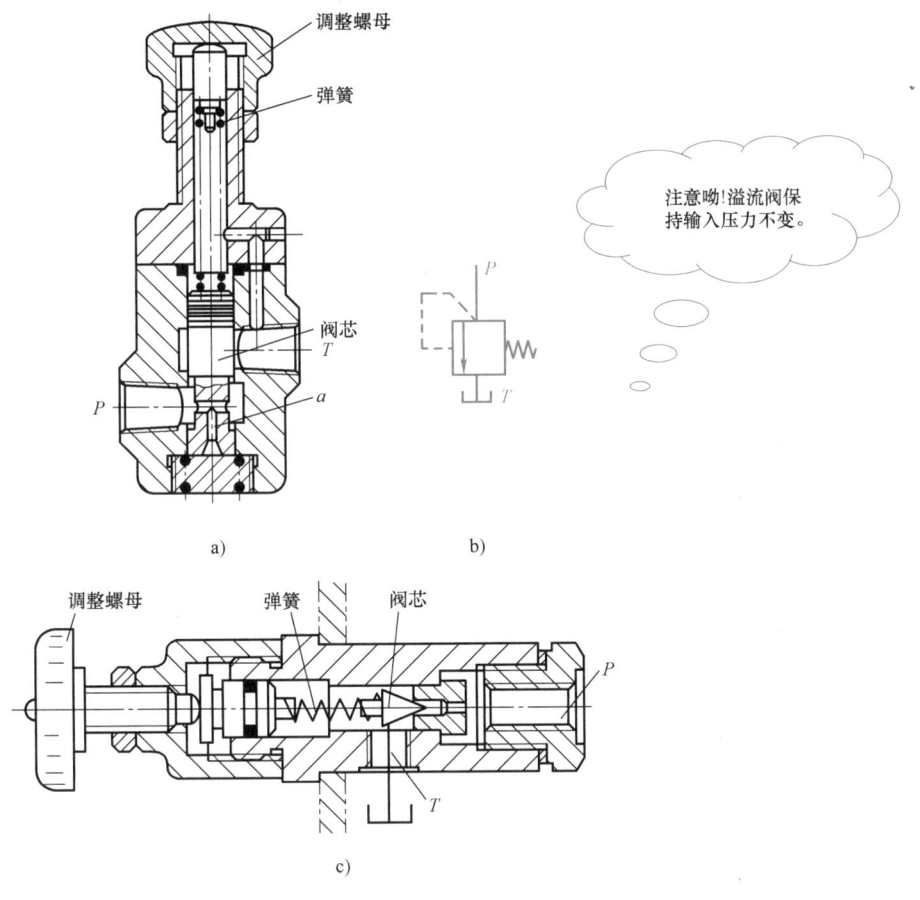

图 5-10 直动式溢流阀

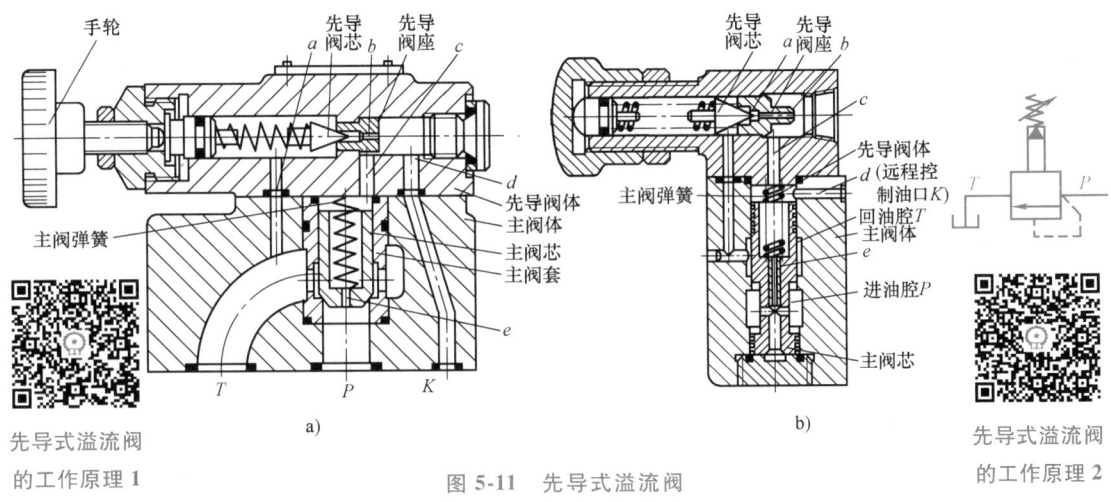

图 5-11 先导式溢流阀

力时,先导阀被打开,主阀芯上腔油液经先导阀口及阀体上的孔道 a,由回油口 T 流回油箱,主阀芯下腔油液则经阻尼小孔 e 流动。由于小孔阻尼大,使主阀芯两端产生压力差,主阀芯便在此压力差的作用下克服弹簧力上抬,主阀进、回油口连通,达到溢流和稳压的目的。调节先导阀的手轮，便可调整溢流阀的工作压力。更换先导阀的弹簧（刚度不同的弹簧），便可得到不同的调压范围。

这种结构的阀，其主阀芯是利用压差作用开启的，主阀芯弹簧刚度小，因而即使油液压力较高，流量较大，其结构尺寸仍较紧凑、小巧，且压力和流量的波动也比直动式溢流阀小。但其灵敏度不如直动式溢流阀。德国力士乐公司 DB 型先导式溢流阀和美国丹尼逊公司的先导式溢流阀均属于此类溢流阀。前者的特点是在先导阀和主阀上腔处增加了两个阻尼孔，从而提高了阀的稳定性；后者的特点是先导锥阀芯前增加了导向柱塞、导向套和消振垫，使先导锥阀芯开启和关闭时既不歪斜又不偏摆振动，明显提高了阀工作的平稳性。

2. 溢流阀的静态特性

溢流阀是液压系统中极为重要的控制元件，其工作性能的优劣对液压系统的工作性能影响很大。所谓溢流阀的静态特性，是指溢流阀在稳定工作状态下（即系统压力没有突变时）的压力-流量特性、启闭特性、压力稳定性及卸荷压力等。

（1）压力-流量特性（p-q 特性） 压力流量特性又称溢流特性，它表示溢流阀在某一调定压力下工作时，其溢流量的变化与阀进口实际压力之间的关系。图 5-12a 所示为直动式和先导式溢流阀的压力-流量特性曲线，图中横坐标为溢流量 q，纵坐标为阀进油口压力 p。溢流量为额定值 q_n 时所对应的压力 p_n 称为溢流阀的调定压力。溢流阀刚开启（溢流量为额定溢流量的 1%）时，阀进口的压力 p_0 称为开启压力。调定压力 p_n 与开启压力 p_0 的差值称为调压偏差，也即溢流量变化时溢流阀工作压力的变化范围。调压偏差越小，溢流阀性能越好。由图 5-12a 可见，先导式溢流阀的特性曲线比较平缓，调压偏差也小，故其性能比直动式溢流阀好。因此，先导式溢流阀宜用于系统溢流稳压，直动式溢流阀因灵敏性高，宜用作安全阀。

（2）启闭特性 溢流阀的启闭特性是指溢流阀从刚开启到通过额定流量（也称全流量），再由全流量到闭合（溢流量减小为额定值的 1% 以下）的整个过程中的压力-流量特性。

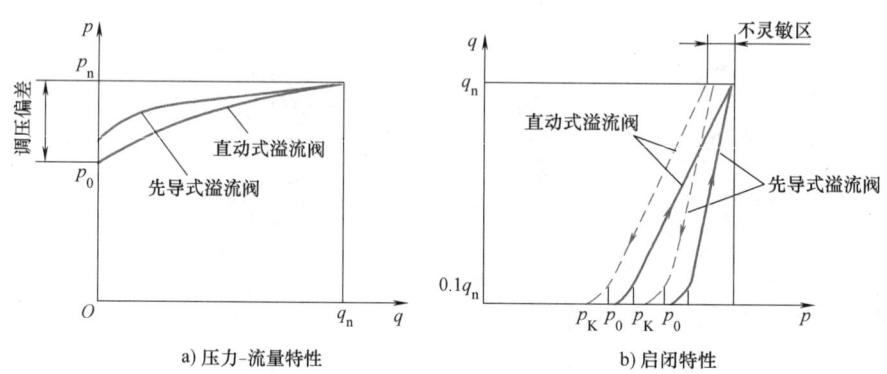

图 5-12 溢流阀的静态特性

溢流阀闭合时的压力 p_K 称为闭合压力。闭合压力 p_K 与调定压力 p_n 之比称为闭合比。开启压力 p_0 与调定压力 p_n 之比称为开启比。由于阀开启时阀芯所受的摩擦力与进油压力方向相反，而闭合时阀芯所受的摩擦力与进油压力方向相同，因此在相同的溢流量下，开启压力大于闭合压力。图 5-12b 所示为溢流阀的启闭特性，图中横坐标为溢流阀进油口的控制压力，纵坐标为溢流阀的溢流量，实线为开启曲线，虚线为闭合曲线。由图可见，这两条曲线不重合。在某溢流量下，两曲线压力坐标的差值称为不灵敏区。因压力在此范围内变化时，阀的开度无变化，它的存在相当于加大了调压偏差，且加剧了压力波动，因此该差值越小，阀的启闭特性越好。由图中的两组曲线可知，先导式溢流阀的不灵敏区比直动式溢流阀小一些。为保证溢流阀有良好的静态特性，一般规定其开启比不应小于90%，闭合比不应小于85%。

（3）压力稳定性　溢流阀工作压力的稳定性由两个指标来衡量：一是在额定流量 q_n 和额定压力 p_n 下，其进口压力在一定时间（一般为3min）内的偏移值；二是在整个调压范围内，通过额定流量 q_n 时进口压力的振摆值。对中压溢流阀，这两项指标均应在 -0.2~0.2MPa 范围内。如果溢流阀的压力稳定性不好，就会出现剧烈的振动和噪声。

（4）卸荷压力　将溢流阀的外控油口 K 与油箱连通时，其主阀阀口开度最大，液压泵卸荷。这时溢流阀进、出油口的压力差称为卸荷压力。卸荷压力越小，油液通过阀口时的能量损失越小，发热也越小，说明阀的性能越好。

（二）顺序阀

顺序阀是利用油路中压力的变化控制阀口启闭，以实现执行元件顺序动作的液压元件。它的结构与溢流阀类同，也分为直动式和先导式两种，一般先导式顺序阀用于压力较高的场合。

图5-13a所示为直动式顺序阀的结构，由螺塞1、下阀盖2、控制活塞3、阀体4、阀芯5、弹簧6等组成。当其进油口的油压低于弹簧6的调定压力时，控制活塞3下端油液向上的推力小，阀芯5处于最下端位置，阀口关闭，油液不能通过顺序阀流出。当进油口油压达到弹簧调定压力时，阀芯5抬起，阀口开启，压力油即可从顺序阀的出口流出，使阀后的油路工作。这种顺序阀利用其进油口压力控制阀的启闭，称为普通顺序阀（也称为内控式顺序阀），其图形符号如图5-13b所示。由于阀出油口接压力油路，因此其上端弹簧处的泄油口

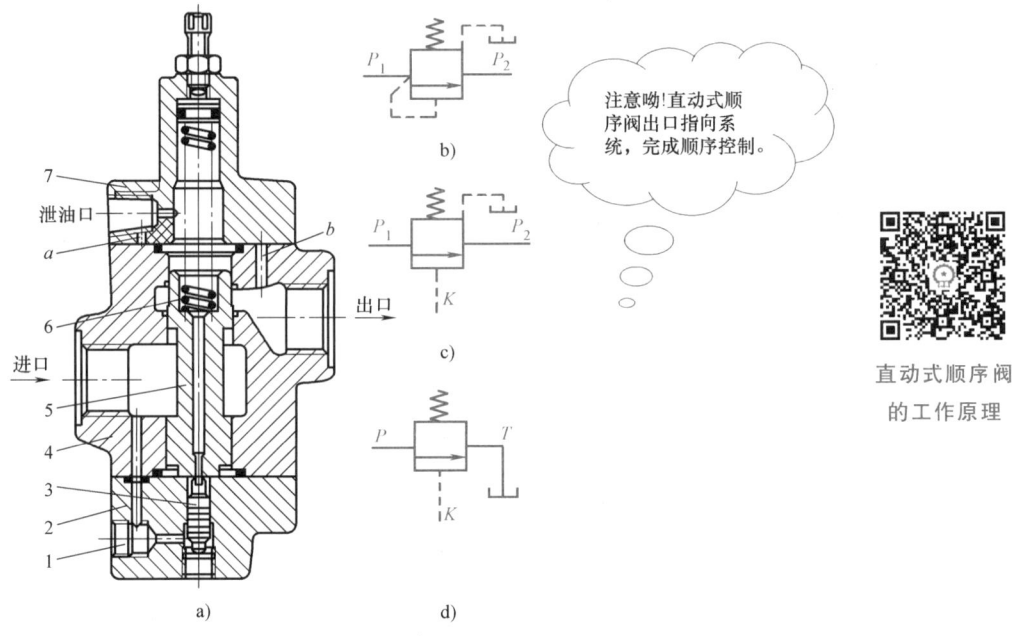

图5-13　直动式顺序阀

1—螺塞　2—下阀盖　3—控制活塞　4—阀体　5—阀芯　6—弹簧　7—上阀盖

必须另接一油管通油箱，这种连接方式称为外泄。

若将下阀盖 2 相对于阀体转过 90°或 180°，将螺塞 1 拆下，在该处接控制油管并通入控制油，则阀的启闭便可由外供控制油控制。这时即成为液控顺序阀，其图形符号如图 5-13c 所示。若再将上阀盖 7 转过 180°，使泄油口处的小孔 a 与阀体上的小孔 b 连通，将泄油口用螺塞封住，并使顺序阀的出油口与油箱连通，则顺序阀就成为卸荷阀。其泄漏油可由阀的出油口流回油箱，这种连接方式称为内泄。卸荷阀的图形符号如图 5-13d 所示。

顺序阀常与单向阀组合成单向顺序阀、液控单向阀等使用。直动式顺序阀设置控制活塞的目的是缩小阀芯受油压作用的面积，以便采用较软的弹簧来提高阀的压力-流量特性。直动式顺序阀的最高工作压力一般在 8MPa 以下。先导式顺序阀主阀弹簧的刚度可以很小，故可省去阀芯下面的控制柱塞，不仅启闭特性好，工作压力也可大大提高。

（三）减压阀

减压阀是利用油液流过缝隙时产生压降的原理，使系统某一支油路获得比系统压力低而平稳的压力油的液压控制阀。减压阀也有直动式和先导式两种。直动式减压阀很少单独使用，先导式减压阀则应用较多。

图 5-14a 所示为先导式减压阀，由先导阀与主阀组成。油压为 p_1 的压力油，由主阀的进油口 P_1 流入，经减压阀口 h 后由出油口 P_2 流出，其压力为 p_2。出口油液经主阀体 7 和阀盖 8 上的孔道 a、b 及主阀芯 6 上的阻尼孔 c 流入主阀芯上腔 d 及先导阀右腔 e。当出口压力 p_2 低于先导阀弹簧的调定压力时，先导阀呈关闭状态，主阀芯上、下腔油压相等，先导阀在主阀弹簧力作用下处于最下端位置（图示位置）。这时减压阀口 h 开度最大，不起减压作用，其进、出口油压基本相等。当 p_2 达到先导阀弹簧调定压力时，先导阀开启，主阀芯上

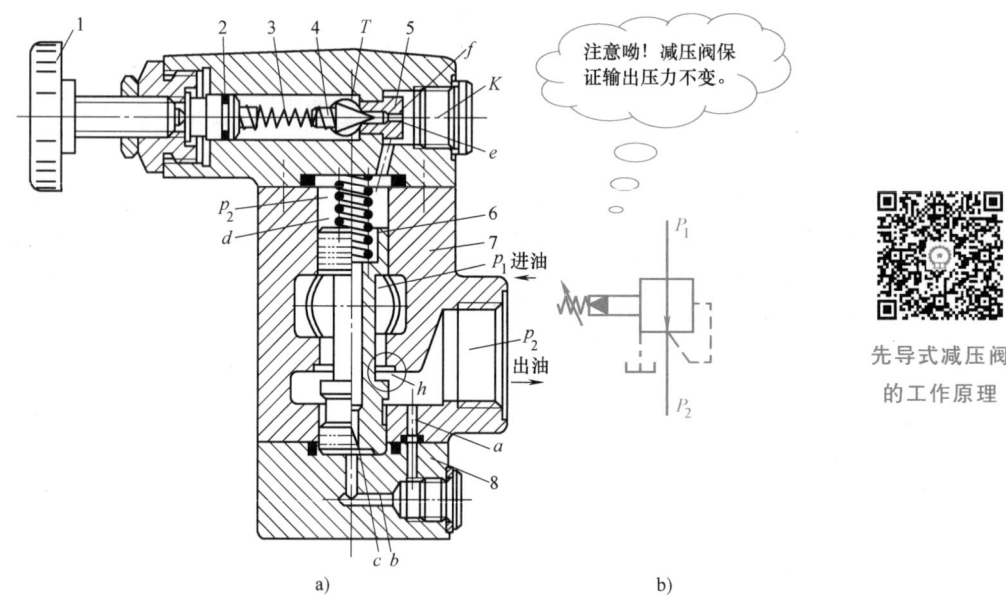

图 5-14 先导式减压阀

1—调压手轮 2—密封圈 3—弹簧 4—先导阀芯 5—阀座 6—主阀芯 7—主阀体 8—阀盖

腔油液经先导阀流回油箱，下腔油液经阻尼孔向上流动，使阀芯两端产生压力差。主阀芯在此压力差的作用下向上抬起，关小减压阀口 h，阀口压降 Δp 增加。由于出口压力为调定压力 p_2，因而其进口压力 p_1 值会升高，即 $p_1 = p_2 + \Delta p$（或 $p_2 = p_1 - \Delta p$），阀起到了减压作用。这时若由于负载增大或进口压力向上波动而使 p_2 增大，在 p_2 大于弹簧调定值的瞬时，主阀芯立即上移，使开口 h 迅速减小，Δp 进一步增大，出口压力 p_2 便自动下降，仍恢复为原来的调定值。由此可见，减压阀能利用出油口压力的反馈作用，自动控制阀口开度，保证出口压力基本上为弹簧调定压力（图 5-14b 所示为减压阀的图形符号），因此，它也被称为定值减压阀。

减压阀的阀口为常开型，其泄油口必须由单独设置的油管通往油箱，且泄油管不能插入油箱液面以下，以免造成背压，使泄油不畅，影响阀的正常工作。

当阀的外控油口 K 连接远程调压阀，且远程调压阀的调定压力低于减压阀的调定压力时，可以实现二级减压。

（四）压力继电器

压力继电器是使油液压力达到预定值时发出电信号的液-电信号转换元件。当其进油口压力达到弹簧的调定值时，能自动接通或断开电路，使电磁铁、继电器、电动机等电气元件通电运转或停止工作，以实现对液压系统工作程序的控制、安全保护或动作的联动等。

图 5-15 所示为膜片式压力继电器，当控制油口 K 的压力达到弹簧 7 的调定值时，膜片 1

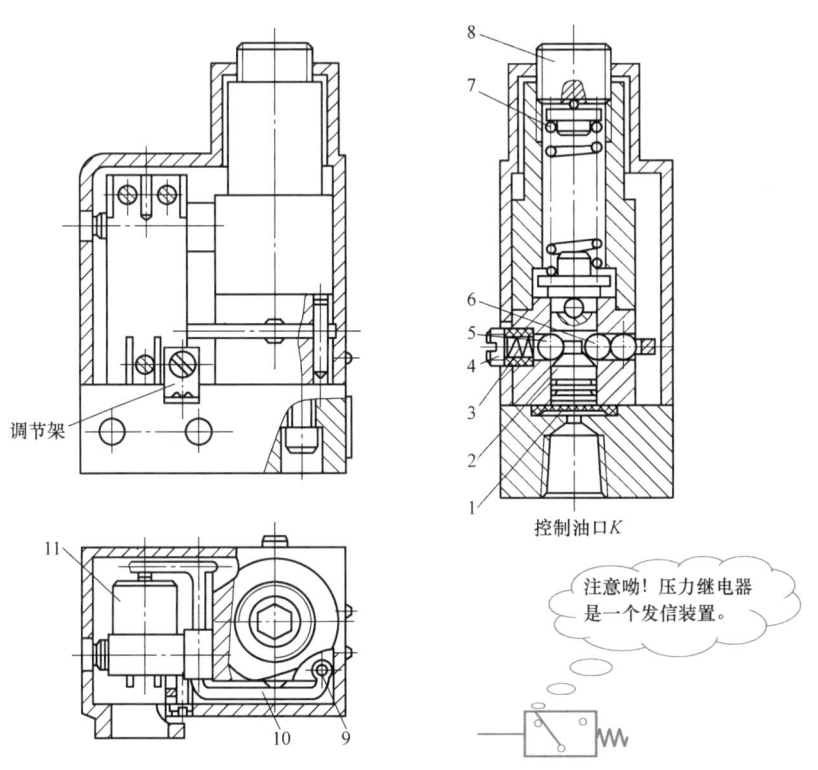

图 5-15 膜片式压力继电器
1—膜片 2—柱塞 3、7—弹簧 4—调节螺钉 5、6—钢球
8—调压螺钉 9—销轴 10—杠杆 11—微动开关

在液压力的作用下产生中凸变形,使柱塞2向上移动,柱塞上的圆锥面使钢球5和6做径向运动,钢球6推动杠杆10绕销轴9逆时针方向偏转,致使其端部压下微动开关11,发出电信号,接通或断开某一电路。当进口压力因漏油或其他原因下降到一定值时,弹簧7使柱塞2下移,钢球5和6又回落入柱塞的锥面槽内,微动开关11复位,切断电信号,并将杠杆10推回,使电路恢复之前的状态。

压力继电器发出电信号的最低压力和最高压力间的范围称为调压范围。拧动调压螺钉8即可调整其工作压力。压力继电器发出电信号时的压力称为开启压力,切断电信号时的压力称为闭合压力。由于开启时摩擦力的方向与油压的方向相反,闭合时则相同,故开启压力大于闭合压力。两者之差称为压力继电器通断返回区间,它应有足够大的数值,否则当系统压力脉动时,压力继电器发出的电信号会时断时续。返回区间可通过调节螺钉4调节弹簧3对钢球6的压力来调整。中压系统中使用的压力继电器的返回区间一般为 $0.35\sim0.8\mathrm{MPa}$。

膜片式压力继电器的膜片位移小、反应快、重复精度高,但缺点是易受压力波动的影响,不宜用于高压系统,常用于中、低压液压系统中。高压系统中常使用单触点柱塞式压力继电器。

【延伸阅读】

学会释放压力,才是对生活最好的回馈

液压系统是由许多液压元件组成的,其中溢流阀是压力控制元件之一,在系统中有很重要的作用,可以作为调压阀、安全阀、卸荷阀和背压阀使用。在充当安全阀使用时,溢流阀旁接在液压泵的出口处,用来限制系统压力的最大值,避免发生事故,起保护作用。随着生活节奏加快、竞争和网络不良信息对当代大学生造成的压力与干扰不断增加,大学生无论在学习还是生活中,都会感受到不小的压力,这时就需要找到适合自己的"安全阀"来释放压力,调节好自己的心理状态和情绪,保持开阔的心胸,提高自身心理素质。

现实生活中,每个人都背负着不同程度的压力。有人为谋生四处奔波、飘摇不定;有人远离家乡,孤独寂寞地穿梭在城市的街头。

有人懂得去释放压力,在无形中将压力化为动力,继续带着饱满的热情生活;有人背负着压力,在不知不觉中陷入情绪的深渊不能自拔,从此生活中布满黑暗,生活变得压抑、沉重、痛苦不堪。

生活在瞬息万变、繁花似锦的世界里,我们每个人都有永无止境的追求,但承受能力是有限的,这好比攀登,一山更比一山高,没有尽头。

追求完美那是一种心态,但能坦然接受生活中的不完美,则是一种境界。追求完美是人之常情,追求而不强求,认真生活而不较真结果的完美程度,毕竟,人生不能尽善尽美。

学会放松,学会释放压力,生活才会多姿多彩。有压力不可怕,压力有时也是前进的动力,可怕的是自己在压力面前束手无策,走不出压力情绪的黑洞。

"山重水复疑无路,柳暗花明又一村。"当压力来临的时候,学会做一颗稻穗,适当地弯下身,你会发现,丰硕的果实正迎面扑来。

带着一颗爱心生活,爱工作、爱自己、爱身边的一切,学会释放压力,才是对生活最好的回馈。

三、流量控制阀

流量控制阀是通过改变阀口过流面积来调节通过阀口流量,从而控制执行元件运动速度的控制阀。流量控制阀主要有节流阀、调速阀和同步阀等。

(一) 节流阀

图 5-16 所示为普通节流阀。它的节流油口为轴向三角槽式,压力油从进油口 P_1 流入,经阀芯左端的轴向三角槽后由出油口 P_2 流出。阀芯 1 在弹簧力的作用下始终紧贴在推杆 2 的端部。旋转手轮 3,可使推杆沿轴向移动,改变节流口的通流截面积,从而调节通过阀的流量。节流阀输出流量的平稳性与节流口的结构形式有关。节流口除轴向三角槽式外,还有偏心式、针阀式、周向缝隙式、轴向缝隙式等。节流阀的流量特性可用小孔流量通用公式 $q = kA_T \Delta p^\varphi$ 来描述,其特性曲线如图 5-17 所示。由于液压缸的负载常发生变化,节流阀前后的压差 Δp 为变值,因而在阀开口面积 A_T 一定时,通过阀口的流量 q 是变化的,执行元件的运动速度也就不平稳。节流阀流量 q 随其压差而变化的关系如图 5-17 中曲线 1 所示。

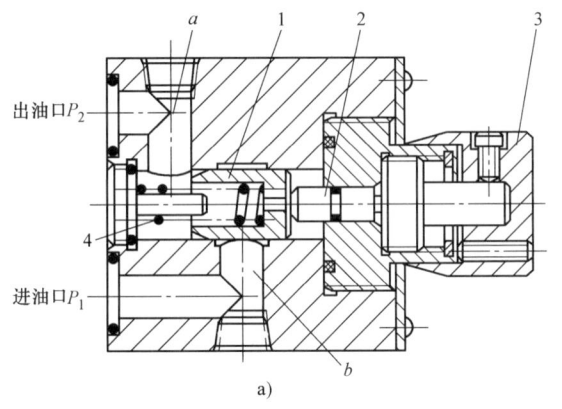

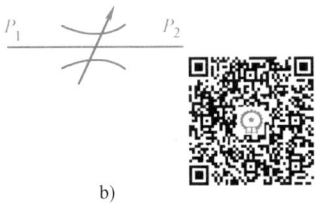

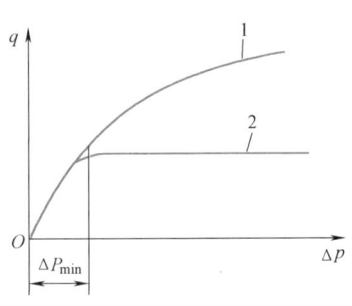

普通节流阀的工作原理

图 5-16 普通节流阀
1—阀芯 2—推杆 3—手轮 4—弹簧

节流阀结构简单、制造容易、体积小、使用方便、造价低,但负载和温度的变化对流量稳定性的影响较大,因此只适用于负载和温度变化不大或速度稳定性要求不高的液压系统。

节流阀能正常工作(不断流,且流量变化率不大于 10%)的最小流量限制值,称为节流阀的最小稳定流量。轴向三角槽式节流口的最小稳定流量为 30~50mL/min,薄刃孔可为 15mL/min。它影响液压缸或液压马达的最低速度值,设计和使用液压系统时应予以考虑。

图 5-17 节流阀和调速阀的流量特性曲线
1—节流阀 2—调速阀

(二) 调速阀

调速阀是由定差减压阀与节流阀串联而成的组合阀。

节流阀用来调节流量，定差减压阀则自动补偿负载变化的影响，使节流阀前后的压差为定值，消除了负载变化对流量的影响。

图 5-18 所示为调速阀的工作原理，图中减压阀芯 1 与节流阀 2 串联。若减压阀进口压力为 p_1，出口压力为 p_2，节流阀出口压力为 p_3，则减压阀 a 腔、b 腔油压为 p_2，c 腔油压为 p_3。若减压阀 a、b、c 腔有效工作面积分别为 A_1、A_2、A，则 $A=A_1+A_2$。节流阀出口的压力 p_3 由液压缸的负载决定。

当减压阀阀芯在其弹簧力 F_S、油液压力 p_2 和 p_3 的作用下处于某一平衡位置时，有

$$p_2A_1+p_2A_2=p_3A+F_S$$

即

$$p_2-p_3=\frac{F_S}{A}$$

由于弹簧刚度较低，且工作过程中减压阀阀芯位移很小，可以认为 F_S 基本不变，故节流阀两端的压差 $\Delta p=p_2-p_3$ 也基本保持不变。因此，当节流阀通流面积 A_T 不变时，通过它的流量 q（$q=kA_T\Delta p^\varphi$）为定值。也就是说，无论负载如何变化，只要节流阀通流面积不变，液压缸的速度也会保持恒定值。例如，当负载增加，使 p_3 增大的瞬间，减压阀右腔推力增大，其阀芯左移，阀口开大，阀口液阻减小，使 p_2 也增大，p_2 与 p_3 的差值 $\Delta p=F_S/A$ 却不变。当负载减小，p_3 减小时，减压阀阀芯右移，p_2 也减小，其差值也不变。因此，调速阀适用于负载变化较大，速度平稳性要求较高的液压系统，如各类组合机床、车床、铣床等设备的液压系统常用调速阀调速。

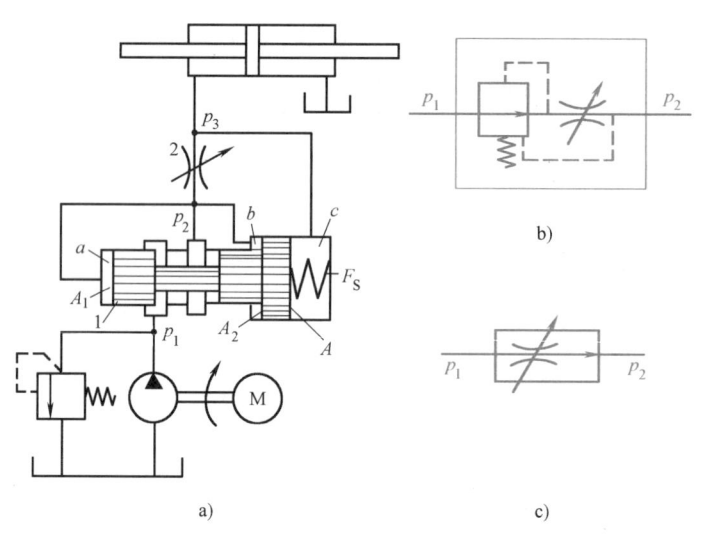

图 5-18 调速阀的工作原理
1—减压阀芯　2—节流阀

调速阀的
工作原理

当调速阀的出口堵住时，其节流阀两端压力相等，减压阀芯在弹簧力的作用下移至最左端，阀开口最大。因此，当将调速阀出口迅速打开时，因减压阀口来不及关小，不起减压作用，会使瞬时流量增加，使液压缸产生前冲现象。为此，有的调速阀在减压阀体上装有能调节减压阀芯行程的限位器，以限制和减小这种启动时的冲击。

调速阀的流量特性如图 5-17 中的曲线 2 所示。由图可见，当其前后压差大于最小

值 $\Delta p_{\min}$ 时，其流量稳定不变（特性曲线为一水平直线）。当其压差小于 $\Delta p_{\min}$ 时，由于减压阀未起作用，故其特性曲线与节流阀特性曲线重合。所以在设计液压系统时，分配给调速阀的压差应略大于 $\Delta p_{\min}$。一般调速阀的最小压差约为 1MPa（中低压阀为 0.5MPa）。

对速度稳定性要求高的液压系统，需要用温度补偿调速阀。这种阀中使用热膨胀系数大的聚氯乙烯推杆，当温度升高时，其受热伸长使阀口关小，以补偿因油变稀、流量变大造成的流量增加，维持流量基本不变。

【任务实施】

任务一 方向控制阀的结构认知与拆装

图 5-19 所示的平面磨床工作台在工作中由液压传动系统带动往复运动，那么此液压传动系统中控制换向的是哪些元件呢？这些元件是如何在系统中工作的呢？

在吊装机液压系统中，要求执行元件在停止运动时不因外界影响而产生漂移或窜动，也就是要求液压缸或活塞杆能可靠地停留在行程的任意位置上，应选用何种液压元件来实现这一功能呢？

一、分析任务

分析图 5-19 所示平面磨床工作台可知，只要使液压油进入驱动工作台运动的液压缸的不同工作腔，就能使液压缸带动工作台完成往复运动。这种能够使液压油进入不同液压缸工作油腔，从而实现液压缸不同运动方向的元件，称为换向阀。换向阀是如何改变和控制液压

图 5-19 平面磨床

传动系统中油液流动的方向、油路的接通和关闭，从而改变液压系统的工作状态的呢？平面磨床工作台在工作时，需要自动地完成往复运动，液压泵由电动机驱动后，从油箱中吸油，油液经过滤器进入液压泵，在泵腔中从入口的低压油变为到泵出口的高压油，再通过溢流阀、节流阀、换向阀进入液压缸左腔或右腔，推动活塞使工作台向右或向左移动。

通过对任务的分析可知，液压传动系统中执行机构（液压缸或活塞杆）的运动是依靠换向阀来控制的，而换向阀的阀芯和阀体间总是存在着间隙，这就造成了换向阀内部的泄漏。若要求执行机构在停止运动时不受外界的影响，仅依靠换向阀是不够的，这时就要利用单向阀来控制液压油的流动，从而可靠地使执行元件能停在某处而不受外界影响。

二、选择控制元件

因为平面磨床工作台在工作时需要自动地完成往复运动，所以选择二位四通双作用电磁换向阀控制双作用双杆液压缸，以带动工作台实现所需的运动要求，其液压系统如图 5-20 所示。

在吊装机液压系统任务中，吊装机液压系统对执行机构往复运动过程中的停止位置要求

较高，其本质就是对执行机构进行锁紧，使之不动，这种起锁紧作用的回路称为锁紧回路。图 5-21 所示的吊装机液压系统便是采用液控单向阀的锁紧回路。为保证中位锁紧可靠，换向阀宜采用 H 型或 Y 型。由于液控单向阀的密封性能很好，从而能使执行元件长期锁紧。

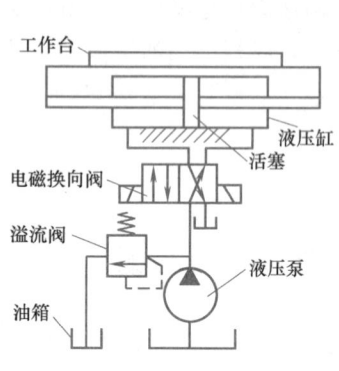

图 5-20　平面磨床液压系统图

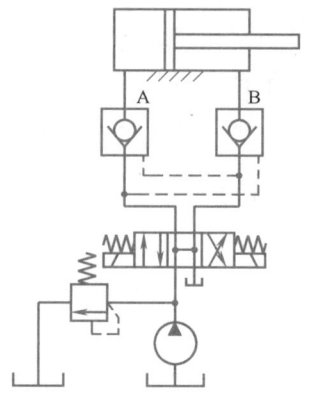

图 5-21　吊装机液压系统图

三、实施步骤

1）读懂图样，熟悉所拆装单向阀、液控单向阀和换向阀等方向控制阀的结构。

2）按指导教师要求，学生分组拆解方向控制阀，逐个拆下方向控制阀各零件并编号。

单向阀拆卸顺序：先拆卸螺钉，取出弹簧，分离阀芯和阀体，观察阀芯的结构和阀体上的油口尺寸。

液控单向阀拆卸顺序：先拆掉控制端的螺钉，取出控制活塞和顶杆，再卸下阀芯端螺钉，取出弹簧，分离阀芯和阀体，观察阀芯与活塞的结构和尺寸。

换向阀拆卸顺序：先拆卸提供外部力的控制部分，取下卡簧，取出弹簧，分离阀芯和阀体，观察阀芯的结构和阀体上的油口尺寸及油口数量，观察阀芯在阀体内的工作位置。

3）在拆卸过程中，学生注意观察方向控制阀的结构，分析其作用，指出所拆方向控制阀的控制方式。

4）按次序装配各零件。装配要领：装配前要清洗各零件，为阀芯与阀体等配合表面涂润滑油，然后按照与拆卸时相反的顺序进行装配。

5）方向控制阀通、断的检测。起动空气压缩机，将换向阀接上软管接头，在没有给阀芯施加外力的情况下向换向阀中通入压缩空气，观察进气口与出气口的关系，然后对换向阀的阀芯两端分别施力，并通入压缩空气，再次观察进气口与出气口的关系。

6）各组集中，教师点评，学生提问并完成实训报告。

教师巡回指导并及时给每位学生打操作分数。

四、注意事项

1）一人负责一个元件的拆装，实行"谁拆卸、谁装配"的制度。

2）拆卸时要做好拆卸记录，必要时画出装配示意图。

3）容易丢失的小零件要放入专用小盒内。

4）拆卸配合件时要小心，切勿划伤配合表面，更不可轻易用硬物敲击配合表面。

5）防止拆下的零件受污染。

6）安装密封件时，应注意安装方向。

7）各组相互交流时不要随便拿走其他组的零件。

8）装配之前要列出各元件的装配顺序。

9）严禁野蛮拆卸和装配。

10）装配之后要进行方向控制阀通、断的检测。

五、质量评价标准

质量评价标准见表5-3。

表5-3 质量评价标准

考核项目	考核要求	配分	评分标准	扣分	得分	备注
拆卸	1. 正确使用拆卸工具 2. 按顺序拆卸	35	1. 不正确使用工具扣5分 2. 不按顺序拆卸扣30分			
安装	1. 清洗各零件 2. 按顺序装配	35	1. 不清洗各零件,扣5分 2. 不按顺序进行装配扣30分			
画图	画出各种换向阀的图形符号	10	每画错一个扣2分			
安全生产	自觉遵守安全文明生产规程	10	不遵守安全文明生产规程扣10分			
实训报告	按时按质完成实训报告	10	1. 没有按时完成报告扣5分 2. 实训报告质量差扣2~5分			
自评得分		小组互评得分		教师签名		

任务二 压力控制阀的结构认知与拆装

液压式压力机在工作时需克服很大的材料变形阻力，这就需要液压系统主供油回路中的液压油提供稳定的工作压力，同时为了保证系统安全，还必须在系统过载时能有效地卸荷。在液压传动系统中，是依靠什么元件来实现这一目的的？这些元件又是如何工作的呢？

图5-22所示为液压钻床工作示意图，钻头的进给和工件的夹紧都是由液压系统来控制的。由于加工的工件不同，加工时所需的夹紧力也不同，所以工作时液压缸A的夹紧力必须能够固定在不同的压力值，同时为了保证安全，液压缸B必须在液压缸A夹紧力达到规定值时才能推动钻头进给。要达到这一要求，系统中应采用什么样的液压元件？它们又是如何工作的呢？

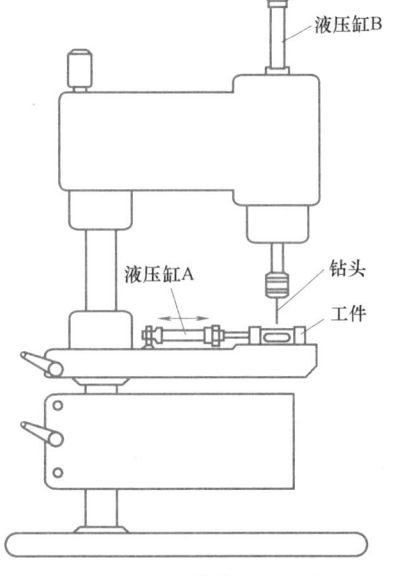

图5-22 液压钻床工作示意图

一、分析任务

稳定的工作压力是保证系统工作平稳的先决条件。同时，液压传动系统一旦过载，如果无有效的卸荷措施，将会使液压传动系统中的液压泵处于过载状态，很容易损坏，液压传动系统中的其他元件也会因超过自身的额定工作压力而损坏。因此，液压传动系统必须能有效地控制系统压力。在液压传动系统中，担负此重任的就是压力控制阀。在液压传动系统中控制工作液体压力的阀称为压力控制阀，简称压力阀。常用的压力阀有溢流阀、减压阀和顺序阀等。它们的共同特点是利用作用于阀芯上的油液压力和弹簧力相平衡的原理进行工作。

分析图 5-22 所示液压钻床的工作过程可知，要控制液压缸 A 的夹紧力，就要求输入端的液压油压力能够随输出端的压力降低而自动减小，实现这一功能的液压元件就是减压阀。此外，系统还要求液压缸 B 必须在液压缸 A 夹紧力达到规定值时才能动作，即动作前需要检测液压缸 A 的压力，把液压缸 A 的压力作为控制液压缸 B 动作的信号，这在液压系统中可以使用顺序阀，通过压力信号来接通和断开液压回路，从而达到控制执行元件动作的目的。

二、选择控制元件

压力机工作时，系统的压力必须与负载相适应，这可以通过用溢流阀调整回路的压力来实现。溢流阀在系统中的主要作用就是稳压和卸荷，因而液压式压力机的功能可依靠溢流阀来实现。

针对图 5-22 所示液压钻床的工作任务提出的要求，可以利用减压阀来控制液压缸 A 的夹紧力，用顺序阀来控制液压缸 A 和液压缸 B 的动作顺序。那么不难看出，只要在图 5-22 的基础上，在夹紧缸（液压缸 A）的回油路上连接减压阀，就可以实现任务要求。

三、实施步骤

1）读懂图样，熟悉所拆装溢流阀、减压阀等压力控制阀的结构。

2）按指导教师要求，学生分组拆解压力控制阀，逐个拆下压力控制阀各零件并编号。

压力控制阀拆卸顺序：拆卸调压螺母，取出弹簧，分离阀芯与阀体，观察阀芯的结构和阀体上的油口尺寸（特别是直动式压力阀与先导式压力阀的区别）。

压力继电器拆卸顺序：先拆卸控制端的螺钉，取出弹簧、杠杆和阀芯，再拆卸微动开关，观察阀芯与杠杆的结构和尺寸。

3）在拆卸过程中，学生注意观察压力控制阀的结构，分析其作用，指出所拆压力控制阀的控制方式。

4）按次序装配各零件。装配要领：装配前要清洗各零件，为阀芯与阀体等重要的配合表面涂润滑油，然后按照与拆卸时相反的顺序进行装配。

5）压力控制阀的检测。起动空气压缩机，将压力阀接上软管接头，同时接入压力计，在调节压力阀的同时观察压力计压力值的变化。

6）各组集中，教师点评，学生提问并完成实训报告。

教师巡回指导并及时给每位学生打操作分数。

四、注意事项

注意事项同本项目任务一。

五、质量评价标准

质量评价标准见表5-4。

表5-4　质量评价标准

考核项目	考核要求	配分	评分标准	扣分	得分	备注
拆卸	1. 正确使用拆卸工具 2. 按顺序拆卸	35	1. 不正确使用工具扣5分 2. 不按顺序拆卸扣30分			
安装	1. 清洗各零件 2. 按顺序装配	35	1. 不清洗各零件，扣5分 2. 不按顺序进行装配扣30分			
画图	画出各种压力阀的图形符号	10	每画错一个扣2分			
安全生产	自觉遵守安全文明生产规程	10	不遵守安全文明生产规程扣10分			
实训报告	按时按质完成实训报告	10	1. 没有按时完成报告扣5分 2. 实训报告质量差扣2~5分			
自评得分		小组互评得分		教师签名		

任务三　流量控制阀的结构认知与拆装

在各个液压传动系统中，执行件的运动速度必须控制在设计范围之内，在液压传动系统中，是依靠什么元件来实现这一目的的？这些元件又是如何工作的呢？

液压控制阀在液压系统中被用来控制液流的压力、流量和方向，从而对执行元件的起动、停止、运动方向、速度、动作顺序和克服负载的能力进行调节与控制。本任务以常用液压控制阀为载体，进行拆装与结构分析，使学习者能熟记液压控制阀的结构及工作原理，懂得其应用方法。

一、分析任务

在各个液压传动系统中，执行元件的运动速度是可以通过流量控制阀来控制的。流经阀的最大压力和流量是选择阀规格的两个主要参数。因为阀的压力和流量范围必须满足使用要求，否则将引起阀工作失常。为此，要求阀的额定压力应略大于最大压力，但最多不得超过最大压力的10%。阀的额定流量应大于最大流量，必要时允许通过阀的最大流量超过其额定流量的20%，但也不宜过大，以免引起油液发热、噪声、压力损失增大和阀的工作性能变差。流量控制阀就是靠改变阀口过流面积的大小来调节通过阀口的流量，从而控制执行件（液压缸或液压马达）的运动速度的。但应注意，选择流量控制阀时，不仅要考虑最大流量，而且要考虑最小稳定流量。

二、选择控制元件

节流阀通过调节和控制阀内开口的大小，直接限制流体通过的流量，从而达到节流的目的。由于是强制受阻节流，所以节流前后会产生较大的压力差，受控流体的压力损失比较大，也就是说节流后的压力会减小。

调速阀是在节流阀节流原理的基础上，又在阀内部结构上增设了一套压力补偿装置，改善了节流后压力损失大的缺点，使节流后流体的压力基本上等于节流前的压力，并且减少了流体的发热。

节流阀只调定流量，使负载（液压缸）可以实现快慢变化，但是在进口和出口存在着很大的压差，流量也不稳定，在不要求精密的系统中广泛采用，优点是快速有效，价格便宜。而调速阀具有压力补偿功能，其内有减压回路，具有噪声小、更稳定、流量更精确的特点，广泛应用于机床领域，但缺点是成本高，维修不便，价格略高。

三、实施步骤

1) 读懂图样，熟悉所拆装节流阀、调速阀等流量控制阀的结构。
2) 按指导教师要求，学生分组拆解流量控制阀，逐个拆下流量控制阀各零件并编号。
节流阀拆卸顺序：先拆卸流量调节螺母，取出推杆、阀芯、弹簧，观察阀芯的结构和阀体上的油口尺寸。
调速阀拆卸顺序：先拆卸调速阀中的节流阀，再拆卸减压阀的螺钉，取出减压阀的弹簧和阀芯，观察阀芯的结构和阀体上的油口尺寸。
3) 在拆卸过程中，学生注意观察流量控制阀的结构，分析其作用，指出所拆流量控制阀的控制方式。
4) 按次序装配各零件。装配要领：装配前要清洗各零件，为阀芯与阀体等重要的配合表面涂上润滑油，然后按照与拆卸时相反的顺序进行装配。
5) 各组集中，教师点评，学生提问并完成实训报告。
教师巡回指导并及时给每位学生打操作分数。

四、注意事项

注意事项同本项目任务一。

五、质量评价标准

质量评价标准见表 5-5。

表 5-5 质量评价标准

考核项目	考核要求	配分	评分标准	扣分	得分	备注
拆卸	1. 正确使用拆卸工具 2. 按顺序拆卸	35	1. 不正确使用工具扣 5 分 2. 不按顺序拆卸扣 30 分			
安装	1. 清洗各零件 2. 按顺序装配	35	1. 不清洗各零件,扣 5 分 2. 不按顺序进行装配扣 30 分			
画图	画出各种流量控制阀的图形符号	10	每画错一个扣 2 分			
安全生产	自觉遵守安全文明生产规程	10	不遵守安全文明生产规程扣 10 分			
实训报告	按时按质完成实训报告	10	1. 没有按时完成报告扣 5 分 2. 实训报告质量差扣 2~5 分			
自评得分		小组互评得分		教师签名		

【延伸阅读】

发明在于发现，发现在于实践与生活

溢流阀是用来保护系统安全的，避免过大的压力损害系统。例如生活中常见的高压锅上装有一个砝码，砝码的重力和锅内喷出的气体产生压力平衡，以避免锅内压力过大而产生危险。

用高压锅做饭可节省1/2~4/5的时间，可你知道高压锅的发明者是谁？他又是如何发明高压锅的吗？

发明高压锅的人是法国物理学家、数学家、发明家丹尼斯·帕平。帕平1647年8月22日生于法国布卢瓦城。1675年的一天，帕平在与科学家波义耳做实验时手意外地被蒸汽给烫伤了。让帕平感到不解的是，为什么这次的烫伤会如此疼呢？他向波义耳请教。波义耳告诉他，在密闭容器内加热水时，沸点会随着水面上方气压的增大而升高，所以喷出来的蒸汽就会更烫。又在一次高度测量中，帕平从波义耳口中得知，气压计实际上就是高度计，因为地球表面的大气压力随着高度的增加会越来越小。这让帕平想起了几年前在山顶上煮土豆，煮了很长时间都没有熟，原来是因为山顶上的气压太小，水的沸点太低才会煮不熟。帕平就此想到，既然水的沸点可以随着气压的增大而升高，那么在密闭容器内加热水提高气压，不就可以提高蒸汽的温度了吗？1679年，帕平就设计并制作了一个金属容器和一个用于密封的盖子。这个盖子可以用类似螺钉的夹紧机构锁定到位，以防止蒸汽把盖子掀开。经过实验，这个装置不仅缩短了烹饪时间，而且使菜肴的口感和风味更佳。

1681年，帕平公布了他的第一项重要发明——"消化锅"，也就是最初的高压锅。它利用密封容器中蒸汽压力越大、水的沸点越高的原理，用锅中的高压、高温迅速将食物煮熟，节省了很多时间。

帕平热爱科学事业，并为之奋斗了一生。他在高压锅、蒸汽动力、安全阀、离心泵等方面的贡献对后世产生了深远影响。1810年，法国厨师和糖果商阿佩尔用"消化锅"原理煮沸密封的食品容器，促进了罐头的诞生。1915年，"高压锅"的名字首次出现在报纸上，开始进入富人家庭。到了20世纪30年代，家用高压锅应运而生，基本原理与"消化锅"是一致的。在帕平逝世100年之后，为了纪念他为人类所做出的巨大贡献，他的家乡——法国布卢瓦城为其树立了一尊铜像。

【任务总结】

任务一中，方向控制阀的"位""通"与其图形符号的对应是重点之一，图形符号中的箭头并不代表液流方向，仅表明液流的通断；方向控制阀的中位机能是另一重点，要注意每一种中位机能所适应的使用条件。

任务二中，应注重溢流阀的结构与工作原理，因为溢流阀是压力控制阀中的基础，其结构与功能都是最基本的，掌握了溢流阀的结构和工作原理对掌握其他压力控制阀有事半功倍的效果。

任务三中，节流阀与调速阀虽都是流量控制阀，但应注意其区别，在具体液压系统中选择两者之一时，要综合考虑性能与成本。

任务总结与反思

班级_____ 姓名_____ 学号_____ 分组号_____

评价项目	评价内容	评价效果			
		非常满意	满意	基本满意	不满意
工作能力	能够合理安排自己的日常学习和生活（按时起床，着装得体，准时到达教学活动场所）				
	能够对所阅读的说明文字进行重点标记，并能说出关键词				
	能够理解书籍、手册中的技术内容				
	能够在有计划的前提下开展工作并主动记录任务实施的心得体会				
	能够用清楚、流畅的语言表达自己的观点				
社会能力	能够与同学友好交往，不用语言、动作伤害他人				
	能够接受新的工作任务并积极地投入其中				
	能够主动参与小组工作任务并真诚表达自己的观点				
	能够真实反馈自己的工作结果，并能主动向他人寻求必要的帮助				
专业能力	能够读懂任务要求，清楚各种液压控制元件的种类和功能				
	能够根据要求选用合适的液压控制元件				
	能够熟练地连接各种液压元件				
	能够在阅读说明资料及观看示范动作的方式下，安全地完成任务的操作过程，实现预期效果				
	能够归纳连接液压元件及回路系统的步骤和特点				
	清楚各操作过程中的安全注意事项				

【知识拓展】

比例阀、插装阀和叠加阀分别是20世纪60年代末、70年代初和80年代才出现并得到发展的液压控制阀。与普通液压控制阀相比，它们具有许多显著的优点。因此，随着技术的进步，这些新型液压元件必将会以更快的速度发展，并广泛用于各类设备的液压系统中。

一、比例阀

普通液压阀只能对液流的压力、流量进行定值控制，对液流的方向进行开关控制。而当工作机构的动作要求对其液压系统的压力、流量参数进行连续控制，或控制精度要求较高时，普通液压阀则不能满足要求。这时就需要用电液比例控制阀（简称比例阀）进行控制。

大多数比例阀具有类似普通液压阀的结构特征。它与普通液压阀的主要区别在于，其阀芯的运动是采用比例电磁铁控制的，使输出的压力或流量与输入的电流成正比，所以可采用改变输入电信号的方法对压力、流量进行连续控制，有的比例阀还兼有控制流量大小和方向的功能。这种阀在加工制造方面的要求接近于普通阀，但其性能却大为提高。采用比例阀能使液压系统简化，所用液压元件数大为减少，且可用计算机控制，自动化程度明显提高。

比例阀常用直流比例电磁铁控制，电磁铁的前端都附有位移传感器（或称差动变压器），其作用是检测比例电磁铁的行程，并向放大器发出反馈信号。放大器将输入信号与反馈信号进行比较后再向电磁铁发出纠正信号，以补偿误差，保证阀有准确的输出参数，因此阀的输出压力和流量可以不受负载变化的影响。

比例阀也分为压力阀、流量阀和方向阀三大类。

1. 比例压力阀

用比例电磁铁取代直动式溢流阀的手动调压装置，便成为直动式比例溢流阀，如图5-23所示。将直动式比例溢流阀作为先导阀与普通压力阀的主阀相结合，便可组成先导式比例溢流阀、比例顺序阀和比例减压阀，使这些阀能随电流的变化而连续地或按比例地控制输出油的压力。

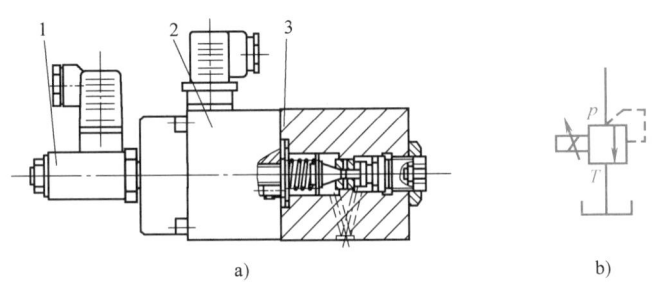

图 5-23 直动式比例溢流阀
1—位移传感器 2—比例电磁铁 3—弹簧座

2. 比例流量阀

用比例电磁铁取代节流阀或调速阀的手动调速装置，便成为比例节流阀或比例调速阀。它能用电信号控制油液流量，使其与压力和温度的变化无关。它也分为直动式和先导式两种。受比例电磁铁推力的限制，直动式比例流量阀适用于通径不大于10mm的小规格阀。当通径大于10mm时，常采用先导式比例流量阀。先导式比例流量阀用小规格比例电磁铁带动小规格先导阀，再利用先导阀的输出放大作用来控制流量大的主节流阀或调速阀，因此能用于压力较高的大流量油路的控制。

3. 比例方向阀

将普通二位四通电磁换向阀中的电磁铁换成比例电磁铁，并在制造时严格控制阀芯和阀体上轴肩与凸肩的轴向尺寸，便成为比例方向阀。如图5-24所示，其阀芯的行程可以与输入电流对应连续地或按比例地改变。阀芯上的轴肩可以制作出三角形阀口，因而利用比例换向阀不仅能改变执行元件的运动方向，还能通过控制换向阀的阀芯位置来调节阀口的开度，从而控制流量。因此，它兼有方向控制和流量控制两种功能。

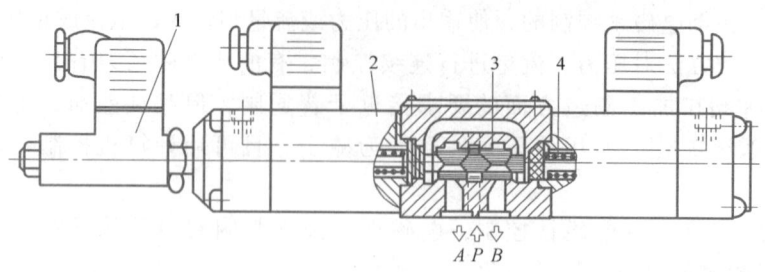

图 5-24 电反馈直动式比例方向阀
1—位移传感器 2—比例电磁铁 3—阀芯 4—弹簧

当流量较大（阀的通径大于 10mm）时，需采用先导式比例方向阀。例如，压力控制型先导式比例方向阀、电反馈型先导式比例方向阀等。此外，多个比例方向阀也能组成比例多路阀。

用比例溢流阀、比例节流阀等元件与变量叶片泵组合，可构成比例复合叶片泵，用电信号比例控制泵的输出压力和流量，使其得到最佳值。用先导式比例方向阀与内装位移传感器的液压缸组合可构成比例复合缸，这种复合缸很容易实现活塞位移或速度的电气比例控制。

总之，采用比例阀既能提高液压系统性能参数及控制的适应性，又能明显地提高其控制的自动化程度。

二、插装阀

插装阀也称为插装式锥阀或逻辑阀。它是一种结构简单，标准化、通用化程度高，通油能力大，液阻小，密封性能和动态特性好的新型液压控制阀，在液压压力机、塑料成型机械、压铸机等高压大流量系统中应用很广泛。

插装阀主要由锥阀组件、阀体、控制盖板及先导元件组成。图 5-25 中，阀套 2、弹簧 3 和阀芯 4 组成锥阀组件，插装在阀体 5 的孔内。控制盖板 1 上设有控制油路，与其先导元件

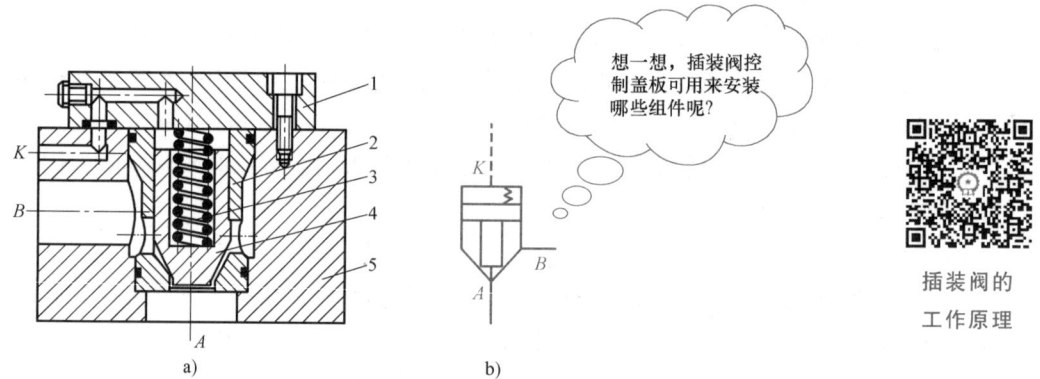

图 5-25 插装阀
1—控制盖板 2—阀套 3—弹簧 4—阀芯 5—阀体

插装阀的工作原理

连通（先导元件图中未画出）。锥阀组件上配置不同的盖板，就能实现各种不同的功能。同一阀体内可装入若干个不同机能的锥阀组件，加相应的盖板和控制元件，可组成所需要的液压回路或系统，使结构很紧凑。

从工作原理来讲，插装阀是一个液控单向阀。图 5-25 中，A、B 为主油路通口，K 为控制油口。设 A、B、K 油口所通油腔的油液压力及有效工作面积分别为 p_A、p_B、p_K 和 A_1、A_2、A_K（$A_1+A_2=A_K$），弹簧的作用力为 F_S，且不考虑锥阀的质量、液动力和摩擦力等的影响，则当 $p_A A_1 + p_B A_2 < F_S + p_K A_K$ 时，锥阀闭合，A、B 油口不通；当 $p_A A_1 + p_B A_2 > F_S + p_K A_K$ 时，锥阀打开，油路 A、B 连通。因此可知，当 p_A、p_B 一定时，改变控制油口 K 的油压 p_K，可以控制 A、B 油路的通断。当控制油口 K 接通油箱时，$p_K=0$，锥阀下部的液压力超过弹簧力时，锥阀即打开，使油路 A、B 连通。这时若 $p_A > p_B$，则油由 A 流向 B；若 $p_A < p_B$，则油由 B 流向 A。当 $p_K \geq p_A$ 或 $p_K \geq p_B$ 时，锥阀关闭，A、B 不通。

插装阀锥阀芯的端部可开阻尼孔或节流三角槽，也可以制成圆柱形。插装阀可用作方向控制阀、压力控制阀和流量控制阀。

三、叠加阀

1. 概述

叠加式液压阀简称叠加阀，是近年内在板式阀集成化基础上发展起来的液压元件。这种阀既具有板式液压阀的工作功能，其阀体本身又同时具有通道体的作用，从而能用其上、下安装面呈叠加式无管连接，组成集成化液压系统。

叠加阀自成体系，每一种通径系列的叠加阀，其主油路通道和螺钉孔的大小、位置、数量都与相应通径的板式换向阀相同。因此，同一通径系列的叠加阀可按需要组合叠加起来组成不同的系统。通常用于控制同一个执行元件的各个叠加阀与板式换向阀及底板纵向叠加成一叠，组成一个子系统。其换向阀（不属于叠加阀）安装在最上面，与执行元件连接的底板块安装在最下面。控制液流压力、流量或单向流动的叠加阀安装在换向阀与底板块之间，其顺序应按子系统动作要求安排。由不同执行元件构成的各子系统之间可以通过底板块横向叠加成为一个完整的液压系统，其外观图如图 5-26 所示。

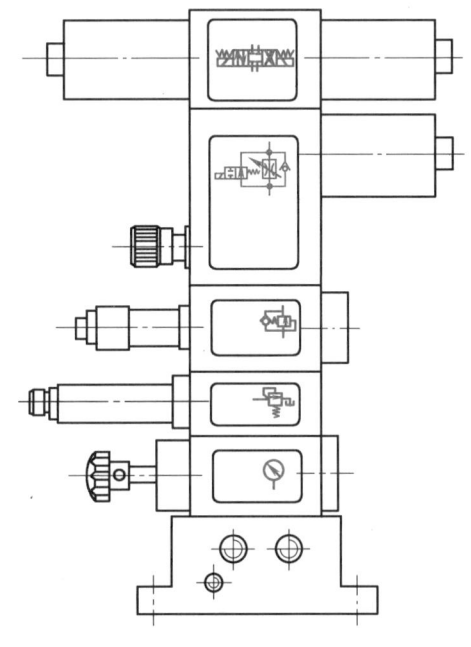

图 5-26 叠加阀总成外观图

叠加阀的主要优点如下：

1) 标准化、通用化、集成化程度高，设计、加工、装配周期短。
2) 用叠加阀组成的液压系统结构紧凑，体积小，重量轻，外形整齐、美观。

3) 叠加阀可集中配置在液压站上，也可分散安装在设备上，配置形式灵活。系统变化时，元件重新组合叠装方便、迅速。

4) 因不用油管连接，压力损失小，漏油少，振动小，噪声小，动作平稳，使用安全可靠，维修容易。

叠加阀的缺点是回路形式较少，通径较小，品种规格尚不能满足较复杂的和大功率的液压系统的需要。

常见的叠加阀标准通径规格有 6mm、10mm、16mm、20mm、32mm 等几种，基本上与传统板式液压阀相同，可适用于不同流量的场合。

根据工作功能，叠加阀可分为单功能叠加阀和复合功能叠加阀两类。

2. 单功能叠加阀

单功能叠加阀与普通板式液压阀类同，也有压力控制阀（如溢流阀、减压阀、顺序阀等）、流量控制阀（如节流阀、单向节流阀、调速阀、单向调速阀等）和方向控制阀（仅包括单向阀、液控单向阀）。在一个阀体内部，可以组装一个单阀，也可组装为双阀。一个阀体中有 P、T、A、B 四个以上通路，所以在阀体内组装各阀，根据其通道连接状况，可产生多种不同的控制组合方式。

(1) 叠加式溢流阀 图 5-27a 所示为 Y_1-F-10D-P/T 型叠加式溢流阀。它由主阀和先导阀两部分组成。其中，Y_1 表示溢流阀；F 表示压力为 20MPa；10 表示通径为 ϕ10mm；D 表示叠加阀；P/T 表示进油口为 P，回油口为 T，其图形符号如图 5-27b 所示。图 5-27c 所示为 Y_1-F-10D-P_1/T 型叠加溢流阀，主要用于双泵供油系统高压泵的调压和溢流。

叠加溢流阀的工作原理与一般的先导式溢流阀相同。压力油由进油口 P 进入主阀芯 6

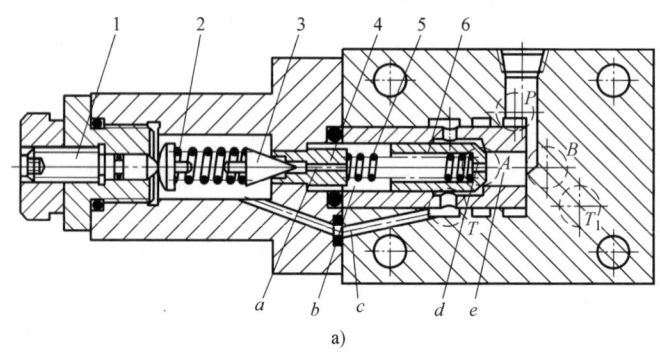

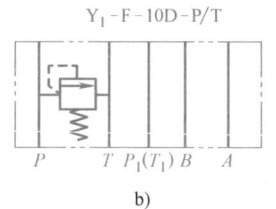 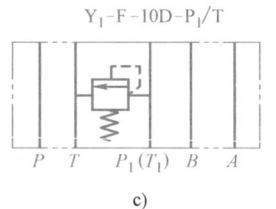

图 5-27 叠加式溢流阀
1—推杆 2、5—弹簧 3—锥阀 4—阀座 6—主阀芯

右端的 e 腔，并经主阀芯上的阻尼孔 d 流至主阀芯 6 左端 b 腔，后经小孔 a 作用于锥阀 3 上。当系统压力低于溢流阀调定压力时，锥阀 3 关闭，主阀芯 6 在弹簧力作用下处于关闭状态，阀不溢流；当系统压力达到溢流阀的调定压力时，锥阀 3 开启，b 腔油液经锥阀口及孔道 c 由油口 T 流回油箱，主阀芯 6 右腔的油液经阻尼孔 d 向左流动，因而在主阀芯两端产生了压力差，使主阀芯 6 向左移动，将主阀阀口打开，使油液由出油口 T 溢回油箱。调节弹簧 2 的预压缩量，便可改变溢流阀的调整压力。

（2）叠加式流量阀　图 5-28 所示为 QA-F6/10D-BU 型叠加流量阀。其中，QA 表示单向调速阀；F 表示压力为 20MPa；6/10 表示该阀通径为 $\phi6mm$，而其接口尺寸属于 $\phi10mm$ 系列；D 表示叠加；B 表示该阀适用于液压缸 B 腔油路；U 表示调速节流阀，其出口节流。叠加流量阀的工作原理与一般单向调速阀基本相同。

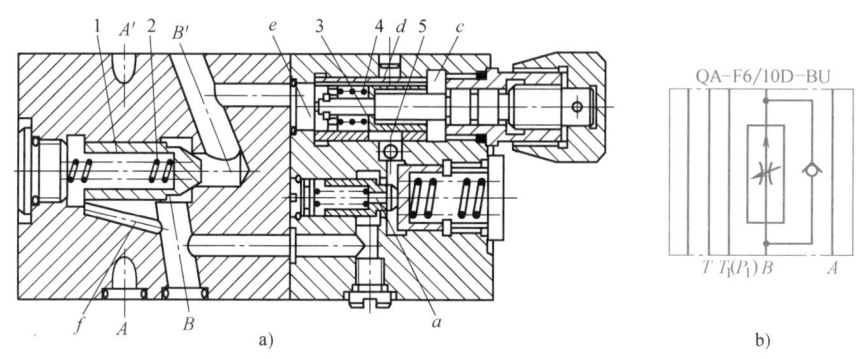

图 5-28　叠加式流量阀
1—单向阀　2、4—弹簧　3—节流阀　5—减压阀

当压力油由油口 B 进入时，可进入单向阀的左腔，使单向阀口关闭；同时又可经过调速阀中的减压阀和节流阀，由油口 B' 流出。当压力油由油口 B' 进入时，可将单向阀芯顶开，经单向阀由油口 B 流出，而不流经调速阀。

以上两种叠加阀在结构上均属于组合式，即将叠加阀体做成通油孔道体，仅将部分控制阀组件置于阀体内，而将另一部分控制阀或其组件做成板式连接的部件，安装在叠加阀体的两端，并和相关的油路连通。通常通径小的叠加阀采用组合式结构，通径较大的叠加阀则多采用整体式结构，即将控制阀和油道组合在同一阀体内。

3. 复合功能叠加阀

复合功能叠加阀又称多机能叠加阀，是在一个控制阀芯单元中实现两种以上控制机能的叠加阀，多采用复合结构。

图 5-29 所示为我国研制开发的电动单向调速阀，由先导阀、主体阀和调速阀组合而成，调速阀部分作为一个独立的组件以板式阀的连接方式复合到叠加阀主体的侧面，使调速阀性能易于保证，并可提高组合件的标准化、通用化程度。其先导阀采用直流湿式电磁铁控制阀芯的运动。该阀用于控制机床液压系统，使运动部件实现 "快进→工进→快退" 的工作循环。

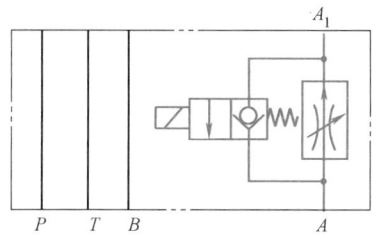

图 5-29　电动单向调速阀

【延伸阅读】

自主创新，打造关键零部件

目前，我国在工程机械核心零部件领域已经具备了一定的自主研发能力和市场竞争力，但在顶尖技术方面，还要用原创性、基础性的研究成果作为支撑，作为今后持续发力的重点。我们要继续推动关键零部件技术和基础研究创新，打造关键零部件智能制造标杆，强化产业核心竞争力，为更多工程机械装上"中国芯"。

高端液压阀是多数工程机械和重大装备的核心部件，作为工程机械的"控制中枢"，其加工、装配精度决定了主机控制的精确度和可靠性。由于我国液压技术起步较晚，技术积累相对薄弱，因此客观上造成了我国高端液压元件长期以来依赖进口的局面，严重制约了我国工程机械产业的发展。尽管如此，我国液压件生产企业仍然不畏困难，坚持创新。近年来，通过不断研发自主技术以及引进、运用国外先进液压设计与制造工艺，实现了高端液压件的量产，逐步实现了部分产品的国产化替代，打破了国外企业在国内市场上的垄断格局。如徐工集团工程机械有限公司将其液压阀成熟技术与自有技术相结合，攻克了多项制约我国液压阀产业化发展的关键技术；常德中联重科液压有限公司不仅致力于持续创新，还通过数字化、智能化转型升级，打造了国内领先、国际一流的液压阀智能制造工厂。

这些装备制造业的领军企业勇于承担责任和履行使命的时代精神，必将带来中国液压元件技术的快速发展。

【小结】

本项目主要介绍了液压传动系统中常用控制阀的工作原理、结构、性能和应用等知识。

液压控制阀简称液压阀，是液压系统中的控制元件，其作用是控制和调节液压系统中液压油的流动方向、压力的高低和流量的大小，以满足液压缸、液压马达等执行元件不同的动作要求。

液压阀分为方向控制阀、压力控制阀和流量控制阀三大类。尽管液压阀有各种各样的类型，但它们之间有一些共同之处。首先，在结构上，所有的阀都由阀体、阀芯（滑阀或转阀）和驱动阀芯动作的部件（如弹簧、电磁铁）组成；其次，在工作原理上，所有阀的开口大小、进出口间的压力差以及流过阀的流量之间的关系都符合孔口流量公式（$q = kA_T \Delta p^\varphi$），只是各种阀的控制参数各不相同而已，如方向阀控制的是执行元件的运动方向，压力阀控制的是液压传动系统的压力，而流量阀控制的是执行元件的运动速度。

【思考与练习】

5-1 电液换向阀的先导阀，为何选用 Y 型中位机能？改用其他型中位机能是否可以？为什么？试说明电液换向阀的组成特点及各组成部分的功用。

5-2 二位四通电磁阀能否作为二位三通或二位二通阀使用？具体接法如何？

5-3 若先导式溢流阀主阀芯上的阻尼孔被污物堵塞，溢流阀会出现什么样的故障？如果溢流阀先导阀锥阀座上的进油小孔堵塞，又会出现什么故障？

5-4 若把先导式溢流阀的远程控制油口当成泄漏口接油箱，这时液压系统会产生什么问题？

5-5 试比较溢流阀、减压阀、顺序阀（内控外泄式）的异同点。顺序阀能否作为溢流阀用？

5-6 如图 5-30 所示，两个调整压力不同的减压阀串联后的出口压力决定于哪一个减压阀的调整压力？为什么？如两个调整压力不同的减压阀并联，出口压力又决定于哪一个减压阀？为什么？

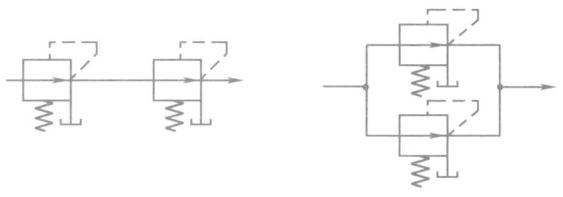

图 5-30 题 5-6 图

5-7 调速阀与节流阀在结构和性能上有何异同？各适用于什么场合？

5-8 在图 5-31 所示的两个液压系统的泵组中，各溢流阀的调整压力分别为 $p_A = 4\text{MPa}$、$p_B = 3\text{MPa}$、$p_C = 2\text{MPa}$，当系统的外负荷趋于无限大时，泵出口的压力各为多少？

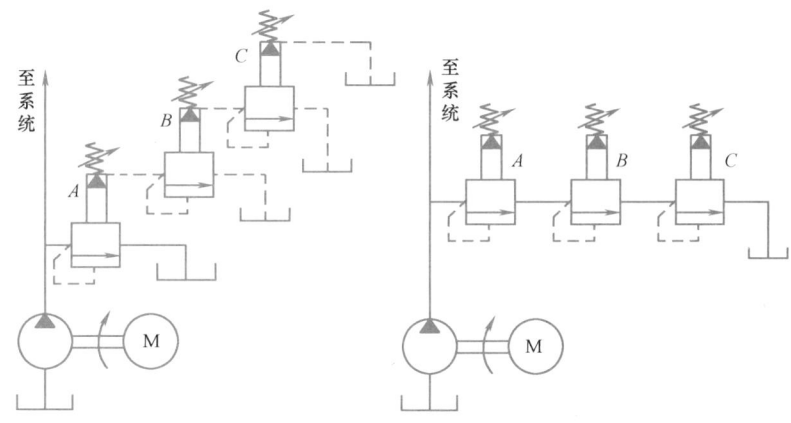

图 5-31 题 5-8 图

5-9 何谓压力继电器的开启压力和闭合压力？压力继电器的返回区间如何调整？

5-10 试说明电液比例压力阀和电液比例调速阀的工作原理，并说明与一般压力阀和调速阀相比，它们有何优点。

【相关专业英语词汇】

（1）背压——back pressure

（2）单向阀——check valve

（3）液控单向阀——pilot operated check valve

（4）平衡阀——counterbalance valve

（5）开启压力——cracking pressure

（6）液压锁紧——hydraulic lock

（7）手动式——manually operated type
（8）机械控制式——mechanically controlled type
（9）中位——neutral position
（10）直动式——directly operated type
（11）球阀——global（ball）valve
（12）电磁阀——solenoid valve
（13）阀芯——valve element
（14）压力控制阀——pressure relief valve
（15）先导式——pilot operated type
（16）锥阀——poppet valve
（17）溢流阀——pressure relief valve
（18）减压阀——pressure reducing valve
（19）顺序阀——sequence valve
（20）流量控制阀——flow control valve
（21）流量——flow rate
（22）开口——opening
（23）流量阀——flow valve
（24）节流阀——throttle valve
（25）调速阀——speed regulator valve
（26）可调节节流阀——adjustable restrictive valve
（27）单向节流阀——one-way restrictive valve
（28）比例阀——proportional valve
（29）叠加阀——ganged valve
（30）伺服阀——servo-valve
（31）板式阀——sub plate mount

项目六 液压系统基本回路的组建与调试

虽然现代液压机械的液压系统越来越复杂，但都是由一些液压基本回路组成的。所谓液压基本回路就是指由若干个有关液压元件组成，用来完成某一特定功能的典型油路。这些特定功能包括工作压力的限制和调整，执行元件速度、方向的调整和变换，几个元件的动作或动作先后次序的协调等。

液压基本回路通常按所能完成的功能分为压力控制回路、速度控制回路、方向控制回路和动作控制回路等。这些基本回路结合了前人使用的经验，因此，熟悉和掌握它们的组成、工作原理、性能特点及其应用之后，就可以根据机械的工作性能、要求和工况特点，正确、合理地选择这些回路，从而组成完整的液压系统。这对于正确分析液压系统故障也是十分重要的。

【项目目标】

【素养目标】
1. 培养崇尚科学的精神，提高民族自豪感和爱国情怀。
2. 明确职业目标定位，制订职业目标、做好职业目标规划。
3. 树立职业信念与价值观，认清工作的意义与价值。
4. 培养认真负责的工作态度，提高主人翁意识。
5. 培养创新意识。

【知识目标】
1. 掌握液压基本回路的类型和作用。
2. 掌握压力控制回路的工作原理及应用。
3. 掌握速度控制回路的工作原理及应用。
4. 掌握顺序动作回路的工作原理及应用。
5. 了解容积调速回路的调节方法及应用。

【能力目标】
1. 能对压力、速度、方向控制回路进行组装。
2. 能独立对压力、速度、方向控制回路进行调试。

3. 能解决在压力、速度、方向控制回路的组装和调试过程中出现的各类问题。
4. 会分析各类压力、速度、方向控制回路的工作原理。

【知识点晴】

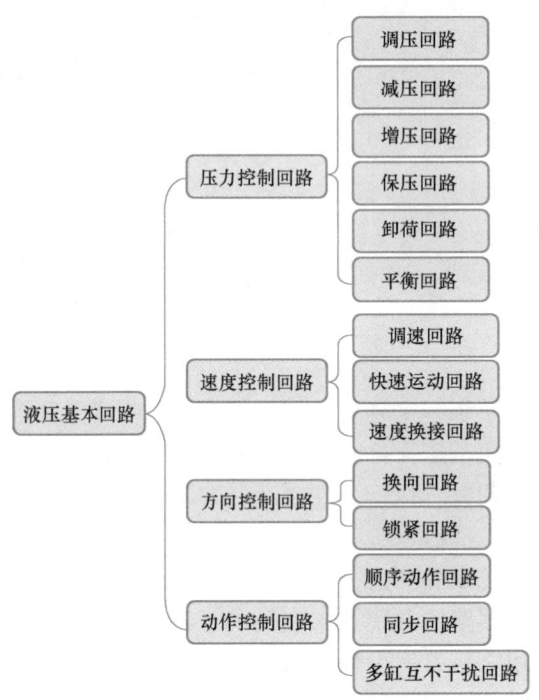

【知识链接】

一、压力控制回路及分析

压力控制回路是通过控制回路压力使之完成特定功能的回路，如液压泵的控制有恒压、多级、无级连续压力控制及控制压力上下限等。在设计液压系统、选择液压基本回路时，一定要根据设计要求、方案特点、使用场合等认真考虑。当负荷变化较大时，应考虑多级压力控制回路；在某一个工作循环的某一段时间内执行元件停止工作不需要液压能时，则考虑卸荷回路；当某支路需要稳定的低于动力油源的压力时，应考虑减压回路等。

压力控制回路主要有调压回路、减压回路、增压回路、保压回路、卸荷回路、平衡回路等。

（一）调压回路

调压回路的功用是控制整个液压系统或局部的压力保持恒定或限制其最高值。在定量泵系统中，液压泵的供油压力可以通过溢流阀来调节。在变量泵系统中，用溢流阀来限定系统的最高压力，防止系统过载。若系统中需要两种以上的压力，则可采用多级调压回路。

1. 单级调压回路

如图 6-1a 所示，在液压泵出口处设置并联的溢流阀即可组成单级调压回路，它是由溢流阀的调压弹簧来控制液压系统压力的。

2. 二级调压回路

如图 6-1b 所示，由先导式溢流阀和远程调压阀分别调整工作压力。当二位二通电磁阀处于图示位置时，系统压力由先导式溢流阀调定；当二位二通电磁阀通电后右位接入时，系统压力由远程调压阀调定，实现两种不同的压力控制。注意：远程调压阀的调定压力一定要低于先导式溢流阀的调定压力，否则不能实现二级调压。当系统压力由远程调压阀调定时，先导式溢流阀的先导阀口关闭；当主阀开启时，液压泵的溢流流量经主阀流回油箱。

3. 多级调压回路

如图 6-1c 所示，系统的压力由直动式溢流阀 7 和先导式溢流阀 2、3 分别控制，从而组成了三级调压回路。当两个电磁铁均不通电时，系统压力由阀 1 调定；当 1YA 通电时，系统压力由阀 2 调定；当 2YA 通电时，系统压力由阀 3 调定。注意：阀 2 和阀 3 的调定压力要低于阀 7 的调定压力，而阀 2 和阀 3 的调定压力之间可没有关系。

4. 比例调压回路

如图 6-1d 所示，调节先导式比例电磁溢流阀 6 的输入电流，即可实现系统压力的无级调节，这样不但回路结构简单，压力切换平稳，而且便于实现远距离控制或程控。

二级调压回路　多级调压回路　比例调压回路

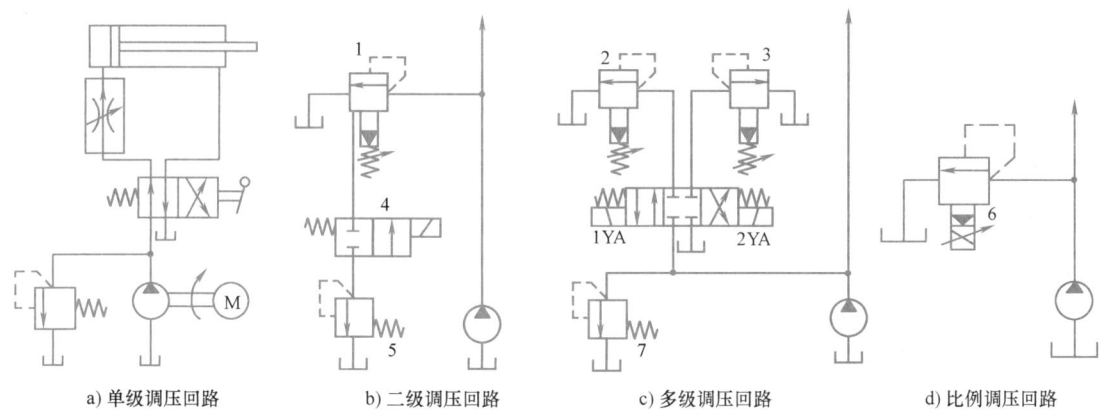

a) 单级调压回路　　b) 二级调压回路　　c) 多级调压回路　　d) 比例调压回路

图 6-1　调压回路

1、2、3—先导式溢流阀　4—二位二通电磁阀　5—远程调压阀　6—先导式比例电磁溢流阀　7—直动式溢流阀

（二）减压回路

减压回路的功用是使系统中的某一部分油路具有低于主油路的稳定压力。最常见的减压回路采用定值减压阀与主油路相连，如图 6-2a 所示。回路中的单向阀用于防止油液倒流，起短时保压的作用。减压回路中也可以采用类似二级或多级调压的方式获得二级或多级减压，图 6-2b 所示为利用先导式减压阀的远程控制口接一溢流阀，可由减压阀、溢流阀各调得一种低压。但要注意，溢流阀的调定压力值一定要低于减压阀的调定压力值。

为了使减压回路工作可靠，减压阀的最低调定压力应不小于 0.5MPa，最高调定压力至少应比系统压力低 0.5MPa。当减压回路中的执行元件需要调速时，调速元件应放在减压阀的后面，以避免减压阀泄漏对执行元件的速度产生影响。

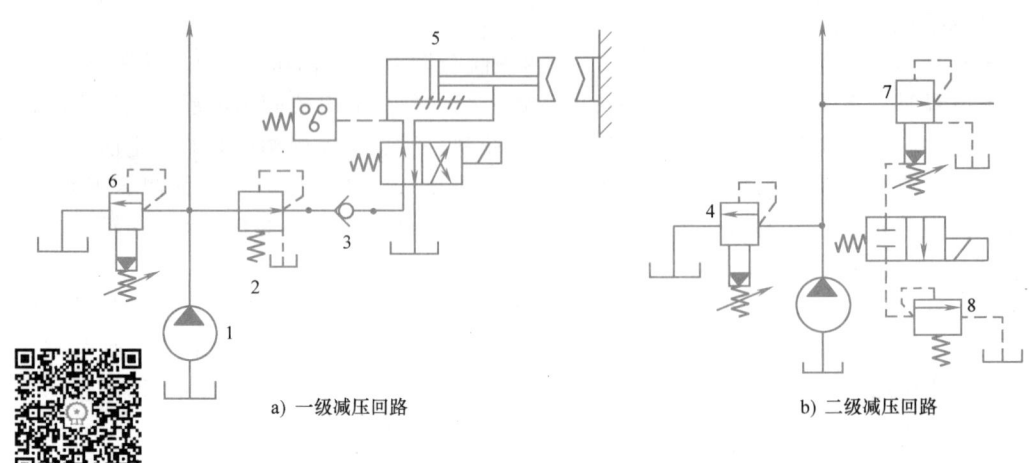

a) 一级减压回路　　　　　　　　　　b) 二级减压回路

图 6-2　减压回路

1—液压泵　2、7—减压阀　3—单向阀　4、6、8—溢流阀　5—液压缸

（三）增压回路

增压回路可以提高系统中某一支路的工作压力，以满足局部工作机构的需要。通过增压回路，液压系统可以采用压力较低的液压泵或空气动力源来获得较高压力的压力油。采用增压回路可节约能源，而且工作可靠、噪声小。增压回路中实现油液压力放大的主要元件是增压缸。

1. 单作用增压缸的增压回路

图 6-3a 所示为单作用增压缸增压回路，该回路只能间断增压，故也称为单作用增压回路，适用于液压缸需要较大单向作用力，但行程短、作业时间短的液压系统。在图示位置工作时，系统的供油压力为 p_1，油液进入增压缸的大活塞左腔，在小活塞右腔即可得到所需的较高压力 p_2。当二位四通电磁换向阀右位接入系统时，增压缸返回，辅助油箱中的油液经单向阀补入小活塞右腔。

2. 双作用增压缸的增压回路

图 6-3b 所示为采用双作用增压缸的增压回路，能连续输出高压油，适用于增压行程较长的场合。在图示位置时，液压泵输出的压力油经电磁换向阀 5 和单向阀 1 进入增压缸左端大、小活塞的左腔，大活塞右腔的回油通油箱，右端小活塞右腔增压后的高压油经单向阀 4 输出，此时单向阀 2、3 关闭。当增压缸活塞移到右端时，电磁换向阀通电换向，增压缸活塞向左移动，大活塞左腔的回油通油箱，左端小活塞左腔输出的高压油经单向阀 3 输出。这样，增压缸的活塞不断往复运动，两端便交替输出高压油，从而实现连续增压。

（四）保压回路

所谓保压回路，是指使系统在液压缸不动或仅有工件变形所产生的微小位移的情况下，稳定地维持住压力，比如工件的液压夹紧机构，要求在加工过程中仍然要有足够的夹紧力，即要保持液压缸的压力。最简单的保压方法是使用密封性能较好的液控单向阀或换向阀的中位机能，但是阀类元件的泄漏使得这种回路的保压时间不能维持太久，因此要求高的系统常采用保压回路。

项目六 液压系统基本回路的组建与调试

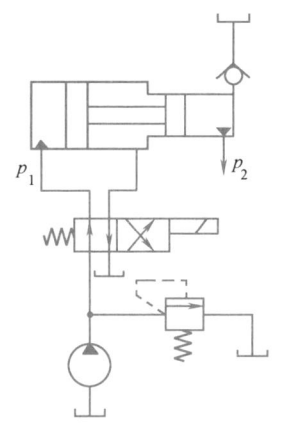
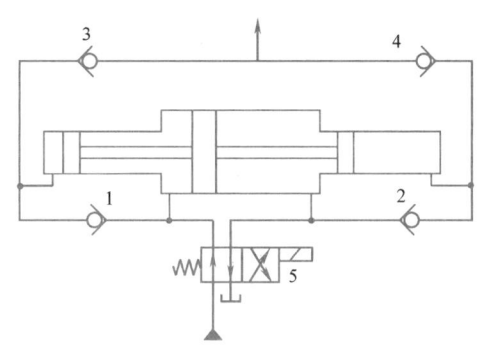

双作用增压缸增压回路

a) 单作用增压缸增压回路　　b) 双作用增压缸增压回路

图 6-3　增压回路
1、2、3、4—单向阀　5—电磁换向阀

1. 利用液压泵保压的保压回路

利用液压泵保压的保压回路是指在保压过程中，液压泵仍以较高的压力（保持所需压力）工作。此时，若采用定量泵，则压力油几乎全经溢流阀流回油箱，系统功率损失大，易发热，故该回路只在小功率的系统且保压时间较短的场合下才使用。若采用变量泵，在保压时泵的压力较高，但输出流量几乎等于零，因而液压系统的功率损失小。这种保压方法能随泄漏量的变化而自动调整输出流量，因而效率也较高。

利用液压泵保压的保压回路

2. 采用蓄能器的保压回路

采用蓄能器的保压回路是指借助蓄能器来保持系统压力，补偿系统泄漏的回路。如图 6-4a 所示，当主换向阀在左位工作时，液压缸向前运动且压紧工件，进油路压力升高至

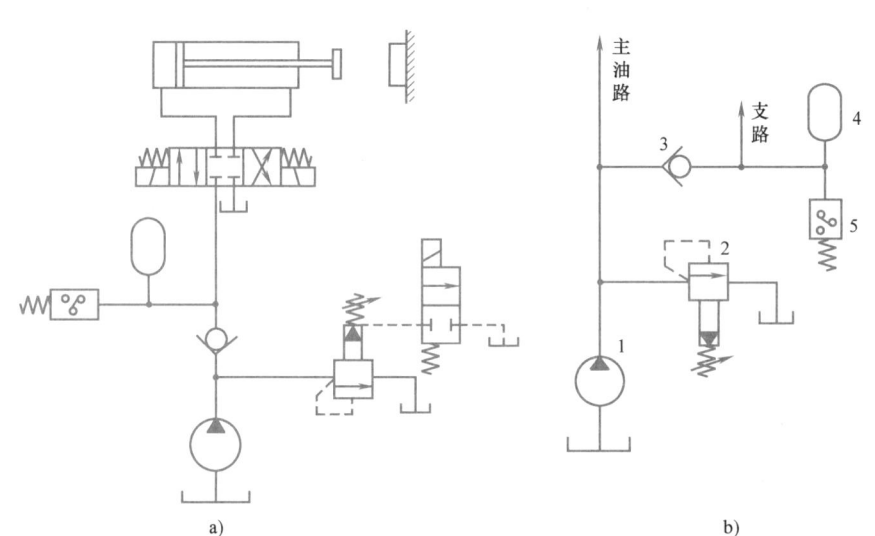

采用蓄能器的保压回路 1

采用蓄能器的保压回路 2

图 6-4　采用蓄能器的保压回路
1—定量泵　2—先导式溢流阀　3—单向阀　4—蓄能器　5—压力继电器

139

调定值，压力继电器动作使二通阀通电，泵即卸荷，单向阀自动关闭，液压缸则由蓄能器保压。缸压不足时，压力继电器复位使泵重新工作。保压时间的长短取决于蓄能器容量，调节压力继电器的工作区间即可调节缸中压力的最大值和最小值。图 6-4b 所示为多缸系统中的保压回路，这种回路当主油路压力降低时，单向阀 3 关闭，支路由蓄能器保压补偿泄漏，压力继电器 5 的作用是当支路压力达到预定值时发出信号，使主油路开始动作。

3. 自动补油保压回路

图 6-5 所示为采用液控单向阀和电接触式压力表的自动补油保压回路。它的工作原理为：当 1YA 得电，换向阀右位接入回路，液压缸上腔压力上升至电接触式压力表的上限值时，上触点发出信号，使电磁铁 1YA 失电，换向阀处于中位，液压泵卸荷，液压缸由液控单向阀保压。当液压缸上腔压力下降到预定下限值时，电接触式压力表又发出信号，使 1YA 得电，液压泵再次向系统供油，使压力上升。当压力达到上限值时，上触点又发出信号，使 1YA 失电。因此，这一回路能自动地使液压缸补充压力油，使其压力能长期保持在一定范围内。

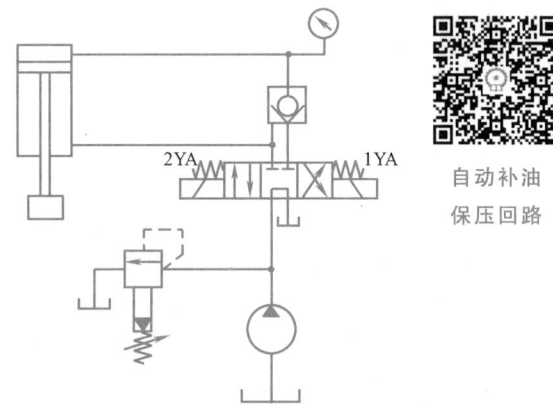

图 6-5 自动补油保压回路

（五）卸荷回路

卸荷回路的功用是在系统执行元件短时间停止工作期间，液压泵不停止转动，使其在很小的输出功率下运转，以减少功率损耗，降低系统发热，延长泵和电动机的寿命。卸荷有流量卸荷和压力卸荷两种方法，流量卸荷用于变量泵。常见的卸荷方式有以下几种。

1. 换向阀中位机能卸荷回路

图 6-6 所示为换向阀中位机能卸荷回路。它采用中位串联型（M 型中位机能）换向阀，当阀位处于中位时，泵排出的液压油直接经换向阀的 P、T 通路流回油箱，泵的工作压力接近于零。使用此种方式卸荷比较简单，但压力损失较多，且不适用于一个泵驱动两个或两个以上执行元件的场合。注意：三位四通换向阀的流量必须与泵的流量相适应。

2. 二位二通阀旁路卸荷回路

图 6-7 所示为二位二通阀旁路卸荷回路。当二位二通阀左位工作时，泵排出的液压油以接近零压状态流回油箱，以节省动力并避免油温上升。图 6-7 所示的二位二通阀可以手动操作，也可使用电磁操作。注意：二位二通阀的额定流量必须与泵的流量相适应。

以上两种方式简单易行，但由于在切换换向阀时会产生液压冲击，所以仅适用于流量小于 $6.67 \times 10^{-4} \mathrm{m}^3/\mathrm{s}$（40L/min）和压力小于 2.5MPa 的场合，且配管应尽可能短。

3. 利用溢流阀远程控制口卸荷的回路

图 6-8 所示为利用溢流阀远程控制口卸荷的回路，将溢流阀的远程控制口和二位二通电磁阀连接。当二位二通电磁阀通电时，溢流阀的远程控制口通油箱，这时溢流阀的平衡活塞上移，主阀阀口打开，泵排出的液压油全部流回油箱，泵出口压力几乎是零，故泵呈卸荷运转状态。

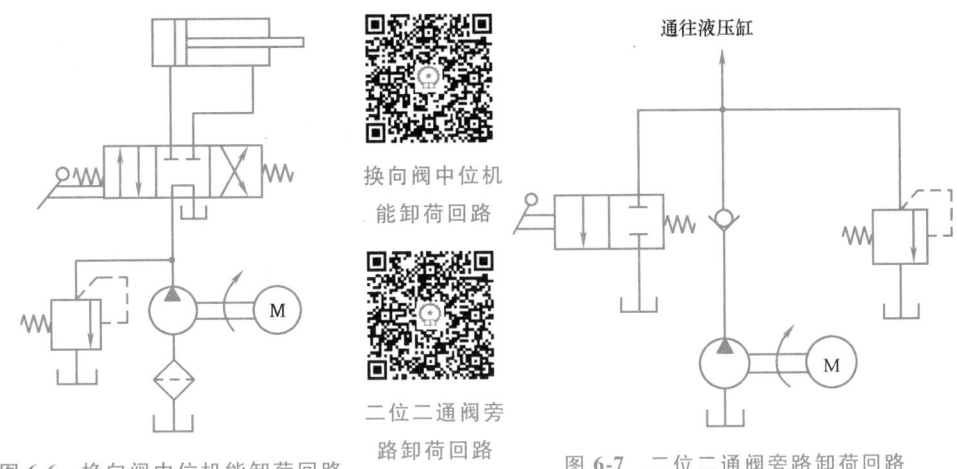

图 6-6　换向阀中位机能卸荷回路　　图 6-7　二位二通阀旁路卸荷回路

4. 采用复合泵的卸荷回路

图 6-9 所示为采用复合泵的卸荷回路（液压钻床的动力源）。当液压缸快速推进时，推动液压缸活塞前进所需的压力比左、右两边溢流阀所设定的压力还低，故大排量泵和小排量泵的压力油全部被送到液压缸，使活塞快速前进。

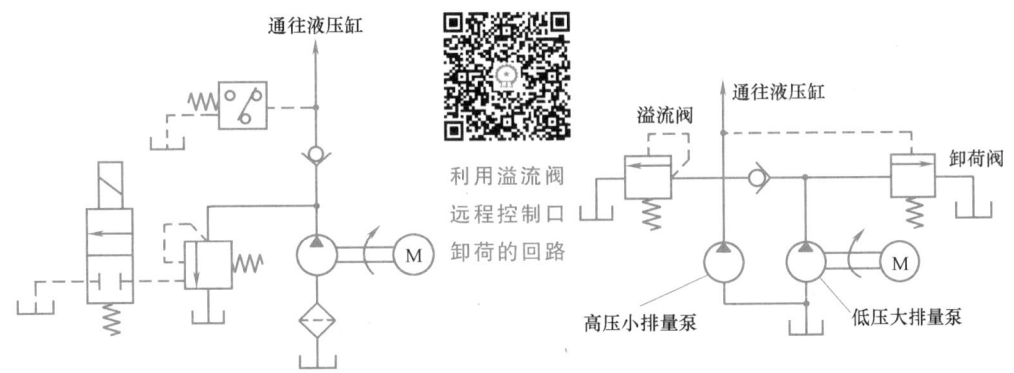

图 6-8　利用溢流阀远程控制口卸荷的回路　　图 6-9　采用复合泵的卸荷回路

钻削时当钻头和工件接触时，液压缸活塞移动的速度变慢，且活塞上的工作压力变大，通往液压缸的管路油压上升到比卸荷阀设定的工作压力大时，卸荷阀打开，低压大排量泵所排出的液压油经卸荷阀流回油箱。因为单向阀受高压油作用，所以低压泵所排出的油液根本不会经单向阀流到液压缸。

由此可知，在钻削进给阶段，液压缸的油液由高压小排量泵来供给。因为这种回路的动力几乎完全由高压泵在消耗，所以可达到节约能源的目的。卸荷阀的调定压力通常比溢流阀的调定压力低 0.5MPa 以上。

（六）平衡回路

平衡回路的功用在于防止垂直或倾斜放置的液压缸和与之相连的工作部件因自重而下滑。

图 6-10a 所示为采用单向顺序阀的平衡回路，当 1YA 得电、活塞下行时，回油路中存在

一定的背压，只要将这个背压调整到能支承活塞和与之相连的工作部件的自重，活塞就可以平稳地下落。当换向阀处于中位时，活塞就停止运动，不再继续下移。这种平衡回路当活塞向下快速运动时，其功率损失大；当活塞锁住时，活塞和与之相连的工作部件会因单向顺序阀和换向阀的泄漏而缓慢下落。因此平衡回路只适用于工作部件重量不大、活塞锁住时定位要求不高的场合。

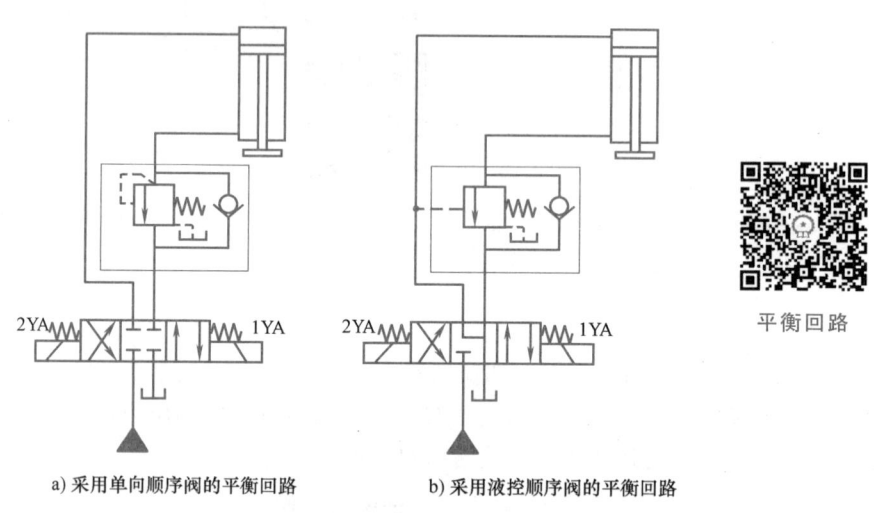

a) 采用单向顺序阀的平衡回路　　b) 采用液控顺序阀的平衡回路

图 6-10　采用顺序阀的平衡回路

图 6-10b 所示为采用液控顺序阀的平衡回路。当活塞下行时，控制压力油打开液控顺序阀，背压消失，因而回路工作效率较高；当活塞停止工作时，液控顺序阀关闭，以防止活塞和工作部件因自重而下滑。这种平衡回路的优点是只有上腔进油时活塞才下行，比较安全和可靠，但缺点是活塞下行时平稳性较差。这是因为活塞下行时，液压缸上腔油压降低，将使液控顺序阀关闭；当顺序阀关闭时，因活塞停止下行，使液压缸上腔油压升高，又打开液控顺序阀。这使液控顺序阀始终处于启、闭的过渡状态，因而影响工作的平稳性。这种回路适用于运动部件重量不大、停留时间较短的液压系统。

二、速度控制回路及分析

速度控制回路主要控制液压系统中执行元件的速度和变换，包括调速回路、快速运动回路和速度换接回路等。速度控制回路是液压系统的核心，其他回路往往都围绕着速度调节来进行选配，因而其工作性能和质量对整个系统起着决定性的作用。

（一）调速回路

调速回路用来调节执行元件的运动速度。在不考虑泄漏及液压油可压缩性的情况下，执行元件中液压缸的速度表达式为 $v=q_V/A_c$，液压马达的速度表达式为 $n=q_V/V_M$。从表达式中可以看出，改变输入执行元件的流量、液压缸的有效工作面积或液压马达的排量，都可达到调速的目的。对液压缸而言，其有效工作面积在工作中一般是无法改变的，改变排量对于变量液压马达很容易实现，而用得最普遍的还是改变输入执行元件的流量。因此，液压系统的调速方式有以下三种：

（1）节流调速　该调速方式用定量泵供油，由流量控制阀改变输入执行元件的流量来调节速度。

（2）容积调速　该调速方式通过改变变量泵或（和）变量马达的排量来调节速度。

（3）容积节流调速　该调速方式用能自动改变流量的变量泵与流量控制阀联合来调节速度。

1. 节流调速回路

节流调速回路采用节流阀或调速阀，通过改变主回路的通流面积从而改变流量实现调速，在要求调速性能好的场合采用调速阀调速。节流调速回路装置简单，并能获得较大的调速范围，但系统中节流损失大、效率低，容易引起油液发热。

按节流元件在主回路中的位置不同，节流调速回路分为主油路节流调速回路和旁路节流调速回路。

（1）主油路节流调速回路　主油路节流调速回路分为进油路节流调速回路、回油路节流调速回路、进回油路节流调速回路，如图 6-11 所示。

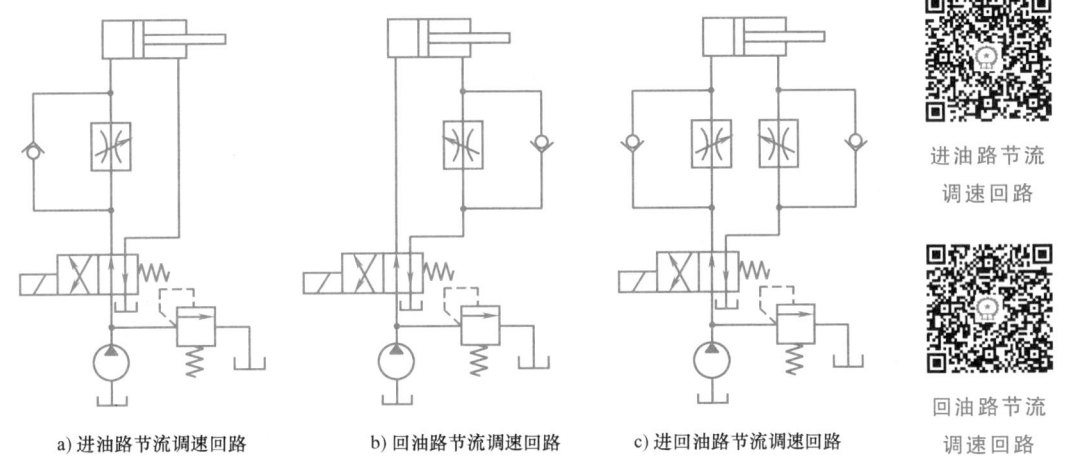

a) 进油路节流调速回路　　b) 回油路节流调速回路　　c) 进回油路节流调速回路

图 6-11　主油路节流调速回路

主油路节流调速回路是将节流阀串联在主油路上，并联一溢流阀，多余的油液经溢流阀流回油箱。由于溢流阀一直处于工作状态，所以泵出口压力保持恒定不变，故又称其为定压式节流调速回路。

回油路节流调速回路和进回油路节流调速回路承受"负负载"（即与活塞运动方向相同的负载），进油路节流调速回路则要在其回油路上设置背压阀后才能承受这种负载。

（2）旁路节流调速回路　图 6-12 所示为旁路节流调速回路。旁路节流调速回路中多余的油液由节流阀流回油箱，泵的压力随外负荷改变。外负荷变化，泵的输出功率也变化，其用作安全阀的溢流阀仅在油压超过安全压力时才打开，所以旁路节流调速回路的效率高，但低速不稳，调速比小。

2. 容积调速回路

液压传动系统中，为了达到液压泵输出流量与负荷流量一致从而无溢流损失的目的，往

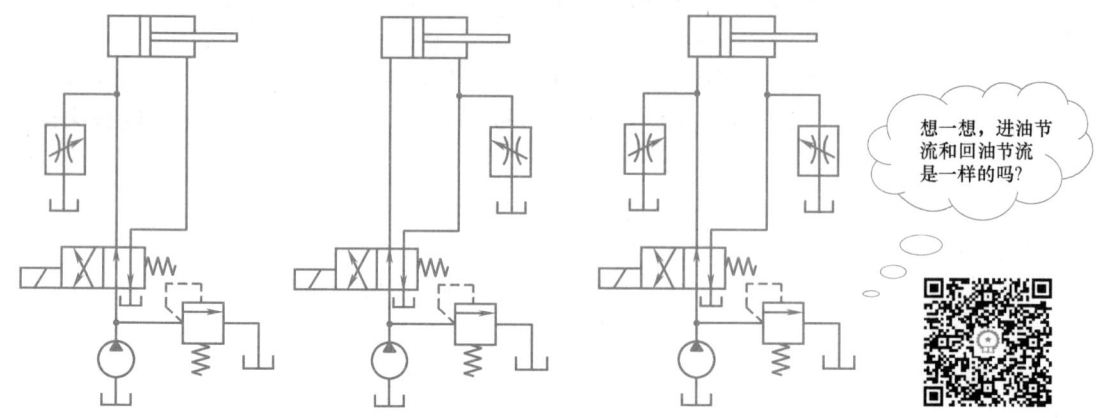

图 6-12 旁路节流调速回路

往采用改变液压泵或液压马达（同时改变）有效工作容积的方法进行调速，这种调速回路称为容积调速回路。

容积调速回路无节流和溢流损失，因此系统不易发热，效率高，在大功率的液压系统中得到了广泛应用。但这种调速回路要求制造精度高，结构复杂，造价较高。

容积调速回路有变量泵-定量液压马达（液压缸）调速回路、定量泵-变量液压马达调速回路、变量泵-变量液压马达调速回路；按油路的循环形式有开式调速回路和闭式调速回路。

（1）变量泵-定量液压马达（液压缸）调速回路 图 6-13a 所示为变量泵-定量液压马达调速回路。该回路是由单向变量泵-单向定量液压马达组成的容积式调速回路。改变变量泵的流量，可以调节定量液压马达的转速。安全阀（溢流阀4）用于防止回路过负荷。辅助泵用以补充变量泵和定量液压马达的泄漏。辅助泵向变量泵直接供油，以改变变量泵的特性，防止空气渗入管路。本回路是闭式油路，结构紧凑。

图 6-13b 所示为变量泵-液压缸调速回路，改变泵的供油量就可以改变液压缸的运动速度。

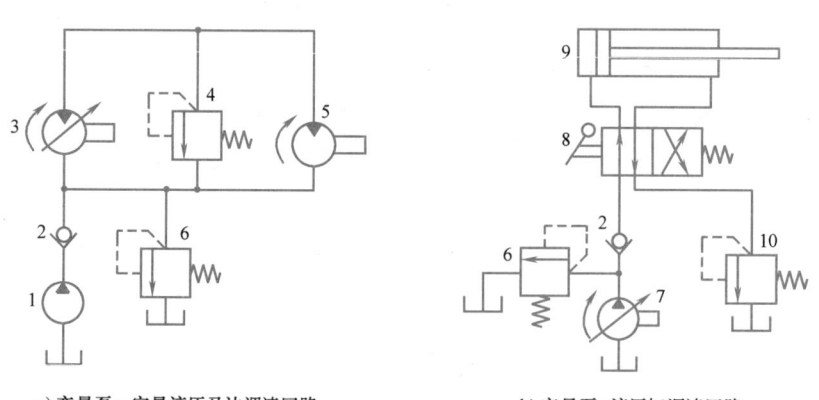

a) 变量泵－定量液压马达调速回路　　b) 变量泵－液压缸调速回路

图 6-13　变量泵-定量液压马达（液压缸）调速回路
1—辅助泵　2—单向阀　3—变量泵　4、6—溢流阀
5—定量液压马达　7—单作用变量泵　8—手动换向阀　9—液压缸　10—背压阀

这种调速方式随着负荷的增加,会使运动部件产生进给速度不稳的状况。因此,这种回路只适用于负荷变化不大的液压系统。当负荷变化较大、速度稳定性要求较高时,可采用容积节流调速回路。

(2) 定量泵-变量液压马达调速回路　图 6-14 所示为定量泵-变量液压马达调速回路。该回路为闭式回路,泵出口为定压力、定流量。当调节变量液压马达时,其排量增大,转矩成比例增大,而转速则成比例减小,功率输出值为恒值,因此这种回路又称为恒功率回路。

这种回路调速范围很小,为 3~4 倍,若用液压马达来换向,要经过排量很小的区域,这时转速很高,易出故障,所以这种回路很少单独使用。这种回路适用于卷扬机、起重机,可使原动机保持在恒功率下工作,从而最大限度地利用原动机的功率,达到节约能源的目的。

此回路中,辅助泵是小容量补油泵,以补充主油泵和变量液压马达的泄漏;安全阀用于保证系统的安全。

(3) 变量泵-变量液压马达调速回路　图 6-15 所示为变量泵-变量液压马达调速回路。单向阀 6 和 8 用于使辅助泵双向补油,单向阀 7 和 9 能使安全阀在两个方向上起作用。这种调速回路是上两种调速回路的组合。由于液压泵和液压马达都可以改变排量,故增加了调速范围,扩大了液压马达输出转矩和功率的选择余地。

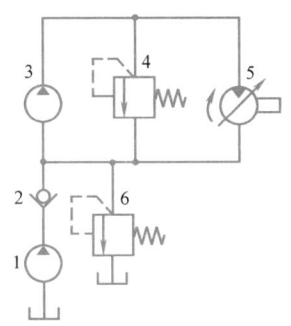
图 6-14　定量泵-变量液压马达调速回路
1—辅助泵　2—单向阀　3—定量泵
4—安全阀　5—变量液压马达　6—溢流阀

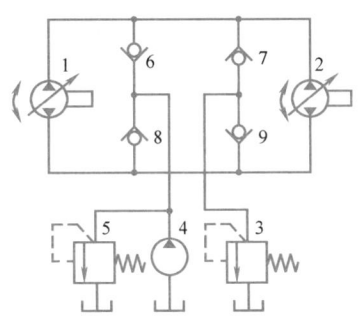
图 6-15　变量泵-变量液压马达调速回路
1—双向变量泵　2—双向变量液压马达　3—安全阀
4—辅助泵　5—溢流阀　6、7、8、9—单向阀

需要液压马达工作在低速大转矩状态时,先将液压马达排量调至最大,然后是泵的流量的由小到大调节,此时系统工作在恒转矩状态;需要液压马达工作在高速状态时,则减小液压马达的排量,使液压马达工作在恒功率状态。其速度和功率调整可以是手动的,要求较高时采用伺服控制。

3. 容积节流调速回路

容积调速回路虽然具有效率高、发热量少的优点,但也不同程度地具有与节流调速回路类似的缺点,即执行元件的速度随负荷的变化而改变。对速度稳定性要求较高的液压系统,采用变量液压泵与流量阀相配合,可以大大提高速度的稳定性。

容积节流调速回路利用流量阀配合变量液压泵来实现对执行元件速度的调节。这种回路的特点是变量液压泵的输出流量能自动接受流量阀调节并与之吻合,无溢流损失,效率高;同时变量液压泵的泄漏通过压力反馈而得到补偿,进入执行元件的流量由流量阀控制,故速度的稳定性较好。该回路适用于负荷变化较大,要求速度稳定与效率高的场合。

图 6-16 所示为容积节流调速回路。这种回路采用限压式变量液压泵与调速阀相配合,常用于机床的液压系统。对于单杆液压缸,为了获得更低的稳定速度,将调速阀 2 安装在无杆腔这侧的进油路上,有杆腔的回油路上安装背压阀 6。在液压缸活塞快进时,二位二通阀 3 处于左位,调速阀 2 被短接,液压泵 1 以最大流量给液压缸供油。工进时,压力继电器 5 使二位二通阀 3 电磁铁通电,液压泵 1 输出的压力油须经调速阀 2 进入液压缸,工作速度由调速阀 2 来控制。调节调速阀 2 开口的大小,可改变进入液压缸的油液流量,从而实现液压缸工作速度的调节。若液压泵 1 的输出流量大于液压缸负荷所需的流量,由于回路中没有溢流阀,多余的油液没有出路,液压泵 1 的出口压力就会上升。由限压式变量液压泵工作原理可知,通过压力反馈可使液压泵 1 的流量自动减小,直至两者相等。如果液压泵 1 的输出流量小于液压

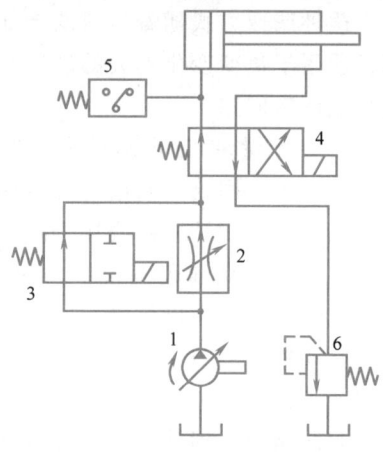

图 6-16 容积节流调速回路
1—液压泵 2—调速阀 3—二位二通阀
4—二位四通阀 5—压力
继电器 6—背压阀

缸负荷所需的流量,液压泵 1 的出口压力就会下降,通过压力反馈又使液压泵 1 的输出流量自动增大,直至两者相等,所以液压泵的输出流量总是与液压缸负荷所需的流量相吻合。工进结束后,压力继电器 5 使二位二通阀 3 和二位四通阀 4 换向,调速阀 2 再次被短接,液压缸活塞实现快退。为使该回路正常工作,必须使液压泵 1 的工作压力满足调速阀 2 正常工作时所需的压力降,但液压泵 1 的工作压力也不能太高,否则会使其本身的泄漏增加,也会使调速阀 2 两端压力降过大,从而造成较大的节流损失,使回路效率严重降低,增加系统发热。

(二)快速运动回路

快速运动回路又称增速回路,其功用在于使液压执行元件在空载时获得所需的高速,以提高系统的工作效率或充分利用功率。可实现快速运动的回路有多种,下面介绍几种常用的。

1. 液压缸差动连接快速运动回路

图 6-17 所示的回路是利用二位三通电磁换向阀实现液压缸差动连接的回路。当阀 3 和阀 5 左位接入时,液压缸差动连接做快进运动。当阀 5 电磁铁通电时,差动连接即被切断,液压缸回油经过单向调速阀 6,实现工进。阀 3 右位接入后,液压缸快退。

这种连接方式可在不增加泵流量的情况下提高执行元件的运动速度。

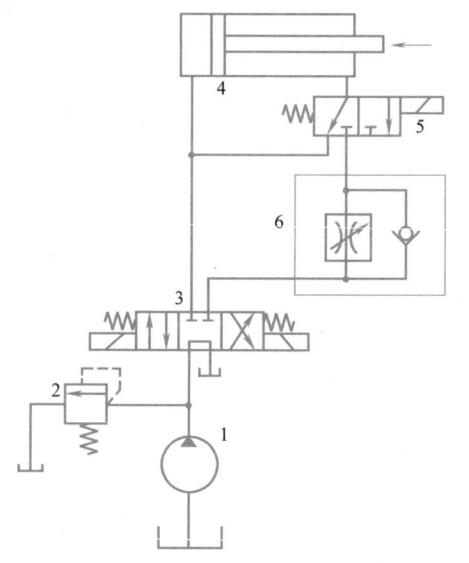

液压缸差动
连接快速运
动回路

图 6-17 液压缸差动连接快速运动回路
1—液压泵 2—溢流阀 3—三位四通电磁换向阀
4—液压缸 5—二位三通电磁换向阀 6—单向调速阀

必须注意,应按合成流量来选择泵的输出流量和有杆腔排出的流量合在一起所流过的阀和管

路,否则会使压力损失增大,泵的供油压力过高,致使泵的部分压力油从溢流阀溢回油箱而达不到差动快进的目的。液压缸的差动连接也可用 P 型中位机能的三位换向阀来实现。

2. 采用蓄能器的快速补油回路

对于间歇运转的液压机械,当执行元件间歇或低速运动时,泵向蓄能器充油。而在工作循环中,当某一工作阶段执行元件需要快速运动时,蓄能器作为泵的辅助动力源,可与泵同时向系统提供压力油。

图 6-18 所示为采用蓄能器的快速补油回路。当换向阀移到左位工作时,蓄能器所储存的液压油即可释放到液压缸,使活塞快速前进。活塞在做加压等操作时,液压泵即可对蓄能器充压(蓄油)。当换向阀移到阀右位时,蓄能器液压油和液压泵排出的液压油同时被送到液压缸的活塞杆端,活塞快速回行。这样,系统中可选用流量较小的液压泵和功率较小的电动机,以节约能源并降低油温。

3. 采用双泵供油的快速运动回路

采用双泵供油的快速运动回路如图 6-19 所示。高压小流量泵 1 和低压大流量泵 2 组成的双联泵是动力源。液控顺序阀 3(卸荷阀)和溢流阀 7 分别用于调定双泵供油和小流量泵 1 供油时系统的最高工作压力。当主换向阀 4 在左位或右位工作时,换向阀 6 电磁铁通电,这时系统压力低于卸荷阀 3 的调定压力,两个泵同时向液压缸供油,液压缸快速向左(或向右)运动。当快进完成后,阀 6 断电,液压缸的回油经过节流阀 5,因流动阻力增大而引起系统压力升高。当卸荷阀 3 的外控油路压力达到或超过卸荷阀的调定压力时,大流量泵通过卸荷阀 3 卸荷,单向阀 8 自动关闭,只有小流量泵 1 向系统供油,液压缸慢速运动。卸荷阀的调定压力至少应比溢流阀的调定压力低 10%~20%。

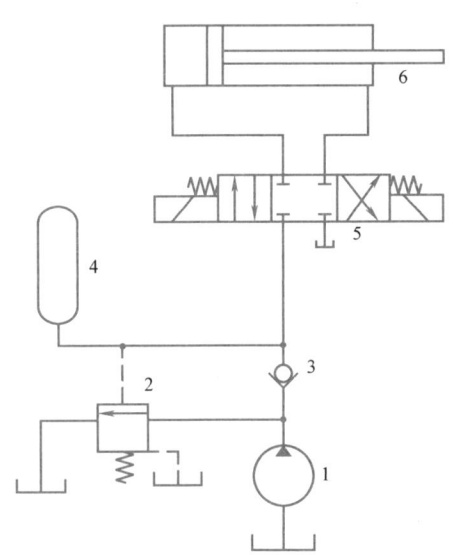

图 6-18 采用蓄能器的快速补油回路
1—液压泵 2—顺序阀 3—单向阀
4—蓄能器 5—换向阀 6—液压缸

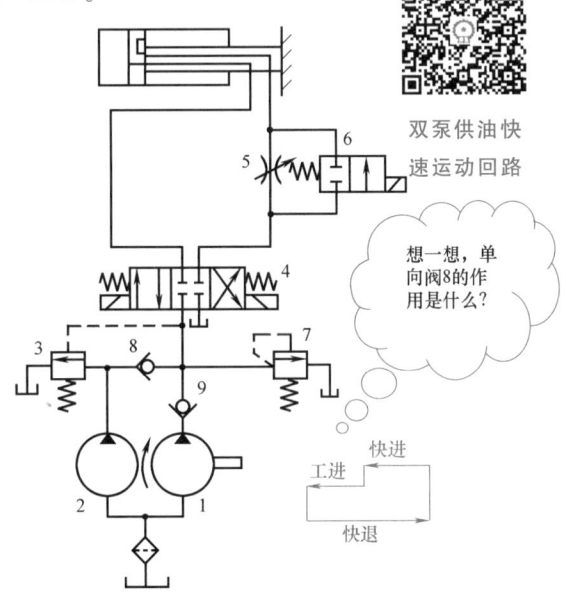

双泵供油快速运动回路

想一想,单向阀 8 的作用是什么?

图 6-19 采用双泵供油的快速运动回路
1、2—双联泵 3—卸荷阀(液控顺序阀) 4、6—换向阀
5—节流阀 7—溢流阀 8、9—单向阀

双泵供油快速运动回路的优点是双泵回路简单合理,功率损耗小,回路效率较高,常用在执行元件快进和工进速度相差较大的场合。

（三）速度换接回路

速度换接回路的功能是使液压执行机构在一个工作循环中从一种运动速度变换到另一种运动速度，因而这个转换不仅包括液压执行元件快速到慢速的换接，而且包括两个慢速之间的换接。实现这些功能的回路应该具有较高的速度换接平稳性。

1. 快、慢速换接回路

图 6-20 所示为采用行程阀来实现快速与慢速换接的回路。在图 6-20 所示的状态下，液压缸快进，当活塞所连接的挡块压下行程阀 6 时，行程阀关闭，液压缸右腔的油液必须通过节流阀 5 才能流回油箱，活塞运动速度转为慢速工进；当电磁换向阀 2 左位接入回路时，压力油经单向阀 4 进入液压缸右腔，活塞快速向右返回。

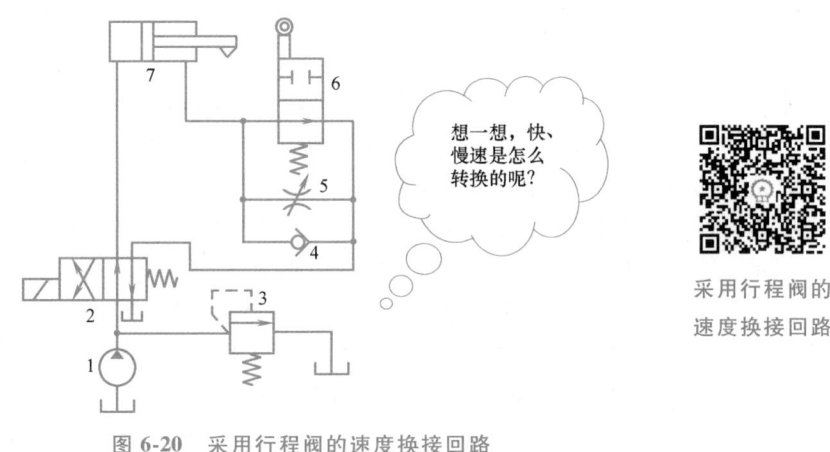

图 6-20 采用行程阀的速度换接回路
1—定量泵 2—电磁换向阀 3—溢流阀
4—单向阀 5—节流阀 6—行程阀 7—液压缸

在这种速度换接回路中，因为行程阀的通油路是由液压缸活塞的行程控制阀芯移动而逐渐关闭的，所以换接时的位置精度高，冲出量小，运动速度的变换也比较平稳。这种回路在机床液压系统中应用较多，其缺点是行程阀的安装位置受一定限制（要由挡铁压下），所以有时管路连接稍复杂。行程阀也可以用电磁换向阀来代替，电磁换向阀的安装位置不受限制（挡铁只需要压下行程开关），但其换接精度及速度变换的平稳性较差。

2. 两种工进速度的换接回路

对于某些自动机床、注射机等，需要在自动工作循环中变换两种以上的工进速度，这时需要采用两种（或多种）工进速度的换接回路。

图 6-21 所示为采用两个调速阀的速度换接回路。图 6-21a 中的两个调速阀并联，由换向阀实现换接。两个调速阀可以独立地调节各自的流量，互不影响；但是一个调速阀工作时另一个调速阀内无油通过，其减压阀不起作用而处于最大开口状态，因而速度换接时大量油液通过该处将使机床工作部件产生突然前冲现象，因此不宜用于工作过程中的速度换接场合，只可用于速度预选场合。

图 6-21b 所示为两个调速阀串联的速度换接回路。当主换向阀 1 左位接入系统时，调速阀 3 被换向阀 4 短接，输入液压缸的流量由调速阀 2 控制；当换向阀 4 右位接入回路时，由于通过调速阀 3 的流量调得比 2 小，因此输入液压缸的流量由调速阀 3 控制。在这种回路

中，调速阀 2 一直处于工作状态，它在进行速度换接时限制进入调速阀 3 的油液流量，因此它的速度换接平稳性比较好，但由于油液经过两个调速阀，因此能量损失比较大。

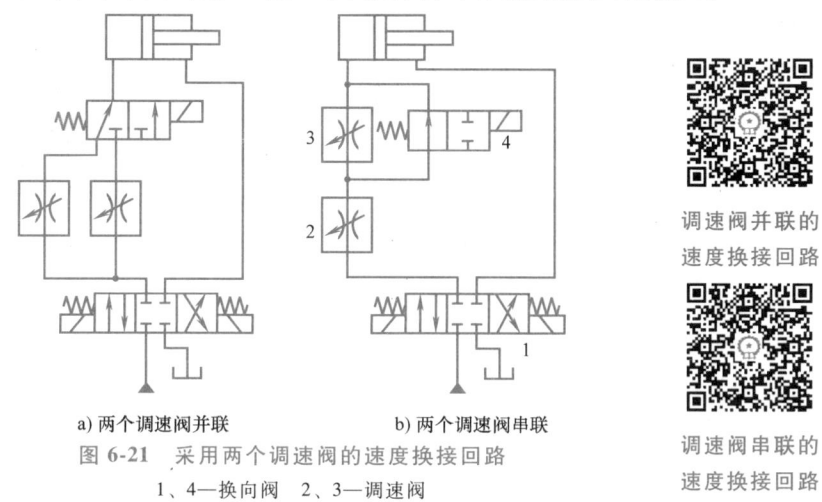

a) 两个调速阀并联　　　b) 两个调速阀串联

图 6-21　采用两个调速阀的速度换接回路

1、4—换向阀　2、3—调速阀

三、方向控制回路及分析

液压系统中，利用方向控制阀来控制油液的通、断或变向，以实现执行元件的启动、停止和改变运动方向的回路称为方向控制回路，包括换向回路、锁紧回路和制动回路等。

（一）换向回路

图 6-22 所示为依靠重力或弹簧弹力返回的单作用式液压缸换向回路，采用二位三通换向阀进行换向。图 6-23 所示为双作用式液压缸换向回路，回路中采用三位四通 M 型中位机能的电磁换向阀来控制液压缸的换向。电磁铁 1YA 得电时，油液压力推动活塞向下运动；电磁铁 2YA 得电时，油液压力推动活塞向上运动；电磁铁 1YA、2YA 都失电，即为中位，此时液压缸停止运动，液压泵供出的油液通过溢流阀流回油箱。双作用式液压缸的换向，一般可采用二位四通（或五通）及三位四通（或五通）换向阀进行，按不同的用途可选用不同控制方式的换向回路。

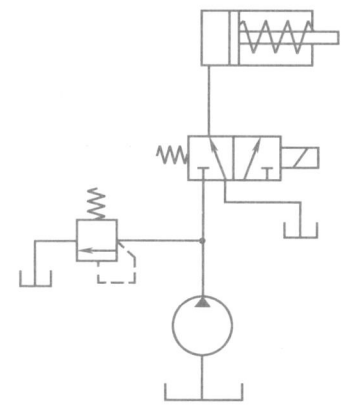

图 6-22　单作用式液压缸换向回路

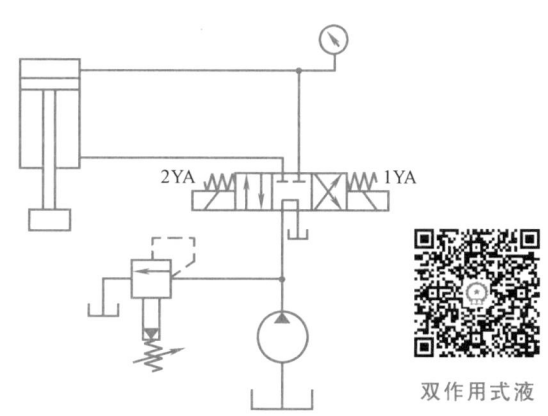

图 6-23　双作用式液压缸换向回路

各种换向阀换向回路的特点如下：

1）手动换向阀：换向精度和平稳性不高，常用于换向不频繁且无需自动化的场合，如一般机床夹具、工程机械等。

2）机动换向阀：换向精度高，冲击较小，一般用于速度和惯性较大的系统中。

3）电磁换向阀：使用方便，易于实现自动化，但换向时间短，冲击大，一般用于小流量、对平稳性要求不高的场合。

4）液动阀和电液换向阀：流量超过63L/min，适用于对换向精度与平稳性有一定要求的液压系统。

（二）锁紧回路

锁紧回路的功用是使液压缸能在任意位置上停留，且停留后不会因外力作用而移动位置的回路。

图6-24所示为液控单向阀（又称双向液压锁）锁紧回路。当换向阀3处于左位时，液压油经单向阀1进入液压缸左腔，同时液压油也进入单向阀2的控制油口K，打开单向阀2，使液压缸右腔的回油可经单向阀2及换向阀3流回油箱，活塞向右运动。反之，活塞向左运动，到达需要停留的位置，只要使换向阀3处于中位，因阀的中位为H型机能（也可使用Y型），所以单向阀1和2均关闭，使活塞双向锁紧。在这个回路中，由于液控单向阀的阀座一般为锥阀结构，所以密封性好，泄漏极少，锁紧的精度主要取决于液压缸的泄漏。这种回路被广泛用于工程机械、起重运输机械等有锁紧要求的场合。

图6-25所示为三位四通电磁换向阀（O型）锁紧回路，利用其中位封闭液压缸的两腔。这种回路的锁紧时间不会太长，锁紧效果较差。

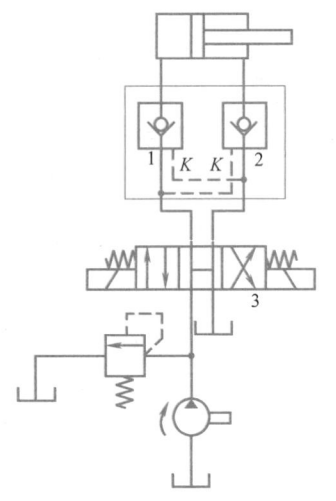

图6-24　液控单向阀锁紧回路
1、2—单向阀　3—换向阀

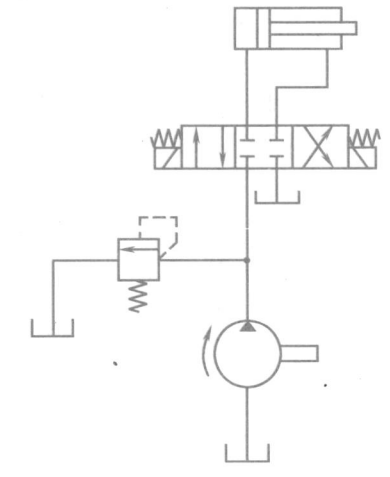

图6-25　三位四通电磁换向阀锁紧回路

四、动作控制回路及分析

在液压系统中，如果由一个动力源给多个液压执行元件输送压力油，须采用一些特殊的回路才能实现预定的动作，常见的这类回路有以下三种。

（一）顺序动作回路

顺序动作回路的功能是使液压系统中的各个执行元件严格地按规定的顺序动作。按控制方式不同，顺序动作回路可分为行程控制顺序动作回路和压力控制顺序动作回路两大类。

1. 行程控制顺序动作回路

图 6-26a 所示为行程阀控制的顺序动作回路。在图示状态下，1、2 两液压缸活塞均在右端。当推动手柄，使换向阀 3 左位接入时，液压缸 1 左行，完成动作①；挡块压下行程阀 4 后，液压缸 2 左行，完成动作②；换向阀 3 复位后，液压缸 1 先退回，实现动作③；随着挡块后移，行程阀 4 复位，液压缸 2 退回，实现动作④。至此，顺序动作全部完成。这种回路工作可靠，但动作顺序一经确定，再改变就比较困难，同时管路长，布置较麻烦。图 6-26b 所示为行程开关控制的顺序动作回路，当换向阀 5 通电换向时，液压缸 1 左行完成动作①后，触动行程开关 S_1 使换向阀 6 通电换向，控制液压缸 2 左行完成动作②；当液压缸 2 左行至触动行程开关 S_2 使换向阀 5 断电时，液压缸 1 返回，实现动作③后，触动 S_3 使换向阀 6 断电，液压缸 2 返回，完成动作④，最后触动 S_4 使液压泵卸荷或引起其他动作，完成一个工作循环。这种回路的优点是控制灵活方便，但其可靠程度主要取决于电气元件的质量。

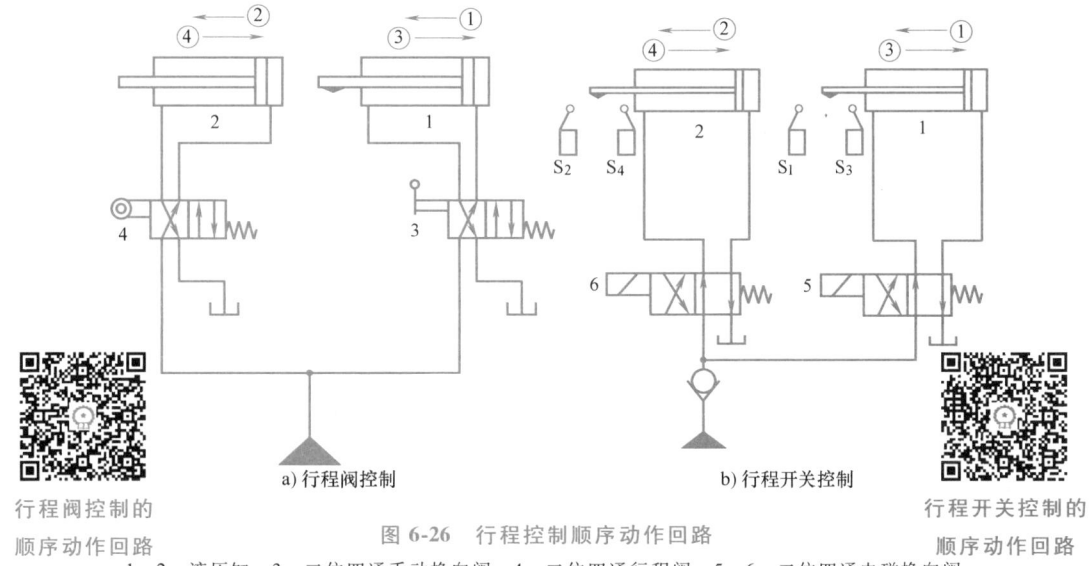

a) 行程阀控制　　b) 行程开关控制

图 6-26　行程控制顺序动作回路

1、2—液压缸　3—二位四通手动换向阀　4—二位四通行程阀　5、6—二位四通电磁换向阀

2. 压力控制顺序动作回路

图 6-27 所示为使用顺序阀的压力控制顺序动作回路。当换向阀 5 左位接入回路且顺序阀 4 的调定压力大于液压缸 1 的最大前进工作压力时，压力油先进入液压缸 1 的左腔，实现动作①；当液压缸 1 行至终点后，压力上升，压力油打开顺序阀 4 进入液压缸 2 的左腔，实现动作②；同样地，当换向阀 5 右位接入回路且顺序阀 3 的调定压力大于液压缸 2 的最大返回工作压力时，两液压缸则按③和④的顺序返回。

显然，这种回路动作的可靠性取决于顺序阀的性能及其压力调定值。一般顺序阀的调定压力应比前一个动作的压力高 0.8~1.0MPa，否则顺序阀易在系统压力波动时误动作。这种回路适用于液压缸数目不多、负载变化不大的场合。

（二）同步回路

在液压装置中，常需使两个以上的液压缸同步运动，理论上依靠流量控制即可达到这一目的，但若要做到精密同步，则须采用比例阀或伺服阀配合电子感测元件、计算机来完成。以下介绍几种基本的同步回路。

1. 采用调速阀的同步回路

如图6-28所示，两个液压缸并联，进（回）油路上分别串接一个调速阀，通过调整调速阀的开口大小，控制进入液压缸或自两液压缸流出的油液流量，可使它们在一个方向上实现速度同步。

这种回路结构简单，但调整比较麻烦，同步精度不高，不宜用于偏载或负载变化频繁的场合。

2. 采用串联液压缸的同步回路

图6-29中的两液压缸 A、B 串联，B 缸下腔的有效工作面积等于 A 缸上腔的有效工作面积。若无泄漏，两液压缸可同步下行。但因有泄漏及制造误差，故其同步误差较大。采用由液控单向阀3、电磁换向阀2和4组成的补偿装置，可使两液压缸每一次下行终点的位置同步误差得到补偿。其补偿原理是：当换向阀1右位工作时，压力油进入 B 缸的上腔，B 缸下

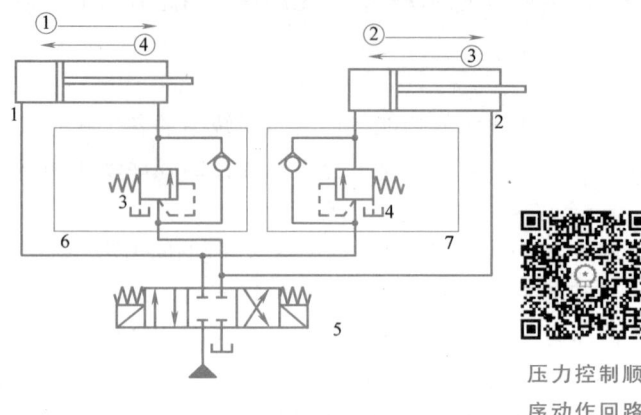

图6-27 压力控制顺序动作回路
1、2—液压缸 3、4—顺序阀 5—换向阀
6、7—单向顺序阀

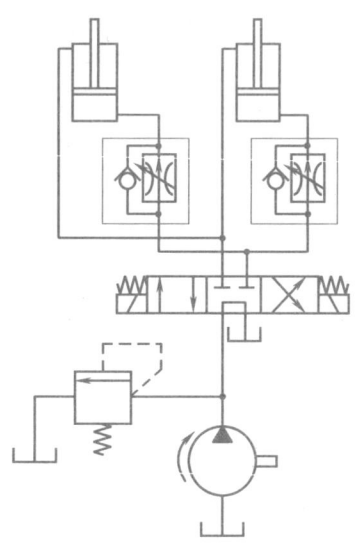

图6-28 采用调速阀的同步回路

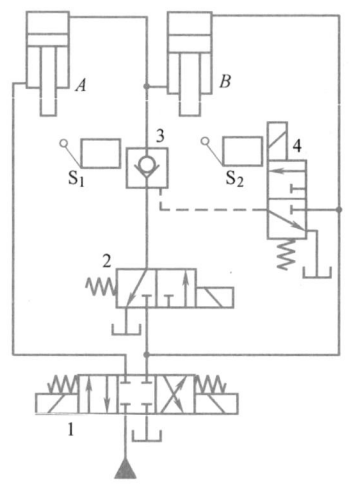

图6-29 带补偿装置的串联液压缸同步回路
1、2、4—电磁换向阀 3—液控单向阀

腔油液流入 A 缸上腔，A 缸下腔回油，两活塞同步下行。若 A 缸活塞先到达终点，它就触动行程开关 S_1 使电磁换向阀 4 通电换为上位工作。这时压力油经电磁换向阀 4 将液控单向阀 3 打开，同时继续进入 B 缸上腔，B 缸下腔的油液可经液控单向阀 3 及电磁换向阀 2 流回油箱，使 B 缸活塞能继续下行到终点位置。若 B 缸活塞先到达终点，它就触动行程开关 S_2，使电磁换向阀 2 通电换为右位工作。这时压力油可经电磁换向阀 2、液控单向阀 3 继续进入 A 缸上腔，使 A 缸活塞继续下行到终点位置。

这种回路适用于终点位置同步精度要求较高的小负载液压系统。

3. 采用同步缸或同步液压马达的同步回路

图 6-30 所示为采用同步缸的同步回路。同步缸是两个尺寸相同的缸体和两个活塞共用一个活塞杆的液压缸，活塞向左或向右运动时输出或接收相等容积的油液，在回路中起着配流的作用，使有效工作面积相等的两个液压缸实现双向同步运动。同步缸的两个活塞上装有双作用单向阀，可以在行程端点消除误差。

与同步缸一样，用两个同轴等排量双向液压马达做配流环节，输出相同流量的油液也可实现两缸双向同步。如图 6-31 所示，节流阀用于在行程端点消除两缸位置误差。这种回路的同步精度比采用流量控制阀的同步回路高，但专用的配流元件使系统变得复杂、制造成本增加。

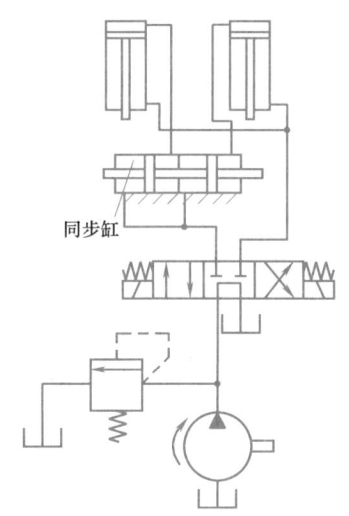

图 6-30　采用同步缸的同步回路

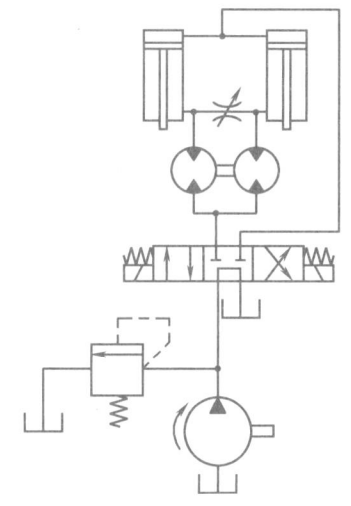

图 6-31　采用同步液压马达的同步回路

（三）多缸互不干扰回路

在一泵多缸的液压系统中，往往会由于一个液压缸转为快速运动的瞬时，吸入相当大流量的油液而造成系统压力的下降，影响其他液压缸工作的平稳性。多执行元件互不干扰回路的功用是防止液压系统中的几个液压执行元件因速度快慢的不同而在动作上相互干扰。因此，在速度平稳性要求较高的多缸系统中，常采用快慢速互不干扰回路。

图 6-32 所示为双泵供油互不干扰回路，液压缸 A、B 均须完成"快进—工进—快退"自动工作循环，且要求工进速度平稳。该回路的特点是：两缸的"快进"和"快退"均

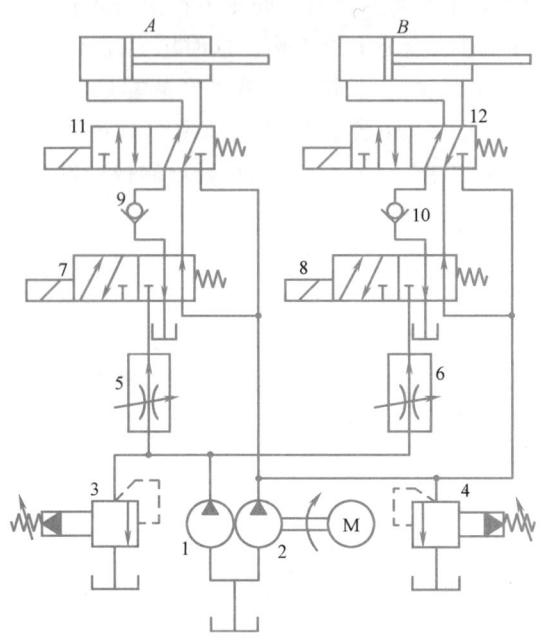

双泵供油互不干扰回路

图 6-32 双泵供油互不干扰回路

1、2—双联泵 3、4—溢流阀 5、6—调速阀 7、8、11、12—电磁换向阀 9、10—单向阀

由低压大流量泵 2 供油，两缸的"工进"均由高压小流量泵 1 供油。因此快速和慢速供油渠道不同，从而避免了相互干扰。

图 6-32 所示位置电磁换向阀 7、8、11、12 均不通电，液压缸 A、B 的活塞均处于左端位置。当阀 11、12 通电左位工作时，泵 2 供油，压力油经阀 7、11 与 A 缸两腔连通，使 A 缸活塞差动快进；同时泵 2 中的压力油经阀 8、12 与 B 缸两腔连通，使 B 缸活塞差动快进。当阀 7、8 通电左位工作，阀 11、12 断电换为右位时，泵 2 的油路被封闭，液压油不能进入液压缸 A、B，泵 1 供油，压力油经调速阀 5、换向阀 7 左位、单向阀 9、换向阀 11 右位进入 A 缸左腔，A 缸右腔经阀 11 右位、阀 7 左位回油，A 缸活塞实现工进，同时泵 1 中的压力油经调速阀 6、换向阀 8 左位、单向阀 10、换向阀 12 右位进入 B 缸左腔，B 缸右腔经阀 12 右位、阀 8 左位回油，B 缸活塞实现工进。这时若 A 缸工进完毕，使阀 7、11 均通电换为左位，则 A 缸换为泵 2 供油快退。其油路为：泵 2 中的油经阀 11 左位进入 A 缸右腔，A 缸左腔经阀 11 左位、阀 7 左位回油。这时由于 A 缸不由泵 1 供油，因而不会影响 B 缸工进速度的平稳性。当 B 缸工进结束时，阀 8、12 均通电换为左位，也由泵 2 供油实现快退。由于快退时为空载，对速度的平稳性要求不高，故 B 缸转为快退时对 A 缸快退无太大影响。

两缸工进时的工作压力由泵 1 出口处的溢流阀 3 调定，压力较高；两缸快进时的工作压力由泵 2 出口处的溢流阀 4 限定，压力较低。

【延伸阅读】

强化科技创新，掌握国际竞争的话语权

近百年来，我国在坦克工业上的发展十分迅速，从"一片空白"走到"世界前列"，让我们不禁疑惑,中国究竟是怎么走过来的?通过了解中国坦克先引进再自主研制的发展史,可以激发学生的学习热情,使学生懂得维护国家利益任重道远,提升学生对推动民族复兴和社会进步的责任感。

中国于20世纪50年代后期开始生产59式中型坦克,在20世纪60年代初定型并投产了62式轻型坦克和63式水陆坦克,自20世纪70年代以后又研制和生产了69式、80式和88式主战坦克。中国兵器工业集团有限公司倾注近20年心血打造的99A型主战坦克,被称为"陆战之王"。它安装着最大输出功率为1500马力(1马力=735.499W)的先进发动机,CH-1000型液力机械综合自动传动装置,可以使50多吨的坦克达到75km/h最大公路速度以及60km/h的最大越野速度。它采用液压回路驱动转向,拥有强大的火力、先进的爆炸反应装甲、强劲的发动机、灵活的机动性以及现代战争越来越看重的信息化功能。99A型主战坦克配备的125mm主炮不但威力强大、精度高,而且兼容多个弹种,可毁伤具有不同特性的目标。该坦克无论是在被动防护方面还是主动进攻方面,都已达到世界领先水平。该型坦克还拥有世界上独一无二的主动激光自卫武器系统及激光告警装置,能在压制敌方坦克观瞄仪器的同时提供来袭武器的预警信息,提醒乘员采取反制措施。99A型主战坦克以其厚实的新型复合装甲、完善的信息化系统、精准的实弹射击、风驰电掣的机动性能,引发外军为之惊叹。

【任务实施】

任务一 换向回路的连接与调试

在吊装机液压系统中,要求执行元件在停止运动时不因外界影响而发生漂移或窜动,也就是要求液压缸或活塞杆能可靠地停留在行程的任意位置上。若不采用液控单向阀组成的双向液压锁功能,试问采用哪一种中位机能的换向阀能实现液压缸的闭锁?

一、分析任务

该任务中,吊装机液压系统对执行机构来回运动过程中的停止位置要求较高,其本质就是对执行机构进行锁紧,使之不动,这种起锁紧作用的回路称为锁紧回路。图6-24所示即为采用液控单向阀的锁紧回路。

由于液控单向阀的密封性能很好,所以能使执行元件长期锁紧。若不采用液控单向阀完成任务,为了保证中位锁紧可靠,则宜采用O型或M型换向阀。图6-25所示就是利用三位四通电磁换向阀实现液压缸的中位锁紧和换向的。

二、回路分析

图6-24所示的液控单向阀锁紧回路中,换向阀左位工作时,压力油经液控单向阀1进入液压缸左腔,同时将液控单向阀2打开,使液压缸右腔油液能流回油箱,液压缸活塞向右运动;反之,当换向阀右位工作时,压力油进入液压缸右腔并立即将液控单向阀1关闭,活塞停止运动。这种锁紧回路主要用于汽车起重机的支腿油路和矿山机械中液压支架的油路。

图6-25所示为利用三位四通电磁换向阀实现液压缸的换向,同时保证中位时锁紧的回路。换向阀处于中位时,液压缸应闭锁,所以采用O型中位机能的换向阀。溢流阀的调定压力应适当,故选择较小额定流量的定量泵,以免活塞的运动速度过快,撞击缸盖。

三、实施步骤

1) 根据所给回路图，找出相应的液压元件。
2) 按指导教师要求，学生分组固定液压元件。
3) 按液压回路图接好油路和电路。
4) 检查无误后起动液压泵，观察回路运行情况。
5) 分析并说明各控制元件在回路中的作用。
6) 改变换向阀控制手柄的位置，观察回路的运行情况。
7) 分析遇到的问题并进行解决。
8) 完成实训并经教师检查评价后，关闭电源，拆下管线和元件，放回原处。
9) 各组集中，教师点评，学生提问并完成实训报告。

教师巡回指导并及时给每位学生打操作分数。

四、注意事项

1) 一个实训项目完成后，请先关闭电源，再拔掉快速接头。
2) 实训项目完成后，将油管悬挂到实训台两边的油管悬挂装置上，以防液压油泄漏。

五、质量评价标准

质量评价标准见表6-1。

表6-1 质量评价标准

考核项目	考核要求	配分	评分标准	扣分	得分	备注
元件选择	正确、快速选择液压元件	10	1. 没有正确选择液压元件扣5分 2. 选择元件速度慢扣5分			
安装连接	正确、快速连接液压元件	50	1. 一处连接错误扣10分 2. 连接超时达10min以上扣5分 3. 管路连接质量差扣5分			
回路运行	正确运行、调试回路	10	1. 没有按规定运行回路扣5分 2. 不会解决运行中遇到的问题扣5分			
拆卸回路	正确、合理拆卸回路	15	1. 没有按规定程序拆卸回路扣8分 2. 没有将元件按规定涂油扣5分 3. 没有将元件按规定放置扣2分			
安全生产	自觉遵守安全文明生产规程	10	不遵守安全文明生产规程扣10分			
实训报告	按时按质完成实训报告	5	1. 没有按时完成实训报告扣5分 2. 实训报告质量差扣2~5分			
自评得分		小组互评得分		教师签名		

任务二　顺序动作回路的连接与调试

液压式压力机在工作时需要克服很大的材料变形阻力，这就需要液压系统主供油回路中的液压油提供稳定的工作压力，同时为了保证系统安全，还必须在系统过载时能有效地卸荷。试设计能达到上述要求的回路。

试设计一液压钻床控制回路，须达到以下要求：利用溢流阀控制夹紧缸的夹紧力，使用顺序阀控制执行元件液压缸动作，且执行元件液压缸必须在夹紧缸夹紧力达到规定值时才能动作。

一、分析任务

液压式压力机工作时，系统的压力必须与负荷相适应，溢流阀在系统中的主要作用就是稳压和卸荷，可以通过溢流阀调整回路的压力来实现。这种用溢流阀来控制整个系统和局部压力的液压回路称为调压回路。

调压回路能控制局部或整个系统的压力，使之保持恒定或限定其最高值，还可以通过溢流阀限定系统的最高压力，防止系统过负荷。常见的调压回路如下：

1. 单级调压回路

图 6-33 所示为采用单级调压回路（只绘出主供油回路）的压力机液压控制回路。

2. 三级调压回路

图 6-34 所示为用三个溢流阀控制的三级调压回路。当换向阀在图示位置时，系统压力由溢流阀 1 控制；当换向阀的电磁铁 1YA 通电时，系统压力由溢流阀 3 控制；当电磁铁 2YA 通电时，系统压力由溢流阀 2 控制。在三个溢流阀中，溢流阀 2 和 3 控制的压力都要低于溢流阀 1 控制的压力。

分析液压钻床任务可知，利用溢流阀控制液压缸 A 的夹紧力，使用顺序阀通过压力信号来接通和断开液压回路，从而达到控制执行元件动作的要求，即液压缸 B 必须在液压缸 A 夹紧力达到规定值时才能动作，为要达到这一要求，可在顺序动作回路基础上设计压力控制回路。

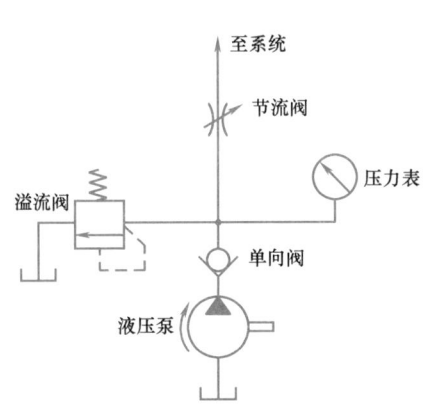

图 6-33　单级调压回路

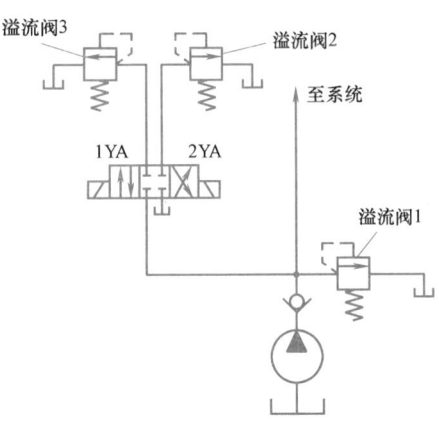

图 6-34　三级调压回路

二、回路分析

压力机工作时主供油回路主要解决的是向整个系统提供稳定压力的液压油及防止系统过负荷,故采用由溢流阀组成的单级调压回路即可满足要求。

在完成液压钻床的任务之前,先回顾一下图 6-27 所示顺序动作回路。阀 6 和阀 7 是由顺序阀 3、4 与单向阀构成的组合阀,称为单向顺序阀。夹紧液压缸 1 与钻孔液压缸 2 依①→②→③→④的顺序动作。动作开始时换向阀 5 左侧通电,使其左位接入系统,压力油只能进入夹紧液压缸 1 的左腔,回油经阀 6 中的单向阀回油箱,实现动作①。活塞右行到达终点后,夹紧工件,系统压力升高,打开阀 7 中的顺序阀,压力油进入钻孔液压缸左腔,回油经换向阀 5 回油箱,实现动作②。钻孔完毕以后,换向阀 5 右侧通电,压力油先进入钻孔液压缸 2 右腔,回油经阀 7 中的单向阀及换向阀 5 回油箱,实现动作③,钻头退回。钻孔液压缸 2 左行到达终点后,油压升高,打开阀 6 中的顺序阀,压力油进入夹紧液压缸 1 右腔,回油经换向阀 5 回油箱,实现动作④,松开工件,至此完成一个工作循环。该回路的可靠性在很大程度上取决于顺序阀的性能和压力调定值。为了严格保证动作顺序,应使顺序阀的调定压力大于 $(8\sim10)\times10^5$ Pa,否则顺序阀可能在压力波动下先行打开,使钻孔液压缸 2 产生先动现象(工件未夹紧就钻孔),影响工作的可靠性。此回路适用于液压缸数目不多、阻力变化不大的场合。

针对任务提出的要求,可以利用溢流阀来控制夹紧液压缸的夹紧力,用顺序阀来控制两缸的动作顺序。那么不难看出,只要在图 6-27 的基础上,在液压泵旁并联一个溢流阀就可以组成液压钻床的顺序动作回路,如图 6-35 所示。其中顺序阀和溢流阀的调定压力应适当,否则回路不能实现任务要求。

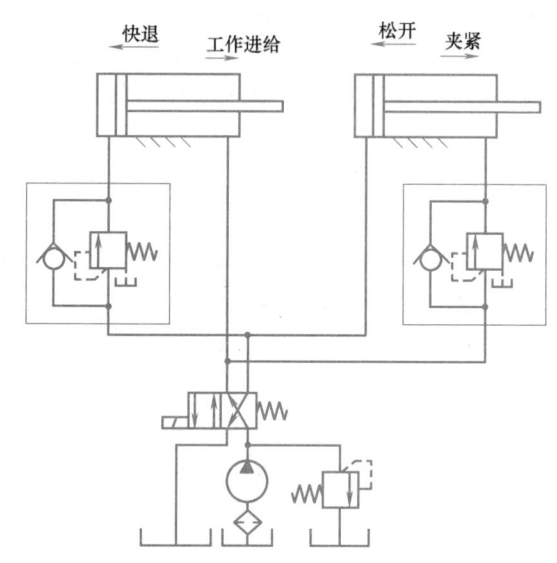

图 6-35 液压钻床的顺序动作回路

三、实施步骤

1)根据所给回路图,找出相应的液压元件。
2)按指导教师要求,学生分组固定液压元件。
3)按图 6-35 所示液压回路接好油路和电路。
4)检查无误后起动液压泵,观察回路运行情况。
5)分析并说明各控制元件在回路中的作用。
6)调节溢流阀、顺序阀的压力,观察回路的运行情况。
7)分析遇到的问题并进行解决。

8）完成实训并经教师检查评价后，关闭电源，拆下管线和元件，放回原处。

9）各组集中，教师点评，学生提问并完成实训报告。

教师巡回指导并及时给每位学生打操作分数。

四、注意事项

注意事项同本项目任务一。

五、质量评价标准

质量评价标准见表 6-2。

表 6-2　质量评价标准

考核项目	考核要求	配分	评分标准	扣分	得分	备注
元件选择	正确、快速选择液压元件	10	1. 没有正确选择液压元件扣 5 分 2. 选择元件速度慢扣 5 分			
安装连接	正确、快速连接液压元件	30	1. 一处连接错误扣 10 分 2. 连接超时扣 2~5 分 3. 管路连接质量差扣 2~5 分			
回路运行	正确运行、调试回路	40	1. 不会正确调试压力控制阀的调定压力扣 30 分 2. 不会解决运行中遇到的问题扣 10 分			
拆卸回路	正确、合理拆卸回路	5	1. 没有按规定程序拆卸回路扣 5 分 2. 没有将元件按规定涂油扣 5 分 3. 没有将元件按规定放置扣 2 分			
安全生产	自觉遵守安全文明生产规程	10	不遵守安全文明生产规程扣 10 分			
实训报告	按时按质完成实训报告	5	1. 没有按时完成实训报告扣 5 分 2. 实训报告质量差扣 2~5 分			
自评得分		小组互评得分		教师签名		

任务三　速度控制回路的连接与调试

在各个液压传动系统中，执行元件的运动速度必须控制在设计范围之内，试设计回路以达到这一要求。

一、分析任务

在各个液压传动系统中，执行元件的运动速度是可以通过流量控制阀来控制的，如

图 6-36 和图 6-37 所示。流经阀的最大压力和流量是选择阀规格的两个主要参数。因为阀的压力和流量范围必须满足使用要求,否则将引起阀的工作失常。为此,要求阀的额定压力应略大于最大压力,但最多不得超过最大压力的 10%。阀的额定流量应大于最大流量,必要时允许通过阀的最大流量超过其额定流量的 20%,但也不宜过大,以免引起油液发热、噪声、压力损失增大,使阀的工作性能变坏。流量控制阀就是通过改变阀口过流面积的大小来调节通过阀口的油液流量,从而控制执行元件(液压缸或液压马达)的运动速度的。但应注意,选择流量阀时,不仅要考虑最大流量,还要考虑最小稳定流量。

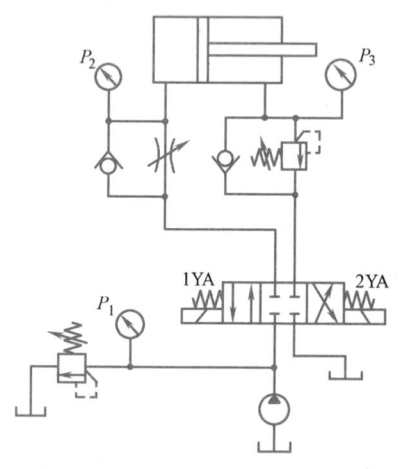

图 6-36 用节流阀调速

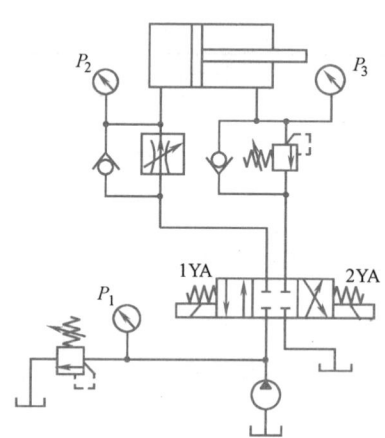

图 6-37 用调速阀调速

二、回路分析

本任务要求利用可调节流阀和调速阀对液压缸实现运动速度控制,并通过实训操作进一步理解节流阀与调速阀在负荷变化情况下的调速性能差别。为方便实现负荷的变化,在回油路上串接一个溢流阀作为背压阀。溢流阀与背压阀的调定压力应适当,否则回路不能实现实训要求。

三、实施步骤

1)根据图 6-36 和图 6-37 所示回路图,选择其中一个回路,找出相应的液压元件。
2)按指导教师要求,学生分组固定液压元件。
3)按液压回路图接好油路和电路。
4)检查无误后起动液压泵,观察回路运行情况。
5)分析并说明各控制元件在回路中的作用。
6)改变负荷的大小(调节背压阀的调定压力),观察活塞移动速度的变化。
7)分析遇到的问题并进行解决。
8)完成实训并经教师检查评价后,关闭电源,拆下管线和元件,放回原处。
9)各组集中,教师点评,学生提问并完成实训报告。

教师巡回指导并及时给每位学生打操作分数。

四、注意事项

注意事项同本项目任务一。

五、质量评价标准

质量评价标准见表 6-3。

表 6-3 质量评价标准

考核项目	考核要求	配分	评分标准	扣分	得分	备注
元件选择	正确、快速选择液压元件	10	1. 选择液压元件错误扣 10 分 2. 选择元件速度慢扣 2~5 分			
安装连接	正确、快速连接液压元件	30	1. 一处连接错误扣 10 分 2. 连接超时扣 2~5 分 3. 管路连接质量差扣 2~5 分			
回路运行	正确运行、调试回路	40	1. 不会正确调试压力控制阀与流量控制阀扣 30 分 2. 不会解决运行中遇到的问题扣 10 分			
拆卸回路	正确、合理拆卸回路	5	1. 没有按规定程序拆卸回路扣 5 分 2. 没有将元件按规定涂油扣 5 分 3. 没有将元件按规定放置扣 2 分			
安全生产	自觉遵守安全文明生产规程	10	不遵守安全文明生产规程扣 10 分			
实训报告	按时按质完成实训报告	5	1. 没有按时完成实训报告扣 5 分 2. 实训报告质量差扣 2~5 分			
自评得分		小组互评得分		教师签名		

【任务总结】

组建方向控制回路时，应注意方向控制阀类型的选用，尤其是方向控制阀的中位所能够实现的功能，对液压回路稳定、可靠工作有着至关重要的作用；选用液控单向阀时，应注意其控制油路是在弹簧端还是阀芯端。

构建压力控制回路时，应注意溢流阀、减压阀、顺序阀的作用与区别，以方便、经济地达到液压系统的要求。

要注意区分各流量控制阀的特点与适用范围，这对正确选择流量控制阀、构建速度控制回路有着至关重要的作用。

任务总结与反思

班级_____ 姓名_____ 学号_____ 分组号_____

评价项目	评价内容	评价效果			
		非常满意	满意	基本满意	不满意
工作能力	能够合理安排自己的日常学习和生活（按时起床、着装得体、准时到达教学活动场所）				
	能够对所阅读的说明文字进行重点标记，并能说出关键词				
	能够理解书籍、手册中的技术内容				
	能够在有计划的前提下开展工作并主动记录任务实施的心得体会				
	能够用清楚、流畅的语言表达自己的观点				
社会能力	能够与同学友好交往，不用语言、动作伤害他人				
	愿意接受新的工作任务并积极地投入其中				
	能够主动参与小组工作任务并真诚表达自己的观点				
	能够真实反馈自己的工作结果，并能主动向他人寻求必要的帮助				
专业能力	能够读懂任务要求，清楚各种液压元件的种类和功能				
	能够根据要求选用合适的液压元件组成基本回路				
	能够熟练地连接各种液压元件				
	能够在阅读说明资料及观看示范动作的方式下，安全地完成项目任务的操作过程，实现预期效果				
	能够归纳连接液压元件及回路系统的步骤和基本回路的特点				
	清楚各操作过程中的安全注意事项				

【知识拓展】

一、节流控制调速回路分析

1. 进油节流调速回路分析

如图 6-38a 所示，节流阀串联在液压泵和液压缸之间，液压泵输出的油液一部分经节流阀进入液压缸工作腔，推动活塞运动，多余的油液经溢流阀流回油箱。溢流阀的溢流是这种调速回路能够正常工作的必要条件。由于溢流阀的溢流，泵的出口压力 p_p 就是溢流阀的调

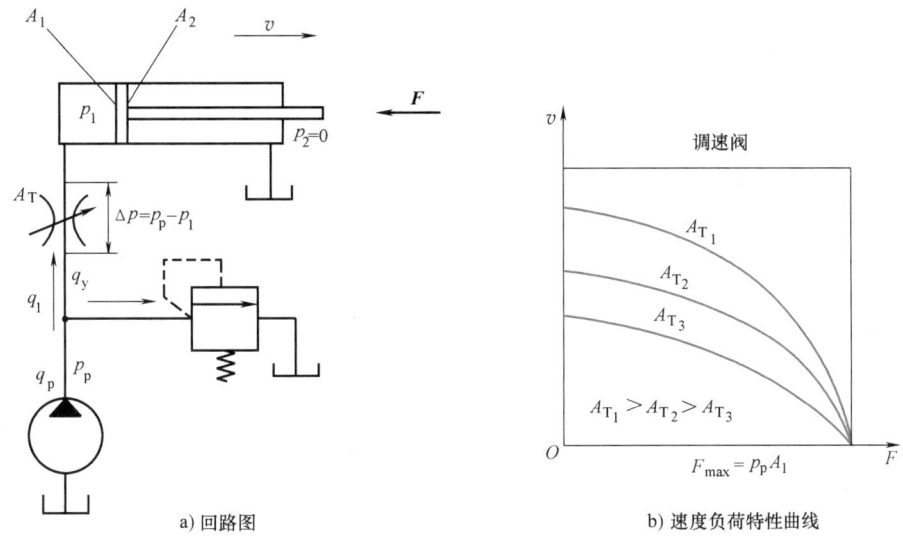

图 6-38 进油节流调速回路

整压力并基本保持恒定。调节节流阀的通流面积，即可调节通过节流阀的油液流量，从而调节液压缸的运动速度。

（1）速度负荷特性　液压缸在稳定工作时，其受力平衡方程式为

$$p_1 A_1 = F + p_2 A_2 \tag{6-1}$$

式中　p_1、p_2——液压缸进油腔、回油腔的压力，由于回油腔通油箱，所以 $p_2 \approx 0$；

F——液压缸的负载；

A_1、A_2——液压缸无杆腔和有杆腔的有效面积。

所以得到

$$p_1 = \frac{F}{A_1} \tag{6-2}$$

因为液压泵的供油压力 p_p 为定值，故节流阀两端的压力差为

$$\Delta p = p_p - p_1 = p_p - \frac{F}{A_1} \tag{6-3}$$

经节流阀进入液压缸的油液流量为

$$q_1 = K A_T \Delta P^m = K A_T \left(p_p - \frac{F}{A_1} \right)^m \tag{6-4}$$

式中　A_T——节流阀的通流面积。

故液压缸的运动速度为

$$v = \frac{q}{A_1} = \frac{K A_T}{A_1} \left(p_p - \frac{F}{A_1} \right)^m \tag{6-5}$$

式（6-5）即为进油节流调速回路的速度负荷特性方程。由该式可知，液压缸的运动速度 v 与节流阀通流面积 A_T 成正比，调节 A_T 可实现无级调速。这种回路的特点是调速范围较大，速比最高可达 100，当 A_T 调定后，速度随负荷的增大而减小，故这种调速回路的速度负荷特性较软。该回路的速度负荷特性曲线如图 6-38b 所示。这组曲线表示液压缸运动速度随负荷变化

的规律，曲线越陡，说明负荷变化对速度的影响越大，即速度刚性越差。由式（6-5）和图6-38b 还可看出，当 A_T 一定时，重载区域比轻载区域的速度刚性差；在相同负荷条件下，A_T 越大，速度越快，但速度刚性越差。所以，这种调速回路适用于低速轻载的场合。

（2）最大承载能力 由式（6-5）可知，无论 A_T 为何值，当 $F = p_p A_1$ 时，节流阀两端的压差 Δp 均为零，活塞运动也就停止，此时液压泵输出的油液全部经溢流阀回油箱。所以此 F 值即为该回路的最大承载值，即 $F_{max} = p_p A_1$。

（3）功率和效率 在节流阀进油节流调速回路中，液压泵的输出功率为 $P_p = p_p q_p = $ 常量，液压缸的输出功率为 $P_1 = Fv = F\dfrac{q_1}{A_1} = p_1 q_1$，所以该回路的功率损失为

$$\Delta P = P_p - P_1 = p_p q_p - p_1 q_1 = p_p(q_1 + q_y) - (p_p - \Delta p)q_1 = p_p q_y + \Delta p q_1$$

式中 q_y——通过溢流阀的溢流量，$q_y = q_p - q_1$。

由上式可知，这种调速回路的功率损失由两部分组成，即溢流损失 $\Delta P_y = p_p q_y$ 和节流损失 $\Delta P_T = \Delta p q_1$。回路的效率为

$$\eta_c = \frac{P_1}{P_p} = \frac{Fv}{p_p q_p} = \frac{p_1 q_1}{p_p q_p} \tag{6-6}$$

由于存在两部分功率损失，故这种调速回路的效率较低。

2. 回油节流调速回路分析

图 6-39 所示为把节流阀串联在液压缸的回油路上，利用节流阀控制液压缸的排油量 q_2 来实现速度调节。由于进入液压缸的油液流量 q_1 受回油路上流量 q_2 的限制，因此调节 q_2，也就调节了进油量 q_1，定量泵输出的多余油液仍经溢流阀流回油箱，溢流阀调整压力 p_p 基本保持稳定。

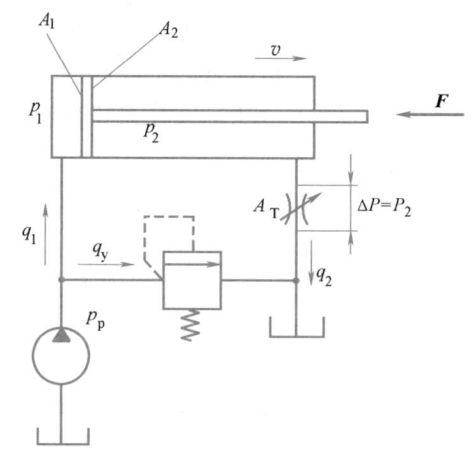

图 6-39 回油节流调速回路

（1）速度负荷特性 类似于式（6-5）的推导过程，由液压缸的力平衡方程（$p_2 \neq 0$）和流量阀的流量方程（$\Delta p = p_2$），可得液压缸的速度负荷特性为

$$v = \frac{q_2}{A_2} = \frac{KA_T\left(p_p\dfrac{A_1}{A_2} - \dfrac{F}{A_2}\right)^m}{A_2} \tag{6-7}$$

比较式（6-7）和式（6-5）可以发现，回油节流调速和进油节流调速的速度负荷特性以及速度刚性基本相同，若液压缸两腔有效工作面积相同（双杆式液压缸），那么两种节流调速回路的速度负荷特性和速度刚性就完全相同。因此，对进油节流调速回路的分析完全适用于回油节流调速回路。

（2）最大承载能力 回油节流调速的最大承载能力与进油节流调速相同，即 $F_{max} = p_p A_1$。

（3）功率和效率 液压泵的输出功率与进油节流调速回路相同，$P_p = p_p q_p = $ 常量，液压缸的输出功率为 $P_1 = Fv = (p_p A_1 - p_2 A_2)v = p_p q_1 - p_2 q_2$，该回路的功率损失为 $\Delta P = P_p - P_1 = p_p q_p - p_p q_1 + p_2 q_2 = p_p q_y + p_2 q_2 = p_p(q_p - q_1) + p_2 q_2 = p_p q_y + \Delta p q_2$，其中，$p_p q_y$ 为溢流损失功率，$\Delta p q_2$ 为

节流损失功率,所以它与进油节流调速回路的功率损失相似。回路的效率为

$$\eta_c = \frac{F_c v}{p_p q_p} = \frac{P_p - p_2 q_2}{p_p q_p} = \frac{\left(P_p - p_2 \dfrac{A_2}{A_1}\right) q_1}{p_p q_p} \tag{6-8}$$

如果使用同样的液压缸和节流阀,且负荷 F 和活塞运动速度 v 相同时,则式(6-8)和式(6-6)是相同的,因此可以认为进、回油节流调速回路的效率是相同的。但是,在回油节流调速回路中,液压缸工作腔和回油腔的压力都比进油节流调速回路高,特别是在负荷变化大,当 F 接近于零时,回油腔的背压有可能比液压泵的供油压力还要高,这样会加大泄漏,使节流功率损失大大提高,因而其效率实际上比进油调速回路要低。

(4) 进、回油节流调速回路的区别

1) 承受负值负荷的能力。回油节流调速回路的节流阀使液压缸回油腔形成一定的背压,在承受负值负荷时,背压能阻止工作部件的前冲,即能在负值负荷下工作,而进油节流调速回路由于回油腔没有背压,因而不能在负值负荷下工作。

2) 停车后的起动性能。长期停车后液压缸油腔内的油液会流回油箱,当液压泵重新向液压缸供油时,在回油节流调速回路中,由于进油路上没有节流阀控制流量,即使回油路上节流阀关得很小,也会使活塞前冲;而在进油节流调速回路中,由于进油路上有节流阀控制流量,故活塞前冲很小,甚至没有前冲。

3) 实现压力控制的方便性。进油节流调速回路中,进油腔的压力将随负荷而变化,当工作部件碰到死挡块停止后,其压力将升到溢流阀的调定压力,利用这一压力变化来实现压力控制是很方便的。但在回油节流调速回路中,只有回油腔的压力才会随负荷变化,当工作部件碰到死挡块后,其压力将降至零,故一般很少利用这一压力变化来实现压力控制。

4) 发热及泄漏的影响。在进油节流调速回路中,经过节流阀发热后的液压油直接进入液压缸的进油腔;而在回油节流调速回路中,经过节流阀发热后的液压油流回油箱冷却。因此,发热和泄漏对进油节流调速回路的影响均大于回油节流调速回路。

5) 运动平稳性。在回油节流调速回路中,由于回油路上节流阀小孔对液压缸的运动有阻尼作用,同时空气也不易渗入,可获得更为稳定的运动。而在进油节流调速回路中,回油路的油液没有节流阀阻尼作用,故运动平稳性稍差。但是,在使用单杆液压缸的场合,无杆腔的进油量大于有杆腔的回油量,故在缸径、流速均相同的情况下,若节流阀的最小稳定流量相同,则进油节流调速回路能获得更低的稳定速度。为了提高回路的综合性能,可采用进油节流调速并在回油路上加背压阀的回路,使其兼具两者的优点。

3. 旁路节流调速回路分析

图 6-40a 所示为采用节流阀的旁路节流调速回路。节流阀调节液压泵溢回油箱的油液流量,从而控制进入液压缸的油液流量。改变节流阀的通流面积,即可实现调速。由于溢流已由节流阀承担,故溢流阀实际上是安全阀,常态时关闭,过负荷时打开,其调定压力为最大工作压力的 1.1~1.2 倍。

(1) 速度负荷特性 按照式 (6-5) 的推导过程,可得到旁路节流调速回路的速度负荷特性方程。其与前述不同之处主要是进入液压缸的油液流量 q_1 为液压泵的流量 q_p 与节流阀

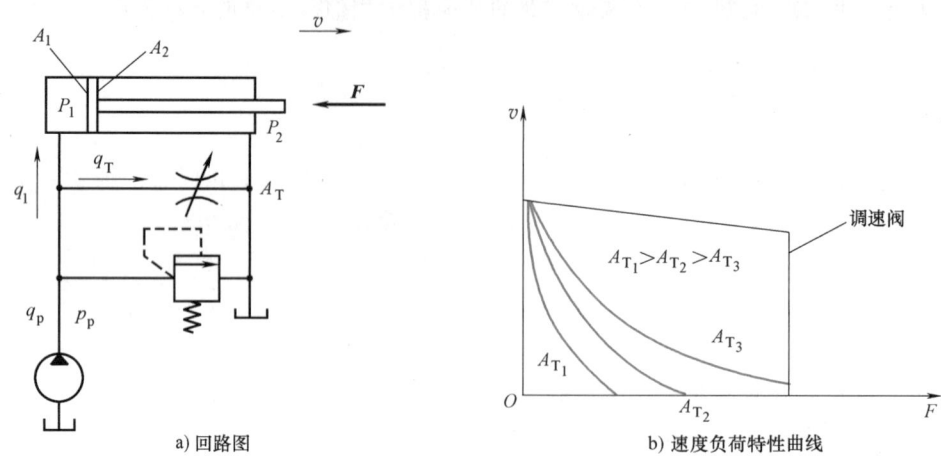

图 6-40 旁路节流调速回路

溢流流量 q_T 之差。由于在回路中液压泵的工作压力随负荷而变化,正比于压力的泄漏量也是变量(前两回路中为常量),对速度产生了附加影响,因而液压泵的流量中要计入液压泵的泄漏量 Δq_p,所以有

$$q_1 = q_p - q_T = (q_t - \Delta q_p) - KA_T\Delta p^m = q_t - K_1\left(\frac{F}{A_1}\right) - KA_T\left(\frac{F}{A_1}\right)^m$$

式中 q_t——液压泵的理论流量;
K_1——液压泵的泄漏系数。

所以液压缸的速度负荷特性为

$$v = \frac{q_1}{A_1} = \frac{q_t - K_1\left(\frac{F}{A_1}\right) - KA_T\left(\frac{F}{A_1}\right)^m}{A_1} \tag{6-9}$$

根据式 (6-9),选取不同的 A_T 值可做出一组速度负荷特性曲线,如图 6-40b 所示。由曲线可见,当 A_T 一定而负荷增加时,速度显著下降,即特性很软;当 A_T 一定时,负荷越大,速度刚性越大;当负载一定时,A_T 越小,活塞运动速度越快,速度刚性越大。

(2) 最大承载能力 由图 6-40b 可知,速度负荷特性曲线在横坐标上并不汇交,其最大承载能力随 A_T 的增大而减小,即旁路节流调速回路的低速承载能力很差,调速范围也小。

(3) 功率与效率 旁路节流调速回路只有节流损失而无溢流损失,液压泵的输出压力随负荷而变化,即节流损失和输入功率随负荷而变化,所以比前两种调速回路效率高。由于旁路节流调速回路负荷特性很软,低速承载能力又差,故其应用比前两种回路少,只用于高速、负荷变化较小、对速度平稳性要求不高而要求功率损失较小的系统中。

二、容积调速回路分析

1. 变量泵-定量液压执行元件容积调速回路

图 6-41 所示为变量泵-定量液压执行元件容积调速回路。其中图 6-41a 中的执行元件为液压缸,为开式回路;图 6-41b 中的执行元件为液压马达,是闭式回路。图中的溢流阀 2 均

起安全作用,用以防止系统过负荷。在图 6-41b 中,为了补充液压泵和液压马达的泄漏,增加了补油泵 4,同时置换部分已发热的油液,以降低系统的温升。溢流阀 5 用来调节补油泵的压力。

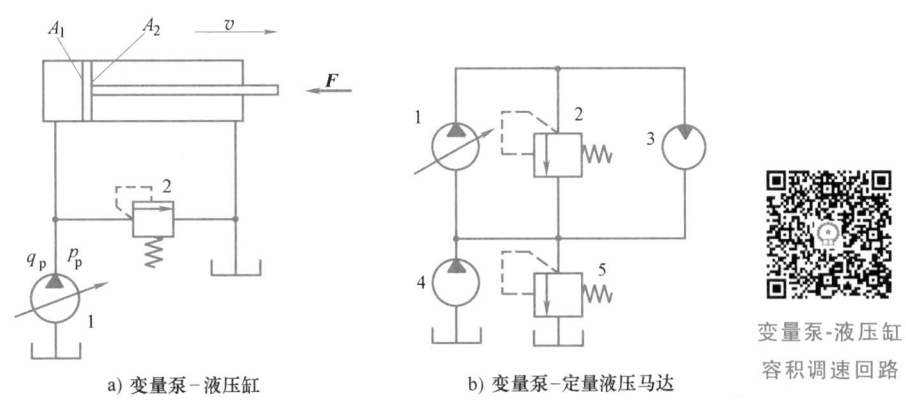

图 6-41 变量泵-定量液压执行元件容积调速回路
1—变量泵 2—溢流阀 3—定量液压马达 4—补油泵 5—溢流阀

在图 6-41a 中,改变变量泵的排量即可调节活塞的运动速度 v。若不考虑液压泵以外的元件和管道的泄漏,这种回路的活塞运动速度为

$$v = \frac{q_p}{A_1} = \frac{q_t - k_1 \dfrac{F}{A_1}}{A_1} \quad (6\text{-}10)$$

式中 q_t——变量泵的理论流量;
k_1——变量泵的泄漏系数。

将式(6-10)按不同的 q_t 值作图,可得一组平行直线,如图 6-42a 所示。由图可见,由于变量泵有泄漏,活塞运动速度会随负荷 F 的加大而减小。F 增大至某值时,在低速下会出现活塞停止运动的现象,这时变量泵的理论流量等于其泄漏量。可见,这种回路在低速下的承载能力是很差的。

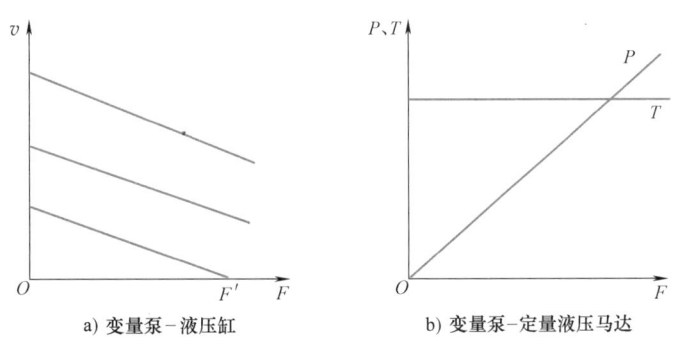

图 6-42 变量泵-定量液压执行元件容积调速回路调速特性

在图 6-42b 所示的变量泵-定量液压马达调速回路中,若不计流量损失,液压马达的转速 $n_M = q_p / V_M$。因液压马达排量 V_M 为定值,故调节变量泵的流量 q_p 即可对液压马达的转速

n_M 进行调节,速比可达 40。当负荷转矩恒定时,液压马达的输出转矩 $T = \Delta p_M V_M / (2\pi)$ 与回路工作压力 p 都恒定不变,液压马达的输出功率 $P = \Delta p_M V_M n_M$ 与转速 n_M 成正比,故此调速方式又称为恒转矩调速。

2. 定量泵-变量液压马达容积调速回路

图 6-43a 所示为由定量泵-变量液压马达容积调速回路。定量泵输出流量不变,改变变量液压马达的排量 V_M,就可以改变液压马达的转速。在这种调速回路中,由于液压泵的转速和排量均为常值,当负荷功率恒定时,液压马达输出功率 P_M 和回路工作压力 p 都恒定不变,而液压马达的输出转矩与 V_M 成正比,输出转速与 V_M 成反比。所以,这种回路称为恒功率调速回路,其调速特性如图 6-43b 所示。

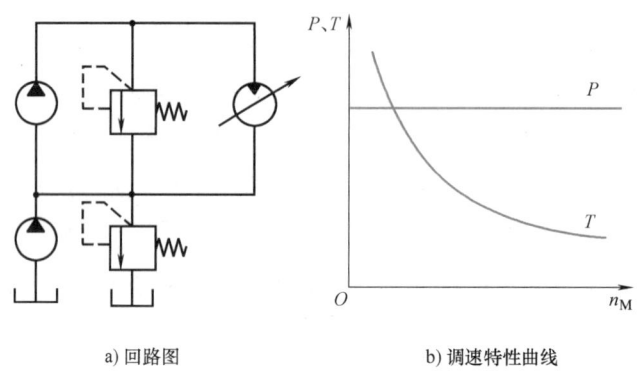

a) 回路图　　　　b) 调速特性曲线

图 6-43　定量泵-变量液压马达容积调速回路

3. 变量泵-变量液压马达容积调速回路

图 6-44a 所示为由双向变量泵 2 和双向变量液压马达 7 等组成的闭式容积调速回路,其中辅助泵 9 和溢流阀 1 组成补油油路。由于液压泵双向供油,故在补油油路中增设了单向阀 3 和 4,在安全阀 8 的限压油路中增设了单向阀 5 和 6。

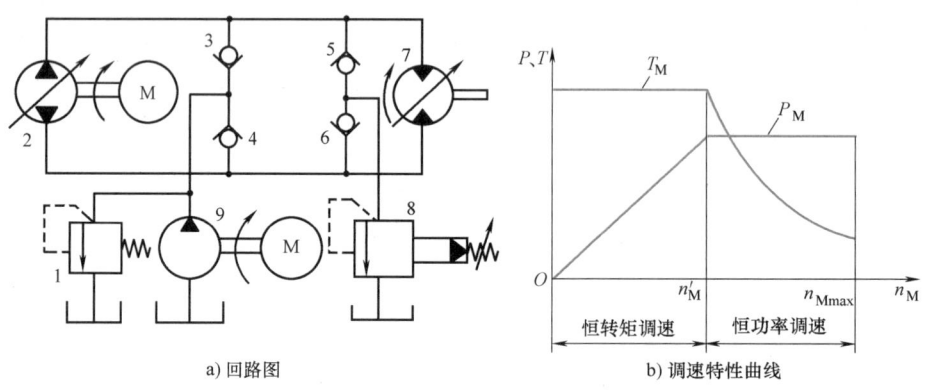

a) 回路图　　　　b) 调速特性曲线

图 6-44　变量泵-变量液压马达容积调速回路

1—溢流阀　2—双向变量泵　3、4、5、6—单向阀　7—双向变量液压马达　8—安全阀　9—辅助泵

若双向变量泵 2 逆时针方向转动,液压马达的回油及辅助泵 9 的供油经单向阀 4 进入双向变量泵 2 的下油口,则其上油口排出的压力油进入液压马达的上油口并使液压马达逆时针方向转动,液压马达下油口的回油又进入双向变量泵 2 的下油口,构成闭式循环回路。这时

单向阀 3 和 6 关闭、4 和 5 打开，如果液压马达过负荷，可由安全阀 8 起保护作用。若双向变量泵 2 顺时针方向转动，则单向阀 3 和 6 打开、4 和 5 关闭，双向变量泵 2 上油口为进油口，下油口为排油口，液压马达也顺时针方向转动，实现了液压马达的换向。这时若液压马达过负荷，安全阀 8 仍可起保护作用。

这种调速回路在低速段通过改变变量泵的排量 V_p 调速，在高速段通过改变变量液压马达的排量 V_M 调速，因而调速范围大。

图 6-44b 所示为该回路的调速特性曲线。它是恒转矩调速和恒功率调速的组合。在低速段，先将液压马达的排量 V_M 调至最大值 V_{Mmax} 并固定不变（相当于定量液压马达），然后由小到大（由 0 到 V_{pmax}）调节变量泵的排量 V_p，液压马达的转速即由 0 升至 n'_M，该段调速属于恒转矩调速。在高速段应使泵的排量固定为 V_{pmax}（最大值），然后由大到小（由 V_{Mmax} 到 V_{Mmin}）调节液压马达的排量 V_M，液压马达的转速就由 n'_M 升至 n_{Mmax}，该段调速属于恒功率调速。

这种容积调速回路适用于调速范围大，低速时要求输出大转矩，高速时要求恒功率，且工作效率要求高的设备，应用比较广泛。例如，在各种行走机械、牵引机等大功率机械上，都采用了这种调速回路。

三、液压基本回路故障分析

液压基本回路出现故障，主要是由设计考虑不周、元件选用不当、元件参数与系统调节不合理、控制元件出现故障、管路安装存在缺陷以及使用维护不当等因素造成的。由于篇幅有限，表 6-4 仅就一些带有共性的常见故障做概括分析，以便读者了解故障现象及可能的故障原因。

表 6-4 液压基本回路常见故障分析

基本回路	故障现象	可能的故障原因
压力控制回路	压力调整不上来	溢流阀调压弹簧过软、装错或漏装 主阀阻尼孔被堵塞 阀芯与阀座配合不好，关闭不严，泄漏严重 阀芯在开启位置上被卡住
	压力调整不下去	阀进、出油口接错 先导式阀前阻尼孔被堵塞 阀芯在关闭位置上被卡住
	压力不稳定，产生振动和噪声	液压系统渗入了空气 阀芯在阀体内移动不灵活 元件之间工作时相互干扰引起共振 阀芯与阀体配合不好，接触不良 阻尼孔过大，阻尼作用太小
	减压油路的压力不稳定	减压阀前油路最低压力低于后油路压力 执行元件负荷不稳定 液压缸内泄漏或外泄漏严重 减压阀阀芯移动不灵活 减压阀外泄油路存在背压

（续）

基本回路	故障现象	可能的故障原因
速度控制回路	不能低速工作	节流阀或调速阀节流口被堵塞 节流阀或调速阀前后压力降过小 调速阀内减压阀阀芯被卡住
	在负荷增加时速度显著降低	泄漏随负荷增大而增加
	产生爬行	液压系统渗入了空气 导轨润滑不良或导轨与液压缸轴线平行度误差太大 活塞杆密封过紧或活塞杆弯曲变形过大 液压缸回油背压不足 液压泵输出流量脉动较大 节流阀口堵塞或调速阀内减压阀阀芯移动不灵活
方向控制回路	换向阀不能换向	电磁铁吸力不足 电磁铁剩磁大，使阀芯不能复位 阀芯对中弹簧轴线歪斜，导致阀芯被卡住 滑阀被拉毛，导致阀芯被卡住 配合间隙被污物堵塞，导致阀芯被卡住 阀体和阀芯加工精度差，产生径向力使阀芯被卡住
	产生微动或前冲	换向阀中位机能选择不当 换向阀换位滞后
	不能锁紧	单向阀阀芯与阀座密封不严，泄漏严重 单向阀密封面被拉毛或粘有污物 单向阀阀芯卡住，弹簧漏装或歪斜，阀芯不能复位
多缸工作控制回路	不能按预定动作工作	顺序阀选用不当 回路设计不合理 压力调定值不匹配 元件内部泄漏严重

【小结】

本项目主要介绍了常见的液压基本回路，即方向控制回路、速度控制回路、压力控制回路、同步回路。

方向控制回路用以实现液压系统执行元件的起动、停止和换向。这些动作采用控制进入执行元件的液流通、断或改变其方向来实现，有阀控、泵控和执行元件控制三种方式。

调压回路控制整个液压系统或局部的压力，使其保持恒定或限制其最高值，有单级调压回路、二级调压回路、多级调压回路、比例调压回路。

减压回路使系统中的某一部分油路具有比系统压力低的稳定压力。最常见的减压回路是通过定值减压阀与主油路相连，可实现二级或多级减压。

增压回路可以利用串联液压缸的增压回路增加系统的局部压力，实现系统的高压要求。

保压回路使系统在液压缸不动或仅有工件变形所产生的微小位移的情况下，稳定地维持住压力，有液控单向阀保压回路、液压泵保压的保压回路和采用蓄能器的保压回路。

卸荷回路用来在系统换向或短时间停止工作时将泵排出的油液直接送回油箱，解除泵的负荷。卸荷回路有采用复合泵的卸荷回路、二位二通阀旁路卸荷回路、利用换向阀中位机能卸荷的回路、利用溢流阀远程控制口卸荷的回路。

平衡回路用于防止垂直或倾斜放置的液压缸和与之相连的工作部件因自重而自行下落，通常采用单向顺序阀平衡回路和液控顺序阀平衡回路。

调速回路是液压系统的核心，通过改变进入执行机构的液体流量实现速度控制，控制方式有节流控制、液压泵控制和液压马达控制。将节流阀串联在主油路上，需要并联一溢流阀，多余的油液经溢流阀流回油箱，称为定压式节流调速回路；节流阀或调速阀与主回路并联，称为旁路节流调速回路，多余的油液由节流阀流回油箱，泵的压力随外负荷改变。容积调速回路通过改变液压泵或液压马达的有效工作容积进行调速，无节流和溢流损失，组合形式有变量泵-定量液压马达（或液压缸）、定量泵-变量液压马达、变量泵-变量液压马达。

快速运动回路使液压执行元件在空载时获得所需的高速，以提高系统的工作效率。增速回路有液压缸差动连接快速运动回路、采用蓄能器的快速补油回路、采用双泵供油的快速运动回路。

速度换接回路使液压执行机构在一个工作循环中从一种运动速度变换到另一种运动速度，包括快、慢速换接回路，两种工进速度的换接回路。

顺序动作回路的功能是使液压系统中的各个执行元件严格地按规定的顺序动作，按控制方式不同分为行程控制顺序动作回路和压力控制顺序动作回路两大类。

多缸工作控制回路多用于在液压装置中需使两个以上的液压缸做同步运动的场合，常用的回路有采用调速阀的同步回路、采用分流阀的同步回路等。

【思考与练习】

6-1 调速回路有哪几类？各适用于什么场合？

6-2 常用的快速运动回路有哪几种？各适用于什么场合？

6-3 快、慢速换接回路有哪几种形式？各有什么优缺点？

6-4 在图 6-45 所示的回路中，溢流阀的调整压力为 5.0MPa，减压阀的调整压力为 2.5MPa，试分析下列情况，并说明减压阀阀口处于什么状态。

1）当泵压力等于溢流阀调整压力时，夹紧缸使工件夹紧后，A、C 点的压力各为多少？

2）当泵压力由于工作缸快进降到 1.5MPa 时（工作缸原先处于夹紧状态），A、C 点的压力各为多少？

3）夹紧缸在夹紧工件前做空载运动时，A、B、C 三点的压力各为多少？

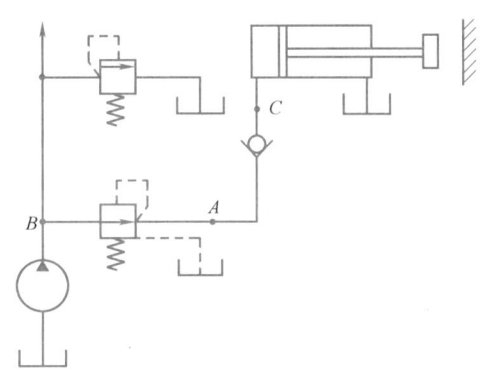

图 6-45　题 6-4 图

6-5 如图 6-46 所示，A、B 阀的调整压力分别为 $p_A = 3.5$MPa，$p_B = 5.0$MPa，当外负荷足够大时，求两种连接状态下的系统压力各是多少。

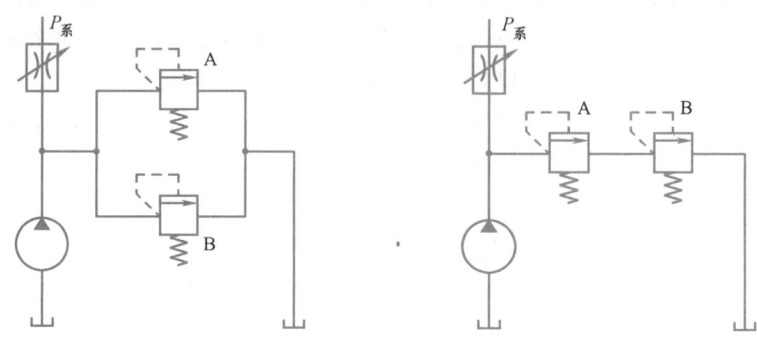

图 6-46 题 6-5 图

6-6 图 6-47 所示液压系统的工作循环为快进→工进→死挡铁停留→快退→原位停止，其中压力继电器用于死挡铁停留时发令，使 2YA 得电，然后转为快退。问：

1）压力继电器的动作压力如何确定？

2）若回路改为回油路节流调速，压力继电器应如何安装？说明其动作原理。

6-7 图 6-48 所示为液压机液压回路示意图。设锤头及活塞的总重量 $G = 3 \times 10^3 \text{N}$，液压缸无杆腔面积 $A_1 = 300 \text{mm}^2$，有杆腔面积 $A_2 = 200 \text{mm}^2$，阀 5 的调定压力 $p = 30 \text{MPa}$。试分析并回答以下问题：

1）写出元件 3、4、5 的名称。

2）系统中换向阀采用何种滑阀机能？形成了何种基本回路？

3）当 1YA、2YA 两电磁铁分别通电动作时，压力表 7 的读数各为多少？

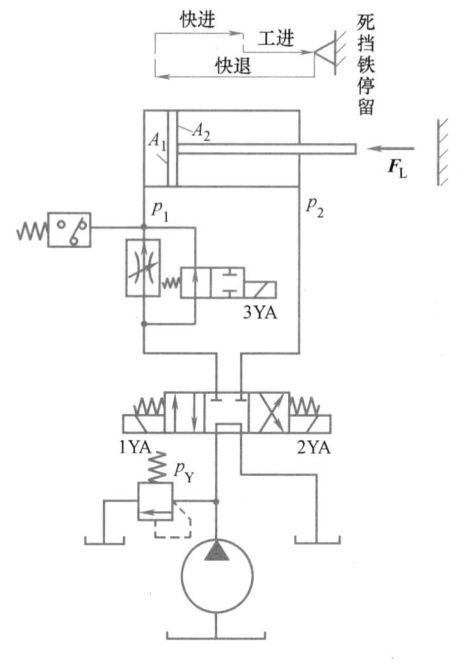

图 6-47 题 6-6 图

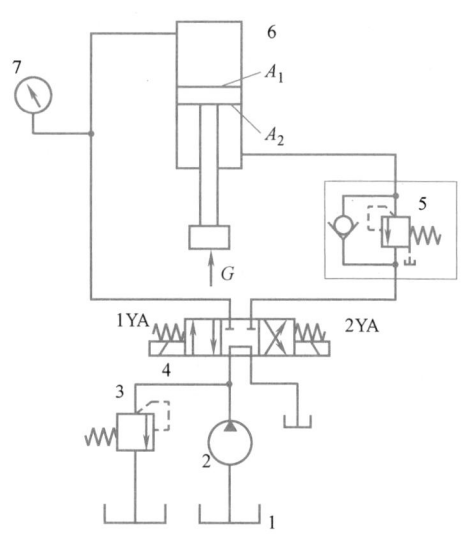

图 6-48 题 6-7 图

6-8 在回油节流调速回路中，在液压缸的回油路上，用减压阀在前、节流阀在后相互串联的方法，能否起到调速阀稳定速度的作用？如果将它们装在缸的进路或旁油路上，液压缸运动速度能否稳定？

6-9 图 6-49 所示为采用中、低压系列调速阀的回油调速回路，溢流阀的调定压力为 4MPa，缸径 $D=100$mm，活塞杆直径 $d=50$mm，负载力 $F=31000$N，工作时发现活塞运动速度不稳定，试分析原因，并提出改进措施。

6-10 主油路节流调速回路中溢流阀的作用是什么？压力调整有何要求？节流阀调速和调速阀调速在性能上有何不同？

6-11 图 6-19 所示的双泵供油快速运动回路中，泵 1 和泵 2 各有什么特点？单向阀的作用是什么？溢流阀 7 为什么接在去系统的油路上？

6-12 两调速阀串联的速度换接回路中，两阀是否可以互换位置？为什么？

6-13 在多缸互不干扰系统中，双联泵能否像图 6-19 那样连接？

6-14 在图 6-50 所示的回路中，已知活塞运动时的负荷 $F=1200$N，活塞面积 $A_1=15\times10^{-4}$m^2，溢流阀调整值 $p_Y=4.5$MPa，两个减压阀的调整值分别为 $p_{J1}=3.5$MPa，$p_{J2}=2$MPa。如果油液流过减压阀及管路时的损失可略去不计，试确定活塞在运动时和停在终端位置处时，A、B、C 三点的压力。

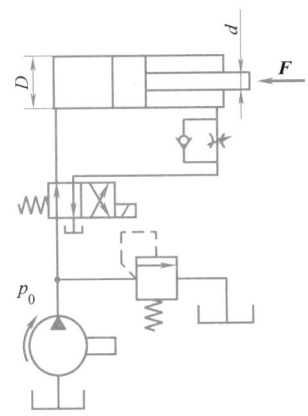

图 6-49 题 6-9 图

6-15 由变量泵和定量液压马达组成的调速回路，变量泵的排量可在 0~50cm^3/r 范围内改变，泵转速为 1000r/min，液压马达排量为 50cm^3/r，安全阀调定压力为 10MPa，泵和液压马达的机械效率都是 0.85，在压力为 10MPa 时，泵和液压马达的泄漏量均为 1L/min，求：

1) 液压马达的最高和最低转速。
2) 液压马达的最大输出转矩。
3) 液压马达最高输出功率。
4) 计算系统在最高转速下的总效率。

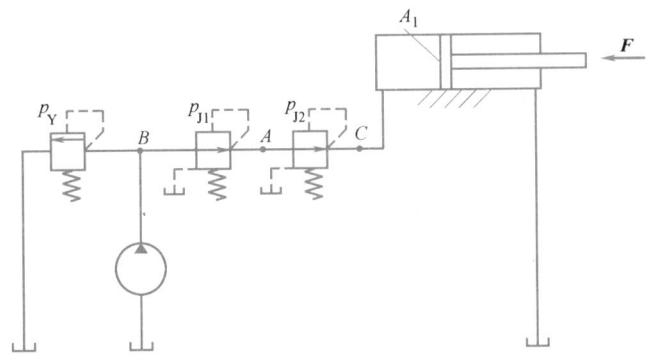

图 6-50 题 6-14 图

【相关专业英语词汇】

（1）回路图——circuit diagram
（2）闭式回路——closed circuit
（3）差动回路——differential circuit
（4）管路——flow line
（5）进口节流回路——meter-in circuit
（6）出口节流回路——meter-out circuit
（7）运行压力——operating pressure
（8）控制管路——pilot line
（9）回油管路——return line

项目七　典型液压系统的安装调试与故障排除

液压系统在机床、工程机械、冶金石化、航空、船舶等方面均有广泛的应用。液压系统是根据液压设备的工作要求，选用各种不同功能的基本回路构成的。液压系统一般用图形的方式来表示。液压系统图表示了系统内所有液压元件的连接情况以及执行元件实现各种运动的工作原理。

【素养目标】
1. 增强职业认同感，培养热爱本职岗位的职业情感。
2. 明确职业目标定位，制订职业目标，做好职业规划。
3. 培养团队协作精神，提高大局意识和协调沟通能力。
4. 培养进取精神、敬业精神及创新精神。

【知识目标】
1. 了解液压设备的功用和液压系统的工作循环、动作要求。
2. 掌握组合机床液压动力滑台等典型液压系统图的分析方法。

【能力目标】
1. 能够读懂液压系统图，会分析系统中各液压元件的功用和相互关系、系统的基本回路组成及油液路线。
2. 能够进行液压系统的维护保养与故障诊断。
3. 能够对液压系统进行规范安装与调试。

【知识点睛】

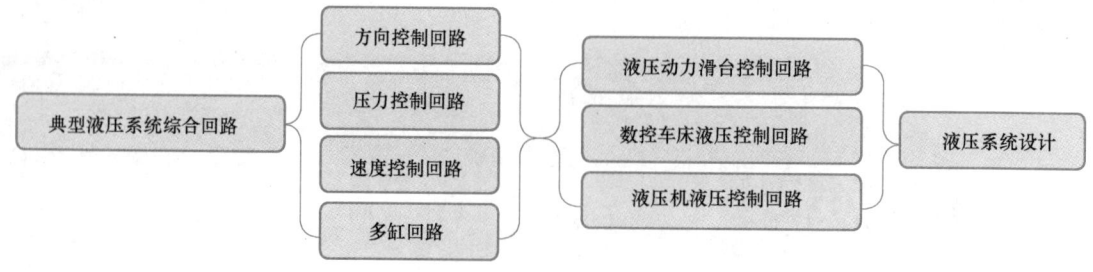

【知识链接】

一、读液压系统图的步骤

看懂液压系统图是一项基本功，在分析液压系统前，要能很好地读液压系统图，必须熟悉液压元件的工作原理和符号，以及各种典型回路的组成。

读液压系统图时，大致按下述步骤进行：

1) 了解设备的功用及对液压系统动作和性能的要求。

2) 初步分析液压系统图，以执行元件为中心，将系统分解为若干个子系统。

从液压系统中拆分液压基本回路的主要方法就是从液压元件在基本回路中所起的关键作用入手，结合所学的基本回路的知识，掌握该回路的工作原理。例如：要从液压系统中拆分换向回路，就要选取液压缸、换向阀、液压泵，组成一个换向回路，换向回路的作用就是通过换向阀来控制液压缸的运动方向。

3) 对每个子系统进行分析。分析组成子系统的基本回路及各液压元件的作用；按执行元件的工作循环分析实现每步动作的进油和回油路线。

4) 根据系统对各执行元件之间的顺序、同步、互锁、防干扰或联动等要求分析各子系统之间的联系，弄懂整个液压系统的工作原理。

5) 归纳出液压系统的特点和使设备正常工作的要领，加深对整个液压系统的理解。

二、YT4543 型液压动力滑台控制系统

液压动力滑台是系列化产品，不同规格的滑台，其液压系统的组成和工作原理基本相同。要达到液压动力滑台工作时的性能要求，就必须将各液压元件有机地组合，形成完整有效的液压控制回路。液压动力滑台其实是由液压缸带动主轴头，从而完成整个进给运动的。因此，组合机床液压回路的核心问题是如何控制液压缸的动作。现以 YT4543 型液压动力滑台为例，分析其控制系统的工作原理。

图 7-1 所示为 YT4543 型液压动力滑台的控制系统。YT4543 型液压动力滑台要求进给速度范围为 6.6~660mm/min，最大移动速度为 7.3m/min，最大进给力为 4.5×10^4N。该液压系统的动力元件和执行元件为限压式变量泵和单杆活塞式液压缸，系统中有换向回路、调速

项目七 典型液压系统的安装调试与故障排除

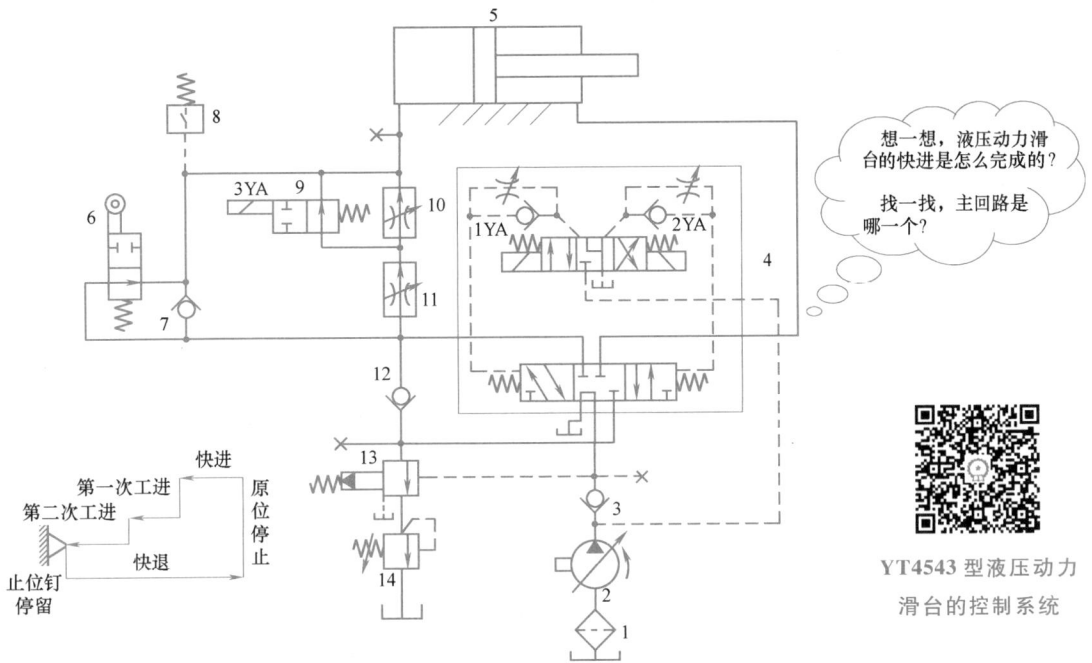

图 7-1 YT4543 型液压动力滑台的控制系统
1—过滤器 2—变量叶片泵 3、7、12—单向阀 4—电液换向阀 5—液压缸 6—行程换向阀
8—压力继电器 9—二位二通电磁换向阀 10、11—调速阀 13—液控顺序阀 14—背压阀

回路、快速运动回路、速度换接回路、卸荷回路等基本回路。回路的换向由电液换向阀完成，同时其中位机能具有卸荷功能，快进由液压缸的差动连接来实现，用限压式变量泵和串联调速阀来实现对二次工进速度的调节，用行程阀和电磁阀实现速度的换接，为了保证进给的尺寸精度，采用止位钉停留来限位。该系统能够实现的自动工作循环为：快进→第一次工进→第二次工进→止位钉停留→快退→原位停止，系统中电磁铁和行程阀的动作顺序见表 7-1。

表 7-1 YT4543 型液压动力滑台控制系统电磁铁和行程阀动作顺序表

工作循环	电磁铁			行程阀
	1YA	2YA	3YA	
快进	+	-	-	-
第一次工进	+	-	-	+
第二次工进	+	-	+	+
止位钉停留	+	-	+	+
快退	-	+	-	+ -
原位停止	-	-	-	-

注：表中"+"表示电磁铁得电或行程阀被压下，"-"表示电磁铁失电或行程阀抬起，后同。

（一）YT4543 型液压动力滑台控制系统的工作原理

1. 快进

按下起动按钮，电液换向阀 4 的电磁铁 1YA 得电，使电液换向阀 4 的先导阀左位工作，控制油液经先导阀左位再经单向阀进入主液动换向阀的左端，使其左位接入系统，泵 2 输出

177

的油液经主液动换向阀左位进入液压缸 5 的左腔（无杆腔），因为此时为空载，系统压力不高，液控顺序阀 13 仍处于关闭状态，故液压缸右腔（有杆腔）排出的油液经主液动换向阀左位也进入液压缸的无杆腔。这时液压缸 5 为差动连接，限压式变量泵输出流量最大，液压动力滑台实现快进。系统控制油路和主油路中油液的流动路线为：

（1）控制油路

1）进油路：过滤器 1→泵 2→阀 4 先导阀的左位→左单向阀→阀 4 主阀的左端。

2）回油路：阀 4 主阀的右端→右节流阀→阀 4 先导阀的左位→油箱。

（2）主油路

1）进油路：过滤器 1→泵 2→单向阀 3→阀 4 主阀的左位→行程换向阀 6 的下位→液压缸 5 左腔。

2）回油路：液压缸 5 右腔→阀 4 主阀的左位→单向阀 12→行程换向阀 6 的下位→液压缸 5 左腔。

2. 第一次工进

当快进完成时，滑台上的挡块压下行程换向阀 6，行程换向阀上位工作，阀口关闭，这时电液换向阀 4 仍工作在左位，泵输出的油液通过阀 4 后只能经调速阀 11 和二位二通电磁换向阀 9 右位进入液压缸 5 的左腔。由于油液经过调速阀而使系统压力升高，于是将液控顺序阀 13 打开并关闭单向阀 12，液压缸差动连接的油路被切断，液压缸 5 右腔的油液只能经液控顺序阀 13、背压阀 14 流回油箱，这样就使液压动力滑台由快进转换为第一次工进。由于工进时液压系统油路压力升高，所以限压式变量泵的流量自动减小，滑台实现第一次工进，工进速度由调速阀 11 调节。此时控制油路不变，其主油路如下：

1）进油路：过滤器 1→泵 2→单向阀 3→阀 4 主阀的左位→调速阀 11→电磁换向阀 9 右位→液压缸 5 左腔。

2）回油路：液压缸 5 右腔→阀 4 主阀的左位→液控顺序阀 13→背压阀 14→油箱。

3. 第二次工进

第二次工进时的控制油路和主油路的回油路与第一次工进时基本相同，不同之处是当第一次工进结束时，滑台上的挡块压下行程开关，发出电信号使电磁换向阀 9 的电磁铁 3YA 得电，阀 9 左位接入系统，切断了该阀所在的油路，经调速阀 11 的油液必须通过调速阀 10 进入液压缸 5 的左腔。此时液控顺序阀 13 仍开启。由于调速阀 10 的阀口开口量小于调速阀 11，系统压力进一步升高，限压式变量泵的流量进一步减小，使得进给速度降低，液压动力滑台实现第二次工进，工进速度可由调速阀 10 调节。其主油路如下：

1）进油路：过滤器 1→泵 2→单向阀 3→阀 4 主阀的左位→调速阀 11→调速阀 10→液压缸 5 左腔。

2）回油路：液压缸 5 右腔→阀 4 主阀的左位→液控顺序阀 13→背压阀 14→油箱。

4. 止位钉停留

当液压动力滑台完成第二次工进时，滑台与止位钉相碰撞，液压缸停止不动。这时液压系统压力进一步升高，当达到压力继电器 8 的调定压力后，压力继电器动作，发出电信号给时间继电器，由时间继电器延时控制滑台的停留时间。在时间继电器延时结束之前，滑台将停留在止位钉限定的位置上，且停留期间液压系统的工作状态不变。停留时间可根据工艺要求由时间继电器来调定。设置止位钉的作用是可以提高滑台行程的位置精度。这时的油路同第二次工进的油路，但实际上，液压系统内的油液已停止流动，液压泵的流量已减至很小，仅用于补充泄漏油。

5. 快退

液压动力滑台停留时间结束后，时间继电器发出电信号，使电磁铁 2YA 得电，1YA、3YA 失电。这时阀 4 先导阀的右位接入系统，阀 4 的主阀也换为右位工作，主油路换向。因滑台返回时为空载，液压系统压力低，变量泵的流量又自动恢复到最大值，故滑台快速退回，其油路如下：

（1）控制油路

1）进油路：过滤器 1→泵 2→阀 4 先导阀的右位→右单向阀→阀 4 主阀的右端。

2）回油路：阀 4 主阀的左端→左节流阀→阀 4 先导阀的右位→油箱。

（2）主油路

1）进油路：过滤器 1→泵 2→单向阀 3→阀 4 主阀的右位→液压缸 5 右腔。

2）回油路：液压缸 5 左腔→单向阀 7→阀 4 主阀的右位→油箱。

6. 原位停止

当液压动力滑台快退到原始位置时，挡块压下行程开关，使电磁铁 2YA 失电，这时电磁铁 1YA、2YA、3YA 都失电，电液换向阀 4 的先导阀及主阀都处于中位，液压缸 5 两腔被封闭，滑台停止运动，锁紧在起始位置上，泵 2 通过阀 4 的中位卸荷。其油路如下：

（1）控制油路

回油路 a：阀 4 主阀的左端→左节流阀→阀 4 先导阀的中位→油箱；

回油路 b：阀 4 主阀的右端→右节流阀→阀 4 先导阀的中位→油箱。

（2）主油路

1）进油路：过滤器 1→泵 2→单向阀 3→阀 4 先导阀的中位→油箱。

2）回油路 a：液压缸 5 左腔→单向阀 7→阀 4 先导阀的中位（堵塞）；

回油路 b：液压缸 5 右腔→阀 4 先导阀的中位（堵塞）。

（二）YT4543 型液压动力滑台控制系统的特点

通过对 YT4543 型液压动力滑台控制系统的分析，可知该系统具有以下特点：

1）该系统采用了由限压式变量泵和调速阀组成的进油路容积调速回路，这种回路能使滑台得到稳定的低速运动和较好的速度负荷特性，而且由于系统无溢流损失，效率较高。另外，回路中设置了背压阀，可以改善滑台运动的平稳性，并能使滑台承受一定的反向负荷。

2）该系统采用了限压式变量泵和液压缸的差动连接回路来实现快速运动，使能量的利用比较经济合理。滑台停止运动时，换向阀使液压泵在低压下卸荷，减少了能量损失。

3）系统采用行程阀和液控顺序阀实现快进与工进的速度换接，动作可靠，速度换接平稳。同时，调速阀可起加载的作用，在刀具与工件接触之前就能可靠地转入工作进给，不会引起刀具和工件的突然碰撞。

4）在行程终点采用了止位钉停留，不仅提高了进给时的位置精度，还扩大了滑台的工艺范围，更适合于镗削阶梯孔、刮端面等加工工序。

5）由于采用了调速阀串联的二次进给调速方式，可使起动和速度换接时的前冲量较小，并便于利用压力继电器发出信号进行控制。

三、CK6150 型数控车床液压系统

CK6150 型数控车床液压系统主要承担卡盘、回转刀盘及尾座套筒的驱动与控制。它能实现卡盘的夹紧与松开及两种夹紧力（高与低）之间的转换，回转刀盘的正转与反转、松开与夹紧，以及尾座套筒的伸出与缩回。液压系统所有电磁铁的通、断均由数控系统通过 PLC 来控制。

CK6150 型数控车床液压系统由卡盘、回转刀盘与尾座套筒三个分系统组成，并以变量液压泵为动力源，系统的压力调定为 4MPa。

图 7-2 所示为 CK6150 型数控车床液压系统。CK6150 型数控车床中由液压系统实现的动作有：卡盘的夹紧与松开、回转刀盘的夹紧与松开、回转刀盘的正转与反转、尾座套筒的伸出与缩回。液压系统中各电磁阀的电磁铁动作由数控系统 PLC 控制实现。

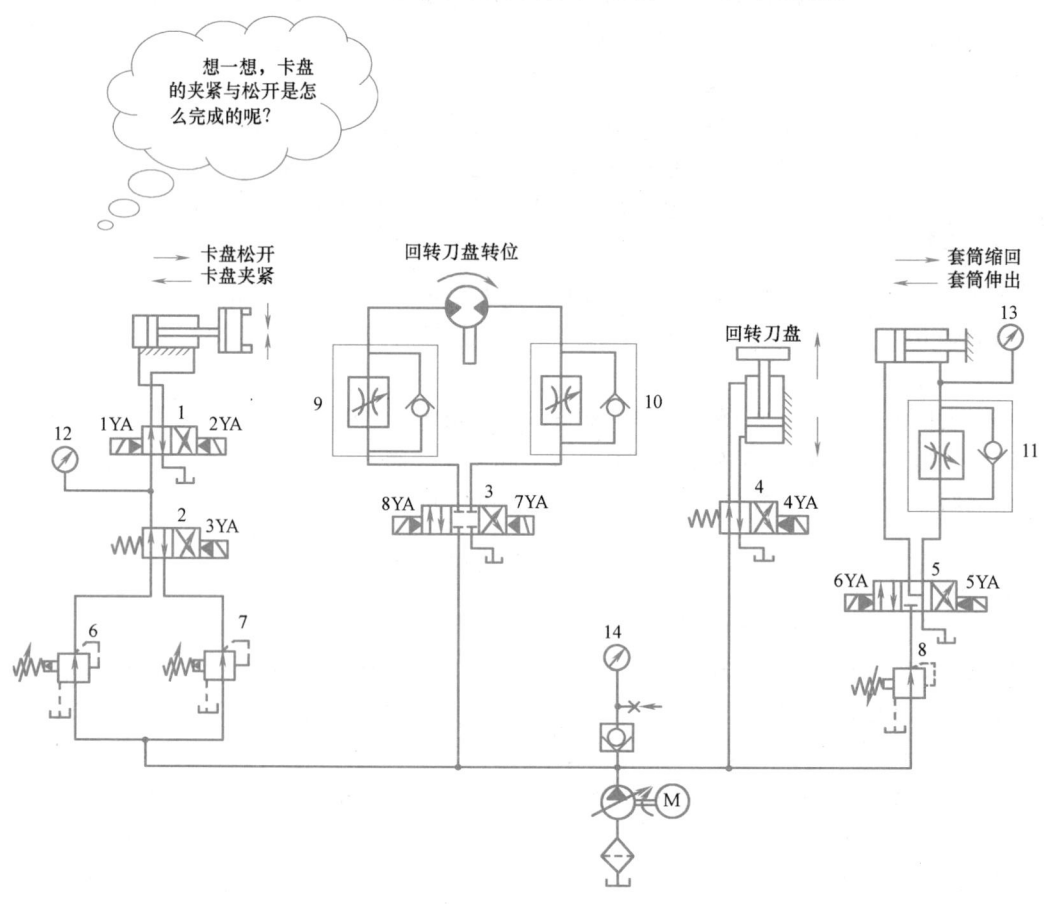

图 7-2　CK6150 型数控车床液压系统

1、2、3、4、5—换向阀　6、7、8—减压阀　9、10、11—单向调速阀　12、13、14—压力表

（一）CK6150 型数控车床液压系统各分系统的工作原理

1. 卡盘分系统

卡盘分系统的执行元件是液压缸，控制油路由有两个电磁铁的二位四通换向阀 1、一个

二位四通换向阀2、两个减压阀6和7组成。

（1）高压夹紧（3YA-、1YA+）　换向阀2和1均位于左位。这时活塞左移使卡盘夹紧，夹紧力的大小可通过减压阀6调节。由于减压阀6的调定值高于减压阀7，所以卡盘处于高压夹紧状态。

1）进油路：液压泵→减压阀6→换向阀2→换向阀1→液压缸右腔。

2）回油路：液压缸左腔→换向阀1→油箱。

（2）卡盘松开（2YA+、1YA-）　换向阀1切换至右位。此时活塞右移，卡盘松开。

1）进油路：液压泵→减压阀6→换向阀2→换向阀1→液压缸左腔。

2）回油路：液压缸右腔→换向阀1→油箱。

（3）低压夹紧　低压夹紧的油路与高压夹紧基本相同，不同的是这时3YA得电而使换向阀2切换至右位，因而液压泵的供油只能经减压阀7进入分系统。通过调节减压阀7，便能实现低压夹紧状态下的夹紧力。

2. 回转刀盘分系统

回转刀盘分系统有两个执行元件，刀盘的松开与夹紧由液压缸执行，而液压马达则驱动刀盘回转。因此，此分系统的控制回路也有两条支路。第一条支路由三位四通换向阀3和两个单向调速阀9和10组成。通过三位四通换向阀3的切换控制液压马达即刀盘正、反转，而两个单向调速阀9和10与变量液压泵则使液压马达在正、反转时都能通过进油路容积节流调速来调节旋转速度。第二条支路控制刀盘的放松与夹紧，它是通过二位四通换向阀的切换来实现的。

刀盘的完整旋转过程：刀盘松开→刀盘通过左转或右转就近到达指定刀位→刀盘夹紧。因此电磁铁的动作顺序是4YA得电（刀盘松开）→8YA（正转）或7YA（反转）得电（刀盘旋转）→8YA（正转时）或7YA（反转时）失电（刀盘停止转动）→4YA失电（刀盘夹紧）。

3. 尾座套筒分系统

尾座套筒通过液压缸实现伸出与缩回，其控制回路由减压阀8、三位四通换向阀5和单向调速阀11组成。分系统通过调节减压阀8，将系统压力降为尾座套筒顶紧所需的压力。调速阀11用于在尾座套筒伸出时实现回油节流调速，控制伸出速度。

（1）尾座套筒伸出（6YA+）　其油路如下：

1）进油路：液压泵→减压阀8→换向阀5（左位）→液压缸无杆腔。

2）回油路：液压缸有杆腔→阀11的调速阀→换向阀5→油箱。

（2）尾座套筒缩回（5YA+）　其油路如下：

1）进油路：液压泵→减压阀8→换向阀5（右位）→阀11的单向阀→液压缸有杆腔。

2）回油路：液压缸有杆腔→换向阀5→油箱。

（二）CK6150型数控车床液压系统的主要特点

1）数控车床控制的自动化程度要求较高，类似于机床的液压控制，它对动作的顺序要求较严格，并有一定的速度要求。液压系统一般由数控系统的PLC或CNC来控制，所以动作顺序大多直接通过电磁换向阀切换来实现。

2）由于数控车床的主运动已趋于直接用伺服电动机驱动，所以液压系统的执行元件主要承担各种辅助功能,虽然其负荷变化幅度不是很大,但要求稳定。因此,常采用减压阀来保证支路压力的恒定。

【延伸阅读】

依托"创新"与"智造",打造装备制造业的高端领域

近年来,我国不断加强技术创新和技术改造,整体技术水平持续提升,开发出了一大批具有自主知识产权的高端装备。然而在高端装备高速发展的同时,许多关键零部件和配套产品的发展仍然滞后,核心技术环节被国外品牌掌控。面对技术层面创新能力不足的情况,应把技术创新摆在制造业发展全局的核心位置,加大人才及装备研发的投入。

装备制造业是为国民经济和国防建设提供各种技术装备的制造业总称,是制造类产品的"工业母机"。高端装备制造业具有技术密集、附加值高、成长空间大、带动作用强等突出特点,是衡量一个国家制造业发展水平和整体经济综合竞争实力的重要标志,也承担了"替代进口"的使命。加快装备制造化的高端化、现代化是推动工业现代化的关键,也是实现由"制造大国"向"制造强国"战略转变的重要途径。

数控(CNC)车床即计算机数字控制车床,它是一种高精度、高效率的自动化机床,是目前我国使用量最大、覆盖面最广的数控机床。数控车床配备多工位刀塔或动力刀塔,具有优良的加工工艺性能,可加工直线圆柱、斜线圆柱、圆弧和各种螺纹、槽、蜗杆等复杂工件。它同时具有直线插补、圆弧插补等各种补偿功能,在复杂零件的批量生产中能够获得良好的经济效益。

面向中国工业转型升级和战略性新兴产业发展的迫切需求,应重点发展智能制造、绿色制造和服务型制造,把高端装备制造业培育成为国民经济的支柱产业,实现中国装备制造业由大到强的转变。

【任务实施】

任务一 YT4543型液压动力滑台控制系统的安装与调试

组合机床广泛应用于成批大量的生产中。组合机床(图7-3)上的主要通用部件液压动力滑台是用来实现进给运动的。它要求液压传动系统完成的进给动作是:快进→第一次工进→第二次工进→止位钉停留→快退→原位停止,同时还要求系统工作稳定,效率高。那么液压动力滑台的液压系统是如何工作的呢?

一、分析任务

组合机床是一种高效率的专用机床,它由具有一定功能的通用部件(包括机械动力滑台和液压动力滑台)和专用部件组成,加工范围较广,自动化程度较高,多用于大批量生产中。液压动力滑台由液压缸驱动,根据加工需要可在滑台上配置动力头、主轴箱或各种专用的切削头等工作部件,以完成钻孔、扩孔、铰孔、铣孔、镗孔、刮端面、加工倒角、加工螺纹等加工工序,并可实现多种进给工作循环。

二、回路图

YT4543 型液压动力滑台控制系统回路图如图 7-1 所示。

三、液压系统分析

（1）液压回路的解读　液压回路的解读大致可按读液压系统图的步骤进行。

（2）液压系统图的分析　液压系统图的分析可以考虑以下几个方面：

1）液压基本回路的确定是否符合主机的动作要求。

2）各主油路之间、主油路与控制油路之间有无矛盾和干涉现象。

3）液压元件的代用、变换和合并是否合理、可行。

4）液压系统性能的改进方向。

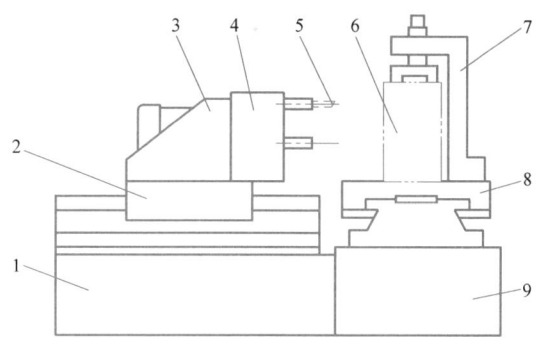

图 7-3　组合机床
1—床身　2—液压动力滑台　3—动力头
4—主轴箱　5—刀具　6—工件　7—夹具
8—工作台　9—底座

四、实施步骤

1）根据所给回路图，找出相应的液压元件。

2）按指导教师要求，学生分组固定液压元件。

3）按图 7-1 所示的液压回路图接好油路和电路。

4）检查无误后起动液压泵，观察回路运行情况。

5）分析并说明各控制元件在回路中的作用。

6）填写电磁铁动作顺序表。

7）分析系统由哪些基本回路组成并总结系统的特点，分析遇到的问题并进行解决。

8）完成实训并经教师检查评价后，关闭电源，拆下管线和元件，放回原处。

9）各组集中，教师点评，学生提问并完成实训报告。

教师巡回指导并及时给每位学生打操作分数。

五、质量评价标准

质量评价标准见表 7-2。

表 7-2　质量评价标准

考核项目	考核要求	配分	评分标准	扣分	得分	备注
元件选择	正确、快速选择液压元件	10	1. 选择液压元件错误扣 10 分 2. 选择元件速度慢扣 5 分			
安装连接	正确、快速连接液压元件	30	1. 一处连接错误扣 10 分 2. 连接超时扣 2~5 分 3. 安装连接质量差扣 5 分			

(续)

考核项目	考核要求	配分	评分标准	扣分	得分	备注
回路运行	正确运行、调试回路	40	1. 不会正确调试压力控制阀与流量控制阀扣20分 2. 不会解决运行中遇到的问题扣20分			
拆卸回路	正确、合理拆卸回路	5	1. 没有按规定程序拆卸回路扣5分 2. 没有将元件按规定涂油扣5分 3. 没有将元件按规定放置扣2分			
安全生产	自觉遵守安全文明生产规程	10	不遵守安全文明生产规程扣10分			
实训报告	按时按质完成实训报告	5	1. 没有按时完成实训报告扣5分 2. 实训报告质量差扣2~5分			
自评得分			小组互评得分		教师签名	

任务二　CK6150 型数控车床控制系统的安装与调试

装有程序控制系统的车床简称数控车床。在数控车床上进行车削加工时，其自动化程度高，能获得较高的加工质量。在数控车床上大多采用液压传动技术，试分析 CK6150 型数控车床液压系统的工作过程。

一、分析任务

机床中由液压系统实现的动作有：卡盘的夹紧与松开、刀架的夹紧与松开、刀架的正转与反转、尾座套筒的伸出与缩回。液压系统中各电磁阀的电磁铁动作由数控系统的 PLC 控制实现。

二、回路图

回路图如图 7-2 所示。

三、液压系统分析

液压系统分析同本项目任务一。

四、实施步骤

实施步骤同本项目任务一。

五、质量评价标准

质量评价标准见表 7-2。

任务三　CK6150 型数控车床液压系统的故障分析

随着工作时间的增加及环境的影响，CK6150 型数控车床液压传动系统会出现一些异常现象，如产生噪声和振动、油温过高等。出现这些故障后，如何检查和修理液压传动系统呢？

一、分析任务

正确维护和保养液压传动系统是延长液压传动系统正常使用寿命的重要措施。CK6150型数控车床液压传动系统出现故障后，需要检查和修理液压传动系统。该任务通过学习液压传动系统的检修和故障分析方法，使学生能够检修数控机床工作中常见的几种故障。

二、液压系统故障分析

CK6150型数控车床液压系统常见故障及检修流程如图7-4所示。

1. 系统产生噪声和振动

（1）原因之一 液压系统中的气穴现象。针对这个原因，应检查排气装置工作是否可靠，同时应在开车后，使执行元件快速全行程往复几次，进行排气。

（2）原因之二 液压泵或液压马达故障。一是由于各密封处的密封性能降低；二是由于使用中液压泵零件磨损，造成间隙过大、流量不足、压力波动大。此时应更换密封件，调整各处间隙，或更换液压泵。

（3）原因之三 溢流阀不稳定，引起压力波动和噪声，应清洗、疏通阻尼孔。

（4）原因之四 换向阀调整不当，使阀芯移动太快，造成换向冲击，因而产生噪声与振动。调整控制油路中的节流元件能有效地避免换向产生的冲击。

（5）原因之五 机械振动，管道固定装置松动，在油液流动时，引起管子抖动。检修过程中应仔细检查各固定点是否可靠。

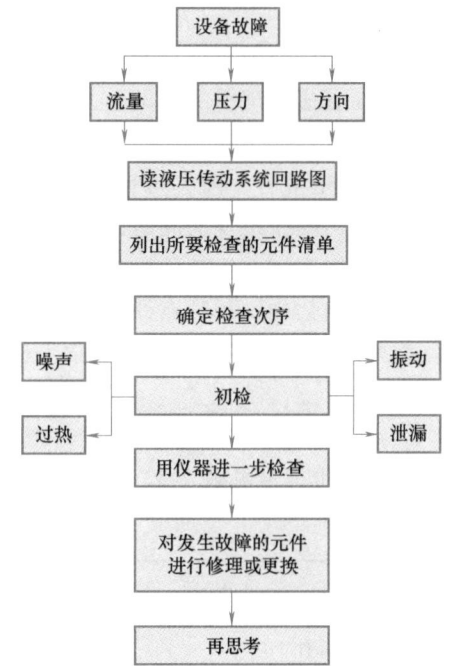

图7-4 CK6150型数控车床液压系统常见故障及检修流程

2. 液压传动系统爬行

（1）原因之一 液压油中混有空气。因空气的压缩性较大，含有气泡的液体到达高压区受到剧烈压缩而使油液体积变小，从而造成工作部件爬行。一般可在部件顶部设置排气装置，将空气排除。

（2）原因之二 相对运动部件间的摩擦阻力太大或摩擦阻力的不断变化，使工作部件在运动时产生爬行现象。在检修中应重点检查活塞、活塞杆等零件的几何公差和表面粗糙度是否符合要求，同时应保证液压系统和液压油的清洁，以免污物进入相对运动零件的表面间，增大摩擦阻力。

（3）原因之三 密封件密封不良使液压油产生泄漏而导致爬行。这时要更换密封件，检查连接处是否可靠，对于旧设备，也可通过加大液压泵的流量来抑制爬行现象的产生。

3. 油温过高

（1）原因之一 系统压力调定值过高，使油温过高，应适当降低系统压力调定值。

（2）原因之二　液压泵和各连接处产生泄漏，造成容积损失而发热。这时应紧固各连接处并修理液压泵，严防泄漏。

（3）原因之三　卸荷阀或安全阀压力开关工作不良，使系统不能有效地在空闲时卸荷，造成油温上升。应重新进行调节，改善阀的工作情况，使之符合要求。

（4）原因之四　油液黏度过大，使内摩擦增大，造成发热严重。应改用黏度合适的液压油，并定期更换。

（5）原因之五　液压散热系统工作不良。随使用时间的增加，散热系统表面附着了灰尘，降低了散热效果，应对其进行清洁。

三、实施步骤

1) 根据任务需要选择元件，并检验元件使用性能是否正常。
2) 在看懂原理图的基础上，搭接实训回路。
3) 确认连接、安装正确，把动力元件调节装置的调压旋钮旋松，通电起动液压泵，待液压泵工作正常后，再次调节调压旋钮，使回路中的压力在系统工作压力以内。
4) 对回路中出现的问题进行分析并排除故障。
5) 完成实训并经教师检查评价后，关闭电源，拆下管线和元件，放回原处。
6) 各组集中，教师点评，学生提问并完成实训报告。

教师巡回指导并及时给每位学生打操作分数。

四、质量评价标准

质量评价标准见表7-3。

表7-3　质量评价标准

考核项目	考核要求	配分	评分标准	扣分	得分	备注
元件选择	正确、快速选择液压元件	10	1. 没有正确选择液压元件扣5分 2. 选择元件速度慢扣5分			
安装连接	正确、快速连接液压元件	40	1. 一处连接错误扣10分 2. 连接超时达10min以上扣5分 3. 管路连接质量差扣5分			
回路运行	正确运行、调试回路	20	1. 不按规定运行回路扣5分 2. 不会解决运行中遇到的问题扣15分			
拆卸回路	正确、合理拆卸回路	15	1. 没有按规定程序拆卸回路扣10分 2. 没有将元件按规定放置扣5分			
安全生产	自觉遵守安全文明生产规程	10	不遵守安全文明生产规程扣10分			
实训报告	按时按质完成实训报告	5	1. 没有按时完成实训报告扣5分 2. 实训报告质量差扣2~5分			
自评得分			小组互评得分　　　　　　教师签名			

【任务总结】

YT4543型液压动力滑台及CK6150型数控车床液压系统分析过程及方法，非常适合机床类液压控制系统的分析，特别是正确绘制系统动作表，会让分析结果直观地展现出来。

通过学习 CK6150 型数控车床液压系统的检修和故障分析方法，使学生能够检修数控机床工作中常见的几种故障，能够真正认识到正确的维护和保养是延长液压传动系统使用寿命的重要措施。

任务总结与反思

班级_____ 姓名_____ 学号_____ 分组号_____

评价项目	评价内容	评价效果			
		非常满意	满意	基本满意	不满意
工作能力	能够合理安排自己的日常学习和生活（按时起床，着装得体，准时到达教学活动场所）				
	能够对所阅读的说明文字进行重点标记，并能说出关键词				
	能够理解书籍、手册中的技术内容				
	能够在有计划的前提下开展工作并主动记录任务实施的心得体会				
	能够用清楚、流畅的语言表达自己的观点				
社会能力	能够与同学友好交往，不用语言、动作伤害他人				
	愿意接受新的工作任务并积极地投入其中				
	能够主动参与小组工作任务并真诚表达自己的观点				
	能够真实反馈自己的工作结果，并能主动向他人寻求必要的帮助				
专业能力	能够读懂任务要求，清楚各种液压元件的种类和功能				
	能够根据要求选用合适的液压元件				
	能够熟练地连接各种元件				
	能够在阅读说明资料及观看示范动作的方式下，安全地完成项目任务的操作过程，实现预期效果				
	能够归纳连接液压元件及回路系统的步骤和特点				
	清楚各操作过程中的安全注意事项				

【延伸阅读】

面向工程一线，培养应用型工程技术人才

科学技术发展到今天，液压传动技术不但没有被现代高科技取而代之，反而越来越被现代科技所重视！面对液压行业人才紧缺、社会需求量大的整体环境，要以学生的综合工程素质、应用能力和创新能力培养为主线，注重理论教学与实践教学的相互渗透和融合，强化工程应用能力和务实精神的培养与训练，最终实现综合应用型人才培养的目标。

液压成形也被称为"内高压成形"，它的基本原理是以管材作为坯料，在对管材内部液体施加超高压的同时，对管坯的两端施加轴向推力，进行补料。在两种外力的共同作用下，管坯材料发生塑性变形，最终与模具型腔内壁贴合，得到形状与精度均符合技术要求的中空零件。

1980年，现代液压成形技术在欧、美、日等工业发达地区和国家率先诞生并应用，可生产复杂的制件，且产品质量好、工序少、寿命长，在军工、航空航天、汽车制造等领域都有较为成熟的应用。

液压成形技术是一门跨技术、跨领域、跨学科的综合性技术，涉及液压控制、电路控制、模具设计、机床设计、软件应用、工艺模拟分析和工艺检测等多个方面。例如，使用液压成形仿真模拟软件，不仅可以快速提高产品的生产质量，还能降低生产成本。

液压成形技术作为综合性高精专技术，若要进一步发挥其优势，则需要经验丰富的人来应用，这离不开学校对人才的培养，对人才的要求：一是具有一定的理论知识和实践经验；二是熟悉设备的特性和功能；三是熟悉成形产品的材料和产品的工艺；四是熟悉模具设计、辅助软件；五是模具、工艺、设备等各项综合能力出众。

【知识拓展】

一、液压控制系统的安装、调试及维护

（一）液压系统的安装

进行液压系统安装时应注意以下事项。

1）安装前检查各油管是否完好无损并进行清洗。对液压元件要用煤油或柴油进行清洗，自制重要元件应进行密封和耐压试验。试验压力可取工作压力的2倍或最高工作压力的1.5倍。

2）液压泵、液压马达与电动机、工作机构间的同轴度误差应小于0.1mm，轴线间倾角应不大于1°。避免用过大的力敲击液压泵轴和液压马达轴，以免损伤转子。液压泵与液压马达的进、出油口不得接反。

3）安装液压缸时，要保证符合活塞杆的轴线与运动部件导轨面平行度的要求。活塞杆轴线对两端支座安装基面的平行度误差不得大于0.05mm。对行程较长的液压缸，活塞杆与工作台的连接应保持浮动，以补偿由安装误差引起的活塞杆卡住和热膨胀的影响。

4）电磁阀的回油管、减压阀和顺序阀等的卸油管与回油管连通时不应有背压，否则应单设回油管；溢流阀的回油管口与液压泵的吸油口不能靠得太近，以免吸入温度较高的油液；方向阀一般应保持轴线水平安装。

5）辅助元件应严格按设计要求的位置安装，并注意整齐、美观，在符合设计要求的情况下，尽量考虑使用、维护和调整方便。例如，蓄能器应保持轴线竖直安装，并安装在易用气瓶充气的地方；过滤器应安装在易于拆卸、检查的位置等。

6）在安装液压元件时用力要恰当，防止用力过大使元件变形，从而造成漏油或某些零件不能运动。安装时应清除被密封零件的尖角,防止损坏密封件。

7)各油管接头处要装紧,保证密封良好,管道尽可能短,避免急拐弯,拐弯的位置越少越好,以减少压力损失。吸油管宜短、粗,一般吸油口都装有过滤器,过滤器必须至少在油面以下 200mm。回油管应远离吸油管并插入油箱液面之下,以防止回油飞溅产生气泡,并能使油液很快被吸入泵内;回油管口应切成 45°斜面并朝箱壁安装,以扩大通流面积。

8)系统全部管道应进行两次安装,即第一次配管试装合适后拆下管子,先用 20%的硫酸或盐酸溶液进行酸洗,再用 10%的苏打水中和 15min,然后用温水冲洗,待干燥涂油后进行第二次正式安装。

9)系统安装完毕后,应用清洗油对内部进行清洗,油温为 50~80℃。清洗时在回油路上设置过滤器,先使液压泵间歇运转,然后运转 8~12h,清洗到过滤器的滤芯上不再有杂质为止。复杂系统可分区清洗。

(二)液压系统的调试

新设备在安装以后以及设备经过修理之后,必须对液压设备按有关标准进行调试,以保证系统能够安全、可靠地工作。

在调试前,应清楚液压系统的工作原理和性能要求;明确机械、液压和电气三者的功能和彼此联系;熟悉系统的各种操作和调节手柄的位置及旋向等;检查各液压元件的连接是否正确、可靠,液压泵的转向、进出油口是否正确,油箱中是否有足够的油液,检查各控制手柄是否在关闭或卸荷的位置,各行程挡块是否紧固在合适的位置等。检查无问题时,可按照以下步骤进行试车。

(1)空载试车 空载试车时先起动液压泵,检查液压泵在卸荷状态下的运转情况。正常后,即可使其在工作状态下运转。一般运转开始要点动 3~5 次,每次点动时间可逐渐延长,直到使液压泵在额定转速下运转。

液压泵运转正常后,可调节压力控制元件。各压力阀应按其实际所处位置,从溢流阀依次调整,将溢流阀逐渐调到规定的压力值,使液压泵在工作状态下运转,检查溢流阀在调节过程中有无异常声响,压力是否稳定,必须检查系统各管道接头、元件接合面处有无漏油。其他压力阀可根据工作需要进行调整。压力调定后,应将压力阀的调整螺杆锁紧。

按压相应的按钮,使液压缸做全行程的往复运动,往返数次将系统中的空气排掉。如果缸内混有空气,会影响其运动的平稳性,使工作台在低速运动时产生爬行现象,同时会影响机床的换向精度。

其后调整自动工作循环和顺序动作,检查各动作的协调性和顺序动作的正确性,检查起动、换向和速度换接的平稳性,有无泄漏、爬行、冲击等现象。

在各项调试完毕后,应在空载条件下动作 2h 后,再检查液压系统工作是否正常。一切正常后,方可进入负荷试车。

(2)负荷试车 检查系统负荷后,是否能实现预定的工作要求。为避免设备损坏,一般先低负荷试车,若正常,则在额定负荷下试车。

负荷试车时,应检查系统有无发热、噪声、振动、冲击和爬行等情况,并进行书面记录,以便日后查对;检查各部分的漏油情况,发现问题及时排除。若系统工作正常,便可正式投入使用。

(三) 液压系统的维护

液压系统的正确使用与及时维护是保证设备正常运行的基本条件。

1. 使用时应注意的事项

1) 使用前必须熟悉液压设备的操作要领，要清楚各液压元件所控制的相应执行元件和调节旋钮的转动方向与压力、流量大小的变化关系等，防止因调节错误造成事故，并对导轨及活塞杆外露部分进行擦拭。

2) 在液压系统运行时，应密切注意油温的变化。低温下，油温应达到20℃以上才准许顺序动作；油温高于60℃时应注意系统工作情况，异常升温时，应停车检查。

3) 停机4h以上的设备应先使液压泵空载运行5min，然后起动执行机构工作。

4) 要定期检查和更换液压油，保持其清洁。新设备使用3个月即应清洗油箱，更换新油，以后每隔0.5~1年进行清洗和换油。过滤器的滤芯应定期清洗或更换。

5) 设备若长时间不用，应将各调节手轮放松，防止弹簧产生永久变形（弹簧力丧失）而影响元件性能。

2. 设备的维护

设备的维护主要分为日常维护、定期维护和综合维护。

(1) 日常维护　日常维护是指液压设备的操作人员每天在设备使用前、使用中及使用后对设备进行的例行检查，通常借助眼、耳、手、鼻等感觉器官和装在设备上的仪表（如压力表等）对设备进行观察和检查。

1) 使用前的检查主要包括：油箱内油量的检查、室温与油温的检查和压力表的检查。

2) 使用中的检查主要包括：溢流阀调节压力的检查、油温、泵壳温度、电磁铁温度的检查，漏油情况检查，噪声振动检查和压力表检查。

3) 停机后的检查主要包括：油箱油面检查，油箱、各液压元件、液压缸等裸露表面污物的清洁和擦洗，各阀手柄位置应恢复到"卸荷""停止""后退"等位置上，关闭电源并填写交接班记录。

(2) 定期维护　这一工作是以专业维修人员为主，由生产工人参与的一种有计划的预防性检查。与日常维护一样，定期维护是为使设备工作更可靠、寿命更长，并及早发现故障苗头和趋势而进行的一项工作。定期维护的检查手段除人的感官外，还要用一定的检查工具和仪器。其检查的内容主要包括：各种液压元件的检查，过滤器的拆开清洗，液压系统的性能检查以及规定必须定期维修部件的保养。定期维护一般分为3个月和半年两种。定期维护做好了，可使日常维护更简单。

(3) 综合维护　综合维护每1~2年进行一次，检查的内容和范围力求广泛，尽量做彻底的全面性检查。综合维护要求对所有液压元件进行解体，根据解体后发现的情况和问题，进行修理或更换。进行综合维护时，要对修过或更换过的液压元件进行记录，这对今后查找和分析故障以及准备备件都是参考依据。进行综合维护前，要预先准备好诸如密封件、滤芯、蓄能器的皮囊、管接头、硬管、软管以及电磁铁等易损件，因为这些零件都是可以预计到要更换的。进行综合维护时如果发现液压设备使用说明书等资料丢失，要设法备齐归档。

二、YB32-200型四柱万能液压机的液压系统

液压机可以进行冲裁、弯曲、翻边、拉深、冷挤、成形等多种加工。为完成上述工作，液压机应能产生较大的压制力，因此其压力系统工作压力高，液压缸的尺寸大，液压油流量也大，是较为典型的高压大流量系统。液压机在压制工件时系统压力高、速度低，但空行程时速度快、流量大、压力低，因此各工作阶段的换接要平稳，功率的利用要合理。为满足不同工艺需要，系统的压力要能方便地变换和调节。由于液压机是立式设备，因此工作时的安全也要有可靠的保证。

（一）YB32-200型四柱万能液压机简介

YB32-200型四柱万能液压机有上、下两个液压缸，安装在四个立柱之间。上液压缸为主缸，驱动上滑块实现"快速下行→慢速加压→保压延时→泄压换向→快速退回→原位停止"的工作循环。下液压缸为顶出缸，驱动下滑块实现"向上顶出→停留→向下退回→原位停止"的工作循环。在进行薄板件拉深压边时，要求下滑块实现"上位停留→浮动压边（即下滑块随上滑块短距离下降）→上位停留"的工作循环。图7-5所示为YB32-200型四柱万能液压机工作循环图。

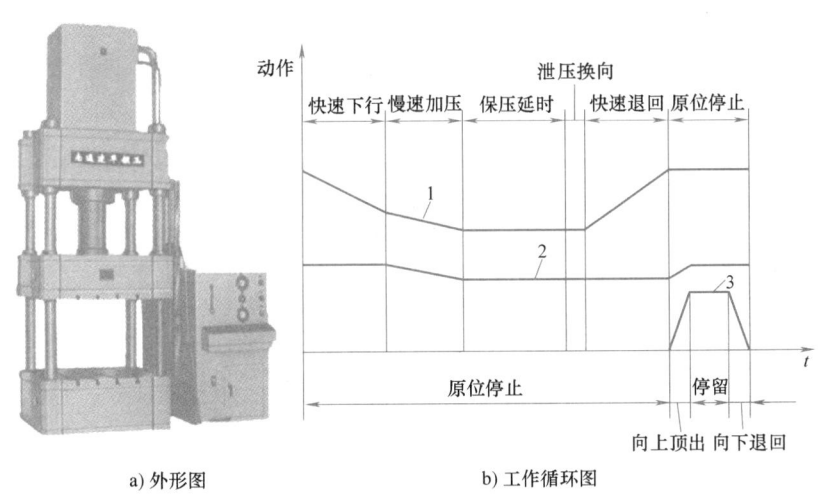

a) 外形图　　　　b) 工作循环图

图7-5　YB32-200型四柱万能液压机外形图和工作循环图
1—主缸工作循环　2—浮动压边工作循环　3—顶出缸工作循环

YB32-200型四柱万能液压机主缸最大压制力为2000kN，其压力系统的最高工作压力为32MPa。图7-6所示为YB32-200型四柱万能液压机液压系统。该压力机的液压系统由主缸、顶出缸、轴向柱塞式变量泵1、安全阀2、远程调压阀3、减压阀4、电磁换向阀5、液动换向阀6、顺序阀7、预泄换向阀8、主缸安全阀13、顶出缸电液换向阀14等元件组成。该系统采用变量泵-液压缸式容积调速回路，工作压力范围为10~32MPa，其主油路的最高工作压力由安全阀2限定，实际工作压力可由远程调压阀3调整，控制油路的压力可由减压阀4调整，液压泵的卸荷压力可由顺序阀7调整。

（二）YB32-200 型四柱万能液压机液压系统的工作原理

YB32-200 型四柱万能液压机在压制工件时，其压力系统中主缸和顶出缸分别完成图 7-6 所示工作循环时的油路，该系统中电磁铁的动作顺序见表 7-4。其工作原理分析如下：

表 7-4 电磁铁动作顺序

工作循环液压缸	信号来源	电磁铁			
		1YA	2YA	3YA	4YA
主缸	快速下行	按启动按钮	+	−	−	−
	慢速加压	上滑快压住工件	+	−	−	−
	保压延时	压力继电器发信号	−	−	−	−
	泄压换向	时间继电器发信号	−	+	−	−
	快速退回	预泄换向阀换为下位	−	+	−	−
	原位停止	行程开关 S_1	−	−	−	−
顶出缸	向上顶出	行程开关 S_1 或按钮	−	−	−	+
	向下退回	时间继电器发信号	−	−	+	−
	原位停止	终点开关 S_2	−	−	−	−

注："+"表示电磁铁得电；"−"表示电磁铁失电。

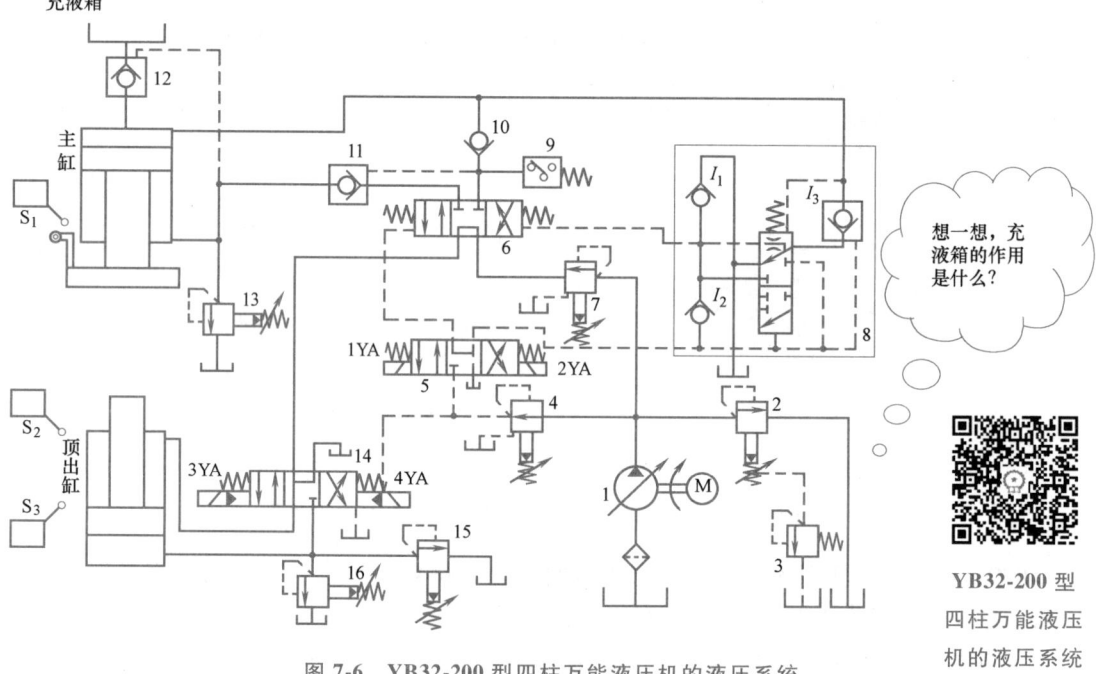

图 7-6 YB32-200 型四柱万能液压机的液压系统
1—变量泵 2、13、16—安全阀 3—远程调压阀 4—减压阀 5—电磁换向阀
6—液动换向阀 7—顺序阀 8—预泄换向阀 9—压力继电器 10—单向阀
11、12—液控单向阀 14—电液换向阀 15—背压阀

1. 主缸运动

(1) 快速下行　按下起动按钮，电磁铁 1YA 通电，电磁换向阀 5 左位接入系统，控制油路进入液动换向阀 6 的左端，阀右端回油，故液动换向阀 6 左位接系统。主油路中的压力油液经顺序阀 7、液动换向阀 6 和单向阀 10 进入主缸上腔，并将液控单向阀 11 打开，使下腔回油，上滑块快速下行，缸上腔压力降低，主缸顶部充液箱的油液经液控单向阀 12 向主缸上腔补油。油路如下：

1) 控制油路（使阀 6 左位接入系统）。

进油路：泵 1→阀 4→阀 5（左）→阀 6 左端。

回油路：阀 6 右端→阀 I_2→阀 5（左）→油箱。

2) 主油路（使上滑块快速下行）。

进油路：泵 1→阀 7→阀 6（左）┌阀 11（使液控单向阀开启）。
　　　　　　　　　　　　　　└阀 10→缸上腔。

　　　　充油箱→阀 12————↑

回油路：缸下腔→阀 11→阀 6（左）→阀 14（中）→油箱。

(2) 慢速加压　当主缸上滑块接触到被压制的工件时，主缸上腔压力升高，液控单向阀 12 关闭，且液压泵流量自动减小，滑块下移速度降低，慢速压制工件。这时除充液箱不再向液压缸上腔供油外，其余油路与快速下行油路完全相同。

(3) 保压延时　当主缸上腔油压升高至压力继电器 9 的开启压力时，压力继电器发信号，使电磁铁 1YA 失电，阀 5 换为中位。这时阀 6 两端油路均通油箱，因而阀 6 在两端弹簧力的作用下换为中位，主缸上、下腔油路均被封闭保压，液压泵则经阀 6 中位、阀 14 中位卸荷。同时，压力继电器还向时间继电器发信号，使时间继电器开始延时。保压时间由时间继电器在 0~24min 范围内调节。保压延时的油路如下：

1) 控制油路（使阀 6 换为中位）。

控制油路 a：阀 6 左端→阀 5（中）→油箱。

控制油路 b：阀 6 右端→阀 I_2→阀 5（中）→油箱。

2) 主油路。

进油路：泵 1→阀 7→阀 6（中）→阀 14（中）→油箱（泵卸荷）。

回油路：主缸上腔┌阀 10（闭）。
　　　　　　　　└阀 I_3（闭）（油路封闭，系统延时保压）。

　　　　主缸下腔→阀 11（闭）。

该系统也可利用行程控制使系统由慢速加压阶段转为保压延时阶段，即当慢速加压，上滑块下移至预定的位置时，由与上滑块相连的动力件上的挡块压下行程开关（图中未画出），发出信号，使阀 5、阀 6 换为中位停止状态，同时向时间继电器发出信号，使系统进入保压延时阶段。

(4) 泄压换向　保压延时结束后，时间继电器发出信号，使电磁铁 2YA 得电，阀 5 换为右位。控制油经阀 5 进入阀 I_3 的控制油腔，顶开其卸荷阀芯（液控单向阀 I_3 带有卸荷阀芯），使主缸上腔油路的高压油经阀 I_3 卸压阀芯上的槽口及预泄换向阀 8 上位（图示位置）的孔道连通，从而使主缸上腔油泄压。其油路如下：

1) 控制油路。

进油：泵 1→阀 4→阀 5（右）→阀 I_3（使 I_3 卸荷阀芯开启）。

2) 主油路。

回油：主缸上腔→阀 I_3（卸荷阀芯槽口）→阀 8（上）→油箱（主缸上腔泄压）。

(5) 快速退回　主缸上腔泄压后，在控制油压的作用下，阀 8 换为下位，控制油经阀 8 进入阀 6 右端，阀 6 左端回油，因此阀 6 右位接入系统。主油路中，压力油经阀 6、阀 11 进入主缸下腔，同时将阀 12 打开，使主缸上腔油液返回充液箱，上滑块则快速上升，退回至原位。其油路如下：

1) 控制油路（使阀 6 换为右位）。

进油路：泵 1→阀 4→阀 5（右）→阀 8（下）→阀 6 右端。

回油路：阀 6 左端→阀 5（右）→油箱。

2) 主油路（上滑块快速退回）。

进油路：泵 1→阀 7→阀 6（中）→阀 11 ┌→主缸上腔。
　　　　　　　　　　　　　　　　　　 └→阀 12 控制口。

回油路：主缸上腔→阀 12→油箱。

(6) 原位停止　当上滑块返回至原始位置，压下行程开关 S_1 时，使电磁铁 2YA 失电，阀 5 和阀 6 换为中位（阀 8 复位），主缸上、下腔封闭，上滑块停止运动。阀 13 为主缸安全阀，起平衡上滑块重量的作用，可防止与上滑块相连的运动部件在上位时因自重而下滑。

2. 顶出缸运动

(1) 向上顶出　当主缸返回原位，压下行程开关 S_1 时，除使电磁铁 2YA 失电、主缸原位停止外，还使电磁铁 4YA 得电，阀 14 换为右位。压力油经阀 14 进入顶出缸下腔，其上腔回油，下滑块上移，将压制好的工件从模具中顶出。这时系统的最高工作压力可由背压阀 15 调整。其主油路（使下滑块上移顶出工件）如下：

进油路：泵 1→阀 7→阀 6（中）→阀 14（右）→缸下腔。

回油路：缸上腔→阀 14（右）→油箱。

(2) 停留　当下滑块上移到其活塞碰到缸盖时，便可停留在这个位置上。同时碰到上位开关 S_2，使时间继电器动作，延时停留。停留时间可由时间继电器调整。这时的油路未变。

(3) 向下退回　当停留结束时，时间继电器发出信号，使电磁铁 3YA 得电（4YA 失电），阀 14 换为左位，压力油进入顶出缸上腔，其下腔回油，下滑块下移。其油路如下：

主油路（使下滑块下移）。

进油路：泵 1→阀 7→阀 6（中）→阀 14（左）→缸上腔。

回油路：缸下腔→阀 14（左）→油箱。

(4) 原位停止　当下滑块退至原位时，滑块压下下位开关 S_3，使电磁铁 3YA 失电，阀 14 换为中位，运动停止，顶出缸上腔和泵 1 的油液均通过阀 14 中位卸荷。

3. 浮动压边

(1) 上位停留　先使电磁铁 4YA 得电，阀 14 换为右位，顶出缸下滑块上升至顶出位，由行程开关或按钮发信号使 4YA 再失电，阀 14 换为中位，使下滑块停在顶出位。这时顶出缸下腔封闭，上腔通油箱。

(2) 浮动压边　浮动压边时主缸上腔进压力油（主缸油路同慢速加压油路），主缸下腔油液进入顶出缸上腔，顶出缸下腔油液可经阀 15 流回油箱。

主缸上滑块下压薄板时，下滑块也在此压力下随之下行。这时阀 15 为背压阀，能保证顶出缸下腔有足够的压力。阀 16 为安全阀，能在阀 15 堵塞时起过负荷保护作用。浮动压边时的主油路（使上、下滑块同时下移，浮动压边）如下：

进油路：主缸下腔→阀 11→阀 6（左）→阀 14（中）→顶出缸上腔。
$$\text{油箱}\longrightarrow\uparrow$$

回油路：顶出缸下腔→阀 15→油箱。

（三）YB32-200 型四柱万能液压机液压系统的特点

1）采用了变量泵-液压缸式容积调速回路。所用液压泵为恒功率斜盘式轴向柱塞泵，特点是空载快速时，油压低而供油量大；压制工件时，压力高。泵的流量能自动减小，可实现低速，系统中无溢流损失和节流损失，效率高，功率利用合理。

系统中设置了远程高压阀，可在压制不同材质、不同规格的工件时，对系统的最高工作压力进行调节，以获得最理想的压制力，使用方便。

2）两液压缸均采用电液换向阀换向，便于用小规格的、反应灵敏的电磁阀控制高压大流量的液动换向阀，使主油路换向。其控制油路采用了串有减压阀的减压回路，工作压力比主油路低而平稳，既能减少功率消耗，降低泄漏损失，又能使主油路换向平稳。

3）采用两主换向阀中位串联的互锁回路，即当主缸工作时，顶出缸油路被断开，停止运动；当顶出缸工作时，主缸油路断开，停止运动。这样能避免操作不当出现事故，保证了安全生产。当两缸主换向阀均为中位时，液压泵卸荷，其油路上串接一顺序阀，调整压力约为 2.5MPa，可使泵的出口保持低压，以便于快速起动。

4）液压机是大功率立式设备，压制工件时需要很大的力。由于其主缸直径大，上滑块快速下行时需要很大的流量，但顶出缸工作时却不需要很大的流量。因此，该系统采用顶置充液箱，在上滑块快速下行时直接从缸的上方向主缸上腔补油。这样既可采用流量较小的泵供油，又可避免在长管道中有高速大流量油流而造成能量的损耗和故障，还减小了下置油箱的尺寸（充液箱与下置油箱有管路连通，上箱油量超过一定量时可溢回下油箱）。此外，两立式液压缸各有一个安全阀，构成平衡回路，能防止上、下滑块在上位停止时因自重而下滑，起支撑作用。

5）在保压延时阶段，由多个单向阀、液控单向阀组成主缸保压回路，利用管道和油液本身的弹性变形实现保压，方法简单。单向阀密封性好，结构尺寸小，工作可靠，使用和维护也比较方便。

6）系统中采用了预泄换向阀，使主缸上腔泄压后才能换向，这样可使换向平稳，无噪声和液压冲击。

三、液压系统的设计

液压系统的设计与计算，是在掌握液压基础知识，液压元件的工作原理、结构和基本回路的基础上进行的。此外，还必须了解常用液压元件、液压附件的产品性能、品牌优劣，甚至液压元件的加工设备和管理情况，以便制造出稳定可靠的液压设备。

（一）设计步骤

（1）明确设计要求并进行工况分析　主要是了解主机对液压传动系统的运动和性能要求，如运动方式、行程和速度范围、负荷条件、运动精度、平稳性以及工作环境情况等。

（2）初步确定液压系统参数　主要是确定执行元件的压力和流量。

（3）拟定液压系统原理图　这是整个设计的关键步骤，主要是选择和拟定基本回路，然后组成完整的液压系统。

（4）计算和选择液压元件　根据系统的最大工作压力和流量选择液压泵和电动机，同时根据压力和流量选择各控制元件及辅助元件。

（5）液压系统的性能验算　液压系统的参数有许多是由估计或经验确定的，因此要通过验算来评判其性能。系统不同，需要验算的内容也不尽相同，但压力损失和温升两项验算往往是必不可少的。

（6）绘制工作图并编写技术文件　主要包括液压系统图、泵站装配图、管路安装图以及设计说明书、使用说明书、零部件目录、标准件明细表等文件。

上述各步并不是固定不变的，根据系统的具体要求可详可略，同时各步之间互相联系、互相影响，往往要经过多次反复才能完成设计工作。

（二）明确设计要求

了解对主机的工作要求，明确设计依据。

1）了解主机的结构、工作循环及周期。

2）了解主机对液压系统的性能要求，包括：执行元件的运动方式和行程、运动速度及其调整范围；运动平稳性及定位精度；执行元件的负荷条件、动作顺序和连锁要求；传感元件的安装位置；自动化程度等。

3）了解主机的工作环境和安装空间大小，如温度及其变化范围，湿度、振动、冲击、粉尘度、腐蚀、防爆等要求。

4）确定是否需要液压、气动、电气等系统的配合，了解对配合装置的要求。

（三）制订基本方案

1. 根据主机动作要求，确定执行元件类型

要求实现连续回转运动，选用液压马达；要求实现往复摆动，选用摆动液压缸或齿轮齿条液压缸；要求实现直线往复运动，选用活塞缸。若负荷为双向等值负荷且要求双向运动速度相等，则选用双活塞杆液压缸；若活塞为单向负荷，则选用单活塞杆液压缸；缸径大、行程长的场合，则不宜选用活塞缸，而应选用柱塞缸。

2. 分析系统工况，确定执行元件的工作顺序及其速度、负荷变化范围

由执行元件数目、工作要求和循环动作过程，拟定执行元件的工作顺序，并分析各执行元件在整个工作循环中的速度、负荷变化规律，确定各执行元件的最大负荷、最低和最高运动速度、工作行程及最大行程，列表备用。

3. 确定油源的类型

液压泵的结构形式依据初定系统压力来选择，当 $p \leqslant 21\text{MPa}$ 时，选用齿轮泵和叶片泵；

当 $p>21MPa$ 时，选用柱塞泵。为节省投资，方便运行，在大多数场合下选用定量泵；若系统要求高效节能，则应选用变量泵；若系统有多个执行元件，各工作循环所需流量相差很大，则应选多泵供油，实现分级调节。

4. 确定调速方式

液压系统定量泵节流调速回路的调节方式简单，广泛应用在中小型液压设备上。在速度稳定性要求较高的场合，可用调速阀或旁通型调速阀替代普通节流阀，这样可提高系统速度刚性，但增加了功率损失。行走机械的液压系统可通过改变柴油机或汽油机的转速达到调速的目的。大功率的液压设备，应采用容积调速方式。

5. 确定调压方式

液压系统中，一般选用弹簧加载的先导式溢流阀作为安全阀、稳压阀或卸荷阀。为方便调节系统最高工作压力，往往采用远程调压阀遥控。如果系统在一个工作循环中的不同阶段工作压力相差很大，则应考虑采用多级调压。如果需要自动控制，则应选用电液比例溢流阀。

6. 选择换向回路

若液压设备要求自动化程度较高，则应选用电控换向，在小流量（<100L/min）时选用电磁换向阀，在大流量时选用电液换向阀或二通插装阀。当需要计算机控制时，选用电液比例换向阀。对于工作环境恶劣的行走式液压机械，如装载机、起重机等，为保证工作可靠性，一般采用手动换向阀（多路换向阀）。对于采用闭式回路的液压机械，如卷扬机、车辆液压马达等，则采用手动双向变量泵的换向回路。

7. 综合考虑其他问题

组合基本回路时应避免回路间相互干扰，要考虑多个执行元件之间的同步、互锁、顺序等要求，参考各种液压基本回路，确定液压系统方案。

（四）绘制工作图，编制技术文件

正式的工作图包括系统原理工作图、装置图、管道布置图、非标准元件的零件图及装配图。液压系统装置图包括液压泵装置图、集成油路装配图。

技术文件包括设计计算说明书、零部件目录表、标准件与通用件以及外购件总表。

【延伸阅读】

弘扬"逢山开路，遇水架桥"的新时代奋斗精神

港珠澳大桥在建设过程中，共实现了海中人工岛快速成岛、沉管管节工厂化制造、海上长桥装配化施工、120年耐久性保障、环保型施工、新材料开发及应用和大型施工设备研发七大领域的关键技术突破。国家工程、国之重器的背后，是一支"功成不必在我、功成必定有我"的中国建设者队伍。这其中有多少人的努力，有多少人的默默付出，他们就像一个标尺，始终严格保证着工程的质量，伴随着工程的逐渐成长。

一桥连三地，天堑变通途。2018年10月23日，历经6年前期设计、9年建设，全长55km，集桥、岛、隧道于一体的港珠澳大桥正式开通。这座在中国桥梁建设史上技术最复杂、环保要求最高、建设标准最高的"超级工程"，堪称世界交通建设史上的新标杆。这是

一座建了9年，寄寓了无数人梦想的大桥。

港珠澳大桥是中国境内一座连接香港、珠海和澳门的桥隧工程，是粤港澳首次合作共建的超大型跨海交通工程。港珠澳大桥在当时是世界上技术含量最高、规模最大、标准最高的工程，面临诸多来自尖端技术的挑战。港珠澳大桥工程规模大、工期短、技术新、经验少、工序多、专业广、要求高、难点多，为全球已建的最长跨海大桥，在道路设计、使用年限以及防撞、防震、抗洪、抗风等方面均有超高标准，被誉为"超级工程"。港珠澳大桥人工岛的造价高达131亿元，为了保持稳固，工程采用了120个直径为22m的钢圆筒围成人工岛的岛壁，单体重达500t，其施工方法和八锤联动液压振动锤为世界首创。

港珠澳大桥是国家工程、国之重器，其建设创下多项世界之最，体现了一个国家逢山开路、遇水架桥的奋斗精神，更体现了我国的综合国力和自主创新能力，以及勇创世界一流的民族志气。

【小结】

液压系统图是表示该系统的执行元件所实现的动作的工作原理图。正确而迅速地读懂液压系统图，对于液压设备的设计、使用、维修、调整都有重要的作用。如果所要阅读的液压系统图附有工作原理说明书，就可按说明书逐一查看；如果所要阅读的液压系统图没有工作原理说明书，只有一张系统图（可能图上附有工作循环表、电磁铁工作表或很简略的说明），就应按照读液压图的步骤，根据要求、通过分析，弄清系统的工作原理。

【思考与练习】

7-1 试述读液压传动系统图的一般步骤。

7-2 液压动力滑台快进动作的工作原理是什么？其从快进到工进的动作是如何控制的？试想一下，是否还有别的控制方法？

7-3 简述CK6150型数控车床液压系统中回转刀盘分系统的作用及其工作油路。

7-4 电液换向阀的滑阀不动作的原因是什么？如何解决？

7-5 减压回路工作中压力减不下来的原因有哪些？如何解决？

7-6 顺序动作回路工作时，顺序动作冲击大的原因是什么？怎样解决？

7-7 液压缸运动速度不稳定的原因有哪些？怎么解决？

【相关专业英语词汇】

(1) 实际工况——actual conditions

(2) 实际输出力——actual force

(3) 起动压力——breakout pressure

(4) 连续工况——continuous working conditions

(5) 操作台——control console

(6) 极限工况——limited conditions

(7) 组合机床——combination machine

(8) 系统压力——system pressure

(9) 供给流量——supply flow

（10）工作循环——working cycle

（11）工作行程——working stroke

（12）故障诊断——fault diagnosis

（13）安装与调试——installation and adjustment

（14）液压系统设计——hydraulic system design

项目八 气压传动系统

气压传动技术是气压传动与控制技术的简称,它是以压缩气体作为工作介质,利用气动元件构成控制回路,传递动力的系统;它也是将压缩气体经由管道和控制阀输送给气动执行元件,把压缩气体的压力能转换为机械能而做功的一种自动化控制系统,是实现各种生产控制、自动化控制的重要手段之一。

气压传动技术在工业生产中应用十分广泛,可以应用于包装、进给、计量、材料的输送、工件的转动与翻转、工件的分类等场合,还可用于车、铣、钻、锯等机械加工过程。

【项目目标】

【素养目标】
1. 树立职业价值观,认清工作的意义与价值,培养积极而稳定的职业性格。
2. 树立主体责任意识及认真负责的工作态度。
3. 培养恪守职责、勇于担当的职业道德。提高自我约束、自我管理、自我教育的自律自强意识。
4. 培养环保安全意识。
5. 培养竞争创业意识,提高"视产品质量为企业生命"的质量意识。

【知识目标】
1. 了解气体的基本性质、气源装置及其附件。
2. 理解气压传动系统的工作原理,掌握气动执行元件的工作原理、气动辅助元件的类别、气动控制阀的用途以及基本气动回路的工作过程。

【能力目标】
1. 会正确选用和使用气动元件。
2. 能合理搭建基本气动回路,会分析气动回路的工作过程。

项目八 气压传动系统

【知识点睛】

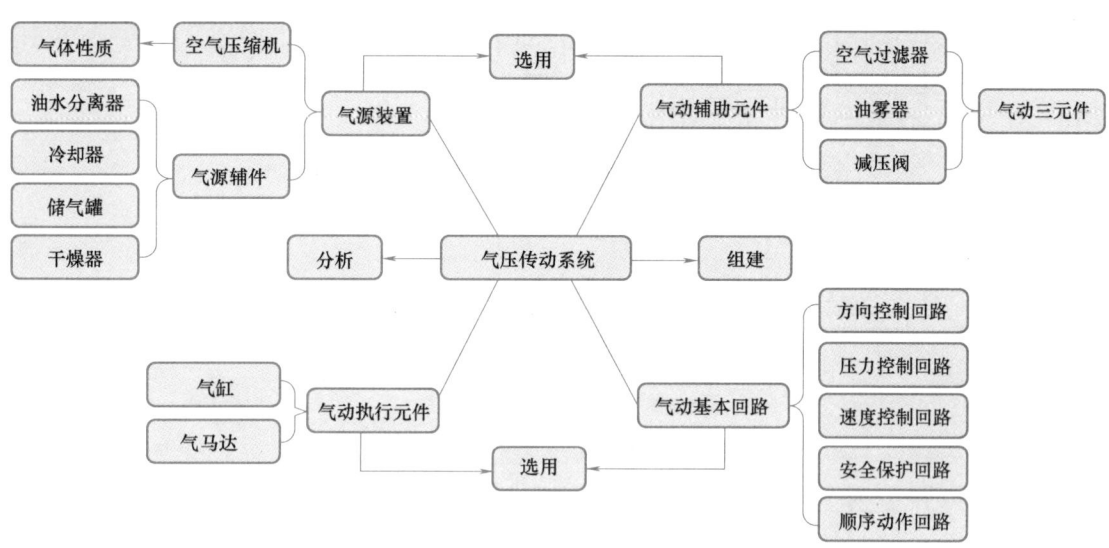

【知识链接】

一、认识气压传动系统

（一）气压传动系统的工作原理和组成

1. 气压传动系统的工作原理

气压传动系统先将机械能转换成压力能，然后通过各种元件组成的控制回路实现能量的调控，最终再将压力能转换成机械能，使执行机构实现预定的功能，按照预定的程序完成相应的动力与运动输出。气动装置所用的压缩空气是弹性流体，其体积、压强和温度三个状态参量之间有互为函数的关系，在气压传动过程中，不仅要考虑力学平衡，还要考虑热力学的平衡。为了对气压传动系统有一个概括性的了解，现以气动剪板机为例，介绍气压传动系统的工作原理。图 8-1a 所示为气动剪板机的原理图，图示位置为气动剪板机的预备工作状态。空气压缩机 1 产生的压缩空气经过冷却器 2、油水分离器 3 进行降温及初步净化后，被送入储气罐 4 备用，再经过空气过滤器 5、减压阀 6、油雾器 7 和气动换向阀 9 到达气缸 10。此时换向阀的 A 腔压力将阀芯推到上位，使气缸的上腔充压，活塞处于下位，气动剪板机的剪口张开，处于预备工作状态。当送料机构将工料 11 送入气动剪板机并到达规定位置，将行程阀 8 的按钮压下时，气动换向阀的 A 腔与大气相通，换向阀的阀芯在弹簧力的作用下向下移，压缩空气充入气缸下腔，此时活塞带动剪刃快速向上运动将工料切下，工料被切下后行程阀复位，气动换向阀 A 腔气压上升，阀芯上移使气路换向，气缸上腔进压缩空气，下腔排气，活塞带动剪刃向下运动，气动剪板机又恢复预备工作状态，等待第二次进料剪切。图 8-1b 所示为气动剪板机的图形符号。

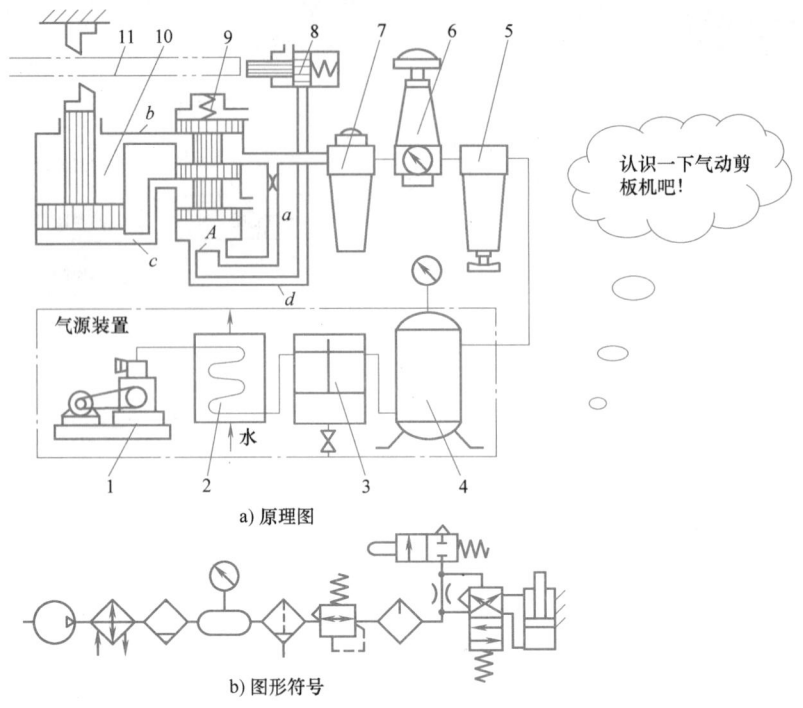

图 8-1 气动剪板机的工作原理
1—空气压缩机 2—冷却器 3—油水分离器 4—储气罐 5—空气过滤器
6—减压阀 7—油雾器 8—行程阀 9—气动换向阀 10—气缸 11—工料

从以上实例可以得出以下结论：

1) 气压传动系统工作时，空气压缩机先把电动机传来的机械能转换为气体的压力能，压缩空气在被送入气缸后，通过气缸把气体的压力能转换成机械能（推动剪刃）。

2) 气压传动的过程是依靠运动气体的压力能来传递能量和控制信号的。

2. 气压传动系统的组成

根据元件在气压传动系统中的不同功能，气压传动系统可以分成以下几部分。

(1) 气源装置 由空气压缩机及其附件（冷却器、油水分离器和储气罐等）组成。它将原动机供给的机械能转换成气体的压力能，作为转动与控制的动力源。

(2) 气源净化装置 清除压缩空气中的水分、灰尘和油污，以输出干燥洁净的空气供后续元件使用，如各种过滤器和干燥器等。

(3) 气动执行元件 它把空气的压力能转换为机械能，以驱动执行机构做往复运动（如气缸）或旋转运动（如气马达）。

(4) 气动控制元件 控制和调节压缩空气的压力、流量和流动方向，以保证气动执行元件按预定的程序正常工作，如压力阀、流量阀、方向阀和比例阀等。

(5) 气动辅助元件 辅助元件是解决元件内部润滑、排气噪声、元件间的连接以及信号转换、显示、放大、检测等问题所需要的各种气动元件，如油雾器、消声器、管接头及连接管、转换器、显示器、传感器、放大器和程序器等。

（二）气压传动系统的特点

与其他的传动和控制方式相比，气压传动系统的优缺点如下：

1. 优点

1) 气动装置的结构简单、轻便，安装维护简单，压力等级低，故使用安全。

2) 气压传动的工作介质是空气，成本低，取之不尽，也不易堵塞管路，不需要排气管路，并且对环境污染小。

3) 相对于液压系统，气压传动系统的反应快，动作迅速，输出力及工作速度的调节也非常容易。气缸动作速度一般为50～500mm/s，适于快速运动。

4) 可靠性高，使用寿命长。气动系统的电器元件的有效动作次数约为数百万次，而一般电磁阀的寿命大于3000万次，小型阀超过2亿次。

5) 利用空气的可压缩性，可储存能量，实现集中供气；可短时间释放能量，以获得间歇运动中的高速响应；可实现缓冲，对冲击负荷有较强的适应能力。在一定条件下，可使气动装置有自保持能力。

6) 全自动控制，具有防火、防爆、耐潮的能力。与液压传动方式相比，气压传动方式更适合在高温场合使用。

7) 空气在管路中流动损失小，易于实现压缩空气集中供应和远距离输送。

2. 缺点

1) 由于空气有可压缩性，气缸的动作速度易随负荷的变化而变化，稳定性较差，但采用气液联动方式可以克服这一缺点。

2) 在许多应用场合，气缸的工作压力比较低，其输出力和力矩虽能满足工作需要，但输出力比液压缸小。

3) 噪声较大，尤其在超声速排气时要加消声器。

（三）气压传动技术的发展

1829年出现了多级空气压缩机，为气压传动的发展创造了条件。1868年美国人G·威斯汀豪斯发明气动制动装置，并在1872年用于铁路车辆的制动。后来，随着兵器、化工、机械等工业的发展，气动机具和控制系统得到广泛的应用。1930年出现了低压气动调节器。20世纪50年代，研制成功了用于导弹尾翼控制的高压气动伺服机构。20世纪60年代，发明了射流和气动逻辑元件，使气压传动得到了很大的发展。

近20年来，从各国的行业统计资料来看，气动行业发展很快。20世纪70年代，液压与气动元件的产值比约为9∶1，到20世纪90年代，在工业技术发达的欧美地区和日本，该比例已达6∶4，甚至接近5∶5。由于气动元件的单价比液压元件低，在相同产值的情况下，气动元件的使用量及使用范围已超过了液压元件。

纵观世界气动行业，气动元件的发展趋势如下：

（1）小型化、轻型化　小型化、轻型化是气动元件的首要发展方向，体积更小、重量更轻，元件可制成超薄、超短、超小型。国外已开发了仅大拇指大小、有效截面积为0.2mm^2的超小型电磁阀，并且可采用铝合金及塑料等新型材料制造，重量更轻。

（2）高精度　定位精度可达0.5～0.1mm，过滤精度可达0.01μm，除油率为1m^3标准大气中油雾在0.1mg以下。

（3）高速度　小型电磁阀的换向频率可达数十赫兹，气缸最大速度可达3m/s。

（4）低功耗　电磁阀的功耗可降低至0.1W。

(5) 高质量　气动电磁阀的寿命可达 3000 万次以上，气缸的寿命可达 2000~5000km。

(6) 无给油化　由不供油润滑元件组成的系统，不污染环境，系统简单，维护也简单，可节省润滑油，且摩擦性能稳定、成本低、寿命长，适合食品、医药、电子、纺织、精密仪器、生物工程等行业的需要。

(7) 复合集成化　减少了配线、配管和元件，可节省空间，简化拆装，提高工作效率。

(8) 机电一体化　典型的是"可编程序控制器+传感器+气动元件"组成的控制系统。

【延伸阅读】

贯彻和践行绿色发展理念

气压传动的工作介质是空气，具有绿色、环保和价格低廉的优点，在工业生产中的应用越来越广泛。

"保护生态环境就是保护生产力，改善生态环境就是发展生产力"，把生态文明建设放在现代化建设全局的突出地位，融入经济建设、政治建设、文化建设、社会建设各方面和全过程。环境保护是永恒的话题，我国越来越重视生态环境保护，坚持"绿水青山就是金山银山"的绿色发展理念。良好的生态环境既是自然财富又是经济财富，关系经济社会发展的潜力和后劲。我们要加快形成绿色发展态势，促进经济发展和环境保护双赢，构建经济与环境协同共进的地球家园。

贯彻和践行绿色发展理念，体现了我们党对经济社会发展规律认识的深化，将指引我们更好实现人民富裕、国家富强、中国美丽、人与自然和谐，以及中华民族永续发展。

二、认识气源装置

（一）空气

1. 空气的组成

自然界中的空气是由若干种气体混合组成的，其主要成分是氮气（N_2）和氧气（O_2），其他气体占比很小。此外，空气中常含有一定量的水蒸气。含有水蒸气的空气称为湿空气。大气中的空气基本上都是湿空气。不含有水蒸气的空气称为干空气。

混合气体的压力称为全压，是各组成气体压力的总和。各组成气体压力称为分压，它表示这种气体在与混合气体同样的温度下，单独占据混合气体的总容积时所具有的压力。

2. 空气的物理性质

（1）空气的黏性　气体在流动时产生内摩擦力的性质称为气体的黏性。表示黏性大小的量称为黏度。气体黏度的变化主要受温度的影响，且随着温度的升高而增大，而压力的变化对黏度的影响很小，可以忽略不计。空气的运动黏度与温度的关系见表 8-1。

表 8-1　空气的运动黏度与温度的关系（压力为 0.1MPa）

温度 t/℃	0	5	10	20	30	40	60	80	100
运动黏度/$10^{-5}m^2 \cdot s^{-1}$	1.33	1.42	1.47	1.57	1.66	1.76	1.96	2.10	2.38

(2) 空气的湿度　空气中或多或少总含有水蒸气，即自然界中的空气为湿空气。在一定温度下，空气中含有的水蒸气越多，空气就越潮湿。当空气中水蒸气的含量超过一定限度时，空气中就有水滴析出，这表明湿空气中能容纳水蒸气的含量是有一定限度的。这种极限状态的湿空气称为饱和湿空气。

空气中含有水蒸气的多少对气压传动系统有直接的影响，因此不仅各种气动元件对含水量有明确的规定，并且常采取一定的措施防止水分被带入。湿空气中所含水分的程度常用湿度来表示。

1) 绝对湿度。绝对湿度是指单位体积湿空气中所含水蒸气的质量，用 x 表示，即

$$x = \frac{m_s}{V} \tag{8-1}$$

式中　x——绝对湿度，单位为 kg/m^3；

m_s——湿空气中水蒸气的质量，单位为 kg；

V——湿空气的体积，单位为 m^3。

在一定温度下，湿空气达到饱和状态，则称此条件下的绝对湿度为饱和绝对湿度，用 x_b 表示。

绝对湿度只能说明湿空气中实际所含水蒸气的多少，而不能说明湿空气所具有的吸收水蒸气能力的大小。因此，要了解湿空气的吸湿能力及其偏离饱和状态的程度，还需引入相对湿度的概念。

2) 相对湿度。相对湿度是指在温度和总压力不变的条件下，绝对湿度与饱和绝对湿度的比值，用 ϕ 表示，即

$$\phi = \frac{x}{x_b} \times 100\% \tag{8-2}$$

当空气绝对干燥时，$\phi = 0$；当空气达到饱和时，$\phi = 1$。气动技术中规定，各种阀工作介质的相对湿度 <95%。

(3) 空气的可压缩性　空气的体积受温度和压力的影响较大，有明显的可压缩性，故不能将空气的密度 ρ 视为常数。只有在某些特定的条件下，才能将空气看作是不可压缩的。

工程中，管道内气体流速较低且温度变化不大，可将气体视为不可压缩的，这样可以大大简化计算过程，其结果误差不大。但是，在气缸、风动马达和某些气动元件中，气流速度很高，甚至可达到或超过声速，则必须考虑气体的可压缩性和膨胀性。例如，在气缸的节流调速中，对进给速度的稳定性有要求时，应考虑气体的可压缩性；风动马达做功时，应考虑气体的膨胀性。管道设计不合理而有局部节流时，也会造成气体的明显压缩和膨胀。

3. 理想气体的状态方程

所谓理想气体，是指不计黏性的假想气体。在压力不高、温度较低的情况下，可以将空气看作理想气体。理想气体的状态变化应符合下列关系

$$\frac{pV}{T} = 常数 \tag{8-3}$$

或

$$\frac{p}{\rho} = RT \tag{8-4}$$

式中　p——气体的绝对压力，单位为 MPa；

V——气体的体积,单位为 m^3;

T——气体的绝对温度,单位为 K;

ρ——气体的密度,单位为 kg/m^3;

R——气体常数,单位为 $J/(kg \cdot K)$ [干空气,$R=287.1J/(kg \cdot K)$;水蒸气,$R=462.05J/(kg \cdot K)$]。

式(8-3)、式(8-4)为理想气体状态方程。除高压、低温状态(如压强高于 20MPa、绝对温度低于 253K)外,对于空气、氧气、氮气、二氧化碳等气体,该方程均适用。若对状态变化加上限制条件,理想气体的状态方程将有以下几种变化形式。

(1)等容变化过程 一定质量的气体在状态变化过程中容积保持不变的过程,即

$$\frac{p_1}{T_1} = \frac{p_2}{T_2} \tag{8-5}$$

等容变化过程中,气体的压力与温度成正比。例如密闭气罐中的气体,在加热或冷却时,气体状态的变化就可看作是等容过程。

(2)等压变化过程 一定质量的气体在状态变化过程中压力保持不变的过程,即

$$\frac{V_1}{T_1} = \frac{V_2}{T_2} \tag{8-6}$$

等压变化过程中,气体的体积与绝对温度成正比。

(3)等温变化过程 一定质量的气体在状态变化过程中温度保持不变的过程,即

$$p_1 V_1 = p_2 V_2 \tag{8-7}$$

等温变化过程中,气体的压力与容积成反比。在气动技术中,气体状态缓慢变化的过程都可看作是等温过程。

(二)气源装置

气源装置是提供洁净、干燥并具有一定压力和流量的压缩空气的装置,以满足气压传动和控制的要求。

1. 气源装置的组成

如图 8-2 所示,气源装置主要包含以下元件:

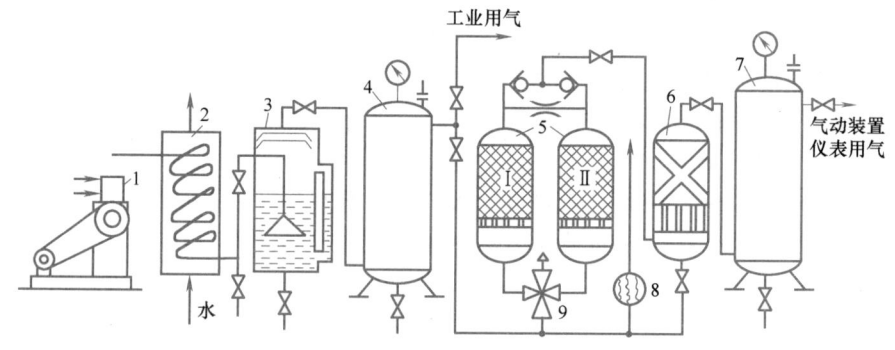

图 8-2 压缩空气站净化流程图

1—空气压缩机 2—冷却器 3—油水分离器 4、7—储气罐 5—干燥器 6—过滤器 8—加热器 9—四通阀

1) 产生压缩空气的气压发生装置，如空气压缩机。
2) 净化压缩空气的辅助装置和设备，如过滤器、油水分离器、干燥器等。
3) 输送压缩空气的供气管道系统。

2. 空气压缩机的分类

空气压缩机是将机械能转换为气体压力能的装置，是气动系统的动力源。

空气压缩机的种类很多，按其工作原理可分为速度式空气压缩机和容积式空气压缩机两大类。速度式空气压缩机是气体在高速旋转的叶轮的作用下得到较大的动能，随后在扩压装置中急剧降速，使气体的动能转变成压力能的；容积式空气压缩机则通过直接压缩气体，使气体容积缩小，从而达到提高气体压力的目的。速度式空气压缩机按结构不同可分为离心式空气压缩机和轴流式空气压缩机；容积式空气压缩机根据气缸活塞的特点可分为回转式空气压缩机和往复式空气压缩机，其中回转式空气压缩机又分为转子式空气压缩机、螺杆式空气压缩机和滑片式空气压缩机等，往复式空气压缩机又分为活塞式空气压缩机和膜片式空气压缩机等。

3. 活塞式空气压缩机的工作原理

气压传动系统最常用的压缩机为活塞式空气压缩机。图8-3所示为常见的活塞式空气压缩机的工作原理，电动机带动曲柄滑块机构做旋转运动，驱动活塞往复移动。当活塞向右移动时，活塞左腔的压力低于大气压力，吸气阀开启，外界空气被吸入气缸，这个过程称为吸气过程；当活塞向左移动时，缸内气体被压缩，当压力高于输出空气管道内的压力后，排气阀打开，压缩空气被送至输气管，这个过程称为排气过程。

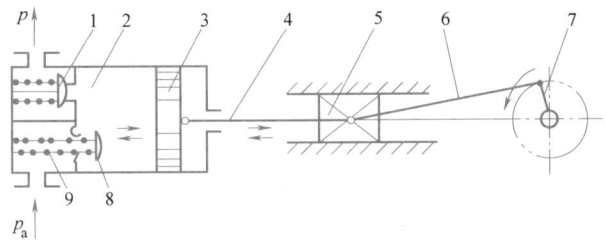

图8-3 活塞式空气压缩机的工作原理
1—排气阀 2—气缸 3—活塞 4—活塞杆 5—滑块
6—连杆 7—曲柄 8—吸气阀 9—阀门弹簧

活塞式空气压缩机的工作原理

这种结构的压缩机的缺点是在排气过程结束时，气缸内总有剩余容积存在。而在下一次吸气时，剩余容积内的压缩空气会膨胀，从而减少了吸入的空气量，降低了效率，增加了压缩功。当输出压力较高时，剩余容积使压缩比增大，温度急剧升高，故在需要高压输出时应采取分级压缩，以降低排气温度，减少压缩功，提高容积效率，增加压缩气体排出量。

4. 空气压缩机的选用原则

选用空气压缩机的依据是气压传动系统所需要的工作压力和流量两个参数。额定排气压力为1MPa的压缩机为中压空气压缩机，额定排气压力为0.2MPa的压缩机为低压空气压缩机，额定排气压力为10MPa的压缩机为高压空气压缩机，额定排气压力为100MPa的压缩机为超高压空气压缩机。

选择输出流量要根据整个气动系统对压缩空气的需要再加一定的备用余量，作为选择空气压缩机流量的依据。空气压缩机铭牌上的流量是自由空气流量。

5. 空气压缩机安全技术操作方法

1)开机前应检查空气压缩机曲轴箱内油位是否正常,各螺栓是否松动,压力表、气阀是否完好,压缩机必须在平稳牢固的基础上安装。

2)压缩机的工作压力不允许超过其额定排气压力,以免超负荷运转而损坏压缩机,烧毁电动机。

3)不要用手去触摸压缩机气缸头、缸体、排气管,以免因温度过高而烫伤。

日常工作结束后,要切断电源,放掉压缩机储气罐中的压缩空气,打开储气罐下方的排污阀,放掉汽凝水和污油。

(三)气动辅助元件

气动辅助元件是气压传动系统正常工作必不可少的组成部分,分为气源净化装置和其他辅助元件两大类。

1. 气源净化装置

气源净化装置一般包括冷却器、油水分离器、储气罐、干燥器和过滤器等。

(1)冷却器 冷却器安装在空气压缩机出口处的管道上。它的作用是将空气压缩机排出的压缩空气温度由140~170℃降至40~50℃。这样就可以使压缩空气中的油雾和水汽迅速达到饱和,使其大部分析出并凝结成油滴和水滴,以便经油水分离器排出。

冷却器的冷却方式有水冷和风冷两种,一般采用水冷却方式较多,其结构形式有蛇管式、列管式、散热片式、套管式等。图8-4所示为蛇管式冷却器。热的压缩空气由管内流过,冷却水在管外水套中流动,以进行冷却。在安装时应注意压缩空气和水的流动方向。

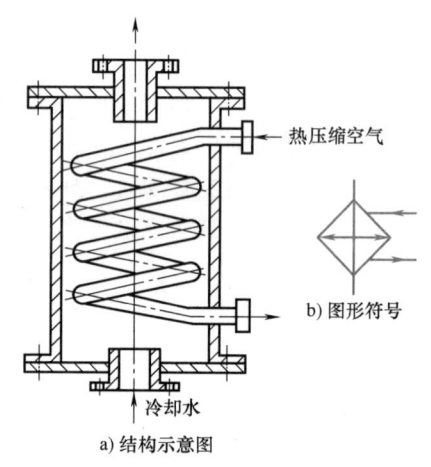

图 8-4 蛇管式冷却器

(2)油水分离器 油水分离器安装在冷却器出口管道上,用于分离压缩空气中所含的油分、水分和杂质。其工作原理是:当压缩空气进入油水分离器后产生流向和速度的急剧变化,再依靠惯性作用,将密度比压缩空气大的油滴和水滴分离出来。如图8-5a所示,压缩空气进入油水分离器后,气流转折下降,然后上升,依靠转折时离心力的作用析出油滴和水滴。

(3)储气罐 储气罐的作用是储存一定数量的压缩空气;消除压力波动,保证输出气流的连续性;调节用气量;发生故障和临时需要时应急;进一步分离压缩空气中的水分和油分。对于活塞式空气压缩机,应考虑在压缩机和冷却器之间安装缓冲气罐,以消除空气压缩机输出压力的脉动,保护冷却器;而对于螺杆式空气压缩机,输出压力比较平稳,一般不必加缓冲气罐。

一般气压传动系统中的气罐多为立式,用钢板焊接而成,并装有放泄过剩压力的安全阀、指示罐内压力的压力表和排放冷凝水的排水阀。

为了保证储气罐的安全及维修方便,应设置下列附件:

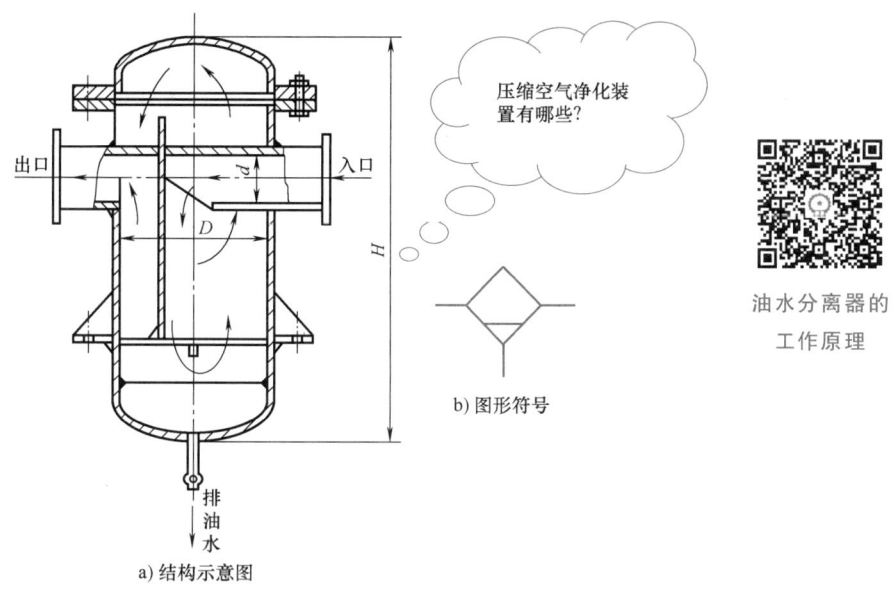

图 8-5 油水分离器

1) 调节极限压力的安全阀,极限压力通常比正常工作压力高 10%。

2) 清理、检查用的孔口。

3) 指示储气罐罐内空气压力的压力表。

4) 储气罐的底部应有排放油水等污物的接管和阀门。

在选择储气罐的容积 V_c 时,一般都以空气压缩机每分钟排气量 q 为依据。当 $q<6.0\mathrm{m}^3/\mathrm{min}$ 时,取 $V_c=1.2\mathrm{m}^3$;当 $q=6.0\sim30\mathrm{m}^3/\mathrm{min}$ 时,取 $V_c=1.2\mathrm{m}^3\sim4.5\mathrm{m}^3$;当 $q>30\mathrm{m}^3/\mathrm{min}$ 时,取 $V_c=4.5\mathrm{m}^3$。

冷却器、油水分离器和储气罐都属于压力容器,制造完毕后,应进行水压试验。

(4) 干燥器　干燥器是吸收和排除压缩空气中的水分和部分油分杂质,使湿空气变成干空气的装置。从空气压缩机输出的压缩空气经过冷却器、除油器和储气罐的初步净化处理后,已能满足一般气动系统的使用要求,但对于一些精密机械、仪表等装置还不能满足要求,为此需要进一步进行干燥和精过滤,以防止初步净化后的气体使精密机械、仪表等产生锈蚀。

压缩空气的干燥方法主要有机械法、离心法、冷冻法和吸附法等。机械法和离心法的原理基本上与油水分离器的工作原理相同,冷冻法和吸附法是工业中常用的干燥方法,相应的干燥器为冷冻式干燥器和吸附式干燥器。

1) 冷冻式干燥器。它将压缩空气冷却到一定的露点温度,析出相应的水分,从而使压缩空气达到一定的干燥度。此方法适用于处理低压大流量并对干燥度要求不高的压缩空气。压缩空气的冷却除用冷冻设备外,也可采取制冷剂直接蒸发,或用冷却液间接冷却的方法。

2) 吸附式干燥器。它主要是利用硅胶、活性氧化铝、焦炭、分子筛等物质表面能吸附水分的特性来去除水分。由于水分和这些干燥剂之间没有化学反应,所以不需要更换干燥剂,但必须定期进行再生干燥。

图 8-6 所示为一种不加热再生式干燥器，它有两个填满干燥剂的相同容器。空气从一个容器的下部流到上部，水分被干燥剂吸收而得到干燥的空气，其中一部分干燥后的空气又从另一个容器的上部流到下部，从饱和的干燥剂中把水分带走，排入大气，即实现了不须外加热源而使吸附剂再生。两个容器定期（5~10min）地交换工作，使吸附剂产生吸附和再生，这样可得到连续输出的干燥压缩空气。

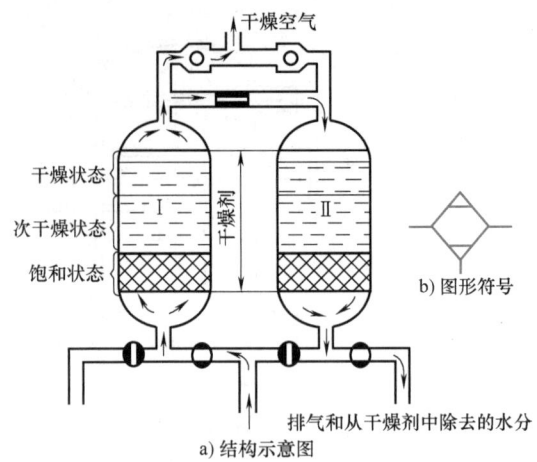

图 8-6 不加热再生式干燥器

选择干燥器的基本原则如下：

1) 使用干燥器时，必须确定气动系统的露点温度，才能确定干燥器的类型和使用的吸附剂等。

2) 确定干燥器的容量时，应注意整个气压传动系统所需流量大小以及输入压力、输入端的空气温度。

3) 若用有油润滑的空气压缩机作为气压发生装置，须注意压缩空气中混有油粒子，油能黏附于吸附剂的表面，使吸附剂吸附水蒸气的能力降低。对于这种情况，应在空气入口处设置除油装置。

4) 干燥器无自动排水器时，需要定期手动排水，否则一旦混入大量冷凝水，干燥器的干燥能力会降低，影响压缩空气的质量。

（5）过滤器　空气中所含的杂质、灰尘和水分，若进入机体和系统中，将加剧对滑动件的磨损，加速润滑油的老化，降低密封性能，使排气温度升高，功效损耗加剧，从而使压缩空气的质量大为降低。所以空气进入空气压缩机之前，必须经过过滤器，以滤去其中所含的灰尘和杂质。过滤的原理是根据固体物质和空气分子的大小和质量不同，利用惯性、阻隔和吸附的方法将灰尘和杂质与空气分离。

过滤器基本上是由壳体和滤芯组成的，按滤芯所采用的材料不同又可分为纸质过滤器、织物（麻布、绒布、毛毡）过滤器、陶瓷过滤器、泡沫塑料过滤器和金属（金属网、金属屑）过滤器等。空气压缩机的输入端普遍采用纸质过滤器和金属过滤器，通常又称为一次过滤器，其滤灰率为 50%~70%；空气压缩机的输出端（即气源装置）使用的为二次过滤器（滤灰率为 70%~90%）和高效过滤器（滤灰率大于 99%）。

图 8-7 所示为空气过滤器，其工作原理是：压缩空气从输入口进入后，被引入旋风叶子 1，旋风叶子上有许多成一定角度的缺口，迫使空气沿切线方向产生强烈旋转，夹杂在空气中的较大水滴、油滴和灰尘等便依靠惯性与存水杯 3 的内壁碰撞，并从空气中分离出来，沉到杯底，而微粒灰尘和雾状水汽则由滤芯 2 滤除。为防止气体旋转将存水杯中积存的污水卷起，在滤芯下部设有挡水板 4。此外，存水杯中的污水应通过手动排水阀 5 及时排放，在某些人工排水不方便的场合，可采用自动排水式空气过滤器。

2. 其他辅助元件

（1）油雾器　气动系统中的各种气阀、气缸、气马达等，其可动部分需要润滑，但以压缩空气为动力的气动元件都是密封的，不能采用注油方法，只能以某种方法将油混入气流中，随气流带到需要润滑的部位。油雾器就是这样一种特殊的注油装置。它使润滑油雾化后随空气流进入需要润滑的运动部件。用这种方法加油，具有润滑均匀、稳定和耗油量少等特点。

图 8-8 所示为普通油雾器。压缩空气从输入口进入后，绝大部分从主气道流出，小部分通过小孔 A 进入阀座 8 的腔中，此时特殊单向阀在压缩空气和弹簧作用下处在中间位置，所以气体又进入储油杯 4 的上腔 C，使油液受压后经吸油管 7 将单向阀 6 顶起。因钢球上方有一个边长小于钢球直径的方孔，所以钢球不能封死上管道，而使油不断地进

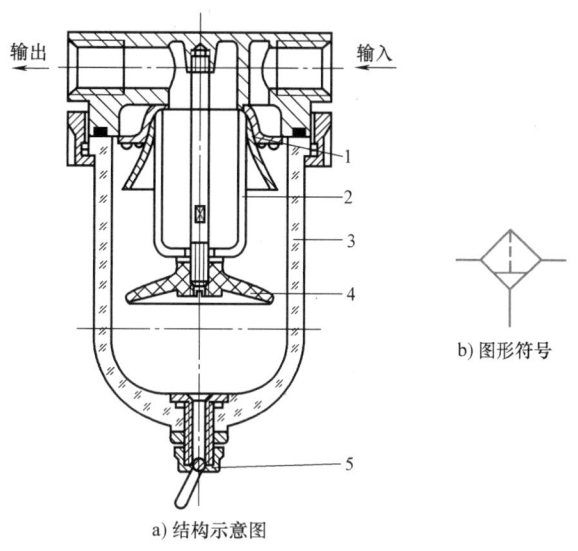

b) 图形符号

a) 结构示意图

图 8-7　空气过滤器
1—旋风叶子　2—滤芯　3—存水杯　4—挡水板　5—排水阀

入视油杯 5 内，再滴入喷嘴 1 腔内，被主气道中的气流从小孔 B 中引射出来，进入气流中的油滴被高速气流击碎雾化后经输出口输出。视油杯上的节流阀 9 可调节滴油量，使滴油量可在 0~200 滴/min 内变化。当旋松油塞 10 后，储油杯上腔 C 与大气相通，此时特殊单向阀 2

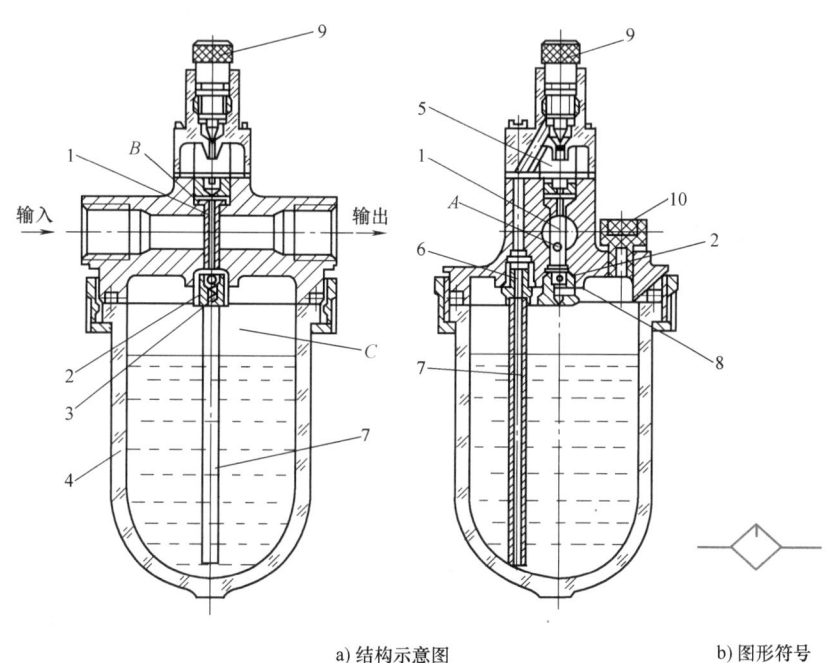

a) 结构示意图　　b) 图形符号

图 8-8　普通油雾器
1—喷嘴　2—特殊单向阀　3—弹簧　4—储油杯　5—视油杯
6—单向阀　7—吸油管　8—阀座　9—节流阀　10—油塞

背压降低，输入气体使特殊单向阀 2 关闭，从而切断了气体与上腔 C 的通道，气体不能进入上腔 C；单向阀 6 也由于 C 腔压力降低处于关闭状态，气体也不会从吸油管进入 C 腔，因此可以在不停气源的情况下从油塞口给油雾器加油。

油雾器在安装使用中常与空气过滤器和减压阀一起构成气动三联件，安装时应尽量靠近换向阀，避免安装在换向阀与气缸之间，以免漏掉对换向阀的润滑。

（2）消声器　气动回路与液压回路不同，它没有回收气体的必要，压缩空气使用后可直接排入大气，但因排气速度较高，会产生尖锐的排气噪声。为降低噪声，一般在换向阀的排气口上安装消声器。

消声器是通过阻尼或增加排气面积来降低排气速度和功率，从而降低噪声的。气动元件使用的消声器一般有三种类型：吸收型消声器、膨胀干涉型消声器和膨胀干涉吸收型消声器。在一般使用场合，可根据换向阀的通径选择消声器，一般选用吸收型消声器，对消声效果要求高的，可选用后两种消声器。

（3）管道连接件　管道连接件包括管子和各种管接头。有了管子和各种管接头，才能把气动控制元件、气动执行元件以及辅助元件等连接成一个完整的气动控制系统。因此，实际应用中，管道连接件是不可缺少的。

管子可分为硬管和软管两种。一些固定不动的、不需要经常装拆的管路，应使用硬管；连接运动部件、临时使用和需便于拆装的管路，应使用软管。硬管有铁管、黄铜管、纯铜管和硬塑料管等；软管有塑料管、尼龙管、橡胶管、金属编织塑料管以及挠性金属导管等。常用的是纯铜管和尼龙管。

三、气动执行元件的选择

气动执行元件是将压缩空气的压力能转换为机械能的元件。气动执行元件可以分为气缸和气马达。气缸用于实现直线往复运动，输出力和直线位移。气马达用于实现连续回转运动，输出力矩和角位移。

（一）气缸

1. 气缸的分类

气缸是气动系统中使用最多的一种执行元件。根据使用条件不同，其结构、形状也有多种形式。

（1）按压缩空气对活塞端面作用力的方向分类

1）单作用气缸。单作用气缸只有一个方向的运动是气压传动，活塞的复位靠弹簧力或自重和其他外力实现。

2）双作用气缸。双作用气缸的往返运动全靠压缩空气来完成。

（2）按气缸的机构特征分类　气缸可分为活塞式气缸、柱塞式气缸、薄膜式气缸、叶片式摆动气缸、齿轮齿条式摆动气缸等。

（3）按气缸的安装形式分类

1）固定式气缸。气缸安装在机体上固定不动，有耳座式、凸缘式和法兰式。

2）轴销式气缸。缸体可围绕一固定轴做一定角度的摆动。

3) 回转式气缸。缸体固定在机体主轴上，可随机床主轴做高速旋转运动，这种气缸常用于机床上的气动卡盘中，以实现工件的自动装夹。

4) 嵌入式气缸。气缸嵌在夹具本体内。

（4）按气缸的功能分类

1) 普通气缸：包括单作用气缸和双作用气缸，常用于无特殊要求的场合。

2) 缓冲气缸：气缸的一端或两端带有缓冲装置，以防止或减轻活塞运动到端点时对缸盖的撞击。

3) 气-液阻尼缸：气缸与液压缸串联，可控制气缸活塞的运动速度，并使其速度相对稳定。

4) 摆动气缸：用于要求气缸叶片轴在一定角度内绕轴线回转的场合，如夹具转位、阀门的启闭等。

5) 冲击气缸：是一种要求以活塞杆高速运动形式形成冲击力的高能缸，可用于冲压、切断等。

6) 步进气缸：是一种根据不同控制信号，使活塞杆伸出相应长度的气缸。

2. 气缸的选择、使用与故障排除

（1）气缸的选择　在选择气缸时，需考虑许多因素，主要有以下几个方面。

1) 安装形式：由安装位置、使用目的等因素决定。在一般场合下，多用固定式气缸；在需要随同工作机连续回转时（车床、磨床等），应选用回转式气缸；除要求活塞杆做直线运动外，又要求缸体做较大的圆弧摆动时，则选用轴销式气缸；仅需要在360°或180°之内做往复摆动时，应选用单叶片式或双叶片式摆动气缸。

2) 气缸内径：根据负荷确定活塞杆上的推力和拉力，一般应根据工作条件的不同，将计算所需的气缸作用力再乘以1.15~2的备用系数，以此作为选择和确定气缸内径的依据。

3) 气缸行程：与使用场合和机构的行程比有关，并受加工和结构的限制。通常，应在保证工作要求的前提下，留出一定的行程余量（通常为30~100mm）。

4) 排气口、管路内径及相关形式：气缸排气口、管路内径及气路结构直接影响气缸的运动速度。如果要求活塞做高速运动，应选用内径较大的排气口及管路，还可采用快速排气阀使缸速大幅提高；如果要求活塞做缓慢、平稳的运动，可选用带节流装置的气缸或气-液阻尼缸；如果要求活塞在行程末端运动平稳，则宜选用带缓冲装置的气缸。

（2）气缸的使用　使用气缸时应注意以下几点。

1) 要使用清洁干燥的压缩空气，连接前配管内应充分清洗；安装耳环式或耳轴式气缸时，应保证气缸的摆动和负荷的摆动在一个水平面内，应避免在活塞杆上施加横向负荷和偏心负荷。

2) 根据工作任务的要求，选择气缸的结构形式、安装方式并确定活塞杆的推力和拉力。

3) 一般不使用满行程，气缸行程余量为30~100mm。

4) 推荐气缸工作速度为0.5~1m/s，工作压力为0.4~0.6MPa，环境温度为5~60℃。

5) 气缸运行到终端运动能量不能完全被吸收时，应设计缓冲回路或增设缓冲机构。

（3）气缸常见故障及排除方法　气缸是气动装置的重要元件，相当于装置的手足，若产生故障，则会使装置不能工作。气缸产生故障的原因很多，如气缸制造质量不好、介质净化程度不够、装置不正确、操作不合理等，详见表8-2。

表 8-2 气缸常见故障及排除方法

故障		原因	排除方法
外泄漏	活塞杆与密封衬套间漏气	衬套密封圈磨损,润滑油不足	更换衬套密封圈
		活塞杆有伤痕	更换活塞杆
		活塞杆偏心	重新安装,使活塞杆不承受偏心负荷
		活塞杆与密封衬套的配合处有杂质	除去杂质,安装防尘盖
	缸体与端盖间漏气	密封圈损坏	更换密封圈
	缓冲装置的调节螺钉处漏气	密封圈损坏	更换密封圈
内泄漏(两腔窜气)		活塞密封圈损坏	更换密封圈
		润滑不良	改善润滑
		活塞被卡住	重新安装,使活塞不承受偏心负荷
		活塞配合面有缺陷	缺陷严重者,更换零件
		杂质挤入密封面	除去杂质
动作不稳定,输出力不足		润滑不良	注意润滑
		活塞或活塞杆被卡住	检查安装情况,消除偏心
		气缸体内表面有锈蚀或缺陷	加大缸盖与缸体之间排气通道的径向间隙,或增加排气口
		进入了冷凝水及杂质	加强过滤,清除水分、杂质
缓冲效果不好		缓冲部分的密封圈密封性能差	更换密封圈
		调节螺钉损坏	更换调节螺钉
		气缸运动速度太快	调节缓冲机构
损伤	活塞杆折断	有偏心负荷	消除偏心负荷
		摆动气缸安装销轴的摆动面与负荷摆动面不一致	使摆动面与负荷面一致
		摆动销轴的摆动角过大	减小销轴的摆动
		负荷大,摆动速度太快,又有冲击	减小摆动的速度和冲击
		装置的冲击加到活塞杆上,使活塞杆承受负荷冲击	冲击不得加在活塞杆上
		气缸的运动速度太快	设置缓冲装置
	端盖损坏	缓冲机构不起作用	在外部或回路中设置缓冲装置

(二) 气马达

气马达是将压缩空气的压力能转换成回转机械能的能量转换装置,其作用相当于电动机或液压马达。它输出转矩,驱动执行机构做旋转运动。在气压传动中使用最广泛的是叶片式和活塞式气马达,其工作原理与叶片式液压泵类似。

1. 叶片式气马达的工作原理

图 8-9 所示为双向旋转叶片式气马达的工作原理。当压缩空气从进气口 A 进入气室后立

即喷向叶片 1，作用在叶片的外伸部分，产生转矩带动转子 2 做逆时针方向转动；输出机械能，废气从排气口 C 排出，残余气体则经 B 排出（二次排气）；若进、排气口互换，则转子反转，输出机械能。转子转动的离心力和叶片底部的气压力、弹簧力使叶片紧密地抵在定子 3 的内壁上，以保证密封，提高容积效率。

2. 气马达的特点及应用

（1）气马达的特点

1）工作安全，具有防爆性能，可用于恶劣的环境，在易燃、易爆、高温、振动、潮湿、粉尘等条件下均能正常工作。

2）有过负荷保护作用。过负荷时，气马达只是降低转速或停止，当过负荷解除后，可立即重新正常运转，并不产生故障。

3）可以无级调速。只要控制进气压力和流量，就能调节气马达的输出功率和转速。

双向旋转叶片式气马达的工作原理

图 8-9 双向旋转叶片式气马达的工作原理
1—叶片 2—转子 3—定子

4）比同功率的电动机轻 1/10～1/3，同功率的输出惯性比较小。

5）可长期满负荷工作，且温升较小。

6）功率范围和转速范围均较宽。输出功率小至几百瓦，大至几万瓦；转速可从每分钟几转到几万转。

7）具有较高的起动转矩，可以直接带负荷起动，起动、停止迅速。

8）结构简单，操纵方便，可正反转，维修容易，成本低。

9）速度稳定性差，耗气量大，噪声大，容易产生振动。

（2）气马达的应用　气马达的工作适应性较强，可用于无级调速、起动频繁、经常换向、高温潮湿、易燃易爆、负荷起动、不便人工操纵及有过负荷保护的场合。气马达主要应用于矿山机械、专业性的机械制造、油田、化工、造纸、炼钢、船舶、航空、工程机械等行业，许多气动工具如风钻、风扳手、风砂轮、风动铲刮机一般均装有气马达。随着气压技术的发展，气马达的应用也日趋广泛。

3. 叶片式气马达常见故障及排除方法

叶片式气马达常见故障及排除方法见表 8-3。

表 8-3　叶片式气马达常见故障及排除方法

故障		原因	排除方法
输出功率明显下降	叶片严重磨损	断油或供油不足	检查供油器，保证润滑
		空气不净	净化空气
		长期使用	更换叶片
	前后气盖磨损严重	轴承磨损，转子轴向窜动	更换轴承
		衬套选择不当	更换衬套

(续)

故障		原因	排除方法
输出功率明显下降	定子内孔纵向波浪槽	泥沙进入定子	更换、修复定子
		长期使用	
	叶片折断	转子叶片槽喇叭口太大	更换叶片
	叶片卡死	叶片槽间隙不当或变形	更换叶片

四、气动控制元件和气动基本回路

气压传动系统中的控制元件是控制和调节压缩空气的压力、流量、流动方向和发送信号的重要元件，利用它们可以组成各种气动控制回路，使气动执行元件按设计的程序正常地工作。控制元件按功能和用途可分为方向控制阀、压力控制阀和流量控制阀三大类。此外，还有通过改变气流方向和通断实现各种逻辑功能的气动逻辑元件和射流元件等。

（一）方向控制阀

气动换向阀和液压换向阀相似，分类方法也大致相同。气动换向阀按阀芯结构不同可分为滑柱式（又称柱塞式，也称滑阀）、截止式（又称提动式）、平面式（又称滑块式），旋塞式和膜片式，其中以截止式换向阀和滑柱式换向阀应用较多；按其控制方式不同可分为电磁换向阀、气动换向阀、机动换向阀和手动换向阀，后三类换向阀的工作原理和结构与液压换向阀中相应的阀基本相同；按其作用特点可分为单向型控制阀和换向型控制阀。

1. 单向型控制阀

单向型控制阀包括单向阀、或门型梭阀、与门型梭阀和快速排气阀。

（1）或门型梭阀　在气压传动系统中，当两个通路 P_1 和 P_2 均与通路 A 相通，而不允许 P_1 与 P_2 相通时，就要采用或门型梭阀。由于其阀芯像织布梭子一样来回运动，故称之为梭阀。该阀的结构相当于两个单向阀的组合。在气动逻辑回路中，该阀起到"或"门的作用，是构成逻辑回路的重要元件。

图 8-10 所示为或门型梭阀，当通路 P_1 进气时，将阀芯推向右边，通路 P_2 被关闭，于是气流从 P_1 进入 A，如图 8-10a 所示；反之，气流则从 P_2 进入 A，如图 8-10b 所示；当 P_1、P_2 同时进气时，哪端压力高，A 就与哪端相通，另一端就自动关闭。图 8-10c 所示为该阀的图形符号。或门型梭阀在逻辑回路和程序控制回路中应用广泛。

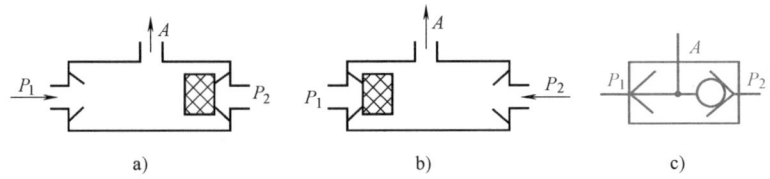

图 8-10　或门型梭阀

（2）与门型梭阀（双压阀）　与门型梭阀又称双压阀，该阀只有两个输入口 P_1、P_2，同时进气时，A 口才有输出，这种阀也相当于两个单向阀的组合。图 8-11 所示为与门型梭阀（双压阀）。当 P_1 或 P_2 单独输出时，阀芯被推向右端或者左端（图 8-11a、b），此时 A 口无输出；只有当 P_1 和 P_2 同时有输出时，A 口才有输出（图 8-11c）。当 P_1 和 P_2 压力不等时，则压力低的通过 A 口输出。图 8-11d 所示为该阀的图形符号。

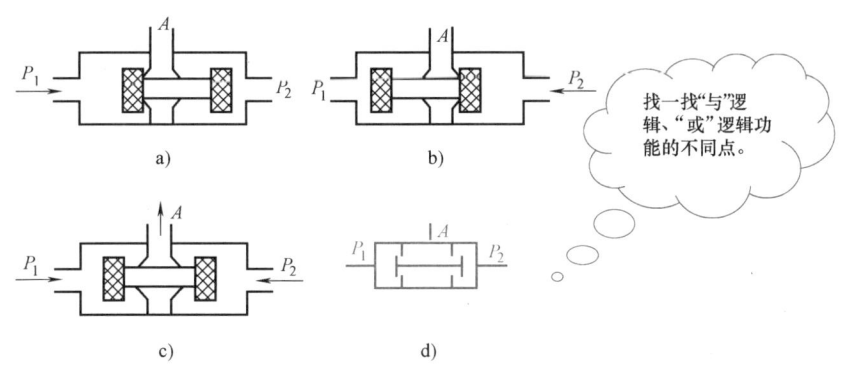

图 8-11 与门型梭阀

（3）快速排气阀 快速排气阀简称快排阀，是加快气缸运动速度，做快速排气用的。通常气缸排气时，气体是从气缸经过管路由换向阀的排气口排出的。如果从气缸到换向阀的距离较长，而换向阀的排气口小，排气时间就较长，气缸动作速度较慢。此时，若采用快速排气阀，则气缸内的气体就能直接由快速排气阀排往大气中，加快气缸的运动速度。安装快速排气阀后，气缸的运动速度可提高 4~5 倍。

图 8-12 所示为快速排气阀。当进气腔 P 进入压缩空气时，将密封活塞迅速上推，开启阀口 2，同时关闭排气口 1，使进气腔 P 与工作腔 A 相通（图 8-12a）；当 P 腔没有压缩空气进入时，在 A 腔和 P 腔压差的作用下，密封活塞迅速下降，关闭 P 腔，使 A 腔通过排气口 1 经过 O 腔快速排气（图 8-12b）。图 8-12c 所示为该阀的图形符号。

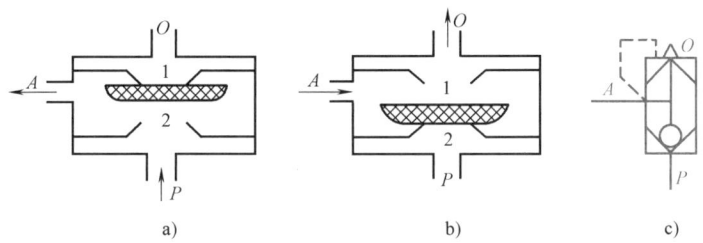

图 8-12 快速排气阀
1—排气口 2—阀口

2. 换向型控制阀

换向型控制阀（简称换向阀）的功能是通过改变气体流动方向来改变气动执行元件的运动方向。换向型控制阀包括气压控制换向阀、电磁控制换向阀、机械控制换向阀、手动控制换向阀和时间控制换向阀。

（1）气压控制换向阀 气压控制换向阀是利用气体压力使主阀芯运动从而使气体改变流向的。图 8-13 所示为单气控截止式换向阀。当没有控制信号 K 时，阀芯在弹簧及 P 腔压力作用下关闭，阀处于排气状态（图 8-13a）；当输入控制信号 K 时，主阀芯下移，打开阀口使 P 与 A 相通（图 8-13b）。因此，该阀属常闭型二位三通阀，当 P 与 O 换接时，即成为常通型二位三通阀。图 8-13c 所示为其图形符号。

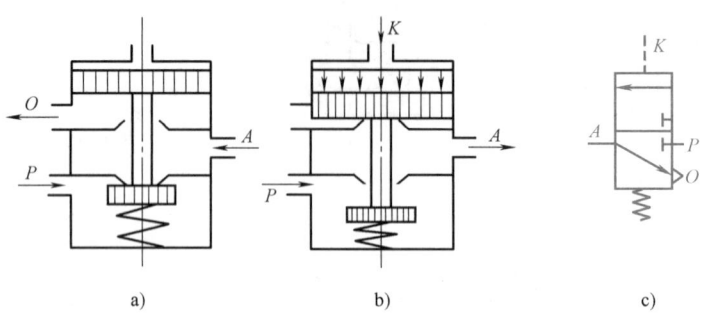

图 8-13 单气控截止式换向阀

（2）电磁控制换向阀　气压传动中的电磁控制换向阀和液压传动中的电磁控制换向阀一样，也由电磁铁控制部分和主阀两部分组成，按控制方式不同分为电磁铁直接控制式电磁阀和先导式电磁阀两种。它们的工作原理分别与液压系统中的电磁阀和电液阀类似，只是两者的工作介质不同而已。

由电磁铁的衔铁直接推动换向阀阀芯换向的阀称为直动式电磁阀，直动式电磁阀分为单电磁铁和双电磁铁两种。图 8-14 所示为单电磁铁换向阀，图 8-14a 所示为原始状态，图 8-14b 所示为通电时的状态，图 8-14c 所示为该阀的图形符号。从图中可知，这种阀阀芯的移动是靠电磁铁实现的，而复位是靠弹簧实现的，因而换向冲击较大，故一般只制成小型阀。

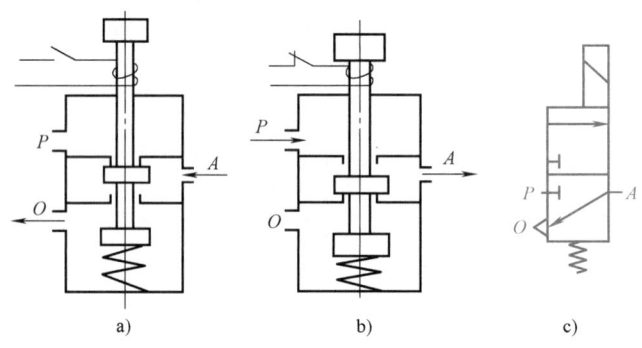

图 8-14 单电磁铁换向阀

（3）手动控制换向阀　图 8-15 所示为推拉式手动控制换向阀的工作原理和结构图。如果用手压下阀芯（图 8-15a），则 P 与 A、B 与 T_2 相通。手放开，阀依靠定位装置保持状态不变。如果用手将阀芯拉出（图 8-15b），则 P 与 B、A 与 T_1 相通，气路改变，并能维持该状态不变。

（二）压力控制阀

压力控制阀主要用来控制系统中气体的压力，以满足各种压力要求或用以节能。

项目八 气压传动系统

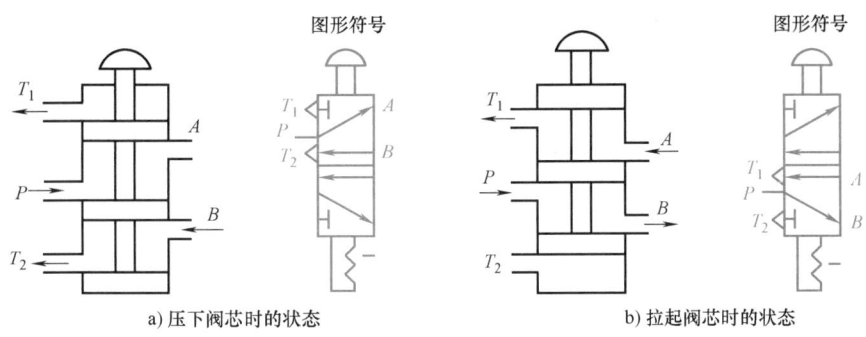

a) 压下阀芯时的状态　　　　　　b) 拉起阀芯时的状态

图 8-15　推拉式手动控制换向阀

气压传动系统与液压传动系统不同,液压传动系统的液压油是由安装在每台设备上的液压源直接提供的,而气压传动系统则是将比使用压力高的压缩空气储存在储气罐中,然后调压到适用于系统的压力。因此,每台起动装置都需要用减压阀(在起动系统中又称调压阀)来减压,并保持供气压力稳定。对于低压控制系统(如气动测量),除用减压阀降低压力外,还需要用精密减压阀(或定值器),以获得更稳定的供气压力。这类压力控制阀能在输入压力在一定范围内改变时,保持输出压力不变;当管路中的压力超过允许压力时,为了保证系统的工作安全,往往用安全阀实现自动排气,以使系统的压力下降。有时,气动装置中不便安装行程阀,而要依据气压的大小来控制两个以上的气动执行元件的顺序动作,能实现这种功能的压力控制阀称为顺序阀。因此,在气压传动系统中压力控制可分为三类:一类是起降压、稳压作用的减压阀、定值器;一类是起限压安全保护作用的安全阀、限压切断阀等;一类是根据气路压力不同进行某种控制的顺序阀、平衡阀等。所有的压力控制阀都是利用空气压力和弹簧力相平衡的原理来工作的。由于安全阀、顺序阀的工作原理与液压控制阀中的溢流阀和顺序阀基本相同,因而本节主要讨论气动减压阀(调压阀)的工作原理和主要性能。

1. 气动减压阀(调压阀)

图 8-16 所示为直动式调压阀。当顺时针方向调整手柄 1 时,调压弹簧 2 (实际上有两个弹簧) 推动下弹簧座 3、膜片 4 和阀芯 5 向下移动,使阀口开启,气流通过阀口后压力降低,从右侧输出二次压力气流。与此同时,有一部分气流由阻尼孔 7 进入膜片室,在膜片下产生一个向上的推力与弹簧力平衡,调压阀便有稳定的

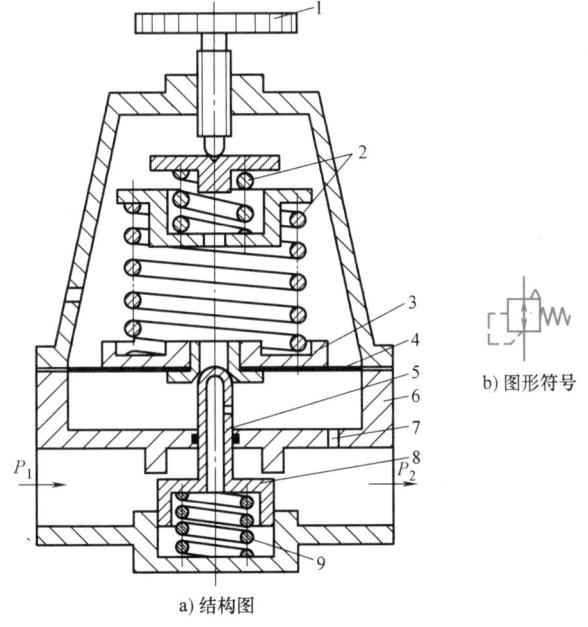

图 8-16　直动式调压阀
1—手柄　2—调压弹簧　3—下弹簧座　4—膜片
5—阀芯　6—阀套　7—阻尼孔　8—阀口　9—复位弹簧

压力输出。当输入压力 P_1 增高时，输出压力 P_2 也随之增高，使膜片下的压力也增高，将膜片向上推，阀芯 5 在复位弹簧 9 的作用下上移，从而使阀口 8 的开度减小，节流作用增强，直至输出压力降低到调定值为止；反之，则输入压力下降，输出压力也随之下降，膜片下移，阀口开度增大，节流作用降低，直至输出压力回升到调定压力，以维持压力稳定。

调节手柄 1 以控制阀口开度的大小，即可控制输出压力的大小。常用的 QTY 型调压阀的最大输入压力为 1.0MPa，其输出流量随阀通径的大小而改变。

2. 顺序阀

顺序阀是依靠气路中压力的大小来控制气动回路中各执行元件动作的先后顺序的压力控制阀，其作用和工作原理与液压顺序阀基本相同，且常与单向阀组合成单向顺序阀。图 8-17 所示为单向顺序阀。当压缩空气由 P 口输入时，单向阀在压力差及弹簧力的作用下处于关闭状态，作用在活塞上输入侧的空气压力超过弹簧的预紧力时，活塞被顶起，顺序阀打开，压缩空气由 A 输出；当压缩空气反向流动时，输入侧变成排气口，输出侧变成进气口，其进气压力将顶开单向阀，由 O 口排气。调节手柄就可改变单向顺序阀的开启压力。

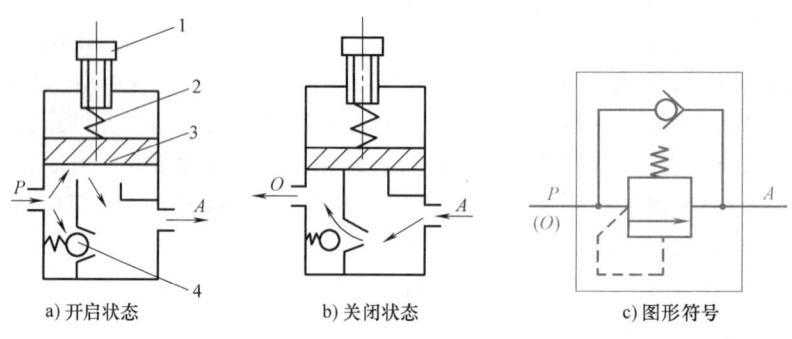

a) 开启状态　　b) 关闭状态　　c) 图形符号

图 8-17　单向顺序阀

1—调节手柄　2—弹簧　3—活塞　4—单向阀

3. 安全阀

在气压系统中，为防止管路、气罐等的损坏，应限制回路中的最高压力，此时应采用安全阀。安全阀的工作原理是：当回路中的压力达到某调定值时，使部分压缩气体从排气口溢出，以保证回路压力稳定。

图 8-18 所示为安全阀。当系统中的压力低于调定值时，阀处于关闭状态。当系统压力升高到安全阀的开启压力时，压缩空气推动活塞上移，阀门开启排气，

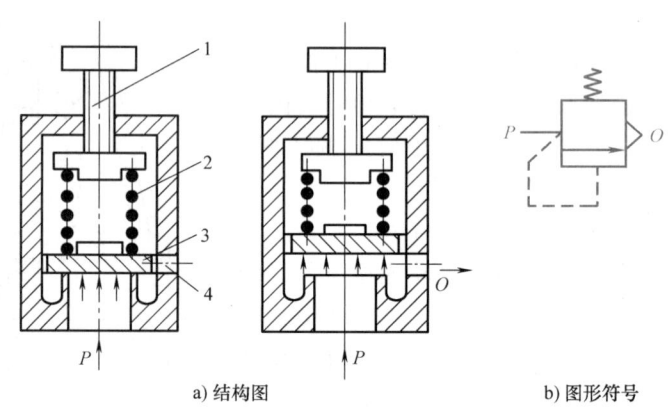

a) 结构图　　b) 图形符号

图 8-18　安全阀

1—手柄　2—调压弹簧　3—阀芯　4—排气口

直到系统压力降至低于调定值时，阀门又重新关闭。安全阀的开启压力可通过调整弹簧的预压缩量来调节。

（三）流量控制阀

在气压传动系统中，经常要求控制气动执行元件的运动速度，这要靠调节压缩空气的流量来实现。用来控制气体流量的阀，称为流量控制阀。流量控制阀是通过改变阀的通流截面积来实现流量控制的元件，包括节流阀、单向节流阀、排气节流阀和柔性节流阀等。

1. 节流阀

图 8-19 所示为圆柱斜切型节流阀，压缩空气由 P 口进入，经过节流后，由 A 口流出，旋转阀芯螺杆可改变节流口的开度。由于这种节流阀结构简单、体积小，故应用范围较广。

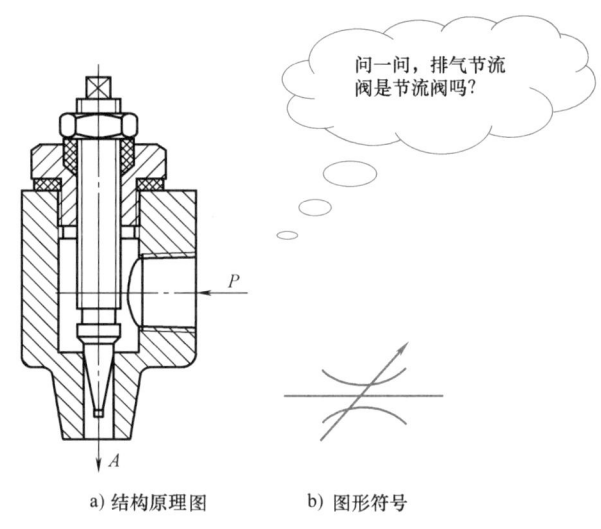

a) 结构原理图　　b) 图形符号

图 8-19　节流阀

2. 排气节流阀

排气节流阀的节流原理与节流阀一样，也是靠调节通流截面积来调节阀的流量的。它们的区别是节流阀通常安装在系统中调节气流的流量，而排气节流阀只能安装在排气口处，调节排入大气的流量，以此来调节执行机构的运动速度。图 8-20 所示为排气节流阀的工作原理，气流从 A 口进入阀内，由节流口节流后经消声器 2 排出，因而它不仅能调节执行元件的运动速度，还能起到降低排气噪声的作用。

排气节流阀通常安装在换向阀的排气口处与换向阀联用，起单向节流阀的作用，它实际上只是节流阀的一种特殊形式。由于其结构简单、安装方便，故应用日益广泛。

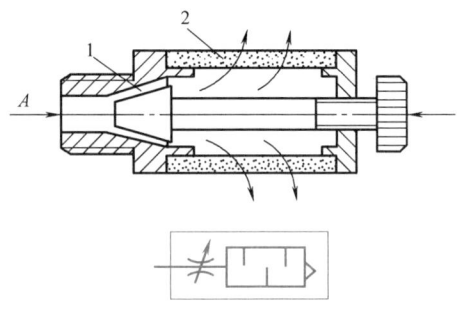

图 8-20　排气节流阀
1—节流口　2—消声器

3. 流量阀的使用

气动执行元件的速度控制有进口节流和出口节流两种方式。出口节流由于背压作用，比进口节流速度稳定，动作可靠。只有少数的场合才采用进口节流来控制气动执行元件的速度，如气缸推举重物等。

用流量控制气缸的速度比较平稳，但由于空气具有可压缩性，故气压控制比液压控制困难，一般气缸的运动速度不得低于30mm/s。

在气缸的速度控制中，若能充分注意以下各点，则在多数场合可以达到目的。

1）彻底防止管路中的气体泄漏，包括各元件接管处的泄漏。

2）要注意减小气缸运动的摩擦阻力，以保持气缸运动的平衡。

3）加在气缸活塞杆上的载荷必须稳定。若载荷在行程中途有变化，其速度控制相当困难，甚至不可能。在不能消除变化的情况下，必须借助液压传动。

4）流量控制阀应尽量靠近气缸等执行元件安装。

（四）气动逻辑元件

气动逻辑元件是指在控制回路中能够实现一定逻辑功能的元件，它属于开关器件。它与微压气动逻辑元件相比，具有通径较大（一般为2~2.5mm）、抗污染能力强、对气源净化要求低等特点。通常气动逻辑元件在完成动作后具有关断能力，因此耗气量小。

1. 气动逻辑元件的结构形式

气动逻辑元件的结构形式很多，主要由两部分组成：一是开关部分，其功能是改变气体流的通断；二是控制部分，其功能是当控制信号状态改变时，使开关部分完成一定的动作。在实际应用中，为便于检查线路和迅速排除故障，气动逻辑元件上还设有显示、定位和复位机构等。

2. 高压截止式逻辑元件

（1）或门元件　图8-21所示为或门元件，图中A、B为输入信号，S为输出信号。当有输入信号A时，截止膜片2封住下阀座1，信号A经上阀座3从输出端输出。截止膜片封住上阀座，A信号经下阀座从输出端输出。当A、B信号同时输入时，则不管是封住上阀座还是封住下阀座，或两者都没封住，输出端都有输出。因此，在输入信号A或B中，只要有一个信号存在，输出端就有输出信号。

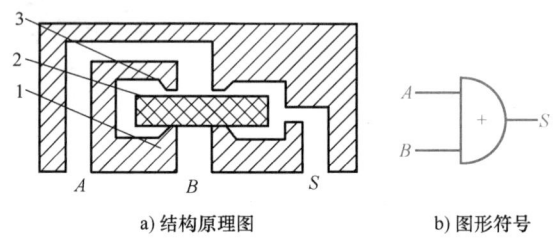

a) 结构原理图　　b) 图形符号

图8-21　或门元件

1—下阀座　2—截止膜片　3—上阀座

（2）是门和与门　图8-22所示为是门和与门元件。图中A为信号的输入口，S为信号的输出口，中间口接气源P时为是门元件。当A口无输入信号时，在弹簧及气源压力作用下使阀芯2上移，封住输出口S与P口的通道，使输出口S与排气口相通，S无输出；反之，当A有输入信号时，膜片1在输入信号的作用下推动阀芯2下移，封住输出口S与排气口通道，P 与 S 相通，S 有输出。即 A 端无输入信号时，S 端无信号输出；A 端有输入信号时，S 端有信号输出。元件的输入和输出信号之间始终保持相同的状态。若将中间口不接气源而换接另一输入信号 B，则称为与门元件，即只有当 A、B 同时有输入信号时，S 才能有输出。

（3）非门和禁门 图 8-23 所示为非门和禁门元件。A 为信号的输入端，S 为信号的输出端，中间孔接气源 P 时为非门元件。当 A 端无输入信号时，阀芯 3 在 P 口气源压力的作用下紧压在上阀座上，使 P 与 S 相通，S 端有信号输出；反之，当 A 端有信号输入时，膜片变形并推动阀杆，使阀芯 3 下移，关断气源 P 与输出端 S 的通道，则 S 无信号输出。即当有信号 A 输入时，S 无输出；当无信号 A 输入时，S 有输出。活塞 1 用来显示输出的有无。

若把中间孔改作另一信号的输入口 B，则成为禁门元件。当 A、B 均有输入信号时，阀杆和阀芯 3 在 A 输入信号的作用下封住 B 口，S 无输出；反之，当 A 无输入信号而 B 有输入信号时，S 有输出。信号 A 的输入对信号 B 的输入起"禁止"作用。

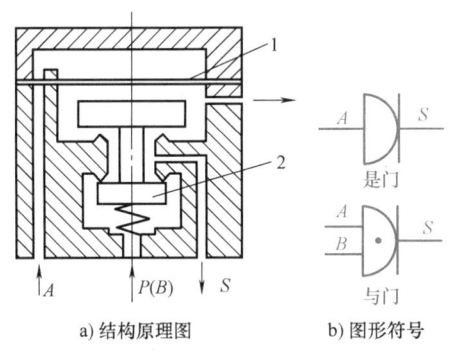

图 8-22　是门和与门元件
1—膜片　2—阀芯

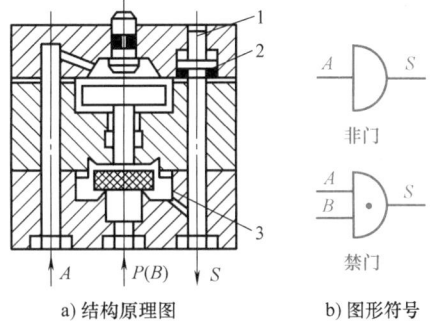

图 8-23　非门和禁门元件
1—活塞　2—膜片　3—阀芯

（4）或非元件 图 8-24 所示为或非元件。它是在非门元件的基础上增加两个信号输入端，即具有 A、B、C 3 个输入信号，中间孔 P 接气源，S 为信号输出端。当 3 个输入端均无信号输入时，阀芯在气源压力作用下上移，使 P 与 S 接通，S 有输出。当 3 个输入端中任一个有输入信号时，膜片在输入信号压力作用下，都会使阀芯下移，切断 P 与 S 的通道，S 无信号输出。或非元件是一种多功能逻辑元件，用它可以组成与门、是门、或门、非门、双稳等逻辑功能元件。

（5）双稳元件 图 8-25 所示为双稳元件。它是在气压信号的控制下，使阀芯带动阀块移动，实现对输出端的控制功能的。具体说来，当接通气源压力 P 后，如果加入控制信号 A，阀芯 4 被推至右端，此时气源口 P 与输出口 S_1 相通，输出端有输

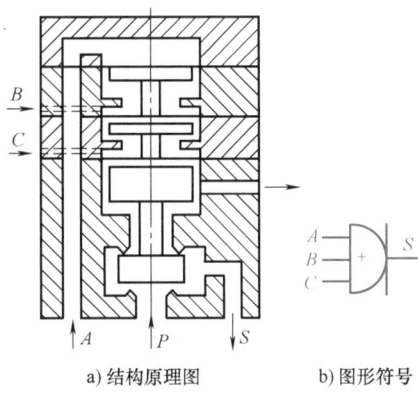

图 8-24　或非元件

出信号 S_1；而另一个输出口 S_2 与排气口 O 相通，即处于无输出状态。若撤除控制信号 A，则元件保持原输出状态不变。只有加入控制信号 B，推动阀芯 4 左移至终端时，气源口 P 与输出口 S_2 相通，S_2 处于有输出状态；另一输出口 S_1 与排气口 O 相通，S_1 处于无输出状态。若撤除控制信号 B，则输出状态也不变。双稳元件的这一功能称为记忆功能，故又称双稳元件为记忆元件。

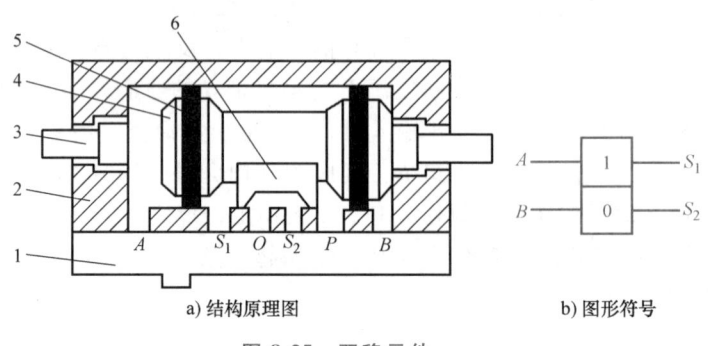

a) 结构原理图　　　　　　b) 图形符号

图 8-25　双稳元件

1—连接板　2—阀体　3—手动杆　4—阀芯　5—密封圈　6—滑块

前面所介绍的几种气动逻辑元件，除双稳元件外，没有相对滑动的零部件，因此工作时不会产生摩擦，故在回路中使用逻辑元件时，不必加油雾器润滑。另外，已讲过的许多滑阀型换向阀也具有某些逻辑功能，在应用中可合理选择。

（五）气动基本回路

一个复杂的气动控制系统，往往是由若干个气动基本回路组合而成的。设计一个完整的气动控制回路，除能够实现预先要求的程序动作外，还要考虑调压、调速、手动和自动等一系列的问题。因此，熟悉和掌握气动基本回路的工作原理和特点，可为设计、分析和使用比较复杂的气动控制系统打下良好的基础。

气动基本回路分为方向控制回路、速度控制回路、压力控制回路、安全保护回路、顺序动作回路等，它们的功用与同名液压基本回路相同。

1. 方向控制回路

气动系统一般可通过各种通用气动换向阀改变压缩气体的流动方向，从而改变气动执行元件的运动方向。

常见的换向回路有单作用气缸换向回路、双作用气缸换向回路、气缸连续往复换向回路等。

（1）单作用气缸换向回路　单作用气缸换向回路如图 8-26 所示。当电磁换向阀通电时，该阀换向，处于右位。此时，压缩空气进入气缸的无杆腔，推动活塞并压缩弹簧使活塞杆伸出。当电磁换向阀断电时，该阀复位至图示位置，活塞杆在弹簧力的作用下回缩，气缸无杆腔的余气经换向阀排气口排入大气。这种回路具有简单、耗气少等特点，但气缸有效行程减少，承载能力随弹簧的压缩量而变化，在应用中气缸的有杆腔要设呼吸孔，否则不能保证回路正常工作。

（2）双作用气缸换向回路　图 8-27 所示为一种采用二位五通双气控换向阀的双作用气

缸换向回路。当有 K_1 信号时，换向阀换向处于左位，气缸无杆腔进气，有杆腔排气，活塞杆伸出；当 K_1 信号撤除，加入 K_2 信号时，换向阀处于右位，气缸进、排气方向互换，活塞杆回缩。由于双气控换向阀具有记忆功能，故气控信号 K_1、K_2 使用长、短信号均可，但不允许 K_1、K_2 两个信号同时存在。

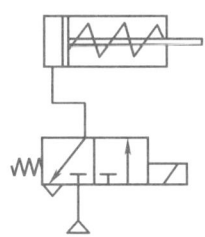

图 8-26　单作用气缸换向回路

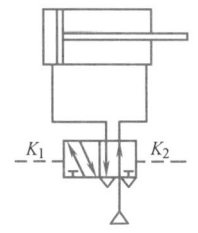

图 8-27　双作用气缸换向回路

（3）气缸连续往复换向回路　图 8-28 所示状态，气缸 5 的活塞退回（左行），当行程阀 3 被活塞杆上的活动挡铁 6 压下时，气路处于排气状态。当按下具有定位机构的手动换向阀 1 时，控制气体经阀 1 的右位、阀 3 的上位作用在气控换向阀 2 的右控制腔，阀 2 切换至右位，气缸的无杆腔进气、有杆腔排气，实现右行进给。当活动挡铁 6 压下行程阀 4 时，气路经阀 4 上位排气，阀 2 在弹簧力作用下复位至图示左位。此时，气缸有杆腔进气、无杆腔排气，做退回运动。当活动挡铁 6 压下阀 3 时，控制气体又作用在阀 2 的右控制腔，使气缸换向进给。如此周而复始，气缸自动往复运动。当拉动阀 1 至左位时，气缸停止运动。

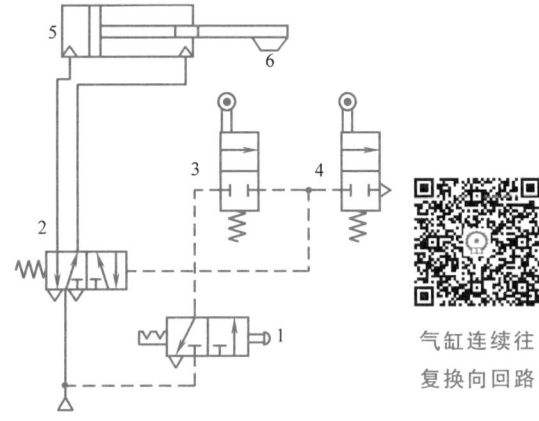

图 8-28　气缸连续往复换向回路
1—手动换向阀　2—气控换向阀　3、4—行程阀　5—气缸　6—活动挡铁

2. 速度控制回路

速度控制主要是指通过对流量阀的调节，达到对执行元件运动速度的控制。对于气动系统来说，其承受的负荷较小，如果对执行元件的运动速度平稳性要求不高，那么可选择速度控制回路，以满足调速要求。对于气动系统的调速来讲，较易实现气缸运动的快速性，是其特点，但是由于空气的可压缩性，难以得到平稳的低速。对此，可采取一些措施，如通过气-液阻尼或气-液转换等方法，得到较好的平稳低速。

与液压系统速度换接一样，所谓气动系统速度换接也是使执行元件从一种速度转换为另一种速度。众所周知，速度控制回路的实现，都是改变回路中流量阀的流通面积以达到对执行元件进行调速的目的。

图 8-29 所示为用行程阀实现气缸空行程快进、接近负荷时转慢进的快慢速换接回路。当二位五通换向阀 1 切换至左位时，气缸 5 的无杆腔进气，有杆腔经行程阀 4 下位、阀 1 左

位排气,实现快速进给。当活动挡铁6压下行程阀
时,气缸有杆腔经节流阀2、阀1排气,气缸转为
慢速运动,实现快速转慢速的换接控制。

3. 压力控制回路

在一个气动控制系统中,进行压力控制主要有
两个目的。一是为了提高系统的安全性,在此主要
指一次压力控制。如果系统中压力过高,除会增加
压缩空气输送过程中的压力损失和泄漏外,还会使
配管或元件破裂,发生危险。因此,压力应始终控
制在系统的额定值以下,一旦超过了所规定的允许
值,能够迅速溢流降压。二是给元件提供稳定的工
作压力,使其充分发挥元件的功能和性能,这主要
指二次压力控制。

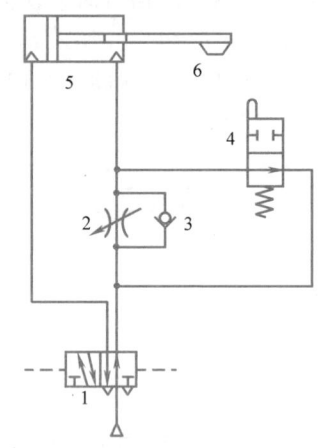

图8-29 用行程阀实现的快慢速换接回路
1—二位五通换向阀 2—节流阀 3—单向阀
4—行程阀 5—气缸 6—活动挡铁

(1) 一次压力控制回路 这种回路用于使储气
罐送出的气体压力不超过规定压力。为此,通常在
储气罐上安装一只安全阀,一旦罐内压力超过规定压力,就向大气放气。也常在储气罐上安
装电接点压力表,一旦罐内压力超过规定压力,即控制空气压缩机断电,不再供气。图8-30
所示为一次压力控制回路。

(2) 二次压力控制回路 为保证气动系统使用的气体压力为一稳定值,多用图8-31所
示的由空气过滤器、减压阀和油雾器(气动三元件)组成的二次压力控制回路,但要注意,
供给逻辑元件的压缩空气不要加入润滑油。

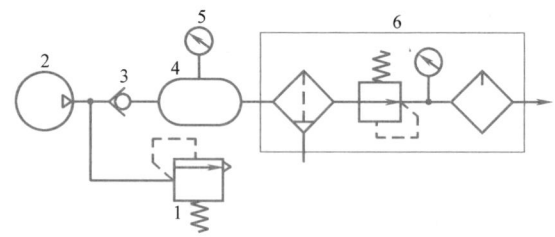

图8-30 一次压力控制回路
1—溢流阀 2—空气压缩机 3—单向阀 4—储气罐
5—电接点压力表 6—气源调节装置

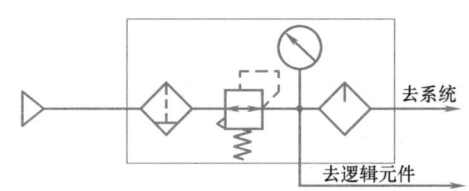

图8-31 二次压力控制回路

(3) 高低压选择回路 在实际应用中,某些气动控制系统需要选择高压或低压。例如,
加工塑料门窗的三点焊机的气动控制系统中,用于控制工作台移动的回路的工作压力为
0.25~0.3MPa,而用于控制其他执行元件回路的工作压力为0.5~0.6MPa。对于这种情况,
采用调节减压阀比较麻烦,因此可采用图8-32所示的高低压选择回路。该回路只要分别调
节两个减压阀,就能得到所需要的高压和低压输出。在实际应用中,需要在同一管路上有时
输出高压,有时输出低压,此时可选用图8-33所示回路。当换向阀有控制信号K时,换向
阀换向处于上位,输出高压;当无控制信号K时,换向阀处于图示位置,输出低压。

项目八 气压传动系统

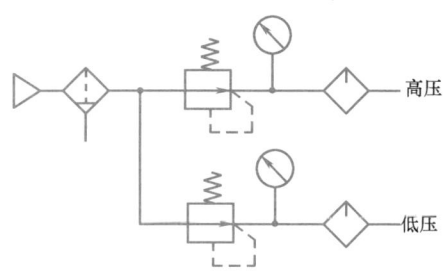

图 8-32 高低压选择回路

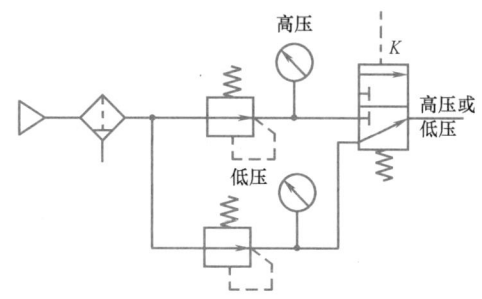

图 8-33 用换向阀的高低压选择回路

在上述几种压力控制回路中，所提及的压力，都是指常用的工作压力（一般为 0.4~0.5MPa），如果系统压力要求很低，如气动测量系统的工作压力在 0.05MPa 以下，此时普通减压阀调节的线性度较差，应选用精密减压阀或气动定值器。

4. 安全保护回路

（1）双手同时安全操作回路 图 8-34 所示为双手同时安全操作回路。回路中特意设置了两个手动二位三通换向阀，构成了与门逻辑关系，使用时必须双手同时压下手动换向阀 1 和 2，主控阀 3 才能换向，使气缸动作。这就对操作者的双手起了保护作用，可防止在压力机等的生产过程中，气缸推出冲头和气锤压伤人。

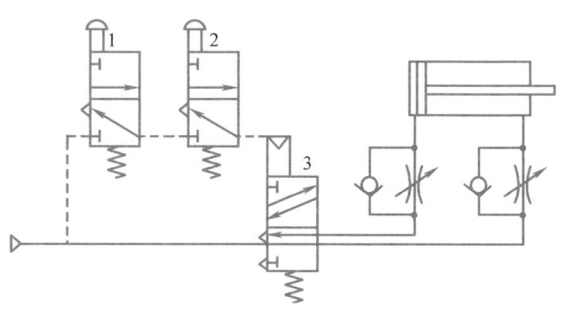

图 8-34 双手同时安全操作回路
1、2—手动换向阀 3—主控阀

（2）过负荷保护回路 图 8-35 所示为采用顺序阀的过负荷保护回路。当气控换向阀 2 切换至左位时，气缸的无杆腔进气、有杆腔排气，活塞杆右行。当活塞杆遇到挡铁 5 或行至极限位置时，无杆腔压力快速增高，当压力达到顺序阀 4 的开启压力时，顺序阀开启，避免了过负荷现象的发生，保证了设备安全。气源经顺序阀、或门型梭阀 3 作用在气控换向阀 2 右控制腔，使换向阀复位，气缸退回。

（3）互锁回路 单缸互锁回路应用极为广泛，例如，送料、夹紧与进给之间的互锁，即只有送料到位后才能夹紧，夹紧工件后才能进行切削加工（进给）等。图 8-36 所示为 A

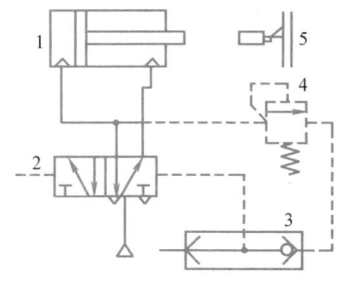

图 8-35 采用顺序阀的过负荷保护回路
1—气缸 2—气控换向阀
3—或门型梭阀 4—顺序阀 5—挡铁

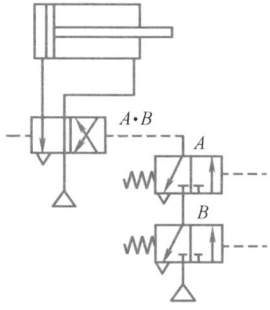

图 8-36 单缸互锁回路

和 B 两个信号之间的互锁回路。也就是说,只有当 A 和 B 两个信号同时存在时,才能得到 A、B 的与信号 $A \cdot B$,使二位四通换向阀换向至右位,其输出使气缸活塞杆伸出。否则,换向阀不换向,气缸活塞杆处于缩回状态。

5. 顺序动作回路

顺序动作回路是实现多缸运动的一种回路。多缸顺序动作主要有压力控制（利用顺序阀、压力继电器等元件）、位置控制（利用电磁换向阀及行程开关等）与时间控制三种控制方式。其中压力控制与位置控制的原理及特点与相应液压回路相同,时间控制顺序动作回路多采用延时换向阀。

图 8-37 所示为延时单向顺序动作回路,它采用延时气控换向阀控制气缸 1 和气缸 2 的顺序动作。当气控换向阀 7 切换至左位时,气缸 1 无杆腔进气、有杆腔排气,实现动作 a。同时,气体经节流阀 3 进入气控换向阀 4 的控制腔及储气罐 6 中。当储气罐中的压力达到一定值时,气控换向阀 4 切换至左位,气缸 2 无杆腔进气、有杆腔排气,实现动作 b。当气控换向阀 7 在图示右位时,两气缸有杆腔同时进气、无杆腔排气退回,即实现动作 c 和 d。两气缸进给的间隔时间可通过节流阀 3 调节。

图 8-38 所示为延时双向顺序动作控制回路,它采用两只延时气控换向阀 3 和 4 控制气缸 1 和 2 顺序动作,可以实现的动作顺序为 a→b→c→d。动作 a→b 的顺序由延时气控换向阀 4 控制,动作 c→d 的顺序由延时气控换向阀 3 控制。

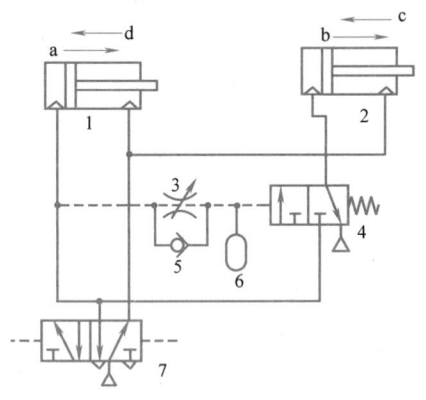

图 8-37　延时单向顺序动作回路
1、2—气缸　3—节流阀　4、7—气控换向阀
5—单向阀　6—储气罐

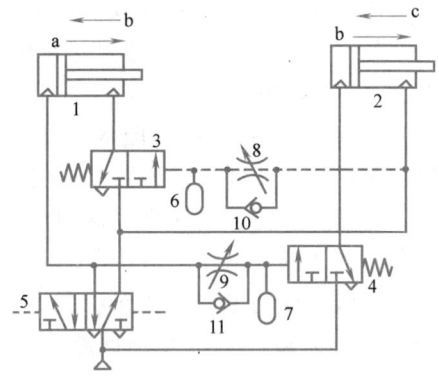

图 8-38　延时双向顺序动作控制回路
1、2—气缸　3、4、5—气控换向阀　6、7—储气罐
8、9—节流阀　10、11—单向阀

（六）气压传动系统实例

气压传动技术是实现工业生产自动化和半自动化的方式之一,广泛应用在各个行业,现介绍门户开闭装置、气动夹紧系统、数控加工中心气动换刀系统和气液动力滑台实例来说明其应用的广泛性。

1. 门户开闭装置

门的形式多种多样,有推门、拉门、屏风式的折叠门、左右门扇的旋转门以及上下关闭的门等。在此就拉门、旋转门的气动回路加以说明。

(1) 拉门的自动开闭回路

1) 回路一（图8-39）。这种形式的自动门是在门的前、后装有略微浮起的踏板，行人踏上踏板后，踏板下沉压至检测用阀，门就自动打开。行人走过后，检测阀1自动复位换向，门自动关闭。

此回路图比较简单，不再做详细说明。只是回路图中单向节流阀3与4起着重要的作用，通过对它们的调节可实现开关门速度的调节。另外，在 X 处装有手动闸阀，作为故障时的应急办法。当检测阀1发生故障打不开门时，可打开手动闸阀把空气放掉，再用手把门打开。

2) 回路二（图8-40）。该装置通过连杆机构将气缸活塞杆的直线运动转换成门的开闭运动，利用超低压气动阀来检测行人的踏板动作。在踏板6、11的下方装有一根一端完全密封的橡胶管，管的另一端与超低压气动阀7和12的控制口相连接，因此当人站在踏板上时，橡胶管内的压力上升，超低压气动阀工作。

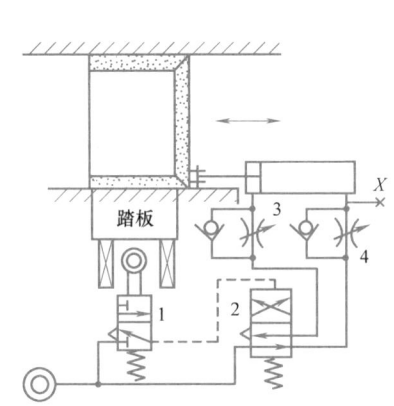

图8-39 拉门的自动开闭回路（一）
1—检测阀 2—换向阀 3、4—单向节流阀

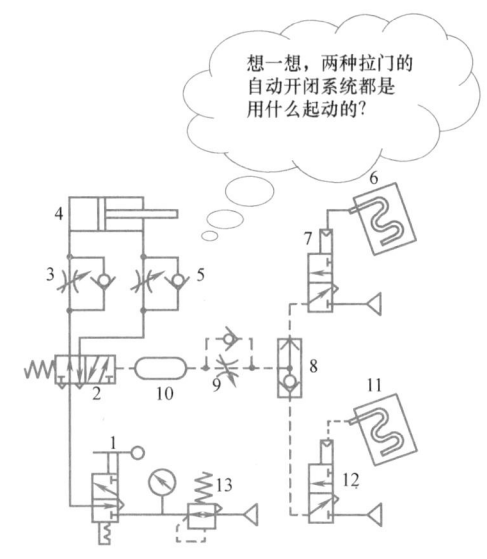

图8-40 拉门的自动开闭回路（二）
1—手动阀 2—气动换向阀 3、5—单向节流阀 4—气缸
6、11—踏板 7、12—超低压气动阀 8—或门型梭阀
9—可调节流阀 10—储气罐 13—压力调节器

首先用手动阀1使压缩空气通过气动换向阀2让气缸4内的活塞杆伸出来，此时门为关闭状态。若有行人站在踏板6或11上，则超低压气动阀7或12动作，使气动换向阀2换向，气缸4的活塞杆收回，门打开。若是行人已走过踏板6和11，则气动换向阀2控制腔的压缩空气经由储气罐10、或门型梭阀8和可调节流阀9组成的延时回路排气，气动换向阀2复位，气缸4的活塞杆伸出使门关闭。由此可见，行人从门的哪边出都可以。另外，由于某种原因把行人夹住时，通过调节压力调节器13的压力，不会使行人受伤。若将手动阀1复位，则变为手动门。

(2) 旋转门的自动开闭回路 旋转门是左右两扇门绕两端的曲轴旋转打开的门。

图 8-41 所示为旋转门的自动开闭回路。此回路只能单方向开启，不能反方向打开，为防止发生危险，只用于单向通行的地方。行人踏上门前的踏板时，由于其重量使踏板产生微小的下降，检测阀 LX 被压下，主阀 1 与 2 换向，空气进入气缸 1 与 2 的无杆腔，通过齿轮齿条机构，两边的门同时向一方打开。行人通过后，踏板恢复到原来的位置，检测阀 LX 自动复位，主阀 1 与 2 换向到原来位置，气缸活塞杆后退，使门关闭。

2. 气动夹紧系统

图 8-42 所示为机床夹具的气动夹紧机构，其动作循环为：垂直缸活塞杆首先下降，将工件压紧，两侧的气缸活塞杆再同时前进，对工件进行两侧夹紧，然后进行钻削加工，加工完成后各夹紧缸退回，将工件松开。

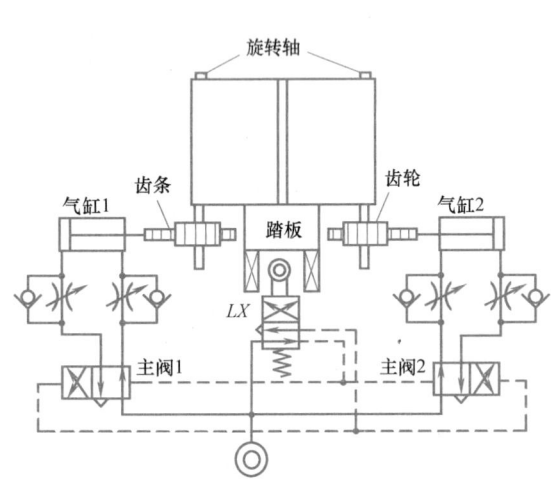

图 8-41 旋转门的自动开闭回路

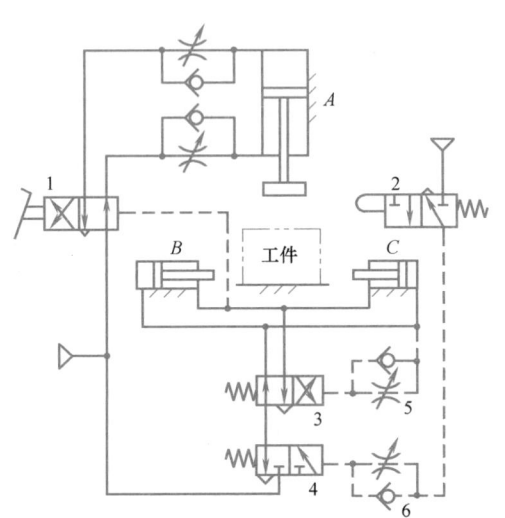

图 8-42 气动夹紧机构
1—脚踏阀 2—行程阀 3—主阀
4—气控换向阀 5、6—单向节流阀

其工作原理如下：用脚踏下脚踏阀 1，压缩空气进入气缸 A 的上腔，使夹紧头下降，夹紧工件，当压下行程阀 2 时，压缩空气经单向节流阀 6 进入二位三通气控换向阀 4（调节节流阀开口，可以控制阀 4 的延时接通时间），再通过主阀 3 进入两侧气缸 B 和 C 的无杆腔，使活塞杆前进，从而夹紧工件，然后钻头开始钻孔，同时流过主阀 3 的一部分压缩空气经过单向节流阀 5 进入主阀 3 右端，经过一段时间后主阀 3 右位接通，两侧气缸后退到原来位置。同时，一部分压缩空气作为信号进入脚踏阀 1 的右端，使阀 1 右位接通，压缩空气进入气缸 A 的下腔，使夹紧头退回原位。

夹紧头上升的同时，机动行程阀 2 复位，气控换向阀 4 也复位，由于气缸 B、C 的无杆腔通过主阀 3 和气控换向阀 4 排气，主阀 3 自动复位到左位，完成一个工作循环，只有再踏下脚踏阀 1，才能开始下一个工作循环。

3. 数控加工中心气动换刀系统

图 8-43 所示为数控加工中心气动换刀系统回路，该系统在换刀过程中可实现主轴定位、主轴松刀、拔刀、向主轴锥孔吹气和插刀动作。

其工作原理如下：当数控系统发出换刀指令时，主轴停止旋转，同时电磁换向阀 4YA

得电，压缩空气经过换向阀 4、单向节流阀 5 进入主轴定位缸 A 的右腔，缸 A 的活塞左移，使主轴自动定位；定位后压下无触点开关，使电磁换向阀 6YA 得电，压缩空气经换向阀 6、快速排气阀 8 进入气液增压缸 B 上腔，增压腔的高压油使活塞伸出，实现主轴松刀；同时，8YA 得电，压缩空气经换向阀 9、单向节流阀 11 进入气缸 C 的上腔，缸 C 下腔排气，活塞下移实现拔刀，由回转刀库交换刀具；同时，1YA 得电，压缩空气经换向阀 2、单向节流阀 3 向主轴锥孔吹气；稍后，1YA 失电、2YA 得电，停止吹气，8YA 失电、7YA 得电，压缩空气经换向阀 9、单向节流阀 10 进入缸 C 的下腔，活塞上移，实现插刀动作，6YA 和 5YA 失电，压缩空气经阀 6 进入气液增压缸 B 的下腔，使活塞退回，主轴的机械机构使刀具夹紧，4YA 失电、3YA 得电，缸 A 的活塞复位，回复到初始状态，换刀结束。

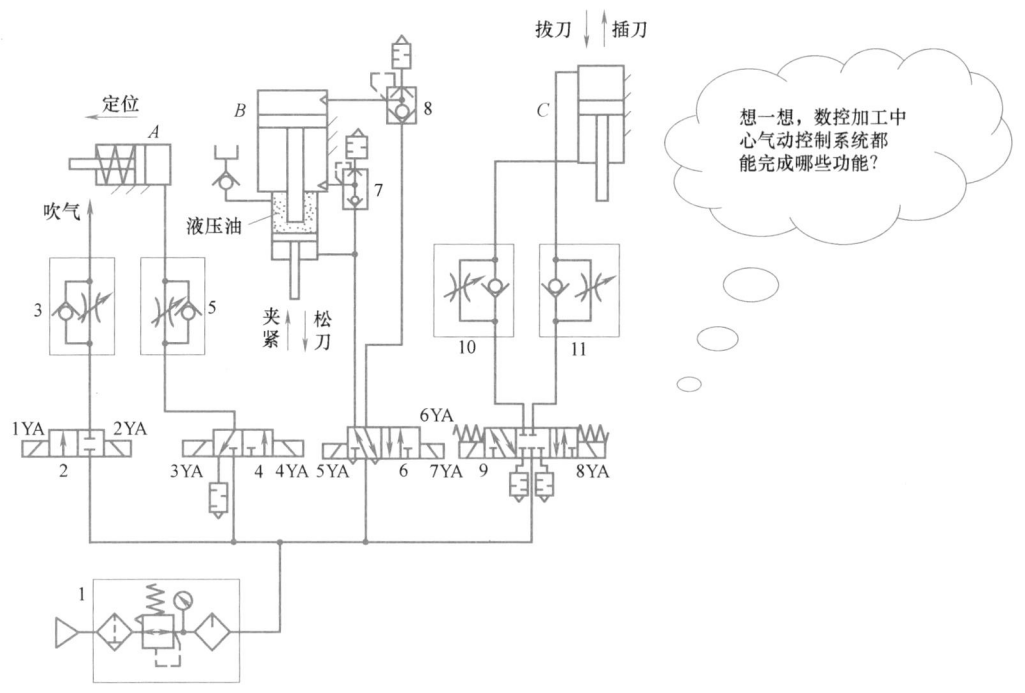

图 8-43 数控加工中心气动换刀系统回路

1—气源装置　2、4、6、9—换向阀　3、5、10、11—单向节流阀　7—或门型梭阀　8—快速排气阀

4. 气液动力滑台

气液动力滑台采用气液阻尼缸作为执行元件。由于在它的上面可安装单轴头、动力箱或工件，所以常用来实现机床的进给运动。

图 8-44 所示为气液动力滑台回路。图中，阀 1、2、3 和阀 4、5、6 实际上分别组合在一起，成为两个组合阀。

该气液动力滑台能完成下面的两种工作循环：

(1) 快进→慢进→快退→停止　当图 8-44 中的阀 4 处于图示状态时，就可实现上述循环的进给程序，其动作原理如下：

当阀 3 切换至右位时，实际上就是给予进刀信号，在气压作用下，气缸中的活塞开始向下运动，液压缸中活塞下腔的油液经阀 6 的左位和阀 7 进入液压缸活塞的上腔，实现快进。当快进到活塞杆上的挡铁 B，切换为阀 6 的右位时，油液只能经阀 5 进入活塞上腔，调节节流阀的开度，即可调节气液阻尼缸的运动速度，所以这时才开始慢进（工作进给）。当慢进到挡铁 C，使阀 2 切换至左位时，输出气信号，使阀 3 切换至左位，这时气缸活塞开始向上运动，液压缸活塞上腔的油液经阀 8 的左位和阀 4 的单向阀进入液压缸的下腔，实现快退。当快退到挡铁 A 将阀 8 切换到图示位置，使油液通道被切断时，活塞停止运动。所以，改变挡铁 A 的位置，就能改变"停"的位置。

（2）快进→慢进→慢退→快退→停止 关闭阀 4（处于左位），就可以实现上述的双向进给程序，其动作原理如下：

其动作循环中的快进→慢进的动作原理与第一种工作循环相同。当慢进至挡铁 C，切换阀 2 至左位时，输出气信号，使阀 3 切换至左位，气缸活塞开始向上运动，这时液压缸活塞上腔的油液经阀 8 的左位和阀 5 进入液压缸活塞下腔，即实现慢退（反向进给）。当慢退到挡铁 B，离开阀 6 的顶

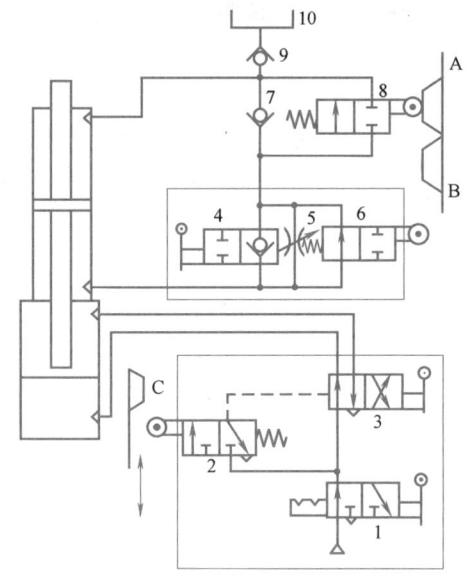

图 8-44 气液动力滑台回路
1、3、4—手动换向阀　2、6、8—行程阀
5—节流阀　7、9—单向阀　10—补油箱

杆而使其复位（处于左位）后，液压缸活塞上腔的油液经阀 8 的左位、再经阀 6 的左位进入液压缸活塞下腔，开始快退。快退到挡铁 A，切换阀 8 至图示位置，油液通路被切断，活塞停止运动。

图中的补油箱 10 和单向阀 9 仅仅是为了补偿系统的漏油而设置的，因而一般可用油杯来代替。

【延伸阅读】

一切前行都不能忘记走过的路

受我国工业制造水平的影响，我国的气动元件产业发展比其他国家晚，在发展过程中又缺乏国家的重点支持，导致发展速度慢。近几年来，气动行业的总体发展势头较好，产品的技术水平、品种、规模等正在加速提升和扩大，在技术开发、工艺改进、装备改造等方面取得了明显进步，参与国际竞争的能力也在逐步提高，行业整体发展兴旺。但由于总体生产基础较差，产品技术水平、产品体系与需求还存在较大的结构性矛盾，产品更新、装备改造等方面的投入能力也略显不足，还需要技术、人才等多方面的保障。

气动元件的广泛应用是气动工业发展的标志之一。从价值数千万元的冶金设备到只有一二百元的椅子，以及铁道扳岔、机车轮轨润滑、列车的制动、街道清扫、特种车间内的起重设备、军事指挥车等都用上了国产气动元件。这说明气动技术已"渗透"到各行各业，并且发展规模正在日益扩大。

制造业是国民经济的主体，是立国之本、兴国之器、强国之基。中国气动工业的发展经历了联合设计、技术引进和自主开发三个阶段，历经近半个世纪，走过不平凡的道路，倾注

了多人的心血,取得了长足进步,现产销规模已居世界第二位。气动元件新开发的产品大都具有较高水平,它显示了行业的技术人才和工艺装备等水平的提高,为今后的产品开发奠定了基础。随着国家工业化和自动化的发展,随着锻压、拉拔、铸造、机械加工等技术水平的提高,气动元件正在向高速、高频、高响应、长寿命方向发展,其外观和内在质量也将不断提高。

【任务实施】

任务一 空气压缩机的拆装

气压系统要想工作,必须以压缩空气为工作介质。那么,选用哪些气源装置才能满足对不同质量的压缩空气的需求呢?这些元件结构如何?

一、分析任务

气源装置是为气动系统提供压缩空气的动力源装置,是气动系统的重要组成部分。气源装置由空气压缩机和气源处理装置组成。对压缩空气质量要求一般的气源装置,一般由空气压缩机、冷却器、油水分离器(除油器)和储气罐等装置组成,对压缩空气质量要求高的气源装置,还需安装空气干燥器。

二、动力元件的选择

空气压缩机是空气压缩站的"心脏"部分,是把电动机输出的机械能转换成气体压力能的能量转换装置。

空气压缩机的种类很多,按输出压力大小可分为低压型(0.2~1.0MPa)、中压型(1~9MPa)和高压型(>9MPa);按工作原理可分为容积式和速度式。容积式压缩机是通过缩小压缩机内部的工作容积,使单位体积内气体的分子密度增加来获得压缩空气的;速度式压缩机是通过使气体分子在高速流动时突然受阻而停滞下来,让动能转化为压力能而获得压缩空气的。容积式压缩机按结构不同可分为活塞式、膜片式和螺杆式等,速度式压缩机按结构不同可分为叶片式和轴流式等。其中,使用最广泛的是活塞式压缩机。

三、实施步骤

1) 读懂图样,熟悉所拆装活塞式压缩机的结构。
2) 按指导教师要求,学生分组拆解压缩机,逐个拆下压缩机各零件并编号。拆卸顺序如下:
① 放出系统中的全部冷却水和曲轴箱内的全部润滑油。
② 卸下带轮罩,拧松胀紧V带的调节螺钉,取下V带。
③ 卸下排气接管、调压系统管路和冷却水管路。
④ 卸下吸风头、视油器和曲轴箱左右侧门。
⑤ 卸下阀室盖,取出吸气、排气压筒和垫,然后取出吸、排气阀。
⑥ 卸下气缸盖,注意放在垫木上并放实。
⑦ 取下连杆螺母上的开口销、连杆螺母、连杆上盖,转动曲轴,将活塞推至上止点,

自气缸上部取出活塞及连杆,并将连杆上盖与连杆体装在一起,防止错乱。取下活塞销两端的弹簧挡圈,轻轻打出活塞销,从活塞上取下连杆,并注意将螺栓螺母按初始配对配好。

⑧ 卸下气缸。

⑨ 卸下曲轴端的圆螺母,取下大带轮。

⑩ 卸下曲轴箱两端的轴承盖并做标记,从曲轴箱内取出曲轴。

3)在拆卸过程中,学生应注意观察主要零件的结构和相互配合关系,了解各零件在压缩机中的作用,找出压缩机的密封腔、吸风口等。

4)按次序装配各零件。装配顺序与拆卸顺序相反。装配时应注意以下几点:

① 曲轴箱内部及各部件应彻底清洗干净。

② 各吸、排气阀应正确安装在缸盖内,应特别注意不得装错,阀芯下部不得超出缸盖下平面。

③ 安装活塞和连杆时,应按主要配合条件装配,应对间隙配合的间隙值进行检查,并在摩擦面上涂润滑油。

④ 安装曲轴时,应利用两端轴承盖处的纸垫调整轴向窜动量,窜动量应在 0.25~0.35mm 范围内。

⑤ 活塞在上止点时,其顶面与缸盖的间隙应在 1.2~1.7mm 范围内。

5)各组集中,教师点评,学生提问并完成实训报告。

教师巡回指导并及时给每位学生打操作分数。

四、注意事项

1)一人负责一台空气压缩机的拆装,实行"谁拆卸、谁装配"的制度。

2)拆卸时要做好拆卸记录,必要时画出装配示意图。

3)容易丢失的小零件,要放入专用小盒内。

4)拆卸配合件时要小心,切勿划伤配合表面,更不可轻易用硬物敲击配合表面。

5)防止拆下的零件受污染。

6)各组相互交流时不要随便拿走其他组的零件。

7)装配之前要分析清楚空气压缩机的工作原理。

8)装配之前要列出各元件的装配顺序。

9)严禁野蛮拆卸和装配。

10)装配之后要进行试运转。

五、质量评价标准

质量评价标准见表 8-4。

表 8-4 质量评价标准

考核项目	考核要求	配分	评分标准	扣分	得分	备注
拆卸	1. 正确使用拆卸工具 2. 按顺序拆卸	40	1. 不正确使用工具扣 10 分 2. 不按顺序拆卸扣 30 分			
安装	1. 清洗各零件 2. 按顺序装配	30	1. 不清洗各零件扣 10 分 2. 不按顺序进行装配扣 20 分			

(续)

考核项目	考核要求	配分	评分标准	扣分	得分	备注
试运转	进行试运转	10	不进行试运转扣 10 分			
安全生产	自觉遵守安全文明生产规程	10	不遵守安全文明生产规程扣 10 分			
实训报告	按时按质完成实训报告	10	1. 没有按时完成报告扣 5 分 2. 实训报告质量差扣 2~5 分			
自评得分		小组互评得分		教师签名		

任务二　气动执行元件的拆装

气动执行元件是将压缩空气的压力能转换为机械能的能量转换装置，包括气缸和气马达。试分析要实现直线往复运动时，应选用何种执行元件，其结构特点是什么。

一、分析任务

气动执行元件是将压缩空气的压力能转换为机械能的能量转换装置，包括气缸和气马达。气缸用于实现直线往复运动，气马达用于实现旋转运动。气缸的结构简单，制造成本低，可以在易燃、易爆的场合安全工作，但是由于空气的可压缩性，使得它的运动速度和位置控制精度不高。

二、执行元件的选择

活塞式气缸的结构和工作原理与液压缸基本类似，其结构和参数已系列化、标准化、通用化，是应用最为广泛的一种气缸。

按压缩空气作用在活塞面上的方向，活塞式气缸可分为单作用气缸和双作用气缸。单作用气缸多用于行程较短以及对活塞杆输出力和运动速度要求不高的场合，其结构紧凑、重量轻、密封性能好、维修方便、制造成本低，广泛应用于各种自锁机构及夹具。

三、实施步骤

1) 读懂图样，熟悉所拆装气缸的结构。
2) 按指导教师要求，学生分组拆解气缸，逐个拆下气缸各零件并编号。拆卸顺序如下：
① 双作用气缸的拆卸顺序：先拆掉前端盖上的螺钉，卸下压盖，拆掉端盖，将活塞与活塞杆从缸体中分离。
② 单作用气缸的拆卸顺序：先拆掉两端盖上的螺钉，卸下压盖，拆掉端盖，将活塞与活塞杆从缸体中分离。
③ 摆动气马达的拆卸顺序：先拆掉端盖，将摆动叶片和转子从定子中取出。
3) 在拆卸过程中，学生应注意观察主要零件的结构和相互配合关系，了解各零件在气缸中的作用。
4) 按次序装配各零件。装配顺序与拆卸顺序相反。
5) 各组集中，教师点评，学生提问并完成实训报告。
教师巡回指导并及时给每位学生打操作分数。

四、注意事项

1) 一人负责一台气缸的拆装,实行"谁拆卸、谁装配"的制度。
2) 拆卸时要做好拆卸记录,必要时画出装配示意图。
3) 容易丢失的小零件要放入专用小盒内。
4) 拆卸配合件时要小心,切勿划伤配合表面,更不可轻易用硬物敲击配合表面。
5) 防止拆下的零件受污染。
6) 各组相互交流时不要随便拿走其他组的零件。
7) 装配之前要分析清楚气缸的工作原理。
8) 装配之前要列出各元件的装配顺序。
9) 严禁野蛮拆卸和装配。
10) 装配之后要进行试运转。

五、质量评价标准

质量评价标准见表 8-5。

表 8-5 质量评价标准

考核项目	考核要求	配分	评分标准	扣分	得分	备注
拆卸	1. 正确使用拆卸工具 2. 按顺序拆卸	40	1. 不正确使用工具扣 10 分 2. 不按顺序拆卸扣 30 分			
安装	按顺序装配	30	不按顺序装配扣 30 分			
画图	画出各种气动元件的图形符号	10	每画错一个扣 2 分			
安全生产	自觉遵守安全文明生产规程	10	不遵守安全文明生产规程扣 10 分			
实训报告	按时按质完成实训报告	10	1. 没有按时完成报告扣 5 分 2. 实训报告质量差扣 2~5 分			
自评得分			小组互评得分		教师签名	

任务三 气动控制元件的拆装

气动系统的控制元件主要是控制阀,它用来控制和调节压缩空气的方向、压力和流量。试分析其结构特点,加深对各元件工作原理的理解。

一、分析任务

气动控制元件是指在气压传动系统中控制和调节压缩空气的压力、流量和方向等的控制阀,按功能可分为压力控制阀、流量控制阀、方向控制阀以及能实现一定逻辑功能的气动逻辑元件等。

二、控制元件的选择

方向控制阀是控制压缩空气的流动方向和气路的通断的阀,是气动系统中应用最多的控制元件之一。

按气流在阀内的流动方向,方向控制阀可分为单向控制阀和换向控制阀;按控制方式,换向控制阀分为手动控制阀、气动控制阀、电动控制阀、机动控制阀、电气动控制阀等;按切换的通路数目,换向阀分为二通阀、三通阀、四通阀和五通阀等;按阀芯工作位置的数目,方向阀分为二位阀和三位阀等。

在气压传动系统中,通过控制压缩空气的压力来控制执行元件的输出力或通过控制执行元件以实现顺序动作的阀等统称为压力控制阀,包括减压阀、顺序阀和安全阀。压力控制阀是利用压缩空气作用在阀芯上的力和弹簧力相平衡的原理来工作的。

流量控制阀是通过改变阀的通流面积来调节压缩空气的流量,从而控制气缸的运动速度等的气动控制元件。流量控制阀包括节流阀、单向节流阀、排气节流阀等。

通过拆装,熟悉各类气动元件的结构特点,加深对各元件工作原理的理解,熟悉元件的应用场合。

三、实施步骤

1) 读懂图样,熟悉所拆装气动控制元件的结构。
2) 按指导教师要求,学生分组拆解各元件,逐个拆下气动控制元件各零件并编号。
3) 在拆卸过程中,学生应注意观察主要零件的结构和相互配合关系,了解各元件的功能,掌握元件的工作原理。
4) 按次序装配各零件。装配顺序与拆卸顺序相反。
5) 各组集中,教师点评,学生提问并完成实训报告。

教师巡回指导并及时给每位学生打操作分数。

四、注意事项

1) 如果有拆装流程示意图,请参考该图进行拆装。
2) 仅有元件结构图或没有结构图的,拆装时应记录元件及零件的拆卸顺序和方向。
3) 拆卸下来的零件,尤其是内部零件,要做到不落地、不划伤、不锈蚀等。
4) 拆装个别零件需要专用工具,如拆轴承需要用顶拔器,拆卡环需要用内卡钳等。
5) 在需要敲打某一零件时应用铜棒,切忌用铁棒或钢棒。
6) 拆卸(或安装)一组螺钉时,用力要均匀。
7) 安装前要给元件去毛刺,并用煤油清洗,然后晾干,切忌用棉纱擦干。
8) 检查密封件有无老化现象,如有应更换。
9) 安装时不要将零件装反,注意零件的安装位置。有些零件有定位槽孔,一定要对准。
10) 安装完毕后,检查现场有无漏装元件。

五、质量评价标准

质量评价标准见表8-6。

表 8-6　质量评价标准

考核项目	考核要求	配分	评分标准	扣分	得分	备注
拆卸	1. 正确使用拆卸工具 2. 按顺序拆卸	40	1. 不正确使用工具扣 10 分 2. 不按顺序拆卸扣 30 分			
安装	1. 清洗各零件 2. 按顺序装配	30	1. 不清洗各零件扣 10 分 2. 不按顺序装配扣 20 分			
画图	画出各种控制元件的图形符号	10	每画错一个扣 2 分			
安全生产	自觉遵守安全文明生产规程	10	不遵守安全文明生产规程扣 10 分			
实训报告	按时按质完成实训报告	10	1. 没有按时完成报告扣 5 分 2. 实训报告质量差扣 2~5 分			
自评得分		小组互评得分		教师签名		

【任务总结】

气压与液压控制系统有很多相似之处，应对比学习，但应注意元件符号的异同。

通过气体性质的学习并与液体性质进行对比，能够更好地理解气压与液压控制系统的优缺点。通过气源设备及其辅件的学习，能够理解气压控制系统的传动介质来源，并对空气压缩机的选择有足够的重视。

通过对气压控制系统典型元件的拆装，理解其工作过程，应注意将其与结构和功能相似的液压元件进行比较，正确选择气动元件，为组建气动回路奠定基础。

任务总结与反思

班级_____ 姓名_____ 学号_____ 分组号_____

评价项目	评价内容	评价效果			
		非常满意	满意	基本满意	不满意
工作能力	能够合理安排自己的日常学习和生活（按时起床，着装得体，准时到达教学活动场所）				
	能够对所阅读的说明文字进行重点标记，并能说出关键词				
	能够理解书籍、手册中的技术内容				
	能够在有计划的前提下开展工作并主动记录任务实施的心得体会				
	能够用清楚、流畅的语言表达自己的观点				
社会能力	能够与同学友好交往，不用语言、动作伤害他人				
	愿意接受新的工作任务并积极地投入其中				
	能够主动参与小组工作任务并真诚表达自己的观点				
	能够真实反馈自己的工作结果，并能主动向他人寻求必要的帮助				

项目八 气压传动系统

(续)

评价项目	评价内容	评价效果			
		非常满意	满意	基本满意	不满意
专业能力	能够读懂任务要求,清楚各种气动元件的种类和功能				
	能够根据要求选用合适的气动元件				
	能够熟练地连接各种气动元件				
	能够在阅读说明资料及观看示范动作的方式下,安全地完成项目任务的操作过程,实现预期效果				
	能够归纳连接气动元件及回路系统的步骤和特点				
	清楚各操作过程中的安全注意事项				

一、气动元件常见故障分析

1) 空气压缩机常见故障分析见表8-7。

表8-7 空气压缩机常见故障分析

现象	故障原因分析	排除对策
空气压缩机气压不足	气压表失灵	观察气压表,如果指示压力不足,可让发动机中速运转数分钟,若压力仍不见上升或上升缓慢且踏下制动踏板时放气声很强烈,则说明气压表损坏,应修复气压表
	空气压缩机与发动机之间的传动带过松、打滑,空气压缩机到储气罐之间的管路破裂或接头漏气	如果上述试验无放气声或放气声很小,应检查空气压缩机传动带是否过松,从空气压缩机到储气罐和控制阀的进气管、接头是否有松动、破裂或漏气处
	油水分离器、管路或空气滤清器因沉积物过多而堵塞	如果空气压缩机不向储气罐充气,检查油水分离器和空气滤清器及管路内是否因污物过多而堵塞,如果是堵塞,应清除污物
	空气压缩机排气阀片密封不严,弹簧过软或折断,空气压缩机缸盖螺栓松动、砂眼,气缸盖衬垫冲坏而漏气	经过上述检查,如果还找不到故障原因,则应进一步检查空气压缩机的排气阀是否漏气,弹簧是否过软或折断,气缸盖有无砂眼,衬垫是否损坏,根据所查找的故障更换或修复损坏零件
	空气压缩机缸套与活塞及活塞环磨损过度而漏气	检查空气压缩机缸套、活塞环是否过度磨损,检查并调整卸荷阀的安装方向与标注(箭头)方向是否一致
空气压缩机过热	松压阀或卸荷阀不工作,导致空气压缩机无休息	进气卸荷时检查松压阀组件,有卡滞的清洗或更换失效件。排气卸荷时检查卸荷阀,有堵塞或卡滞的,要清洗、修复或更换失效件

239

（续）

现象	故障原因分析	排除对策
空气压缩机过热	气压制动系统泄漏严重导致空气压缩机无休息	检查制动系统和管路,更换故障件
	运转部位供油不足及拉缸	活塞与缸套之间润滑不良、间隙过小或拉缸均可导致过热,遇该情况应检查、修复或更换失效件
空气压缩机异响	连杆轴瓦磨损严重,连杆螺栓松动,连杆衬套磨损严重,主轴磨损严重或损坏,产生撞击声	检查连杆轴瓦、连杆衬套、主轴瓦是否磨损、拉伤或烧损,连杆螺栓是否松动,检查空气压缩机主油道是否畅通;建议更换磨损严重或拉伤的轴瓦、衬套、主轴瓦,拧紧连杆螺栓(拧紧力矩为35~40N·m),将油孔对准空气压缩机进油孔,用压缩空气疏通主油道。重新装配时,应注意主轴轴承安装正确
	传动带过松,主、从动带轮槽形不符造成打滑,产生啸叫	检查主、从动带轮槽形是否一致,不一致应更换,并调整传动带松紧度(用拇指压下传动带,压下距离以10mm为宜)
	空气压缩机运行后没有立即供油,金属干摩擦,产生啸叫	检查润滑油进油压力,机油管路是否破损、堵塞,压力不足应立即调整,清理、更换失效管路;检查润滑油的油质及杂质含量,与使用标准进行比较,超标时应立即更换;检查空气压缩机是否供油,若无供油应立即进行全面检查
	固定螺栓松动	紧固
	紧固齿轮的螺母松动,造成齿隙过大,产生敲击声	齿轮传动的空气压缩机还应检查齿轮有否松动或齿轮安装配合情况,螺母松动的拧紧螺母,配合有问题的予以更换
	活塞顶有异物	清除异物
空气压缩机烧瓦	润滑油变质或杂质过多	检查润滑油的油质及杂质含量,与使用标准进行比较,超标时应立即更换
	供油不足或无供油	检查空气压缩机润滑油进油压力,机油管路是否破损、堵塞,压力不足应立即调整,清理或更换失效管路
	轴瓦移位使空气压缩机内部油路阻断	检查轴瓦安装位置,轴瓦油孔与箱体油孔必须对齐
	轴瓦与连杆轴瓦拉伤或配合间隙过小	检查轴瓦或连杆轴瓦是否烧损或拉伤,清理更换轴瓦时检查曲轴轴径是否损伤或磨损,超标时应更换,检查并调整轴瓦间隙
空气压缩机漏油	油封脱落或油封缺陷	检查油封是否有龟裂、内唇口有无开裂或翻边,有上述情况之一的应更换;检查油封与主轴接合面有否划伤与缺陷,存在划伤或缺陷的应予更换;检查回油是否畅通,回油不畅使曲轴箱压力过高导致油封漏油或脱落,必须保证回油管最小管径,并且不扭曲、不折弯,回油顺畅;检查油封、箱体配合尺寸,不符合标准的予以更换
	主轴松动导致油封漏油	用力搬动主轴,检查径向间隙是否过大,间隙过大应同时更换轴瓦及油封

(续)

现象	故障原因分析	排除对策
空气压缩机漏油	接合面渗漏,进、回油管接头松动	检查各接合部密封垫密封情况,修复或更换密封垫;检查进、回油接头螺栓及箱体螺纹并拧紧
	传动带安装过紧导致主轴瓦磨损	检查并重新调整传动带松紧度,以拇指按下10mm为宜
	铸造或加工缺陷	检查箱体铸造或加工缺陷(如箱体安装处回油孔是否畅通),修复或更换缺陷件
空气压缩机不打气	空气压缩机松压阀卡滞,阀片变形或断裂	检查松压阀组件,清洗、更换失效件,拆检缸盖,检查阀片,更换变形、断裂的阀片
	进、排气口积炭过多	拆检缸盖,清理阀座板、阀片

2) 干燥器常见故障分析见表8-8。

表8-8 干燥器常见故障分析

现象	故障原因分析	排除对策
干燥器不起动	电源断电或熔丝断开	检查电源有无短路,更换熔丝
	控制开关失效	检查、更换
	电源电压低	检查电源,排除故障
	风扇电动机烧毁	检查、更换风扇电动机
	压缩机卡住或电动机烧毁	检查、修复或更换压缩机
干燥器运转但不制冷	制冷剂严重不足或过量	检查制冷剂有无泄漏,测高、低压压力,按规定充灌制冷剂,若制冷剂过多则放出
	蒸发器冻结	检查低压压力,若低于0.2MPa会结冰
	蒸发器、冷凝器积灰太多	清除积灰
	风扇轴或传动带打滑	更换轴或传动带
	风冷却器积灰太多	清除积灰
干燥器运转,制冷不足,干燥效果不好	电源电压不足	检查电源
	制冷剂不足、泄漏	补足制冷剂
	蒸发器冻结,制冷系统内混入其他气体	检查低压压力,重充制冷剂
	干燥器空气流量不匹配,进气温度过高,放置位置不当	正确选择干燥空气实际流量,降低进气温度,合理选择安装位置
压缩机不运转,风扇运转	电源电压太低	检查电源
	压缩机本身故障	检查机械和电气,修复或更换压缩机
	电容器失效	更换电容器
	过负荷保护断电器动作	修复或更换
噪声大	机件安装不紧或风扇松脱	紧固

3) 空气过滤器常见故障分析见表8-9。

表 8-9　空气过滤器常见故障分析

现象	故障原因分析	排除对策
漏气	密封不良	更换密封件
	排水阀、自动排水器失灵	修理或更换
压降过大	通过流量太大	选更大规格的过滤器
	滤芯过滤精度过高	选合适的过滤器
水杯破裂	在有机溶剂中使用	选用金属杯
	空气压缩机输出某种焦油	更换空气压缩机润滑油,使用金属杯
从输出端流出冷凝水	未及时排放冷凝水	每天排水或安装自动排水器
	自动排水器有故障	修理或更换
	超过使用流量范围	在允许的流量范围内使用
输出端出现异物	滤芯破损	更换滤芯
	滤芯密封不严	更换滤芯密封垫
	错用有机溶剂清洗滤芯	改用清洁热水或煤油清洗

4）油雾器常见故障分析见表 8-10。

表 8-10　油雾器常见故障分析

现象	故障原因分析	排除对策
不滴油或滴油量太少	油雾器装反了	改正
	油道堵塞,节流阀未开启或开度不够	修理或更换,调节节流阀开度
	通过油量小,压差不足以形成油滴	更换合适规格的油雾器
	油黏度太大	换油
	气流短时间间隙流动,来不及滴油	使用强制给油方式
耗油过多	节流阀开度太大	调至合理开度
	节流阀失效	更换
油杯破损	在有机溶剂的环境中使用	选用金属杯
	空气压缩机输出某种焦油	换空气压缩机润滑油,使用金属杯
漏气	油杯或观察窗破损	更换
	密封不良	更换

5）方向阀常见故障分析见表 8-11。

表 8-11　方向阀常见故障分析

现象	故障原因分析	排除对策
阀不能换向	润滑不良,滑动阻力和始动摩擦力大	改善润滑
	密封圈压缩量大或膨胀变形	适当减小密封圈压缩量,改进配合
	尘埃或油污等被卡在滑动部分或阀座上	清除尘埃或油污
	弹簧卡住或损坏	重新装配或更换弹簧
	控制活塞面积偏小,操作力不够	增大控制活塞面积和摩擦力

(续)

现象	故障原因分析	排除对策
阀泄漏	密封圈压缩量过小或有损伤	适当增大压缩量,或更换受损密封圈
	阀杆或阀座有损伤	更换阀杆或阀座
	铸件有缩孔	更换铸件
阀产生振动	压力低(先导式)	提高先导操作压力
	电压低(电磁阀)	提高电源电压或改变线圈参数

6）减压阀常见故障分析见表8-12。

表8-12 减压阀常见故障分析

现象	故障原因分析	排除对策
阀体漏气	密封件损伤	更换
	紧固螺钉受力不均	均匀紧固
输出压力波动大于10%	减压阀通径或进出口配管通径选小了,当输出流量变动大时,输出压力波动大	根据最大输出流量选用减压阀通径
	输入气量供应不足	查明原因
	进气阀芯导向不良	更换
溢流口总是漏气	进出口方向接反	改正
	输出侧压力意外升高	查输出侧回路
	膜片破裂,溢流阀座有损伤	更换
压力调不高	膜片撕裂	更换
	弹簧断裂	更换
压力调不低,输出压力升高	阀座处有异物、有伤痕,阀芯上密封垫剥离	更换
	阀杆变形	更换
	复位弹簧损坏	更换
不能溢流	溢流孔堵塞	更换
	溢流孔座橡胶太软	更换

【延伸阅读】

安全——永恒的旋律

在生产过程中,安全意识薄弱,思想认识不到位,是安全事故频发的主要原因之一。它主要体现在两个方面:一方面,工人在生产过程中自我保护意识差,或者是经常违章操作、违章指挥,单纯凭借工作经验,一意孤行,总是存在侥幸心理;另一方面,工人对安全生产规章制度熟视无睹,制度意识淡薄,被动应付安全生产工作,甚至可能在开展安全会议时,没有针对性,只是简单照本宣科,不能将安全生产规章制度中的内容很好地运用到实际生产管理之中,或只停留在口头上,没有落到实处。

安全意识就是对待工作的态度,它不仅关乎个人安危、企业发展,还关乎社会的稳定与和谐。在日常生活和生产中，一定要提高安全意识，一旦出现危险，则得不偿失。应该抓牢既要安全生产又要提高安全意识的主线，安全责任重于泰山！

二、读气压传动系统图的一般步骤

读气压传动系统图的步骤一般可归纳为：
1) 看懂图中各气压元件的图形符号，了解其名称及一般用途。
2) 分析图中的基本回路及功用。

必须指出的是，由于一台空气压缩机能向多个气动回路供气，因此通常在设计气动回路时，压缩机是另行考虑的，在回路图中也往往被省略，但在设计时必须考虑原空气压缩机的容量，以免在增设回路后引起使用压力下降。

其次，气动回路一般不设排气管道，即不像液压回路那样一定要将使用过的油液排回油箱。另外，气动回路中气动元件的安装位置对其功能影响很大，对空气过滤器、调压阀、油雾器的安装位置更需特别注意。

3) 了解系统的工作程序及程序转换的发信元件。
4) 按工作程序图逐个分析其程序动作。这里特别要注意主控阀阀芯的切换是否存在障碍。若设备说明书中附有逻辑框图，则用它来分析气动回路原理图将更加方便。
5) 一般规定将工作循环中最后程序终了时的状态作为气动回路的初始位置（或静止位置），因此回路原理图中控制阀及行程阀的供气及进出口的连接位置，应按回路初始位置状态连接。这里必须指出的是，回路处于初始位置时，回路中的每个元件并不一定都处于静止位置（原位）。
6) 一般所介绍的回路原理图仅是整个气动控制系统的核心部分，一个完整的气动系统还应有气源装置、气动三大件及其他气动辅助元件等。

【延伸阅读】

中国高铁与气动技术

中国高铁技术经历了引进、消化、吸收和再创新的过程，在自主创新上大获成功。2017年6月26日，代表着世界先进水平、被命名为"复兴号"的两列中国标准动车组在京沪高铁亮相，开启了中国铁路技术装备一个崭新的时代。动车组中国标准（华标）代表了目前世界动车组技术的先进标准体系，首次实现了动车组牵引、制动、网络控制系统的全面自主化，标志着我国已全面掌握高速铁路核心技术，高速动车组技术实现全面自主化。中国高铁在不断走向世界的过程中，不仅输出产品，还输出技术、服务和中国标准，最终将会让中国高铁成为世界高铁。

高铁已经成为人们出行不可或缺的交通工具，在享受高速与便捷的同时，你可能想象不到，正是气动元件给人们带来了舒适的乘坐体验。在高铁车厢下面有气动减振弹簧，它可以消除铁轨高低起伏带来的高低频振动。类似这样的气动元件和系统在高铁结构中无处不在。气动系统作为工业三大动力系统之一，犹如工业自动化的"肌肉"，广泛应用于装备制造业、自动化及工艺控制装备中，是我国"强基工程"的重点提升对象，其质量保障体系的构建是发展我国先进制造技术的重要基础。

高铁作为中国自主创新的一个成功范例，从无到有，从引进、消化、吸收创新到自主创新，再到领跑世界，以最直观的方式向世界展示了"中国速度"，体现了中国装备制造业的迅猛发展，证明了中国综合国力的飞跃，成为中国一张崭新靓丽的"名片"。

【小结】

本项目主要介绍了气压传动系统的组成、气动元件的类型及工作原理、气动回路的工作过程以及典型气动系统的分析等知识。

根据气动元件和装置的不同功能，可将气压传动系统分成：气源装置、气源净化装置、气动执行元件、气动控制元件、气动辅助元件。

气缸是气动系统中应用最广泛的一种执行元件，根据使用条件的不同，其结构、形状也有多种形式。

气马达是气动系统中的执行元件，用于将压缩空气的压力能转换成回转机械能，其作用相当于电动机或液压马达。

压力控制阀用来控制压缩空气的压力，以控制执行元件的输出推力或转矩，包括减压阀、顺序阀、溢流阀等。

流量控制阀通过改变阀的通流面积来调节压缩空气的流量，从而控制气缸的运动速度、换向阀的切换时间和气动信号的传递速度。

方向控制阀通过控制压缩空气气流的方向和通断来控制执行元件动作，它是气动系统中应用较多的一种控制元件。

逻辑阀是以压缩空气为介质，利用元件的动作改变气流方向，以实现一定逻辑功能的流体控制元件。

气动基本回路根据其功用可分为方向控制回路、压力控制回路和速度控制回路。气动回路的工作原理与液压回路基本相似。

【思考与练习】

8-1　简述气压传动系统的工作原理及组成。

8-2　气压传动系统与液压传动系统相比有何特点？

8-3　气源及净化装置都包括哪些设备？各起什么作用？

8-4　气源装置中为什么设储气罐？

8-5　油雾器的工作原理是什么？

8-6　气缸的结构及优缺点是什么？

8-7　单作用气缸的内径为 63mm，复位弹簧最大反力 $F=150$N，工作压力 $p=0.5$MPa，负荷效率为 0.4，该气缸的推力为多少？

8-8　气缸缓冲的原理和作用是什么？

8-9　气动换向阀按结构的不同分哪几类？工作原理是什么？

8-10　分别叙述延时换向阀、梭阀、快速排气阀的工作原理及特点。

8-11　简述流量控制阀的使用方法。

8-12　一次压力控制回路和二次压力控制回路有何不同？各用于什么场合？

8-13 图 8-45 所示为差压控制回路,图 8-45a 中单向阀 3 用于快速排气,而图 8-45b 中的快速排气则由快速排气阀 3 来实现。试分析两个回路的工作原理。

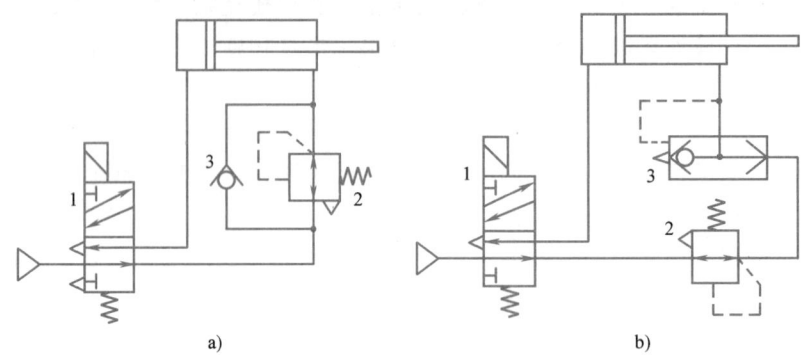

图 8-45 题 8-13 图

8-14 图 8-46 所示为采用节流阀的单作用气缸的双向调速回路,试分析这两种调速回路有何不同,哪个回路的调速精度较高?为什么?

8-15 分析图 8-47 所示回路的工作过程,并指出元件名称。

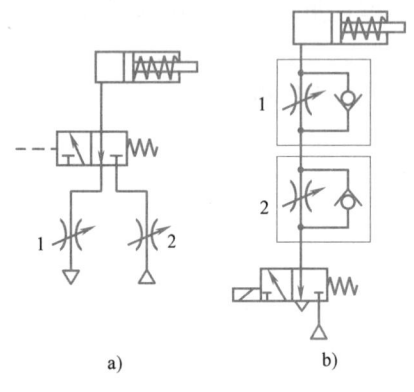

图 8-46 题 8-14 图

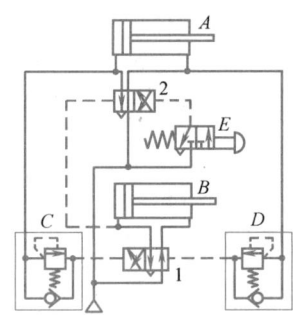

图 8-47 题 8-15 图

【相关专业英语词汇】

(1) 气压传动——pneumatic transmission
(2) 空气压缩机——air compressor
(3) 气马达——pneumatic motor
(4) 气缸——pneumatic cylinder
(5) 气压分配阀、配气阀——pneumatic distribution valve
(6) 三通——tee
(7) 四通——cross

附录 液压与气压传动技术常用图形符号（摘自GB/T 786.1—2021）

附表1 基本要素、功能要素、管路及连接

描述	图形	描述	图形
供油/气管路、回油/气管路、元件框线、符号框线	(实线，0.1M)	组合元件框线	(点划线，0.1M)
内部和外部先导（控制）管路、泄油管路、冲洗管路、排气管路	(虚线，0.1M)	两个流体管路的连接	(0.75M)
两个流体管路的连接（在一个元件符号内表示）	(0.5M)	软管、蓄能器囊	(2.5M, 4M)
封闭管路或封闭端口	(1M, 1M)	流体流过阀的通道和方向	(4M)
流体流过阀的通道和方向	(2M, 4M)	阀内部的流动通道	(4M, 2M)
阀内部的流动通道	(4M, 4M, 2M)	阀内部的流动通道	(4M, 2M)

附录 液压与气压传动技术常用图形符号（摘自GB/T 786.1—2021）

（续）

描述	图形	描述	图形
阀内部的流动通道	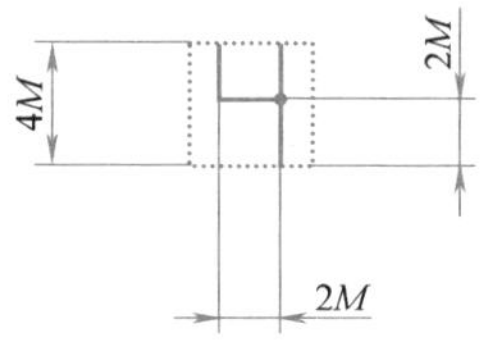	流体的流动方向	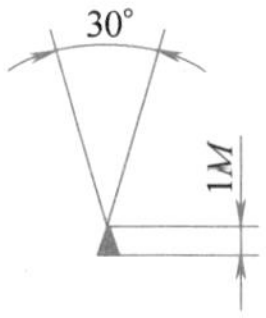
缸的活塞	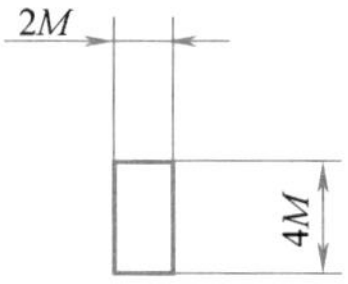	活塞杆	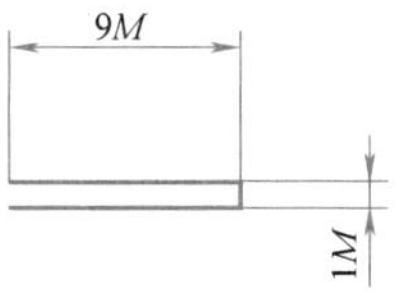
元件：压力容器、压缩空气储气罐、蓄能器、气瓶、波纹管执行器软管缸	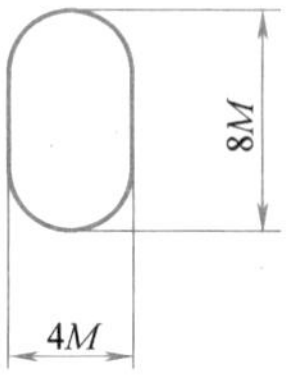	液压油源	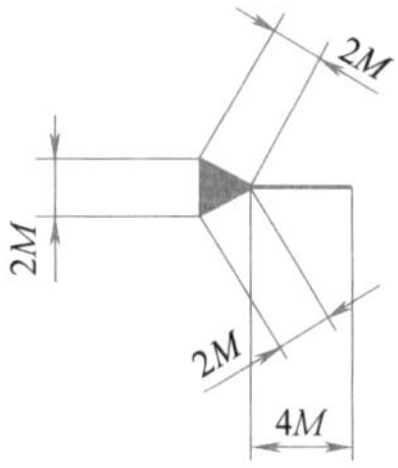
回油箱	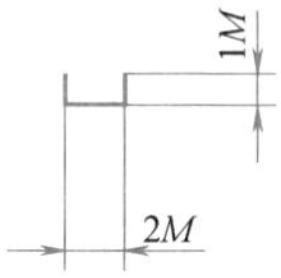	两条管路交叉但没有连接点，表明它们之间没有连接	

注：为缩小符号尺寸，图形符号按模数尺寸 $M=2.0$ mm 绘制。

附表2 控制机构和控制方法

描述	图形	描述	图形
带有可拆卸把手和锁定要素的控制机构		带有可调行程限位的推杆	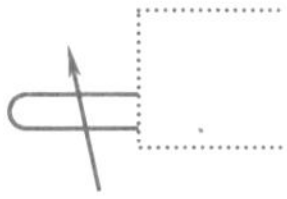
带有定位的推/拉控制机构	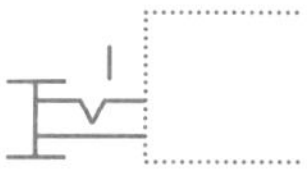	带有手动越权锁定的控制机构	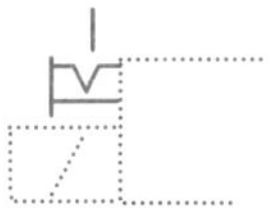

（续）

描述	图形	描述	图形
带有5个锁定位置的旋转控制机构	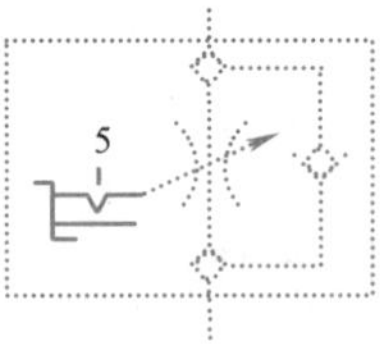	用于单向行程控制的滚轮杠杆	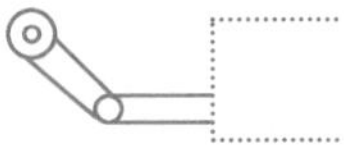
使用步进电机的控制机构		带有一个线圈的电磁铁（动作指向阀芯）	
带有一个线圈的电磁铁（动作背离阀芯）		带有两个线圈的电气控制装置（一个动作指向阀芯，另一个动作背离阀芯）	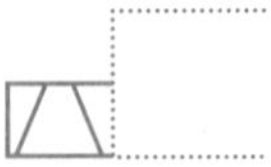
带有一个线圈的电磁铁（动作指向阀芯，连续控制）		带有一个线圈的电磁铁（动作背离阀芯，连续控制）	
带有两个线圈的电气控制装置（一个动作指向阀芯，另一个动作背离阀芯，连续控制）	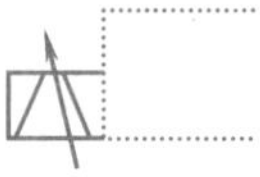	电控气动先导控制机构	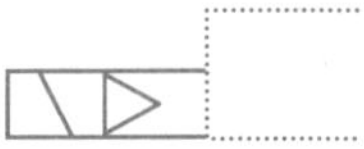
外部供油的电液先导控制机构	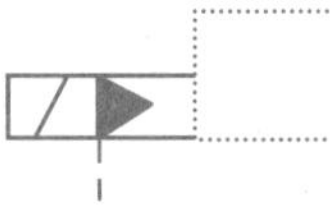	机械反馈	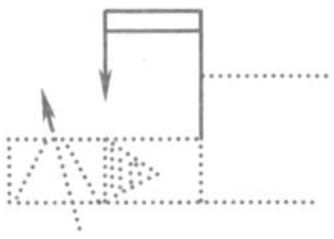

附表3　泵、马达和缸

描述	图形	描述	图形
变量泵（顺时针单向旋转）	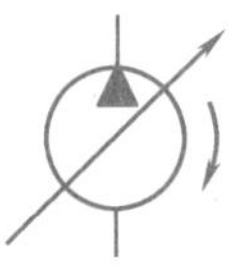	定量泵/马达（顺时针单向旋转）	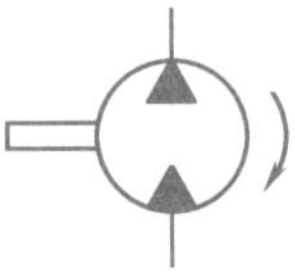
变量泵/马达（双向流动，带有外泄油路，双向旋转）	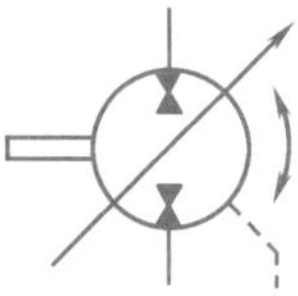	变量泵（双向流动，带有外泄油路，顺时针单向旋转）	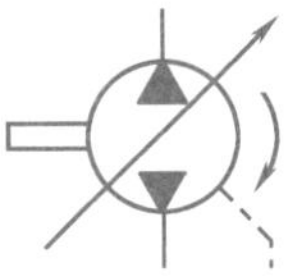
手动泵（限制旋转角度，手柄控制）	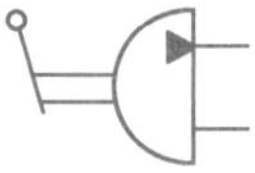	摆动执行器/旋转驱动装置（单作用）	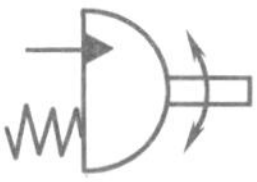

附录 液压与气压传动技术常用图形符号（摘自GB/T 786.1—2021）

（续）

描述	图形	描述	图形
摆动执行器/旋转驱动装置（带有限制摆动角度功能，单作用）	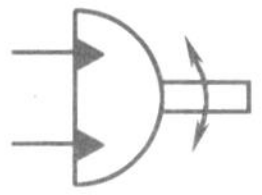	单作用单杆缸（靠弹簧力回程，弹簧腔带连接油口）	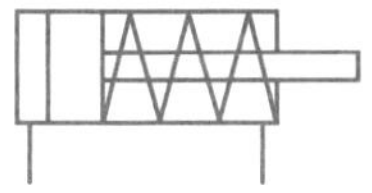
双作用单杆缸	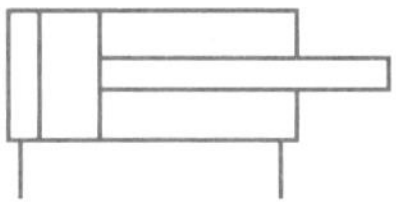	单作用膜片缸（活塞杆终端带有缓冲，带排气口）	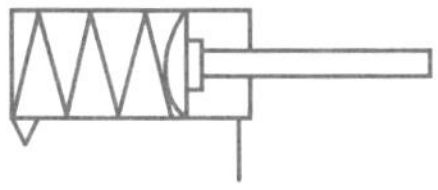
双作用双杆缸（活塞杆直径不同，双侧缓冲，右侧缓冲带调节）	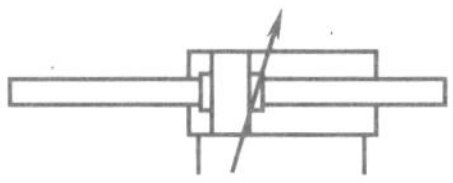	单作用多级缸	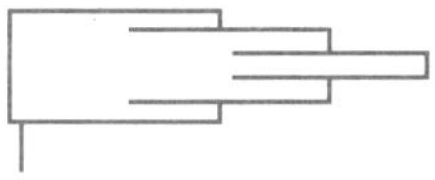
单作用柱塞缸	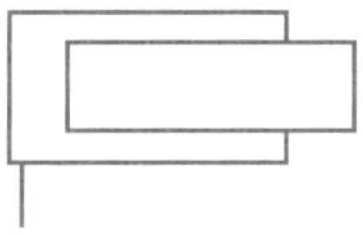	行程两端带有定位的双作用缸	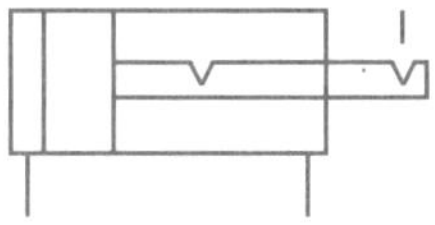
双作用多级缸	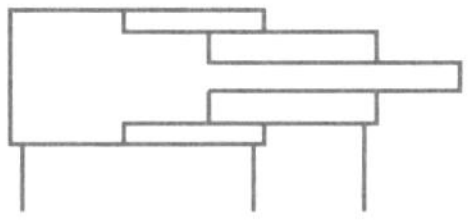	双作用带式无杆缸（活塞两端带有位置缓冲）	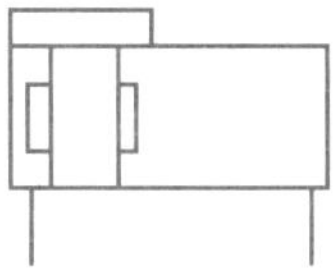
波纹管缸	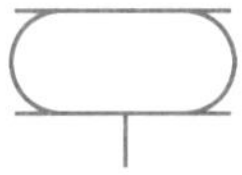	软管缸	

附表4 控制元件

描述	图形	描述	图形
二位二通方向控制阀（双向流动，推压控制，弹簧复位，常闭）	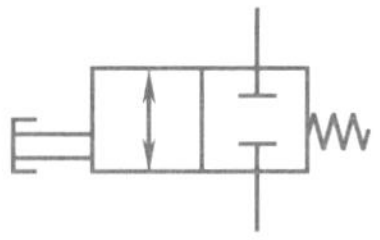	二位二通方向控制阀（电磁铁控制，弹簧复位，常开）	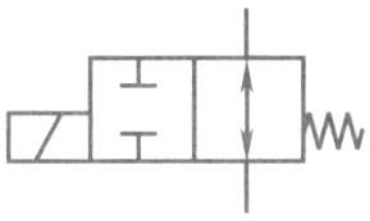
二位四通方向控制阀（电磁铁控制，弹簧复位）	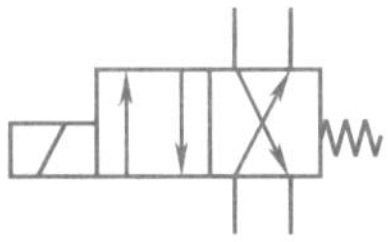	二位三通方向控制阀（带有挂锁）	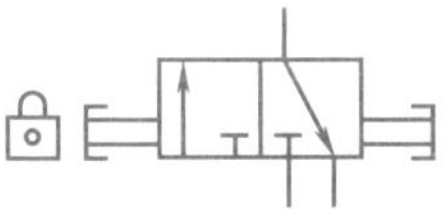
二位三通方向控制阀（单向行程的滚轮杠杆控制，弹簧复位）	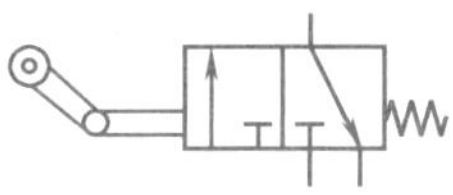	二位三通方向控制阀（单电磁铁控制，弹簧复位）	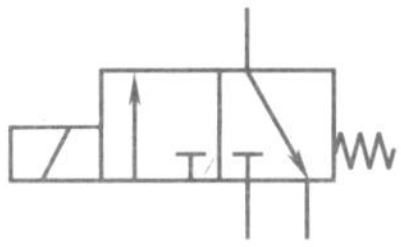

（续）

描述	图形	描述	图形
三位四通方向控制阀（电液先导控制，先导级电气控制，主级液压控制，先导级和主级弹簧对中，外部先导供油，外部先导回油）		三位四通方向控制阀（弹簧对中，双电磁铁直接操纵）	
溢流阀（直动式，开启压力由弹簧调节）			
二位三通方向控制阀（单电磁铁控制，弹簧复位，手动越权锁定）		二位四通方向控制阀（单电磁铁控制，弹簧复位，手动越权锁定）	
二位四通方向控制阀（电液先导控制，弹簧复位）		三位五通方向控制阀（手柄控制，带有定位机构）	
顺序阀（带有旁通单向阀）		顺序阀（直动式，手动调节设定值）	
防气蚀溢流阀（用来保护两条供压管路）		二通减压阀（直动式，外泄型）	
二通减压阀（先导式，外泄型）		电磁溢流阀（由先导式溢流阀与电磁换向阀组成，通电建立压力，断电卸荷）	
节流阀		蓄能器充液阀	

附录　液压与气压传动技术常用图形符号（摘自GB/T 786.1—2021）

（续）

描述	图形	描述	图形
三通流量控制阀（开口度可调节，将输入流量分成固定流量和剩余流量）	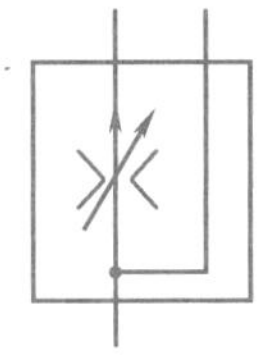	单向节流阀	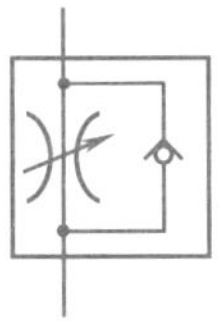
流量控制阀（滚轮连杆操纵，弹簧复位）	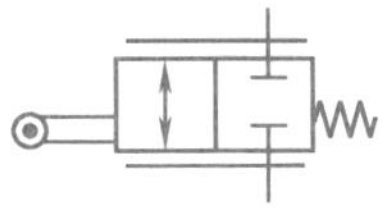	二通流量控制阀（开口度预设置，单向流动，流量特性基本与压降和黏度无关，带有旁路单向阀）	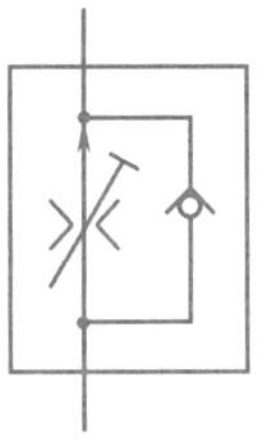
集流阀（将两路输入流量合成一路输出流量）	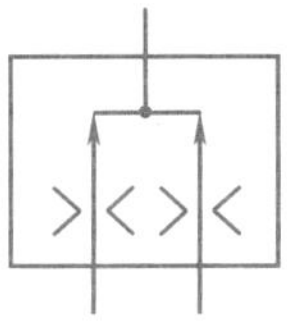	分流阀（将输入流量分成两路输出）	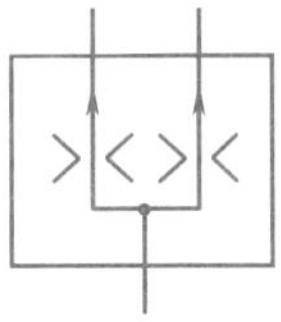
单向阀（带有弹簧，只能在一个方向自由流动，常闭）		单向阀（只能在一个方向自由流动）	
液控单向阀（带有弹簧，先导压力控制，双向流动）	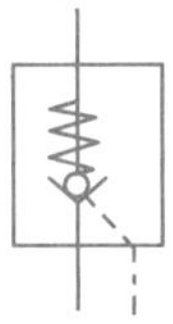	双液控单向阀	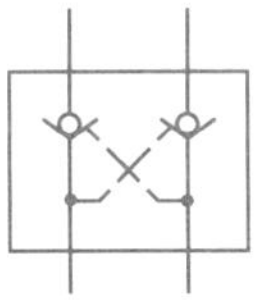
比例方向控制阀（直动式）	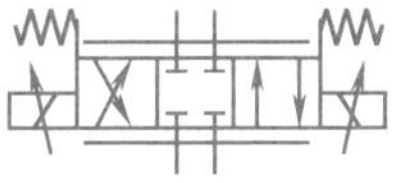	梭阀（逻辑为"或"，压力高的入口自动与出口接通）	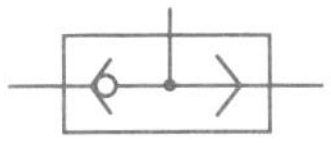
比例方向控制阀（主级和先导级位置闭环控制，集成电子器件）	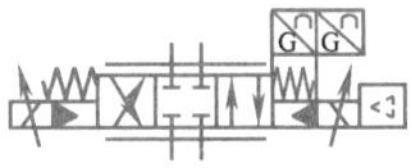	比例方向控制阀（直动式）	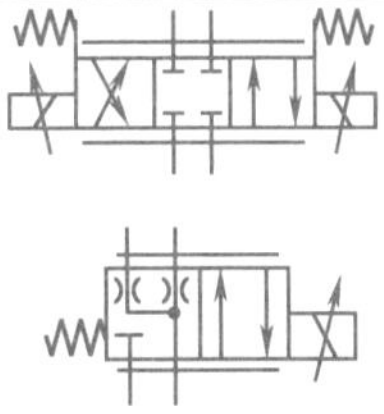
伺服阀（先导级带双线圈电气控制机构，双向连续控制，阀芯位置机械反馈到先导级，集成电子器件）	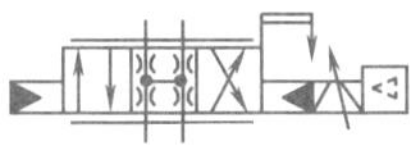	伺服阀（带有电源失效情况下的预留位置，电反馈，集成电子器件）	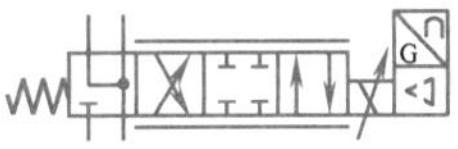

253

（续）

描述	图形	描述	图形
比例溢流阀（直动式，通过电磁铁控制弹簧来控制）	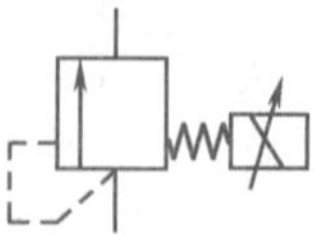	伺服阀（主级和先导级位置闭环控制，集成电子器件）	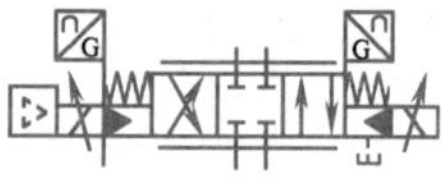
比例溢流阀（直动式，带有电磁铁位置闭环控制，集成电子器件）	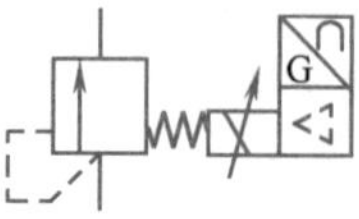	比例溢流阀（直动式，电磁铁直接控制，集成电子器件）	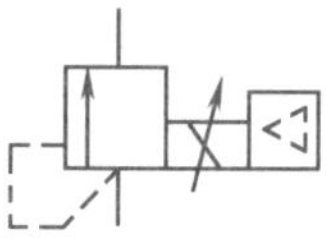
比例流量控制阀（直动式）	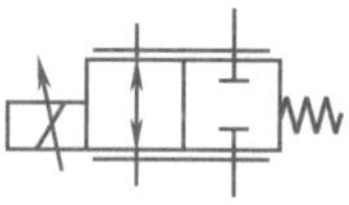	比例溢流阀（带有电磁铁位置反馈的先导控制，外泄型）	
压力控制和方向控制插装阀插件（锥阀结构，常开，面积比1∶1）	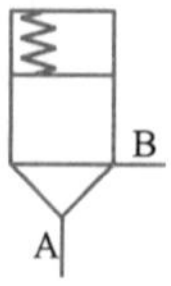	比例节流阀（不受黏度变化影响）	
方向控制插装阀插件（锥阀结构，面积比≤0.7）	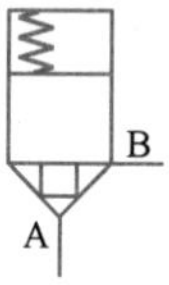	压力控制和方向控制插装阀插件（锥阀结构，常开，面积比1∶1）	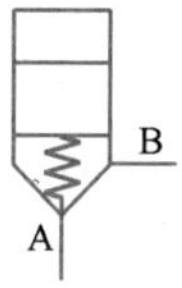
主动方向控制插装阀插件（锥阀结构，先导压力控制）	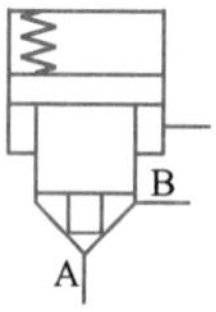	方向控制插装阀插件（锥阀结构，面积比>0.7）	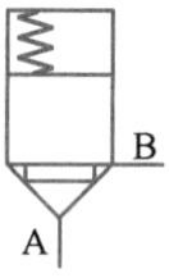
三位五通气动方向控制阀（两侧电磁铁与内部气动先导和手动辅助控制，弹簧复位至中位）	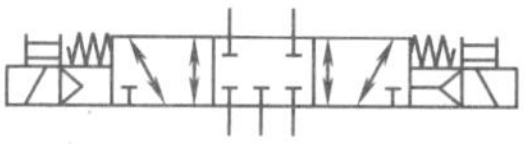	主动方向控制插装阀插件（B端无面积差）	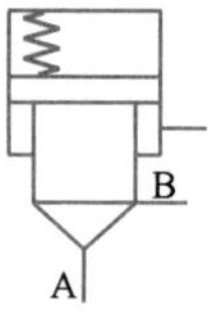

附表 5　辅助元件

描述	图形	描述	图形
软管总成		三通旋转式接头	

附录　液压与气压传动技术常用图形符号（摘自GB/T 786.1—2021）

（续）

描述	图形	描述	图形
压力开关（机械电子控制，可调节）		压力传感器（输出模拟信号）	
液位指示器（油标）		流量指示器	
压力表		温度计	
过滤器	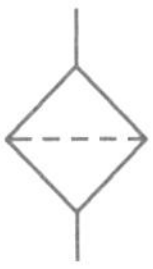	带有旁路节流的过滤器	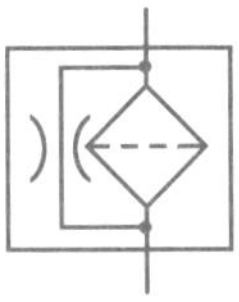
采用液体冷却的冷却器	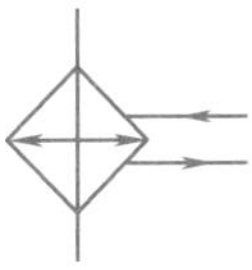	不带有冷却方式指示的冷却器	
温度调节器	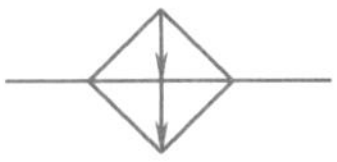	加热器	
活塞式蓄能器		隔膜式蓄能器	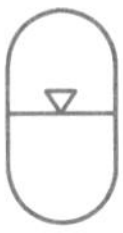

附表6　气动元件

描述	图形	描述	图形
油雾器	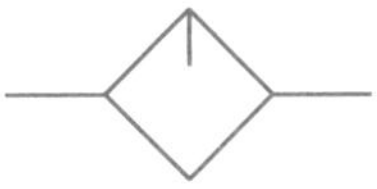	空气干燥器	
油雾分离器	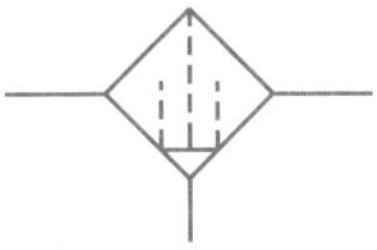	气源处理装置（FRL装置，包括手动排水过滤器、手动调节式溢流减压阀、压力表和油雾器）	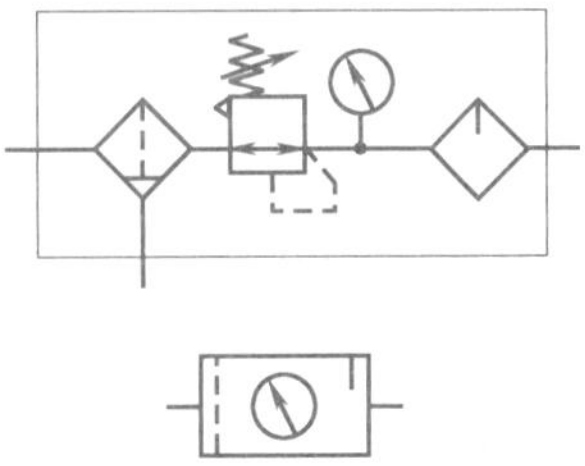

（续）

描述	图形	描述	图形
过滤器		压力表	
定时开关		计数器	
空气压缩机		真空泵	
永磁活塞双作用夹具		双作用单杆缸	
单作用单杆缸（弹簧复位，弹簧腔带连接气口）		摆动执行器/旋转驱动装置	
气马达		带有一个线圈的电磁铁（动作指向阀芯）	
带有一个线圈的电磁铁（动作背离阀芯）		二位二通方向控制阀（推压控制，弹簧复位，常闭）	
二位二通方向控制阀（电磁铁控制，弹簧复位，常开）		二位四通方向控制阀（电磁铁控制，弹簧复位）	
二位三通锁定阀（带有挂锁）		二位三通方向控制阀（滚轮杠杆控制，弹簧复位）	

附录 液压与气压传动技术常用图形符号（摘自GB/T 786.1—2021）

（续）

描述	图形	描述	图形
二位三通方向控制阀（单电磁铁控制，弹簧复位，常闭）	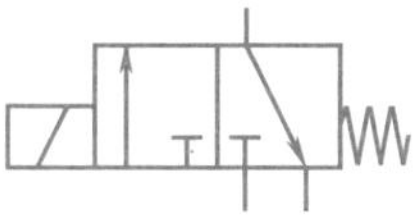	二位三通方向控制阀（单电磁铁控制，弹簧复位，手动锁定）	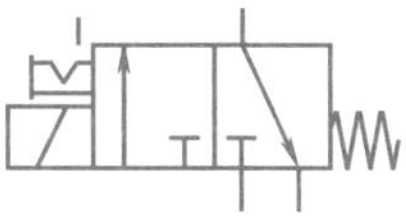
三位四通方向控制阀（弹簧对中，双电磁铁控制）	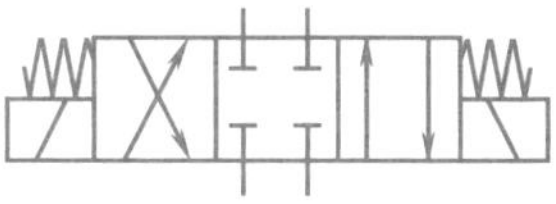	三位五通方向控制阀（手柄控制，带有定位机构）	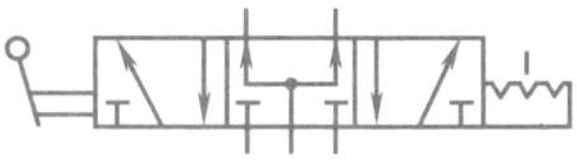
溢流阀（直动式，开启压力由弹簧调节）	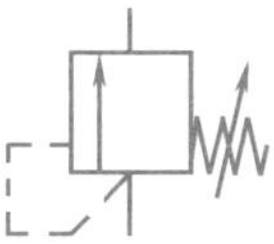	顺序阀（外部控制）	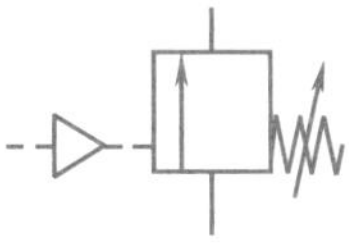
减压阀（内部流向可逆）	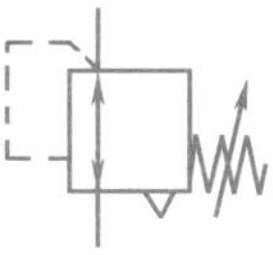	减压阀（远程先导可调，只能向前流动）	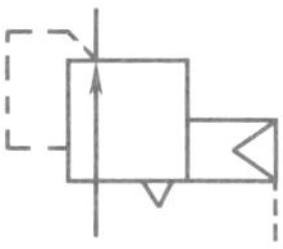
节流阀		单向节流阀	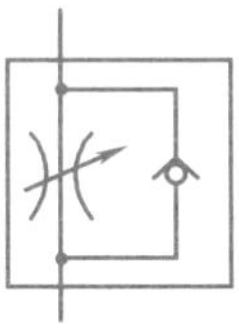
单向阀（带有弹簧，只能在一个方向自由流动，常闭）		先导式单向阀（带有弹簧，先导压力控制，双向流动）	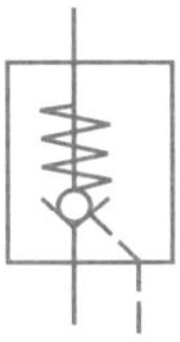
气压锁（双气控单向阀组）	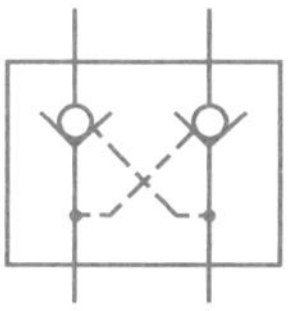	梭阀（逻辑为"或"，压力高的入口自动与出口接通）	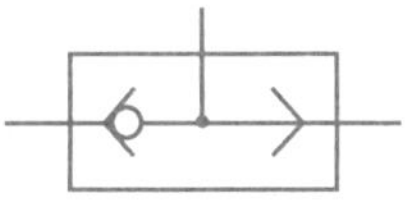

257

（续）

描述	图形	描述	图形
比例方向控制阀（直动式）		直动式比例溢流阀（通过电磁铁控制弹簧来控制）	
比例流量控制阀（直动式）		比例流量控制阀（直动式，带有电磁铁位置闭环控制，集成电子器件）	

参考文献

[1] 张忠远，韩玉勇. 液压传动与气动技术 [M]. 天津：南开大学出版社，2010.
[2] 徐建国，包君. 液压传动与气动技术 [M]. 北京：国防工业出版社，2013.
[3] 陈桂芳. 液压与气动技术 [M]. 3 版. 北京：北京理工大学出版社，2015.
[4] 路甬祥. 液压气动技术手册 [M]. 北京：机械工业出版社，2002.
[5] 杨健. 液压与气动技术 [M]. 北京：北京邮电大学出版社，2014.
[6] 张春东. 液压与气压传动 [M]. 长春：吉林大学出版社，2016.
[7] 沈向东，沈宁. 液压传动 [M]. 3 版. 北京：机械工业出版社，2020.
[8] 潘玉山. 液压与气动技术 [M]. 北京：机械工业出版社，2008.
[9] 金英姬，冯海明. 液压与气动技术 [M]. 北京：高等教育出版社，2013.
[10] 王秋敏，赵秀华. 液压与气动系统 [M]. 天津：天津大学出版社，2013.
[11] 刘银水，许福玲. 液压与气压传动 [M]. 4 版. 北京：机械工业出版社，2016.
[12] 蒋翰成. 液压与气动 [M]. 北京：机械工业出版社，2009.
[13] 徐永生. 气压传动 [M]. 北京：机械工业出版社，2000.
[14] 陈清奎，刘延俊，成红梅. 液压与气压传动 [M]. 3 版. 北京：机械工业出版社，2017.
[15] 丁又青，周小鹏. 液压传动与控制 [M]. 重庆：重庆大学出版社，2008.
[16] 毛好喜. 液压与气动技术 [M]. 北京：人民邮电出版社，2017.
[17] 刘延俊. 液压系统使用与维修 [M]. 北京：化学工业出版社，2015.